普通高等教育材料类专业系列教材

安全生产与环境保护

ANQUAN SHENGCHAN YU HUANJING BAOHU

主　编　于方丽　张　龙　谢　辉

副主编　何凤利　卢振远

西安电子科技大学出版社

内 容 简 介

本书集知识、思政和案例于一体，主要介绍了安全生产技术和环境保护的基础理论知识、相关法律法规以及解决相关工程问题的安全生产或环境保护技术。全书包括绪论、安全生产技术、环境保护和事故应急技术与管理四篇，共分为 10 章。每章章末均设有思考题，方便读者巩固所学知识。

本书体现了学科的交叉性、前沿性与实用性，可作为材料类专业安全生产与环境保护课程的教材，也可作为化工类、土木类等专业课程的教材，还可作为相关工程技术人员、管理人员的培训教材和学习用书。

图书在版编目（CIP）数据

安全生产与环境保护 / 于方丽，张龙，谢辉主编. -- 西安：西安电子科技大学出版社, 2025. 8. -- ISBN 978-7-5606-7684-5

Ⅰ. X

中国国家版本馆 CIP 数据核字第 20255KV030 号

策　　划　黄薇谚
责任编辑　王　瑛
出版发行　西安电子科技大学出版社（西安市太白南路 2 号）
电　　话　（029）88202421　88201467　　邮　　编　710071
网　　址　www.xduph.com　　　　　　电子邮箱　xdupfxb001@163.com
经　　销　新华书店
印刷单位　咸阳华盛印务有限责任公司
版　　次　2025 年 8 月第 1 版　　　　　2025 年 8 月第 1 次印刷
开　　本　787 毫米×1092 毫米　1/16　　印　张　18
字　　数　424 千字
定　　价　52.00 元
ISBN 978-7-5606-7684-5
XDUP 7985001-1

*** 如有印装问题可调换 ***

前　言

随着国民经济的发展，安全生产和环境保护已成为当代社会发展中至关重要的主题。为了保障人民的生命财产安全，促进社会稳定与经济发展，维护生态平衡和生态环境，提高资源利用效率和经济竞争力，党和国家高度重视安全生产和环境保护工作，制定了"安全第一，预防为主，综合治理"的安全生产方针，把环境保护作为我国的一项基本国策。

安全生产和环境保护是我们每个人的责任和义务，为了进一步增强高等学校学生的安全、环境意识，使他们能够基于学科背景知识理解和评价针对复杂工程问题的专业工程实践对健康、安全、法律和环境的影响，并理解应承担的责任，我们编写了本书。本书不仅适用于应用型本科高等院校材料类专业课程的教学，也可作为化工类、土木类等专业课程的教材，还可供相关工程技术人员参考。

本书由西安航空学院于方丽教授、谢辉教授、张龙高级工程师、张亚楠副教授、闵婷副教授、何凤利博士、卢振远博士、齐铭博士、王彩薇博士以及王贝贝博士共同编写。具体编写情况如下：张亚楠编写第1章，于方丽、王贝贝编写第2章，卢振远编写第3章，齐铭编写第4章，王彩薇编写第5章，张龙编写第6章至第8章，何凤利编写第9章，闵婷编写第10章。于方丽负责全书的统稿工作，谢辉负责编制教材编写大纲和定稿工作。

本书在编写过程中参考了大量的文献资料，在此向这些文献的作者表示衷心的感谢。

本书涉及的知识面较广，限于编者的学识水平，书中不足与不妥之处在所难免，恳请读者批评指正。

编　者
2025 年 4 月

目 录

第一篇 绪 论

第二篇 安全生产技术

第三篇　环境保护

第四篇 事故应急技术与管理

第一篇　绪　　论

第1章　安全生产与环境保护概述

1.1　安全生产概述

1.1.1　安全生产基本内涵

安全生产是指在生产经营活动中，采取各种措施，预防和减少事故、保障员工和公众的生命财产安全，同时保护环境、维护社会稳定的工作。安全生产的内涵涵盖了许多方面，包括安全生产责任制度、安全风险评估与管控、事故应急预案与演练、安全教育与培训、安全生产监管与评估等。

一、安全生产责任制度

安全生产责任制度是安全生产的基石，它涉及企业管理层、员工和相关部门之间的责任划分与配合。企业应该建立科学合理的安全生产责任体系，明确每个岗位的安全职责，保障员工和公众的生命财产安全。在安全生产责任制度中，企业领导层应担负起最重要的责任，确保安全方针的制定和执行。各级管理人员要切实履行职责，建立健全安全管理制度，加强安全培训和教育，促进员工安全意识的提升。

二、安全风险评估与管控

安全风险评估与管控是安全生产的重要环节，它涉及对生产过程中潜在危险因素的识别、评估和控制。安全风险评估包括对生产过程、设备和人员等方面的风险进行识别和评估，以确定危险源和风险等级。在评估的基础上，企业需要采取相应的措施进行管控，这些措施包括技术措施、管理措施和应急措施等。

三、事故应急预案与演练

事故应急预案是为应对可能发生的事故，提前制定的针对性措施和行动方案。在事故应急预案中，企业需要明确应急组织机构、应急流程和责任分工，确保在事故发生时能够快速有效地应对。应急演练是对事故应急预案的验证和完善过程，即通过模拟实际事故情况，检验预案的可行性和有效性。演练可以帮助员工熟悉应急程序，提高应对突发事件的能力，从而减少事故造成的损失。

四、安全教育与培训

安全教育与培训是提高员工安全意识和技能的重要手段，它涉及员工从入职起，通过各种形式的培训，掌握必要的安全知识和操作技能的过程。企业应根据不同岗位和工作内容，制定相应的安全教育和培训计划，确保员工能够全面了解安全规章制度，掌握正确的工作方法，提高事故防范意识，减少安全事故的发生。

五、安全生产监管与评估

安全生产监管是指政府对企业和机构的安全管理措施执行情况进行监督和检查，确保企业和机构的安全生产措施得到有效实施。政府部门通过监管，督促企业加强安全生产管理，维护社会公众的安全利益。安全生产评估是指对企业安全生产状况进行定期或不定期的综合评估，为企业的安全生产管理提供参考意见。评估结果有助于企业发现问题、改进管理方式、提升安全生产水平。

企业应重视安全生产，建立科学合理的安全生产体系，保障员工和公众的安全。同时，政府监管部门也应加强对企业的监管，推动安全生产管理水平的提高，共同维护社会的安全稳定。

1.1.2　安全生产法律法规

安全生产法律法规是国家为规范和管理安全生产活动而制定的法律法规。它是确保企业和机构在生产经营过程中预防和减少事故，保障员工和公众的生命财产安全，同时保护环境，维护社会稳定的重要法律依据。我国的安全生产法律法规体系十分完善，涵盖从法律到法规、规章、标准等不同层级的法律法规，用以确保安全生产工作有法可依、有章可循。

安全生产法律法规

安全生产法律法规是各行各业安全生产工作的基础和保障，旨在规范生产经营活动，预防和减少事故的发生，保障员工和公众的生命财产安全。这些法律法规为企业和机构建立和实施安全生产管理体系提供了指导和支持，同时强调了安全责任落实、安全风险管控、事故应急预案与演练、安全教育与培训、安全监管与评估等方面的重要性。通过全面贯彻落实这些安全生产法律法规，可以推动我国安全生产工作取得更加显著的成效，不断提升企业和机构的安全管理水平，保障人民群众的安全利益，促进经济社会的稳定发展。

1.1.3　安全生产措施

安全生产措施是指为预防事故、减少事故的发生和减轻事故损失而采取的各种措施和方法，旨在保护员工和公众的生命财产安全。在工业、建筑、交通、能源等各个领域，安全生产措施都是至关重要的。

一、安全生产措施的重要性

安全生产措施对于保障员工和公众的生命财产安全具有至关重要的作用。完善有效的安全生产措施有以下几个作用。

(1) 保障员工的生命安全和身体健康。安全生产措施可以有效减少事故和职业病的发生，保障员工的生命安全和身体健康。

(2) 提高生产效率。安全生产措施可以减少事故和停工事件的发生，提高生产效率和工作质量。

(3) 减少事故损失。安全生产措施可以减少事故损失，节约企业和社会的资源。

(4) 维护企业声誉。严格执行安全生产措施可以避免事故对企业声誉造成负面影响。

二、不同领域的安全生产措施

安全生产措施是各行各业中非常重要的一环，涉及工业、建筑、交通、能源、医疗等众多领域，每个领域都有其独特的风险和挑战，因此安全生产措施也因行业而异。

1. 工业领域的安全生产措施

1) 化学工业

化学工业生产过程中存在着诸多危险，例如有毒气体泄漏、危险化学品泄漏、火灾、爆炸等。以下是化学工业领域的安全生产措施：

(1) 进行风险评估与管控。在化学工业中，必须进行全面的危险源辨识和风险评估，制定相应的控制措施，降低事故发生的可能性。

(2) 搭建安全设施，如防爆墙、防火墙等，以隔离潜在的危险区域，防止事故扩散。

(3) 制定严格的操作规程，明确化学工艺过程中的操作步骤和安全措施，确保员工按规程操作。

2) 电力工业

电力工业是关系到全社会用电安全的重要领域。以下是电力工业领域的安全生产措施：

(1) 定期检查电气设备，防止因设备老化和损坏引发火灾和电击事故。

(2) 对电力工业从业人员进行操作培训，让他们掌握正确的操作流程和紧急处理方法。

(3) 使用合适的防护设施，如设置电气隔离带、佩戴绝缘手套等，降低电气事故发生的风险。

3) 钢铁工业

钢铁工业是重工业的代表，其生产过程存在高温、起吊重物等危险因素。以下是钢铁工业领域的安全生产措施：

(1) 制定严格的操作规程，确保员工在生产过程中安全操作，避免人、物受到高温熔融物和重物的伤害。

(2) 提供适当的个人防护装备，如防火服、耐高温手套等，保障员工的人身安全。

(3) 钢铁工业应配备火焰监测系统、温度监测系统等，以便及时掌握生产过程中的异常情况。

2. 建筑领域的安全生产措施

1) 建筑工地

建筑工地是一个高危险性的工作场所，涉及高空作业、机械作业等。以下是建筑工地的安全生产措施：

(1) 建筑工地应搭建稳固的脚手架和防护网，保护高空作业人员的安全。

(2) 对施工机械应进行定期检查和维护，确保其安全性能符合要求。

(3) 对建筑工地从业人员进行安全培训，强调高空作业的注意事项和安全操作流程。

2) 桥梁工程

桥梁工程是建筑领域中的重要分支，桥梁建设中存在着许多独特的安全挑战。以下是桥梁工程的安全生产措施：

(1) 对桥梁结构应进行全面的安全评估，确保其能够承受设计荷载和外部影响。

(2) 在施工过程中，应采取必要的防护措施，确保施工人员的安全。

(3) 对桥梁建设过程中的关键节点应进行质量检测，避免因质量问题引发事故。

3) 地铁建设

地铁建设是城市交通发展的重要组成部分，但其建设过程中也存在一系列安全隐患。以下是地铁建设的安全生产措施：

(1) 在地铁建设前应进行充分的地质勘探，评估地下障碍物和地质条件，以确保地铁隧道施工的安全性。

(2) 地铁隧道内应配置适当的通风设施和防火设施，保障乘客的安全。

(3) 地铁站和车辆应配备监控系统，对乘客和工作人员进行实时监控，及时处理突发事件。

3. 交通运输领域的安全生产措施

1) 道路交通

道路交通是最常见的交通形式，也是交通事故发生率最高的领域之一。以下是道路交通的安全生产措施：

(1) 道路上应设置合适的交通标志和标线，引导驾驶员正确行驶，减少交通事故的发生。

(2) 对驾驶员进行安全驾驶培训，提高其驾驶技能和安全意识。

(3) 对交通进行合理的管理和规划，疏导交通流，减少拥堵和事故。

2) 航空运输

航空运输是国际贸易和旅游业的重要推动力，也是对安全要求极高的领域。以下是航空运输的安全生产措施：

(1) 对飞行员进行严格的培训和考核，确保其具备应对各种紧急情况的能力。

(2) 对飞机应进行定期维护和检查，确保其安全运行。

(3) 强化空中交通管理，避免飞机相撞。

4. 能源领域的安全生产措施

1) 核能

核能是一种高风险的能源，因此核能领域的安全生产措施尤为重要。以下是核能领域的安全措施：

(1) 核反应堆的设计遵循最高标准，确保核反应堆在各种条件下安全运行。

(2) 对核辐射进行持续监测，确保辐射水平不超过安全限值。

(3) 制定完善的应急预案，确保一旦发生事故，能迅速做出反应和处置。

2) 石油与天然气工业

石油与天然气工业存在着火灾、爆炸等高风险。以下是该领域的安全生产措施：

(1) 在石油与天然气的生产和储存过程中，设置安全设施，如防火墙、防爆墙等，以防止事故蔓延。

(2) 配备监测系统，实时监测石油与天然气的泄漏情况，及时采取措施。

(3) 制定应急处理预案，确保一旦发生泄漏或爆炸事故，能及时采取应对措施。

5. 医疗领域的安全生产措施

1) 医院

医院是保障患者安全的重要场所，以下是医院的安全生产措施：

(1) 对医疗设备进行定期维护和检查，确保其安全运行。

(2) 加强医院感染防控措施，对医疗环境进行清洁与消毒。

(3) 对医疗废物进行妥善处理，避免污染和交叉感染。

2) 药品

药品安全是医疗领域的关键问题。以下是药品安全的生产措施：

(1) 对药品生产企业进行严格的监管，确保药品质量和安全。

(2) 对药品进行全面的质量检测，杜绝劣质药品进入市场。

(3) 对患者进行药品使用教育，引导他们正确使用药品，避免药物滥用和误用。

三、安全培训和安全文化

除了采取各种安全生产措施，安全培训和安全文化的建设也是至关重要的。安全培训可以强化员工的安全意识和技能，让员工掌握正确的应急处理方法。安全文化是指企业或组织在长期的发展过程中形成的对安全的共识、价值观和行为规范，它是一种内化于企业文化的安全理念。安全文化的建设可以促进员工对安全生产高度重视，使安全生产成为一种自觉行为。

各行各业的安全生产措施都是为了保障员工和公众的安全，减少事故的发生和损失。不同领域的安全措施各有特点，但都强调风险评估、培训教育和应急预案等措施。通过执行科学、合理、全面的安全生产措施，我们可以保障各行各业的安全，共同创造一个更加安全、稳定的社会。

1.2　环境保护概述

1.2.1　环境与环境保护

环境与环境保护是当今全球关注的重要议题之一。随着人类社会的发展和经济的快速增长，环境问题日益凸显，如空气污染、水污染、土壤退化、气候变化等。环境保护不仅关乎人类的生存与发展，也影响着全球生态系统的健康和可持续发展。

一、环境与环境保护的内涵

1. 环境的定义与环境问题

环境是指人类和其他生物体所生活的、相互作用的自然和社会条件的总和。它包括自然环境和人类社会所创造的人工环境。自然环境由大气、水体、土壤和生物体组成，而人工环境包括城市、工业区、交通系统等。环境不仅包括物理要素，还包括各种生态、社会和文化要素，是生物体和社会活动的基本条件。

环境问题是人类社会发展过程中产生的一系列不利于环境质量和生态平衡的问题。它们的出现通常与以下因素相关：

(1) 工业化和城市化。工业化和城市化是现代社会经济发展的必然趋势，也是环境问题加剧的主要原因之一。工业化导致大量的污染物排放，如废气、废水和固体废弃物，对大气、水体和土壤造成了污染。城市化带来了大量的人口聚集和资源集中，增加了城市中的生活垃圾、交通拥堵和能源消耗。

(2) 能源消耗。能源是现代社会发展和生产活动的基础，但能源的过度消耗也是产生环境问题的重要原因。传统的化石能源，如煤炭、石油和天然气的大量燃烧产生了大量的二氧化碳和其他温室气体，导致全球气候变化。

(3) 自然资源开发与利用。对自然资源的过度开发和利用也是产生环境问题的一个主要原因。对森林的过度砍伐导致生态平衡被破坏、生物多样性减少和水土流失加剧。对水资源的过度开采导致水源枯竭和水体污染。

(4) 农业与化肥农药。农业是人类生产和生活的重要组成部分，但农业生产中的化肥和农药的大量使用也引发了一系列环境问题。如化肥和农药的过度使用导致土壤污染和水体富营养化，破坏了生态平衡。

2. 环境保护的内涵

环境保护是指为了保护自然环境和人工环境的质量，预防环境被污染和生态被破坏，维护生态平衡和人类社会的可持续发展而采取的各种措施和方法。环境保护的内涵主要包括以下几个方面：

(1) 污染防治。污染防治是环境保护的核心内容之一。它包括控制工业和交通排放的污染物、治理城市垃圾和污水、防治农业污染等。通过采取科学、有效的措施，能够减少污染物的排放和扩散，保护大气、水体和土壤的质量。

(2) 资源保护。资源保护是环境保护的另一个重要方面。它包括保护森林、水资源、土壤和矿产资源等，防止过度开发和浪费，促进资源的可持续利用。

(3) 生态保护。生态保护是保护生态系统的重要手段。它包括保护生物多样性、保护自然生态环境和修复受损的生态系统等。通过保护和恢复生态系统，维持生态平衡，能够保护生物多样性。

(4) 气候变化应对。气候变化是当前全球面临的严峻挑战之一。环境保护还包括采取措施应对气候变化，如减少温室气体排放、推广清洁能源和提高适应气候变化的能力。

二、环境问题的影响

环境问题对人类社会和自然生态系统都产生了深远的影响。以下是环境问题产生的一些主要影响：

(1) 对健康的影响。环境污染和生态破坏对人类身体健康产生了严重影响。空气污染导致呼吸道疾病和心血管疾病的发病率增加；水体污染和土壤污染导致食品中的有害物质超标，对人体健康构成威胁。

(2) 对经济的影响。环境问题对经济发展产生了负面影响。环境污染和资源浪费导致了生产成本增加，企业竞争力下降。环境修复和治理也带来了巨大的经济压力。

(3) 对生态系统的影响。环境问题对自然生态系统产生了严重影响。生态破坏导致生物多样性减少，生态平衡遭到破坏；气候变化导致极端天气事件增加，影响生态系统的稳定性。

(4) 对社会的影响。环境问题对社会稳定和社会和谐产生了影响。环境污染和资源短缺导致社会矛盾加剧，可能引发社会不稳定和动荡。

三、环境保护的重要性

环境保护是当今全球面临的重要任务之一，具有极其重要的意义，具体包括：

(1) 保障人类生存和健康。环境保护是保障人类生存和健康的基础。优良的环境质量是人类健康的保障，空气清新、水清、土壤净是保障人体健康的必要条件。

(2) 促进经济可持续发展。环境保护和经济发展是相辅相成的。环境保护可以促进资源的合理利用和节约，降低生产成本，提高企业的竞争力。同时，环境友好型产业的发展也为经济增长提供了新的动力。

(3) 保护生态系统和生物多样性。生态系统是地球上生物体生存和发展的基础，而生物多样性是生态系统稳定性和功能的重要保障。环境保护是保护生态系统和生物多样性的重要手段，能够防止生物灭绝和生态系统退化。

(4) 应对气候变化。环境保护也包括应对气候变化。减少温室气体排放、提高适应气候变化的能力对应对气候变化挑战至关重要。

(5) 树立绿色发展理念。环境保护有助于引导人们树立绿色发展理念，提高资源利用效率，促进绿色低碳生产方式的普及，推动经济发展方式的转变。

(6) 维护社会稳定与和谐。环境保护对于维护社会稳定与和谐也具有重要意义。优良的环境质量可以减少社会矛盾和冲突，促进社会的和谐稳定。

四、环境保护的主要措施

为了实现环境保护的目标，需要采取以下措施：

(1) 制定和实施环境法律法规。环境法律法规是环境保护的重要基础。各国需要制定和实施科学、严格的环境法律法规，对环境污染和生态破坏行为进行规范和制裁。

(2) 加强环境监测与评估。环境监测与评估是环境保护的重要手段。通过对环境质量进行监测，能够及时发现和解决环境问题。环境评估是指在环境项目实施前后对环境影响进行评估，降低环境破坏风险。

(3) 推广清洁生产技术。推广清洁生产技术是环境保护的重要途径。各国应积极推广清洁生产技术，减少生产过程中的污染排放和资源浪费。

(4) 增加环境保护投入。环境保护需要资金和人力支持。各国需要增加环境保护的投入，从各方面重视环境保护。

(5) 引导绿色消费和生活方式。绿色消费和生活方式是环境保护的重要方向。可以通过引导人们选择绿色产品和绿色生活方式，减少资源消耗和环境污染。

(6) 加强国际合作。环境问题是全球性问题，需要各国通力合作。国际合作可以促进环境技术的交流和共享，使各国共同应对全球性环境挑战。

五、环境保护的困难与挑战

经济发展和环境保护之间往往存在着矛盾。一些发展中国家可能面临着贫困和环境保护的双重压力，如何在经济发展和环境保护之间实现平衡是一个重要的挑战。而且环境问题的隐性成本往往很高，如环境污染导致的健康损害和资源浪费，环境破坏导致的生态系统失衡等，这些隐性成本难以计量，但对社会经济发展造成了实质性的影响。此外，环境保护还需要全社会的参与和支持。一些地区和个人可能缺乏环境保护的意识和责任感，导致环境问题难以得到有效解决。环境问题是全球性问题，需要各国共同合作。但是，一些国家可能由于经济、政治和文化等原因，难以达成共识和合作。

环境与环境保护是当今全球关注的重要议题。环境保护是为了保护自然环境和人工环境，预防环境污染和生态破坏，维护生态平衡和人类社会的可持续发展而采取的各种措施和方法。环境问题的出现主要与工业化、能源消耗、自然资源开发与利用、农业与化肥农药等因素有关。环境问题对人类社会和自然生态系统都产生了深远的影响，包括健康影响、经济影响、生态系统影响和社会影响。因此，环境保护具有极其重要的意义。虽然环境保护面临着困难和挑战，但通过推行绿色发展和可持续发展政策、加强环境教育和宣传、强化环境法律法规的执行、推动全球环境治理体系建设等措施，我们可以共同实现环境保护的目标，创造一个更加美丽、健康和可持续的地球家园。

1.2.2　环境问题与环境科学

随着工业化、城市化和农业现代化的不断推进，环境污染、资源枯竭、生态系统退化等问题日益凸显，威胁着人类的生存与发展。环境科学作为研究和解决环境问题的学科，在解决环境问题时扮演着重要的角色。

一、环境问题的类型与产生原因

(1) 空气污染。工业生产、交通运输、能源消耗等活动会释放大量的污染物，如二氧化硫、氮氧化物、挥发性有机物和颗粒物等，导致空气质量恶化。空气污染不仅危害人类健康，还加剧了全球气候变化问题。

(2) 水污染。工业废水、农业污水和生活污水等排放了大量的有害物质和营养物质进入水体，导致水体富营养化和水质恶化。水污染不仅威胁着水生生物的生存，还影响着人类的饮用水安全和生态平衡。

(3) 土壤退化。过度耕作、过度开发、过度使用化肥和农药等导致土壤质量下降，水土流失加剧，土地荒漠化和沙化问题日益严重。土壤退化不仅威胁着农业生产和粮食安全，还影响着生态系统的稳定性。

(4) 生物多样性丧失。森林砍伐、湿地开发、生态系统退化等导致大量物种灭绝和生态系统失衡。生物多样性丧失不仅影响着生物的生存和繁衍，还影响着生态系统的功能和稳定性。

(5) 气候变化。大量的温室气体排放导致全球气温升高，海平面上升，极端天气事件增加，影响着全球的生态系统和人类社会。气候变化对于农业、水资源和生态系统等都产生了重要影响。

(6) 资源枯竭。人类对自然资源的过度开发和利用导致了资源的枯竭和短缺，如石油、煤炭、金属等。资源枯竭不仅威胁着经济的可持续发展，还影响着全球资源的平衡和稳定。

二、环境科学的定义与发展

环境科学是研究地球上的环境问题和解决环境问题的跨学科学科。它综合了地球科学、生态学、化学、物理学、气象学、社会学等多学科知识，致力于理解环境系统的结构和功能，探索环境问题的成因和机制，并提出环境保护和管理的对策和措施。环境科学作为一门学科，其发展历程可以分为以下几个阶段：

(1) 20世纪初，随着工业化和城市化的推进，环境问题日益凸显，人们开始关注环境污染、资源短缺和生态系统退化等问题，逐渐意识到环境问题。

(2) 20世纪中期，环境科学开始形成。在第二次世界大战后，人们开始探索环境问题的研究方法和途径，形成了环境科学的初步框架。

(3) 20世纪后半叶，随着环境问题的日益严峻，环境科学得到了快速发展。各国纷纷成立环境科学研究机构，设立环境学科，开展了大量的环境问题研究。近年来，环境科学逐渐成为一个跨学科的学科领域，融合了地球科学、生态学、化学、物理学、气象学、社会学等多学科的知识和方法。

三、环境科学的应用与作用

环境科学为解决和预防环境问题提供了科学依据和技术支持，通过对环境污染、资源利用、生态系统等进行深入研究，为环境问题的解决和预防提供了有效的措施和方法。环境科学在环境保护与管理方面发挥着重要作用。通过对环境质量和生态系统进行监测与评估，环境科学这门学科帮助制定和实施了环境保护和管理政策，促进了环境的可持续发展。环境科学对于资源利用和节约也具有重要意义。通过对资源的合理利用和有效回收，环境科学为实现资源的可持续利用和循环利用提供了科学依据。

四、环境科学的研究方法与技术

(1) 环境监测与评估是环境科学的重要研究方法之一。环境监测通过对环境质量和生态系统进行监测，可以帮助人们了解环境问题的实际状况。环境评估则是对环境影响进行预测和评估，为环境决策提供科学依据。

(2) 模拟与预测也是环境科学的重要技术之一。通过建立数学模型和物理模型，可以模拟和预测环境问题的发展趋势和影响，为环境问题的解决和预防提供指导。

(3) 生态学是环境科学中的重要学科，其研究方法在生态系统的评估和管理中具有重要作用。生态学方法包括生态系统调查、生态因子分析、生态系统建模等。

(4) 环境修复技术是解决环境问题的重要手段。通过生物修复、物理修复和化学修复等技术，可以对受损的环境进行修复和恢复，实现环境的可持续发展。

五、环境科学的未来展望

随着环境问题的日益复杂，环境科学需要更加深入地融合多学科的知识和方法，推动环境科学的跨学科发展，形成更加全面和综合的研究体系，同时关注应用效果，将研究成果更好地应用于环境问题的解决和预防中，为环境保护和管理提供更加有效的支持。环境问题是全球性问题，需要加强国际合作，促进环境科学的交流与共享，让各国共同应对全球性环境挑战。公众是环境保护的重要力量，环境科学需要加强对公众的教育与宣传，引导公众参与环境保护，形成全社会共同推动环境保护的良好氛围。

总之，环境问题是人类社会面临的重要挑战之一，包括空气污染、水污染、土壤退化、生物多样性丧失、气候变化和资源枯竭等。环境科学作为研究环境问题的学科，在环境问题的解决与预防、环境保护与管理、资源利用与节约、环境政策与决策支持等方面发挥着重要作用。环境科学采用环境监测与评估、模拟与预测、生态学方法、环境修复技术等一系列研究方法和技术来探索产生环境问题的原因和解决方案。为了应对日益复杂的环境问题，环境科学需要加强跨学科发展，提高应用效果，加强国际合作和引导公众参与环境保护，共同为构建美丽的地球家园而努力。

1.2.3　环境保护与可持续发展

环境保护与可持续发展是当今全球面临的重要任务和挑战。随着人类社会的不断发展和进步，环境问题日益严峻，资源短缺和生态破坏等问题威胁着人类的生存与发展。为了实现经济的可持续发展，保障环境的可持续利用，必须采取一系列有效的环境保护措施。

一、环境保护与可持续发展的概念与内涵

环境保护是指采取措施和方法，维护和改善自然环境质量，保护生态系统的完整性和稳定性，防止环境污染和生态破坏，保护人类和其他生物的健康和生存环境。环境保护包括对空气、水、土壤、生物多样性等自然资源的保护以及对生态系统和环境质量的监测和评估。

可持续发展是指在满足当前世代需求的基础上，不损害未来世代的生存环境，实现经济、社会和环境的协调发展目标。可持续发展强调在维护经济增长的同时，关注社会公平和环境保护，追求长期和持久的发展。

环境保护与可持续发展是密不可分的。环境保护是实现可持续发展的基础和前提，可持续发展是环境保护的目标和导向。环境保护是为了保护和维护生态环境，为经济的可持

续发展提供坚实的基础。可持续发展则要求在经济增长的过程中，保护环境，促进资源的合理利用，实现经济、社会和环境的和谐发展。

二、环境保护与可持续发展的重要性

环境保护是保障人类健康和生存环境的基础。空气污染、水污染和土壤污染等环境问题会对人类健康产生严重影响。通过实行一系列环境保护措施，能够减少污染物的排放，改善环境质量，保护人类健康。

环境保护和经济发展是相辅相成的。环境污染和资源浪费会增加企业的生产成本，降低企业的竞争力，环境保护可以促进资源的合理利用和节约，减少资源的浪费和破坏，实现资源的可持续利用。环境友好型产业的发展则能够推动经济的可持续增长，实现经济的绿色转型。环境保护不仅是保护生态系统和生物多样性的重要手段，也是应对全球气候变化的重要手段。此外，环境问题对社会稳定和社会和谐也会产生影响。环境污染和资源短缺会导致社会矛盾加剧，可能引发社会不稳定和动荡。而环境保护有助于减少社会矛盾和冲突，促进社会和谐稳定。

三、环境保护与可持续发展的挑战与问题

经济发展和环境保护之间往往存在着一些矛盾。在一些地区，为了追求经济增长，可能会忽视环境保护，导致环境污染和生态破坏问题加剧。因此，如何在经济发展和环境保护之间实现平衡是一个重要的挑战。

环境保护往往需要投入大量的资金和资源。一些发展中国家经济水平较低，环境保护成本较高，如何解决环境保护成本的问题是一个挑战。同时，环境问题也是全球性问题，需要各国共同合作。但是，一些国家由于经济、政治和文化等原因，难以达成共识和合作。如何加强国际合作，共同应对环境问题，也是一个重要问题。

四、环境保护与可持续发展的主要措施与方法

(1) 制定和实施环境政策与法律法规是环境保护的重要手段。各国应该根据自身的环境问题和发展水平，制定相应的环境政策与法律法规，加强环境保护工作。

(2) 环境监测与评估是了解环境问题的实际状况、制定环境保护措施的重要依据。各国应加强环境监测与评估工作，及时掌握环境变化的情况，采取相应的环境保护措施。

(3) 绿色技术和绿色产业是实现可持续发展的关键。各国应加大对绿色技术和绿色产业的支持和投资，推动经济的绿色转型，减少对环境的污染和压力。

(4) 绿色生活方式是个人和社会共同的责任，各国应加强环境教育和宣传，倡导绿色生活方式，减少对能源和资源的消耗，以及减少环境污染。

环境问题是全球性问题，需要各国共同合作。国际合作可以促进各国环境技术的交流和共享，让各国共同应对全球性的环境挑战。

五、环境保护与可持续发展的未来展望

为了实现环境保护与可持续发展的目标，需要制定与实施环境政策与法律法规，加强

环境监测与评估，推动绿色技术和绿色产业发展，倡导绿色生活方式，加强国际合作等。同时，需要提高政府和企业的环境责任感，共同努力实现环境保护与可持续发展的目标。

1.3　中国安全生产与环境保护事业

中国是世界第二人口大国，拥有丰富的自然资源和人力资源，经济发展快速。然而，随着工业化和城市化进程的加速，中国也面临着严重的安全生产和环境保护问题。安全生产事关每一个人的生命安全，环境保护事关整个地球的未来。在中国，安全生产与环境保护已经成为国家的重要战略和政策，各级政府和社会各界都在积极推进相关的工作。

一、中国安全生产事业的现状与面临的挑战

1. 安全生产现状

中国是世界上重要的工业和制造业基地，安全生产一直是国家和地方政府高度重视的问题。近年来，中国在安全生产方面取得了一些进展，建立了完善的安全生产法律法规体系，加强了安全生产监管和执法力度，提升了企业和公众的安全意识。同时，中国在事故调查和责任追究方面也进行了一系列改革，对于违法违规行为进行严肃处理。

2. 安全生产面临的挑战

尽管中国在安全生产方面取得了一些进展，但仍然面临着一系列严峻的挑战。例如，一些企业对安全生产不重视，盲目追求利润最大化，忽视了安全问题；一些地方政府在安全生产监管中存在监管不到位和不作为现象；一些行业和领域，如煤矿、建筑工地、化工厂等安全风险较高；公众的安全生产意识不强，缺乏主动参与和监督的意识。

二、中国环境保护事业的现状与面临的挑战

1. 环境保护现状

近年来中国的环境保护事业取得了一些进展，政府将环境保护列为国家战略，大力推进绿色发展和生态文明建设，加强了环境监测和评估工作，制定了一系列环境保护法律法规，并实施了一系列环境治理项目。中国还积极推进清洁能源的开发和利用，加大对环保产业的支持力度。

2. 环境保护面临的挑战

中国在环境保护方面仍然面临着一些挑战。第一，工业化和城市化进程导致了严重的环境污染问题，空气、水、土壤等环境污染严重，特别是大气污染成为广受关注的社会问题。第二，生态破坏和生物多样性丧失问题日益严重，许多珍稀濒危物种濒临灭绝。第三，环境监管不力，一些企业违规排放污染物，环境执法力度不够。第四，公众对环境保护的认识仍然不足，缺乏环保行为的主动性。

三、中国安全生产与环境保护事业的政策与措施

1. 安全生产政策与措施

中国政府制定和实施了一系列安全生产方面的政策与措施，以提高安全生产水平。第

一，建立了安全生产法律法规体系，出台了一系列法律法规，包括《中华人民共和国安全生产法》《中华人民共和国矿山安全法》《中华人民共和国建筑法》等，明确了企业和个人的安全生产责任。第二，加强了安全生产监管和执法力度，建立了安全生产监管平台，对于违法违规行为进行严厉处罚。第三，推行安全生产责任保险制度，对于事故责任落实进行了有效的保障。第四，加强了安全生产宣传教育，提高了公众的安全意识，丰富了公众的安全知识。

2. 环境保护政策与措施

中国政府在环境保护方面也制定和实施了一系列政策与措施，以改善环境质量。第一，建立了环境保护法律法规体系，出台了一系列法律法规，包括《中华人民共和国环境保护法》《中华人民共和国大气污染防治法》《中华人民共和国水污染防治法》等，明确了环境保护的责任和义务。第二，加强了环境监测和评估工作，建立了环境监测网络，有利于及时掌握环境污染情况。第三，开展了一系列环境治理项目，推进对大气、水、土壤等污染的治理，加大对环保产业的支持力度。第四，加强了环境保护宣传教育，提高了公众的环保意识，规范了公众的环保行为。

四、中国安全生产与环境保护事业的发展方向

1. 完善法律法规体系

中国在安全生产和环境保护方面已经建立了相对健全的法律法规体系，但仍然存在一些不足之处。因此，未来需要进一步完善法律法规体系，修订和制定更加严格的法律法规，明确各方责任，加强执法力度，确保法律法规的落实。

2. 提高监管和执法水平

政府在安全生产和环境保护方面需要加强监管和执法力度。对于违法违规行为应进行严厉处罚，形成严厉的惩罚机制。同时，应加强监督和检查，确保监管和执法的公正性和透明度。

3. 加强技术创新

安全生产和环境保护事业需要不断推进技术创新，如开发和应用更加先进的安全生产技术和环境治理技术。通过技术创新，提升安全生产和环境保护的效率和效果。

4. 加强国际合作

安全生产和环境保护是全球性的问题，需要各国共同合作。中国应加强与国际社会的合作，共同应对全球性的安全生产和环境保护挑战，推动全球环境治理体系的建设。

5. 提高公众参与度

安全生产和环境保护事业涉及每一个公民的切身利益，因此公众的参与至关重要。政府应加强对公众的宣传教育，提高公众的安全意识和环保意识，鼓励公众参与安全生产和环境保护工作。

五、中国安全生产与环境保护事业的未来展望

1. 建立健全长效机制

安全生产与环境保护事业是一项长期而艰巨的任务，需要建立健全长效机制。政府需

要加强对安全生产和环境保护的长期规划和布局，确保长期稳定的投入和支持。

2. 加强监督和问责、强化科技支撑

政府需要加强对安全生产和环境保护工作的监督和问责，对于监管不力、有违法违规行为的责任人，要严肃追究责任，形成有效的问责机制。安全生产和环境保护需要科技的支撑，政府需要加大对科技创新的投入，支持安全生产和环境保护领域的科研和技术应用。

3. 加强公众参与

公众是安全生产和环境保护的重要力量，政府需要加强对公众的宣传教育，鼓励公众参与安全生产和环境保护工作，提高公众的主动性和责任感。

安全生产与环境保护是中国的重要战略和政策，政府和社会各界都在积极推进相关工作。这些年中国在安全生产和环境保护方面取得了一些成绩，但仍然面临着许多挑战，政府需要加强监管和执法力度，加强对公众的宣传教育，鼓励公众参与安全生产和环境保护工作。经过各方共同的努力，中国安全生产与环境保护事业将迎来更加美好的未来。

1.4　安全生产与环境污染事故案例

近年来，全球发生了许多严重的安全生产与环境污染事故，这些事故给人们的生命和财产造成了巨大的危害，也提醒我们要加强安全意识和管理措施，防范类似事故再次发生。

安全生产与环境污染事故案例

1.5　国内外杰出科学家简介

一、安全生产领域

1. 冯长根与热爆炸理论

冯长根是国家安全生产专家，主要从事火工品与烟火技术、燃烧与爆轰、安全科学与技术和新材料领域的研究，承担完成重要科研项目 20 多项，包括国家自然科学基金、国家科技攻关项目等。他所著《热爆炸理论》，是由中国人撰写的第一本系统介绍爆炸波理论、放热反应及临界性质的理论书籍。2023 年 1 月工业和信息化科技成果评价中心网站显示，冯长根获省部级科技进步一等奖 1 项、二等奖 2 项，在国内外重要学术刊物上发表学术论文 300 余篇，其中被 SCI 和 EI 收录 100 余篇，获授权专利 10 余项，出版专著 8 本。他的著作曾获第五届全国优秀科技图书一等奖和第六届中国图书二等奖。

2. 祁有红与安全文化

祁有红是著名安全管理学家，亲自处理过伤亡赔偿事件，也是事故的受害者。他的主要作品有：《第一管理——企业安全生产的无上法则》《安全精细化管理——世界 500 强安全管理精要》《生命第一：员工安全意识手册》等。遭受伤害，反思事故，祁有红成为推广安全文化第一人。祁有红原来的研究领域是企业管理，在事故中受到伤害后，多次住院手术期间接触到了大量工伤患者，此后他深入各类企业，投身安全研究，出版多部安全管理专著，成为国内著名的安全管理学家。作为著名的安全管理和安全文化专家，祁有红的主要贡献有：① 首次倡导"新安全观"，提出所有员工必须对自己的行为负责；② 首次倡导"安全责任教育"，真正解决企业安全生产问题；③ 首次倡导"情感安全管理"，解开员工生产事故之谜；④ 首次倡导"自我安全管理"，让安全责任意识覆盖各个岗位；⑤ 首次倡导"安全自助训练"，让员工快乐工作，享受安全；⑥ 首次倡导"人是安全的决定因素"，塑造主动安全精神。

3. 特雷弗·克莱茨(Trevor Kletz)与过程安全管理

特雷弗·克莱茨是一位化学工程师和过程安全专家，他对化学工业事故的研究以及在过程安全管理领域的贡献使他成为该领域的重要人物。特雷弗·克莱茨的职业生涯主要集中在化学工业事故的研究和预防上。他关注的是事故的根本原因，强调防止事故发生的措施。他的研究成果包括在化学工业事故调查和分析方面的多篇重要论文和书籍。特雷弗·克莱茨是"伯德理论"的创始人之一。该理论强调了对事故发生的深层次原因进行分析，影响了整个过程安全管理领域，并对人们对事故预防和安全文化的理解产生了深远的影响。

4. 西德尼·德克尔(Sidney Dekker)与人为因素

西德尼·德克尔是澳大利亚昆士兰科技大学的教授，同时也是荷兰代尔夫特理工大学的客座教授。他的专业领域主要包括人为因素、安全科学、风险管理和组织学。西德尼·德克尔对人为因素和安全文化方面有着广泛的研究兴趣，他专注于理解组织内部的工作动态、决策过程和组织导致的事故发生原因，有针对性地完善组织框架，提升组织驱动的安全性。他的研究贡献主要体现在对复杂系统中的人为因素和事故的理解方面。他强调了理解事故背后的根本原因，而不仅仅是将责任归咎于个体。他的著作《人为因素：生活、工作和管理中的风险》是该领域的重要参考书之一。

二、环境保护领域

1. 侯立安与环境污染治理技术

侯立安是环境工程专家，中国工程院院士，长期致力于环境工程领域的科学研究、工程设计和技术管理工作，在饮用水安全保障、分散点源生活污水处理和人居环境空气净化等方面，率先提出并成功研发了具有自主知识产权的水处理及空气净化技术和系列装备，取得多项突破性成果和富有创造性的成就。他研究出了环境污染治理的多项前瞻性技术和关键性装备，解决了水污染处理和室内有害气体净化等技术难题，发展了中国特种水污染控制和密闭空间有害气体污染控制理论，丰富了中国环境保护理论。2024 年侯立安荣获国家科学技术进步奖一等奖。

2. 贺克斌与大气复合污染及控制

贺克斌是环境工程专家，中国工程院院士，清华大学环境学院教授、院长。他长期致力于对大气复合污染特别是 PM2.5 的研究，以高分辨率排放清单技术-复合污染多维溯源技术-多污染物协同控制技术为核心，推动区域空气质量动态调控新技术系统的发展与应用，并主持建立了中国多尺度排放清单在线技术平台，为我国空气质量管理在精细溯源和定量评估方面技术水平的提升做出了重要贡献。他曾获国家自然科学奖二等奖 1 项、国家科技进步二等奖 3 项；出版《大气颗粒物与区域复合污染》《道路机动车排放模型技术方法与应用》等专著 6 部，并于 2015 年当选中国工程院院士。

3. 约翰·查尔斯·科瑞谭登(John Charles Crittenden)与水处理技术

约翰·查尔斯·科瑞谭登 2013 年当选为中国工程院外籍院士。他帮助 200 多家包括壳牌、美孚、可口可乐在内的国际知名企业优化公司环境解决方案。他的水处理技术模型被 100 多家咨询公司、政府机构及高校使用，帮助美国航天局设计的水循环系统被用于美国太空站。他的《水处理原理与设计》一书已经再版三次，是很多高校研究生教材和环境工程公司的参考书。科瑞谭登与他人联合开展催化臭氧氧化技术的理论研究与工艺优化，并将成果成功应用于钢铁行业焦化废水处理之中。他研究的二氧化钛光催化氧化技术应用于处理石油石化行业的难降解有机物废水；二氧化钛光催化氧化处理反渗透浓水技术的应用取得了非常好的效果。2008 年，因在环境工程及化工领域卓越的成就，他被美国化学工程师协会评为世界当代前 100 位最杰出的化学工程师之一。

4. 格伦·托马斯·戴格尔(Glen Thomas Daigger)与污水处理

格伦·托马斯·戴格尔于 2019 年入选中国工程院外籍院士。他是世界公认的水处理专家，尤其是在污水处理方面。他致力于通过基础研究与工程应用的结合，推动全球水务行业的发展。他的研究以"全水(One Water)"和"资源回收(Resource Recovery)"为核心理念，聚焦城市水资源高级管理。迄今为止，他发表了 200 余篇学术论文，出版教材和学术专著 5 部，撰写其他著作 9 章以及技术手册多部。其中影响力最广的是《废水生物处理》和《活性污泥膨胀、泡沫及其他固液分离问题的成因与控制手册》。此外，他还参与了世界各地约 300 座污水处理厂的设计，为全球多个大城市提供水务行业指导。

思 考 题

1. 简述安全生产的基本内涵。
2. 简述安全生产的法律法规。
3. 简述环境与环境保护的内涵。
4. 简述环境问题的类型与产生原因。

第2章 材料产业与生态环境

2.1 材料产业简介

材料是国民经济和社会发展的基础和先导，是现代社会发展的三大支柱之一。材料的发展是社会进步的重要标志，它将人类物质文明推向新的阶段。材料产业是指以各种材料为基础，通过一系列的生产加工工艺和技术手段，生产出各种具有特定功能和用途的产品的产业。它是国民经济基础性、支柱性的产业之一，是现代工业化和科技发展的基石之一，在现代经济社会中具有重要地位和作用。

材料产业可以分为传统材料产业和新兴材料产业两大类。传统材料产业主要包括钢铁、有色金属、建材、化工等行业，这些行业是工业化进程中最早出现的产业。传统材料产业以原材料为基础，通过炼制、加工等工艺过程，生产出各种具有特定功能和用途的材料和产品。这些产品广泛应用于建筑、交通、冶金、化工等行业，为国民经济的发展提供了坚实的物质基础。新兴材料产业是指在近年来出现并快速发展起来的一类新型材料产业，它是战略性、基础性产业，也是新能源、节能环保、新一代信息技术、生物、高端装备制造、新能源汽车等新兴产业的重要基础，是提升传统产业技术能力升级的关键。新兴材料产业以高分子材料、复合材料、先进陶瓷、新型金属材料、新能源材料等为代表，这些材料具有特殊的物理、化学和机械性能，广泛应用于电子、信息、汽车、航空航天、新能源等领域。新兴材料产业的出现和发展，为各个行业的创新发展提供了支撑和保障，推动了产业升级和经济转型。

材料产业作为一种基础产业，对经济社会的发展起着重要的推动作用。第一，材料产业是现代工业化的基础，无论是传统材料产业还是新兴材料产业，都为各个行业提供了必要的原材料和产品，推动了国民经济的发展。第二，材料产业的发展也会带动相关的装备制造、工艺技术、产品设计等产业的发展，形成产业链、产业集群，促进区域经济和社会就业的增长。第三，材料产业的发展也促进了科技创新和技术进步，通过研发和应用新材料，提高产品的性能和品质，推动产业升级和经济转型。

材料产业在发展过程中也面临一些挑战和问题。一方面，国内材料产业在技术研发、产品创新和品牌建设方面相对滞后，与国际先进水平相比仍存在差距；另一方面，材料产业发展过程中也面临环境污染、资源消耗等问题，需要加强环保意识和可持续发展的理念。材料产业作为现代经济社会的重要组成部分，对于国民经济的发展起着重要的推动作用。随着科技的进步和需求的变化，材料产业也在不断发展和创新，向着高效、绿色和可持续发展的方向迈进。

2.2　材料产业与资源、能源、环境之间的关系

资源是指人类可以直接从自然界获得并用于生产和生活的物质。能源是可以直接或经转换提供人类所需的光、热、动力等任一形式能量的载能体资源。在环境科学中，环境是指以人类为主体的外部世界，主要是地球表面与人类发生相互作用的自然要素及其总体。它是人类生存发展的基础，也是人类开发利用的对象。而材料产业与三者之间的关系可以用一般工业产品的链式生产流程示意图来说明，见图 2-1。

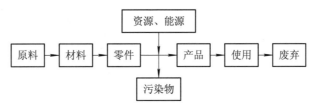

图 2-1　一般工业产品的链式生产流程示意图

资源是材料产业的基础，能源是材料生产的驱动力量，材料及其制品的生产是造成能源短缺、资源过度消耗乃至枯竭的主要原因之一。一方面材料给人类带来了物质财富并推动着人类社会的物质文明进步，另一方面在开发与生产材料的过程中需要消耗大量能源，这就给环境带来了污染。就材料的生产过程而言，从资源和环境的角度分析，在原料的开采、提取、制备、生产加工、运输、使用和废弃的过程中，要消耗大量的资源和能源，并排放出大量的废气、废水和废渣，污染人类的生存环境，并带来其他的环境影响，如全球温室效应，臭氧层被破坏，光、电磁、噪声和放射性污染等。从能源、资源消耗和造成环境污染的根源分析，材料及其制品的生产是造成能源短缺、资源过度消耗乃至枯竭的主要原因之一。在大量消耗有限矿产资源的同时，材料的生产和使用也给人类赖以生存的生态环境带来了严重的负担。

目前我国资源主要矛盾表现为资源供给不能满足经济发展的需要。一方面，我国的经济规模已居世界前列，发展的速度令人瞩目，对资源的需求已达到前所未有的程度。另一方面，现有资源的利用效率不高，资源浪费严重。矿产资源的开发总回收率只有 30%～50%，比发达国家平均低 20%。"高投入、低效率、高污染"问题，在我国资源开发和利用中仍然存在。

由此看来，为了解决材料产业与能源、环境之间的关系，必须改造设备，提高资源的利用率和回收率，减少对资源的消耗。但这只是治标不治本，研究和使用便于资源回收和再利用的环保材料，节约资源和能源，减少环境污染，在使用材料推动现代化发展的同时保护环境，开发绿色环保材料已成为当前的研究主题。

2.3　材料的环境负荷及其对生态环境的影响

不同类型的材料对环境的损伤或影响程度是不相同的。为了定量描述这种损伤或影响程度，需要引入一个物理量，那就是材料的环境负荷。材料的环境负荷是指某一具体材料

在生产、消费或再生过程中耗用的自然资源数量和能源数量，以及其向环境体系排放的各种废弃物(如气态、固态和液态废弃物)的总和。

材料产品在原矿开采、材料制备、产品加工、使用、维护、循环等生命周期各个阶段均与自然环境存在物质与能源交换，此种交换会对自然环境造成冲击从而使自然环境的物理化学参量发生改变，最终在一定程度上损害环境。人类不合理地开发、利用自然资源和兴建工程项目而引起的生态环境的退化及由此衍生的有关环境效应，反过来也对人类的生存环境产生了不利影响，如水土流失、土地荒漠化、破坏生物多样性等。环境破坏造成的后果通常需要很长时间才能恢复，有些甚至是不可逆的。材料生产过程对环境的影响见表 2-1。

表 2-1　材料生产过程对环境的影响

材料	大气	水	土壤/土地	噪声污染	能源消耗
金属材料	排放二氧化硫、氮氧化物、一氧化碳、挥发性有机物等有害气体	排放可能包含重金属、酸碱度高、高温等有害物质的废水	产生大量如炉渣、废弃铁屑、废旧设备等的固体废物，会对土壤造成污染	产生噪声污染，如机器运转、设备振动等	需要大量燃煤、燃油、电力等能源，排放二氧化碳等温室气体
无机非金属材料	燃料燃烧产生粉尘；燃烧、矿石分解产生有毒和温室气体；粉料高温反应时产生毒性气体或尘粒	无机废水含有的污染物种类繁多，包括重金属、酸碱物质、无机盐类、油污等	矿物资源及土地消耗；生产过程中还会产生大量的固体废弃物，对土地资源造成压力	搅拌机、球磨机、烘干机、引风机等噪声振动较大的生产设备，会产生噪声	生产过程都要经过高温，而高温的来源是能源，会消耗大量的能量
高分子材料	会排放大量的二氧化碳和其他有害气体	生产过程中产生的废水对周边环境及人们的生活都造成严重影响	难降解混合物进入土壤后，会破坏外来自然物质和生物环境	机械噪声，如设备运行、泵送等过程产生噪声	需要消耗大量的石油和能源
复合材料	会生成苯等大量的挥发性有机物及有害气体	生产过程中会产生含有有机化合物和重金属离子等的废水	会产生大量的废弃物，如废弃树脂、玻璃纤维及有害气体的处理设备	大型设备的运转和操作都会产生噪声，会对厂区和周边环境造成噪声污染	生产过程需要用电等，消耗大量的能源

良好的环境负荷是资源、能源使用量减少，环境污染小，再生资源利用率高。材料的生产—使用—废弃的生产过程，是将大量的资源提取出来，又将大量废弃物排回到自然环境的过程。传统的材料研究、开发与生产通常过多地追求良好的使用性能，而忽视了材料的生产、使用和废弃过程中需要消耗大量的能源和资源，并造成严重的环境污染，危害人类生存环境。

高的环境负荷会给生态系统造成直接的影响和破坏,如土地沙漠化、森林被破坏等,也给人类造成间接的危害,有时这种间接的环境效应的危害比直接的危害更大,也更难消除。全球主要环境负荷问题包括气候变暖、臭氧层破坏、生物多样性减少、酸雨蔓延、森林锐减、土地荒漠化、大气污染、水体污染、海洋污染、固体废物污染等。降低材料的环境负荷,在保持资源平衡、能源平衡、环境平衡,实现社会和经济的可持续发展等方面将起到非常重要的作用,使生产和生活环境得到有效的保护。

2.4　材料中的化学元素对环境和人体的影响

目前造成环境污染的因素有物理的、化学的和生物的多个方面,其中化学物质引起的环境污染占总数的 80%~90%,是造成环境污染和环境质量下降的主要原因。因此消除污染、改善环境也必然涉及化学问题。

环境化学物质种类繁多,进入环境的途径多种多样。其中环境中存在的化学物质有 55 000 多种,这些化学物质在复杂的环境条件下,会发生物理、化学和生物化学性变化,有些物质的毒性可能降低,甚至被环境吸收或分解为无害物质,有些则可能变为剧毒物质。环境化学毒物(Environmental Chemical Poison)是指通过不同途径进入空气、水源和土壤及公共场所等生活或生产环境中的各种有毒有害物质。环境化学毒物进入环境介质后,通过迁移和转化及生物富集,可导致环境质量下降、生态平衡被破坏、食品污染等,严重威胁人体健康。

对环境产生危害的环境化学污染物主要有无机污染物和有机污染物两大类。前者包括汞、铅、镉、砷、铬、铜、锡、锌等重金属元素及其化合物,以及准金属、卤素、磷、氰化物、硝酸盐等;后者包括有机磷、有机氯、氨基甲酸酯和拟除虫菊酯类等农药,以及苯类、烷烃、芳烃、多环芳烃、卤烃类、二噁英、酚、表面活性剂、醛、酮等有机物。

塑料生产过程中,许多内分泌干扰物(EDCs,一类外源性干扰内分泌系统及器官的化学物质,如双酚类、烷基酚类等)常被用作添加剂,使塑料显现某种颜色或具有一定的柔韧性;此外在塑料生产或循环再利用过程中,也可能被内分泌干扰物污染,如苯乙烯、二噁英等。塑料中含有的内分泌干扰物,可以渗入食物、水和环境,并通过食物、呼吸、皮肤接触进入人体,对内分泌系统及器官产生危害,影响肾脏、肝脏和甲状腺功能,增加癌症、糖尿病、代谢紊乱、神经系统疾病及炎症风险,甚至有可能导致男性和女性生殖发育改变、不育以及生殖细胞改变。

金属材料生产过程中,炼铁、炼钢、铸造、焊接等工序会产生大量的废气,其中可能包含二氧化硫、氮氧化物、一氧化碳、挥发性有机物等有害气体。这些废气可能会对空气质量造成危害,甚至威胁人类健康。比如铝电解生产过程中会产生大量的温室效应气体 CO_2 和全氟化碳(主要是 CF_4 和少量的 C_2F_6),散发有害气体(氟化氢和二氧化硫)、粉尘(含氟粉尘、氧化铝和碳粉)和沥青挥发成分(苯并芘)等有害物质。这些废物如得不到有效处理,将产生严重的环境和生态问题。金属材料生产过程中的冶炼、酸洗、电镀等工序会产生大量的废水,其中可能包含重金属以及酸碱度高、温度高的有害物质。这些废水可能会对水环境造成污染,影响水质和水生生物的生存。

陶瓷工业生产过程中产生的废气污染,一类是含生产性粉尘的工业废气,粉尘中游离二氧化硅的含量直接关系到矽肺的发生和发展，含量越高，矽肺组织进行性病变越迅速，致人丧失劳动能力甚至死亡的概率越大。第二类是窑炉生成及部分干燥阶段的高温烟气，产生的烟气中一般含有 CO、SO_2、NO_x、氟化物和烟尘等，这些烟气会给环境造成严重的污染，给人类的健康带来极大的危害。陶瓷生产过程中的废水主要来自釉料制备工序及设备和地面冲洗水、窑炉冷却水、喷雾干燥塔冲洗水和墙地砖抛光冷却水等，主要污染物为悬浮物、瓷砖粉、抛光剂、研磨剂、油脂、铅、镉、锌、铁等。

太阳能电池板生产过程中产生的废水会产生过量氟离子，含氟量过高的水会严重影响人体健康，破坏河流流域的生态平衡，以及危害当地的养殖业。酸碱液严重污染空气、水域环境和农作物，且挥发出来的酸碱蒸气既能通过呼吸系统进入人体，也会对接触到的人体皮肤造成伤害。生产过程中用到的异丙醇对人体黏膜具有强烈的刺激作用；含有硝酸和三氯氧磷的废水若未经处理就排放，将会大大提高氮元素和磷元素在水中的含量，迅速恶化水生生态环境。

除上述材料工业生产中产生的污染外，其他材料行业在材料生产和各种加工领域的污染物排放量也在逐年增加，给环境带来了巨大的压力，因此材料产业的可持续发展与环境保护成为重要的研究课题。

2.5　材料产业的可持续发展与环境保护

材料产业是工业制造业的重要组成部分，其生产活动对环境的影响十分显著。为实现可持续发展，材料产业需要积极采取环境保护措施，不断提高生产和管理水平，减少环境污染和资源消耗，实现经济效益和环境保护的双赢，具体的环境保护措施包括以下几种。

1. 推广绿色材料

绿色材料是对环境和人类健康没有损害的材料。材料产业应尽力推广绿色材料的使用。在生产和加工过程中，使用环保材料可以减少环境污染和资源消耗。同时，绿色材料的应用也会增强企业竞争力。

2. 优化生产工艺

材料产业需要注重优化生产工艺，降低能源消耗和污染物排放。应推广高效、节能的生产设备，降低人工成本，有效提高资源利用率。

3. 建立环境保护体系

材料产业应建立完善的环境保护体系，做好环境风险监测和评估工作。企业应加强环境管理，及时修复受损害的生态环境，预防环境污染和资源浪费。

4. 加强技术研发

材料产业需要加强技术研发，推广新技术、新材料，优化生产过程，提高资源的利用效率，同时促进产业的技术升级和创新。

5. 发展循环经济

循环经济是材料产业可持续发展的重要模式之一。材料产业可以采取回收、再利用等方式，实现资源利用的循环、节约和再生，减少材料的浪费。

总之，材料产业需要结合自身特点和环保目标，建立环境保护机制和政策，全面提高环保意识，促进材料产业与环境保护协调发展。

2.6 生态环境材料

2.6.1 生态环境材料的概念、特点和分类

一、生态环境材料的概念

20 世纪 90 年代初期，日本教授山本良一首次提出了生态环境材料的概念，国际上由此开展了广泛的研究。生态环境材料的出现不仅仅是材料自身的发展需求，也是生态环境、社会全体和人类生存发展的需求。众多学者经过长时间的讨论，达成如下共识：生态环境材料应是同时具有满意的使用性能和优良的环境协调性或者能够改善环境的材料。环境协调性是指资源和能源消耗少、环境污染小和循环再生利用率高。生态环境材料既包括按生态环境材料的基本思想和设计原则开发的新材料，也包括对传统材料的生态化改造，即在材料生命周期评价(Life Cycle Assessment，LCA，国内比较普遍的另一称谓是环境协调性评价)的基础上，通过对材料制造工艺的不断调整和改造，逐渐实现传统材料的生态环境材料化。但必须强调指出：生态环境材料是与原有的材料相比较而产生、相比较而发展的新型材料，对其的判断和认知往往是相对的、动态的和不断发展的。它是人类充分考虑材料在其整个生命周期中对生态环境影响的基础上，在生态设计思想和原则的指导下，采用革新的低环境负荷工艺(或者说绿色制造工艺)开发出来的新一代材料，是各种高新技术在材料制备过程中被科学、有效和经济、巧妙利用的产物。因此，生态环境材料符合人与自然和谐发展的基本要求，是人与自然协调发展的理性选择，也是材料产业可持续发展的必由之路；它不仅是从源头治理或减轻环境污染的实体材料，而且应当是新时代材料研制与生产的发展方向。

二、生态环境材料的特点

生态环境材料的主要特点包括：① 先进性，能开拓更广阔的活动范围和环境，发挥其优异性能；② 环境的协调性，协调人类的活动范围与外部生态环境，减轻环境负担，实现资源循环利用；③ 舒适性，能使人类的生活环境更加舒适。

三、生态环境材料的分类

生态环境材料有多种分类方式，按照其制造生产的生态化程度可划分为四种类型：① 可循环利用材料，例如循环利用复合材料、循环利用合金、低杂质合金等；② 绿色过程环境材料，这类材料的生产过程绿色化，原料使用可再生资源或者再利用废弃物；③ 高资源利用率材料，如生命周期评价设计材料、精益结构设计材料、低损耗材料、导向应用

材料等；④ 原料无公害化材料，如无汞材料、无镉材料、无铬材料、无铅材料等。

按照材料的功能及用途可分为生态环境建筑材料、生态环境净化材料、生态环境降解材料、绿色包装材料以及生态环境替代材料等。生态环境建筑材料注重建材对人体健康和环保所造成的影响及安全防火性能，具有消磁、消声、调光、调温、隔热、防火、抗静电等性能，以及能够调节人体机能的特种新型功能。生态环境净化材料包含过滤、杀菌、分离、消毒材料等。生态环境降解材料是指可以被环境自然吸收、消化、分解，从而不产生固体废弃物的材料。绿色包装材料是指在生产、使用、报废及回收处理再利用过程中，能节约资源和能源，废弃后能够迅速自然降解或再利用，不会破坏生态平衡，而且来源广泛、耗能低、易回收且再生循环利用率高的材料或材料制品。生态环境替代材料的代表是用作制冷剂的氟利昂替代材料，以及工业和民用的无磷化学品材料。

2.6.2　生态环境材料的应用研究

目前，生态环境材料应用性研究工作的重点是围绕经济工作的中心开展的，以生态环境材料评估技术为理论基础，以生命周期设计方法为技术手段，用环境意识对产品整个寿命期进行设计，从材料的设计阶段就综合考虑材料整个寿命周期内的环境协调性、经济性、功能性，力图使材料的综合性能指标达到生态环境材料的标准。提高材料与环境的相容性、协调性是主要的研究目的之一，开发具有环境相容性的新材料及其制品，并对现有的材料进行环境协调性改性，是生态环境材料应用研究的主要内容。

根据环境材料的性质和应用领域的不同，可以把环境材料的应用性研究分为三大类：① 环保功能材料。其设计意图就是解决日益严峻的环境问题，包括大气、水以及固体废弃物处理材料等；② 减少材料的环境负荷。这类材料具有较高的资源利用效率以及对生态环境的负荷较小的特点，同时采用新工艺以降低加工和使用过程中的环境负荷，包括各种天然材料、清洁能源、绿色建材以及绿色包装材料等；③ 材料的再生和循环利用。这是在降低材料的环境负荷的同时提高资源利用效率的重要手段，其重点是研究各种先进的再生、再循环利用工艺及系统。

2.6.3　生态环境材料的应用

一、生态建筑材料

所有人造材料之中，建筑材料的用量最大、产量最高，因此能源消耗与资源消耗也最多，污染最严重。在当前的大背景下，社会对于建筑材料的要求除轻质、耐久性好和强度高以外，还要从循环的角度来考虑它可能引起的环境影响或生态兼容性。这一改变促使建筑行业出现了多种具有明显特点的生态环境建筑材料，它们已成为生态环境材料的重要组成部分。

1. 生态水泥

生态水泥是通过回收利用工业废渣或城市垃圾进行加工，以充分发挥各种废弃物的潜力，最大程度地激发其活性，生产出的无公害的水硬性胶凝材料。狭义上讲，生态水泥是指利用城市垃圾焚烧灰和下水道污泥等作为主要原料，形成的水硬性胶凝材料；广义上讲，生态水泥不是单独的水泥品种，而是对水泥"健康、环保、安全"属性的评价，包括对原料采集、生产过程、施工过程、使用过程和废弃物处置五大环节的分项评价和综合评价。生态水泥除具有建筑材料的实用性外，还具有维护人体健康、保护环境的特性。

2. 新型墙体材料

新型墙体材料是指人们利用各种工业矿渣生产出的一种轻质隔墙条板、墙体砖、矿棉、砌块，利用甘蔗渣或者麦秆等植物纤维生产的纤维板，利用各种工业石膏，包括排烟脱硫石膏生产出的纸面石膏板等，这些材料给墙体材料带来一场全新的生态革命。

新型墙体材料是区别于砖瓦、灰砂石等传统墙材的新品种，品种和门类很多。从功能上分，有墙体材料、装饰材料、门窗材料、保温材料、防水材料、隔音材料、黏结和密封材料以及与其配套的各种五金件、塑料件及各种辅助材料等。从材质上分，有天然材料、化学材料、金属材料、非金属材料等。新型墙体材料具有质轻、隔热、隔音、保温、无甲醛、无苯、无污染等特点。部分新型复合节能墙体材料集防火、防水、防潮、隔音、隔热、保温等功能于一体，装配简单快捷，还能使墙体更薄，扩大房屋的使用空间。

3. 生态环保木材料

国内外也将生态环保木材料称为塑木、环保木、科技木、再生木、塑美木或保利木，其标准英文名称为 Wood & Biofiber Plastic Composites，业内简称为 WPC。它是以木屑、竹屑、麦秸、谷糠、花生壳、棉秸秆等初级生物质材料为主原料，利用高分子界面化学原理和塑料填充改性的特点，配混一定比例的塑料基料，经特殊工艺处理后加工成型的一种可逆性循环利用、形态结构多样的基础性材料。它既保持了实木的外观及质感，又具有良好的防潮耐水、耐酸碱、抑真菌、抗静电、防虫蛀等性能，而且生态环保木产品防火性能好，无污染、无公害、可循环利用。生态环保木材料应用灵活，可以应用于木材加工的任何领域，未来其产业必将会跨越式发展，生态环保木材料领域也必将迎来新一轮挑战。

4. 天然木材和竹材

1) 木材

木材是一种常见的生态建筑材料，具有良好的吸声性能和保温性能，能够有效地改善室内环境质量。同时，木材作为可再生资源，其获取和加工过程对环境影响较小，符合可持续发展的要求。在建筑中，可以采用木结构、木地板、木门窗等木制品，使建筑更加环保和美观。

2) 竹材

竹材是与木材相当的建筑材料。竹子具有快速再生特性，而木材具有稀缺性，因此竹材更受到青睐，且竹材由于耐磨性好且成本低，被广泛应用于建筑行业。竹垫瓦楞纸板通常作为塑料、石棉和波纹金属的替代品用于屋顶上。屋顶板中使用的竹子是环保建筑材料，对极端风化条件具有很高的耐受性。

二、生态环境修复材料

生态环境修复材料包含用于治理工业废水污染的重金属沉淀、酸碱中和、氧化还原的材料，用于治理大气污染的颗粒物吸附和催化转化的材料，用于减轻土壤污染的固体隔离材料,用于防治土壤沙漠化的固沙植被材料等。

1. 活性碳纤维

活性碳纤维可以对染料废水、含盐废水等工业废水中的污染物进行回收与富集,实现变废为宝。在净化大气污染物方面,它能够有效去除一氧化碳、硫化物和甲醛等,广泛应用于汽车尾气处理、工业脱硫和室内空气净化。

2. 高吸水性树脂

高吸水性树脂主要为丙烯酸树脂,再加上淀粉接枝、天然纤维接枝等技术,用于旱地和沙地,可促进作物、草类生长,从而保持水土,是控制土地沙漠化的有效措施之一。此外,高吸水性树脂还可用于农业聚水保水、采矿业固定尾矿等。

三、生态环境降解材料

生态环境降解材料可以被环境自然吸收、消化、分解,从而不产生固体废弃物,主要用于各种包装材料。

1. 可降解塑料

可降解塑料属于高分子生态环境材料,通过向聚合物中添加光敏剂,或者使用化学或生物合成的可降解高分子,实现塑料制品的光降解、生物降解或光与生物协同降解,能够解决白色污染问题。

现有多种新型塑料,如光降解型塑料、生物降解型塑料、光/氧化/生物全面降解型塑料、二氧化碳基生物降解型塑料、热塑性淀粉树脂降解型塑料等。它们主要应用于日常物品的包装、农用地膜、农药和化肥等的包装、制作医用缝合线、人造皮肤以及环保建筑材料的生产等。

2. 生物降解陶瓷

生物活性陶瓷又叫生物降解陶瓷,包括表面生物活性陶瓷和生物吸收性陶瓷。表面生物活性陶瓷通常含有羟基,还可做成多孔型,生物组织可长入并同其表面发生牢固的键合;生物吸收性陶瓷的特点是能部分或全部被生物吸收,在生物体内能诱发新生骨的生长。

生物活性陶瓷有生物活性玻璃(磷酸钙系)、羟基磷灰石陶瓷、磷酸三钙陶瓷等,主要应用于人工骨、人工关节、人工种植牙等的制造。现已开发出具有较好组织相容性的羟基磷灰石陶瓷、活性氧化铝砂玉、β-磷酸三钙多孔陶瓷等材料,但这类材料的生物活性表征及生物活性的可信赖机理、应力传递时弹性模量的不匹配效应、生物活性界面键合的长期稳定性等问题仍需进一步解决。

四、生态环境替代材料

生态环境替代材料是指用环境负荷小的材料替代环境负荷大的材料来减少对生态环境的影响,或将环境负荷虽小,但对人体健康不利的材料替换。其主要代表有氟利昂的替代材料,如 R-134a(四氟乙烷)、R-404A(五氟乙烷/三氟乙烷/四氟乙烷混合物)、R-410A(二氟甲烷/五氟乙烷混合物);工业用和民用的无磷化学品材料,如改性沸石、碱性亚胺磺酸盐等无机系助洗剂,氨基羧酸盐、羟基羧酸盐以及分子筛合成洗涤剂等有机系助洗剂等。

2.7　材料相关企业生态环境损害案例

从铅蓄电池企业的重金属污染到塑料微粒的海洋扩散，材料创新带来的环境代价给予人们警示：技术进步并非必然通向绿色发展。接下来的案例分析将聚焦"绿色材料"概念的实践困境，探讨全生命周期环境评估对产业转型的关键作用。

材料相关企业生态环境损害案例

2.8　国内外杰出科学家简介

1. 郝吉明与空气污染控制

郝吉明是环境工程专家，中国工程院院士、美国国家工程院外籍院士、清华大学环境学院教授和博士生导师。他的主要研究领域为能源与环境、大气污染控制工程。2020 年 12 月，他被中央宣传部、中国科协等 6 部门授予 2020 年"最美科技工作者"荣誉称号。他致力于中国空气污染控制研究 40 余年，主持了全国酸沉降控制规划与对策研究工作，划定酸雨和二氧化硫控制区，被国务院采纳并实施，为确定中国酸雨防治对策起到了主导作用；建立了城市机动车污染控制规划方法，推动了中国机动车污染控制的进程；深入开展大气复合污染特征、成因及控制策略研究，发展了特大城市空气质量改善的理论与技术方法，推动了中国区域性大气复合污染的联防联控。他在中国严重的空气污染排放控制策略方面的杰出工作获得认可，还在发展和实施燃煤电厂、工业锅炉、车辆、燃料甚至交通管理的排放控制方面表现出杰出的领导能力(哈根-斯密特清洁空气奖评)。郝吉明作为中国大气污染防治领域的主要开拓者和领军人物之一，多年来在该领域做出了杰出的贡献(IBM 全球杰出学者奖评)。

2. 刘文清与环境检测技术研究和应用

刘文清是杰出的环境监测技术专家，中国工程院院士，中国科学院安徽光学精密机械研究所研究员、博士生导师，还是安徽大学物质科学与信息技术研究院院长。他主要从事环境监测技术及其应用研究，发展了环境光学监测新方法，研发了系列环境监测技术设备并实现产业化，集成了大气污染综合立体监测系统并进行应用示范，开拓形成了我国环境光学监测技术新领域。他研发的系列先进环境监测设备，促进了中国环境监测技术的进步。他主持开展了环境光学技术方法创新，建立了环境污染物的光谱特征数据库，并研发了污染物光谱定量解析算法和工程化应用软件。他在中国国内系统地开展了光学与环境科学的交叉创新研究，创建了中国环境光学监测技术体系和研发平台，创新发展光学监测技术与方法，建立了具有国际先进水平的大气环境综合立体监测系统。

3. 瑞秋·卡森与环保运动

瑞秋·卡森是美国著名的海洋生物学家和环境作家，被誉为"现代环境保护运动的奠基人"。其代表作"海洋三部曲"中的《海风下》(Under the Sea Wind，1941)被译成 32 种文字；《我们周围的大海》(The Sea Around Us，1951)获得美国国家科学技术图书奖和伯洛兹自然科学图书奖；《海之滨》(The Edge of the Sea，1955)超级畅销，连续 80 周占据《纽约时报》畅销书排行榜。1962 年，她出版的巅峰之作《寂静的春天》(Silent Spring)揭示了农药对环境的危害，引起了公众对环境保护的关注。卡森的工作促使美国政府禁止使用有害农药，推动了公众环境保护意识的提高，对保护海洋环境和资源产生了深远的影响。身兼科学家、生态学家与自然文学作家身份的瑞秋·卡森成为二十世纪影响人类与环境的重要的人物之一，是现代环保运动的启蒙者。

4. 奥尔多·利奥波德与生态整体主义

奥尔多·利奥波德是美国威斯康星大学教授，也是享有国际声望的科学家和环境保护主义者，被称作"美国新保护活动的先知""美国新环境理论的创始人"及"生态伦理之父"。利奥波德在野生动物管理、荒野保护、森林游憩管理、集水区管理、土地伦理等诸多学科领域都是奠基人，是一位全能型生态环境保护大师。他首次提出土地共同体这一概念，反思了人类的文明，认为真正的文明"是人类与其他动物、植物、土壤互为依存的合作状态"，真正的伦理应当是大地伦理，是将人类视为"生物共同体中的一个成员"并自觉维护大地共同体的伦理，并进一步提出了生态整体主义的核心准则，这一准则，是利奥波德对生态文明构建的最大贡献，利奥波德也因此而成为生态整体主义真正的奠基人。他强调理论联系实际，在沙城用近半个世纪的时间进行生态修复试验，为之后形成生态修复理论打下了坚实的基础。他在库恩进行的集水区管理实践将自然科学和社会科学联系起来，被世界学术界公认为 20 世纪生态环境领域最有影响的科学家，是促使林业从木材经济向生态环境建设和管理转变的关键人物。

思 考 题

1. 简述材料产业与资源、能源、环境之间的关系。
2. 举例说明材料中化学元素对环境和人体的影响。
3. 简述生态环境材料的概念、特点和分类。

第二篇　安全生产技术

第3章 化工行业安全生产技术

3.1 化工生产的特点与安全

当今世界人们的生活几乎离不开化学工业产品，化学工业与农业、轻工业、国防、纺织和建筑等工业部门及人们的生活都有着密切的关系，其产品已经并将继续渗透到国民经济的各个领域。化学工业对于提高人们的生活水平、促进当今其他工业的迅速发展都起着积极的作用，是国民经济发展的支柱产业。

化学工业虽然对人类社会物质文明做出了巨大贡献，但对人类的生命安全和大自然的生态平衡也带来了潜在危险，因其具有易燃、易爆、易中毒、高温、高压、腐蚀性强等许多潜在危险因素。化学工业的危险性、危害性较大，对安全生产的要求更加严格。随着化学工业的发展，化学工业所面临的安全生产、劳动保护与环境问题越来越引起人们的重视，实现化学工业的安全生产至关重要。

化工安全生产技术是保障化工生产活动中不发生或少发生生产事故的科学原理和方法措施。应用该技术可以达到生产长期稳定、连续运行的目标，从而取得良好的经济效益和社会效益。

3.1.1 化工生产的特点

化工生产具有易燃、易爆、易中毒、高温、高压、有腐蚀性等特点，因而较其他工业部门有更大的危险性。

1. 化工生产涉及的原料、半成品和成品种类繁多

据统计，化学品有 15 000 多种，其中危险化学品有近 4000 种，剧毒品有近 400 种。易燃、易爆、毒性大、腐蚀性强的危险化学品对生产、储存和运输都提出了很高的要求。在生产过程中，如果防范措施不到位，就容易发生爆炸、火灾、急性中毒(窒息)、慢性中毒(职业病)、化学灼伤等事故。

2. 化工生产工艺条件苛刻

有些化学反应要在高温、高压环境下进行，有的要在低温、高真空度环境下进行。如高压聚乙烯生产压力为 300 MPa，乙烯生产工艺中裂解炉温度高达 1200℃，乙烯深冷分离温度需降到 -167℃。乙烯在 30～300 MPa、150～300℃的条件下很不稳定，一旦分解，产

生的巨大热量会使反应加剧，可能引起爆聚，严重时可导致反应器和分离器爆炸。高压对设备强度和密封性都提出了很高的要求，高温容易引起设备材料强度降低，发生蠕变、氧化；低温会引起材料脆化；压力和温度波动则会引起材料机械疲劳和热疲劳。在这些苛刻条件下工作的装置一旦发生事故，后果都极其严重。

3. 化工生产装置大型化

采用大型装置可以明显降低单位产品的建设投资和生产成本，提高劳动生产能力，降低能耗。因此，化工生产装置越来越趋向于大型化，特别是近年来化工产品的生产规模得到长足发展。如 20 世纪 50 年代乙烯装置的生产能力仅为 10 万吨/年，如今我国单套乙烯装置最大生产规模已达 100 万吨/年。通过挖潜和技术改造，生产装置还会向更大的规模发展。化工生产装置日趋大型化，涉及的物料越来越多，介质泄漏、控制失灵、设备失效等可能性也在增大，而一旦发生危险，其造成的影响、损失和危害都是巨大的。

4. 生产过程的高度连续化与自动化

化学工业生产是一个连续的生产过程，投产后即不间断地投料，不间断地得到产品，各工序间环环相扣、紧密相连、互相制约，具有高度连续性，加上电子技术突飞猛进的发展，使化工生产实现了连续化、自动化，优化了生产过程的控制和管理，可节省人力并减轻劳动的强度。

5. 工艺过程复杂

化工生产涉及的化学反应复杂，如氧化、还原、氢化、硝化水解、磺化、胺化等；涉及的工艺复杂，包括反应、输送、过滤、蒸发、冷凝、精馏、提纯、吸附、干燥、粉碎等多个化工操作单元；涉及的维护作业复杂，易发生灼伤、窒息、火灾、爆炸、触电、辐射、高空坠落、机械伤害等事故。

6. 化工生产的系统性和综合性强

将原料转化为产品的化工生产活动，其综合性不仅体现为生产系统内部的原料、中间体、成品纵向上的联系，而且体现为与水、电、蒸汽等能源的供给，机械设备、电器、仪表的维护与保障，副产物的综合利用，废物处理和环境保护，产品应用等横向上的联系。任何系统或部门的运行状况，都将影响甚至是制约化学工艺系统内的正常运行与操作。化工生产各系统间联系密切，系统性和协作性很强，这也对安全生产提出了更高的要求。

7. 新材料和新工艺不断涌现

新材料的合成、新工艺和新技术的应用，可能会带来新的危险。针对这些没有经验可循的新工艺过程和新操作，更加需要强化危险源辨识，对危险进行定性和定量评价，并根据评价结果采取优化的安全措施。

8. 生产技术不断提高

现代大型化工生产装置的应用，需要操作人员具有现代化学工艺理论知识与技能和高度的安全生产意识与责任感，要能够熟练地掌握机械设备的操作，并且还要有先进的检测方法，保证装置的安全运行。

化工生产的这些特点使得安全生产在化工行业中更为重要。

3.1.2 化工生产事故的特点

化工生产事故与其他工业生产事故相比有其显著的特点，这是由化工生产所用原料特性、工艺方法和生产规模所决定的。化工生产事故总体上有以下 4 个特点。

1. 火灾、爆炸、中毒事故多且后果严重

我国 30 余年的统计资料表明，化工厂火灾、爆炸事故的死亡人数占因工死亡总人数的13.8%，居第一位；中毒窒息事故致死人数占因工死亡总人数的 12%，占第二位；高空坠落和触电分别占第三、第四位。

很多化工原料的易燃性、反应性和毒性本身导致了上述事故的频繁发生。反应器、压力容器的爆炸，以及燃烧传播速度超过音速时的爆轰，都会造成破坏力极强的冲击波，冲击波超压达 0.02 MPa 时会使砖木结构建筑物部分倒塌、墙壁崩裂。如果爆炸发生在室内，压力一般会增加 7 倍，任何坚固的建筑物都承受不了这样大的压力，而人体仅能承受0.01 MPa 以下的冲击波超压。

由于管线破裂或设备损坏，大量易燃气体或液体瞬间泄放，接着迅速蒸发形成蒸气云团，并且与空气混合达到爆炸下限，随风飘移。如果飞到居民区遇到明火发生爆炸，其后果是难以想象的。据估计，50 t 的易燃气体泄漏会造成直径达 700 m 的云团，在其覆盖下的居民，将会被爆炸火球或扩散的火焰灼伤，其辐射强度将达 14 W/cm^2，而人能承受的安全辐射强度仅为 0.5 W/cm^2，同时人还会因缺乏氧气窒息而死。

多数化学物品对人体有害，生产中由于设备密封不严，特别是在间歇操作中发生泄漏的情况很多，容易造成操作人员的急性和慢性中毒。据化工部门统计，因一氧化碳、硫化氢、氮气、氮氧化物、氨、苯、二氧化碳、二氧化硫、光气、氯化钡、氯气、甲烷、氯乙烯、磷、苯酚、砷化物等 16 种物质造成中毒、窒息的死亡人数占中毒死亡总人数的 87.9%，而这些物质在一般化工厂中都是常见的。

化工装置的大型化使大量化学物质处于工艺过程中或储存状态，一些比空气重的液化气体，如氨、氯等，在设备或管道破口处以 15°～30° 锥角扩散，在扩散宽度为 100 m 左右时，人还容易察觉并迅速逃离，但毒气影响宽度可达 1 km 或更大，在距离较远而毒气浓度尚未稀释到安全值时，人则很难逃离，因此易导致发生中毒事故。1984 年印度博帕尔甲基异氰酸酯泄漏事故和 2003 年我国重庆开县天然气泄漏事故造成成千上万人员伤亡就是惨烈的事例。

2. 生产活动时事故发生多

化工正常生产活动(含检修活动)时发生事故造成死亡的占因工死亡总人数的 66.7%，而非正常生产活动时仅占 12%。原因大致有 3 类：

(1) 化工生产中有许多副反应生成，这些副反应的生成有些机理尚不完全清楚，有些则是在危险边缘(如爆炸极限)附近进行生产的。例如乙烯制环氧乙烷、甲醇氧化制甲醛等，生产条件稍一波动就会发生严重事故，间歇生产更是如此。

(2) 化工工艺中影响各种参数的干扰因素很多，设定的参数很容易发生偏移，而参数的偏移也是事故的根源之一。即使在自动调节过程中也会产生失调或失控现象，人工调节则更易发生事故。

(3) 由于人的操作水平不高或人机工程设计欠佳，往往会造成误操作，如看错仪表、开错阀门等，特别是在现代化的生产中，人是通过控制台进行操作的，发生误操作的机会更多。

3. 设备缺陷以及腐蚀原因较多

瑞士某保险公司曾统计了化工行业的 102 起事故起因，分析后发现因设备问题引发的生产事故数量最多，占 31%。化工厂的工艺设备一般都是在严酷的生产条件下运行的。腐蚀介质的作用，振动、压力波动造成的疲劳，高低温对材质性质的影响等都是安全方面应引起重视的问题。

化工设备的破损与应力腐蚀裂纹有很大关系。设备材质受到制造时的残余应力和运转时拉伸应力的作用，在腐蚀的环境中就会产生裂纹并发展长大。遇特定条件，如压力波动、严寒天气等就会引起脆性破裂，造成巨大的灾难性事故。

制造化工设备时除选择正确的材料外，还要求使用正确的加工方法。以焊接为例，如果焊缝不良或未经过热处理，则会使焊区附近材料性能劣化，易产生裂纹使设备破损。

4. 事故集中且多发

化工生产常遇到事故多发的情况，给生产带来被动。化工装置中的许多关键设备，特别是高负荷的塔槽、压力容器、反应釜、经常开闭的阀门等，运转一定时间后，常会出现多发故障或集中发生故障的情况，这是因为成批设备进入了寿命周期的故障频发阶段。对待多发事故必须采取预防措施，加强设备检测的监护措施，及时更换到期设备。

3.1.3　化工安全技术内容

一、化工安全技术的基本内容

化工安全技术是研究生产过程中各种事故和职业性伤害发生的原因、防止事故和职业病发生的系统的科学技术和理论。

化工安全技术是一门涉及范围很广、内容极为丰富的综合性科学，具有政策性、群众性、技术复杂的特点。安全技术涉及数学、物理、化学、生物、天文、地理等基础科学和电工学、材料力学、劳动卫生等应用科学；它还涉及化工、机械、电气、冶金、建筑、交通运输等工程技术知识。

化工安全技术的基本内容包括以下 3 个方面：

(1) 预防工伤事故和其他各类事故的安全技术。其内容包括防火防爆、防腐蚀、压力容器与电气设备检修、防静电、防雷击、机械加工和建筑安装等人体防护安全技术，以及装置安全评价、事故数据统计、安全系统工程等。

(2) 预防职业性伤害的安全技术。其内容包括防尘、防毒、通风采暖、照明采光、减少噪声、消除振动及高频和射频辐射防护、放射性防护与现场急救等。

(3) 制定和执行规章制度。其内容包括制定和执行各项安全技术法律规范、规定、条例和标准。

二、化工安全生产技术措施

化工安全生产技术措施就是为消除生产过程中各种不安全、不卫生因素，防范事故伤害和职业性危害，改善劳动条件和保证安全生产而在工艺、设备、控制等各方面采取的一些技术上的措施。安全生产技术措施是提高设备和装置本质安全性的重要手段。设备和装置的本质安全性是指对机械设备和装置安装自保系统，即使人操作失误，其本身的安全防护系统也能自动调节和处理，从而保护设备和人身的安全。安全生产技术措施必须在设备、装置和工程的设计阶段就予以考虑，并在制造或建设阶段给予解决和落实，使设备和装置投产后能安全、稳定地运转。不同的生产过程存在的危险因素不完全相同，需要的安全技术措施也有所差异，必须根据各种生产的工艺过程、操作条件、使用的物质(含原料、半成品、产品)、设备以及其他有关设施，在充分辨识潜在危险和不安全因素的基础上选择适用的安全技术措施。

化工安全生产技术措施包括预防事故发生和减少事故损失两个方面，主要有以下几类。

1. 减少潜在危险因素

在新工艺、新产品开发时，尽量避免使用具有危险性的物质、工艺和设备，即尽可能用不燃和难燃的物质代替可燃物质，用无毒和低毒物质代替有毒物质，这样火灾、爆炸、中毒等事故将因失去基础而不会发生。这种减少潜在危险因素的方法是预防事故发生的最根本措施。

2. 降低潜在危险因素的数值

潜在危险因素往往需要达到一定的量度或强度才能施害。通过一些方法降低它的数值，使之处在安全范围以内就能防止事故发生。如作业环境中存在有毒气体时，可安装通风设施，降低有毒气体的浓度，使之达到容许值以下，就不会影响人身安全和健康。

3. 联锁

当设备或装置出现危险情况时，用某种方法强制一些元件相互作用，以保证安全操作。例如，当检测仪表显示出工艺参数达到危险值时，与之相连的控制元件就会自动关闭或调节系统，使之安全停车或处于正常状态。目前由于化工生产工艺越来越复杂，联锁的应用也越来越多，这是一种很重要的安全保护装置，可有效地防止人员误操作。

4. 隔离操作或远距离操作

伤亡事故的发生必须是人与施害物相互接触，如果将两者隔离开来或保持一定距离，就会避免人身事故的发生或减弱对人体的危害。例如，对放射性、辐射和噪声等的防护，可以通过提高自动化生产程度，设置隔离屏障，减少人员接触等方式实现。

5. 设置安全薄弱环节

在设备或装置上安装保险元件，当危险因素达到危险值之前这个元件会预先被破坏，将能量释放，从而防止重大破坏事故发生。例如，在压力容器上安装安全阀或爆破膜、在电气设备上安装保险丝等。

6. 设备加固或加强

有时为了提高设备的安全程度，可增加安全系数，加大安全裕度，提高结构的强度，防止因结构破坏而导致事故发生。

7. 封闭

封闭就是将危险物质和危险能量局限在一定范围之内，有效地预防事故发生或减少事故损失。例如，使用易燃易爆、有毒有害物质时，把它们封闭在容器、管道里边，不与空气、火源和人体接触，就不会发生火灾、爆炸和中毒事故。将容易发生爆炸的设备用防爆墙围起来，即使发生爆炸，破坏能量也不至于波及周围的人和设备。

8. 设置警告牌和信号装置

警告可以提醒人们注意，及时发现危险因素或危险部位，以便及时采取措施，防止事故发生。警告牌利用人们的视觉引起注意；警告信号则可利用视听信号引起注意。目前应用比较多的可燃气体、有毒气体检测报警仪，是既有光，也有声的报警方式，从视觉和听觉两个方面提醒人们注意。

此外，还有生产装置的合理布局、建筑物和设备间保持一定的安全距离等其他方面的安全技术措施。未来随着科学技术的发展，还会开发出更加先进的安全防护技术措施。

三、安全技术与生产技术的关系

(1) 安全技术是生产技术的一个重要组成部分。安全技术和生产技术紧密相关，生产技术改进必须伴随安全技术的改进，才能确保安全生产。要发展安全技术，就必须熟悉生产技术。

(2) 安全技术贯穿于生产的全过程。新建、改建和扩建企业时，从设计、施工、安装到竣工验收、试运转、投放生产，各个环节都有安全技术的内容，各个环节都必须遵守各种有关的安全法律规范、规程、规定、条例和标准。而在实施生产的过程中，无论在人员方面、物资方面还是管理方面，都离不开安全技术，在生产的各个环节上都必须做好安全技术和安全管理工作。

(3) 安全技术随着生产技术的发展而发展。安全技术越成熟，职工预防危险和消除危险的本领就越大，从而更能保障职工的安全和健康。生产技术向前发展，对安全技术提出了更高的要求，又为安全技术的发展创造了条件。因此安全技术总是随着生产技术的发展而发展。化工技术不断发展，必须及时提高相关职工的素质，增加他们的相关知识，才能保证生产的正常运转。

化工生产过程的安全技术与生产技术关系的密切性、广泛性和复杂性是其他工业生产过程无法比拟的。为了保证安全，相关人员必须熟悉生产流程，了解掌握每一个生产环节和设备的特点。从整体上说，安全管理人员的知识水平应该与生产管理人员持平，在知识容量上则应高于生产管理人员。国外有些化工企业实行生产科长与安全科长定期轮换的制度是有道理的。

3.2　化工生产中的重大危险源

一、重大危险源的定义

重大危险源是指企业生产活动中客观存在的危险物质或能量超过临界值的设施、设备或场所。由火灾、爆炸、毒物泄漏等引起的重大事故，尽管其起因和后果的严重程度不尽相同，但它们都是由危险物质失控引起的，并可能造成严重后果。危险的根源是贮存、使用、生产、运输过程中存在易燃、易爆及有害物质，具有引发灾难性事故的能量。造成重大工业事故的可能性及后果的严重程度既与物质的固有特性有关，也与设施或设备中危险物质的数量或能量的大小有关。

重大危险源与重大事故隐患是有区别的，前者强调设备、设施或场所的本质的、固有的物质能量的大小，后者则强调作业场所、设备及设施的不安全状态、人的不安全行为和管理上的缺陷。

二、重大危险源的范围

凡能引发重大工业事故并导致严重后果的一切危险设备、设施或工作场所都应列入重大危险源的管理范围。

根据上述原则，重大危险源包括以下七类。

(1) 贮藏区(贮罐)，包括可燃液体、气体和毒性物质三种贮罐区或贮罐。

(2) 库区(库)，可分为火炸药、弹药库区(库)，毒性物质库区(库)，易燃、易爆等物品库区(库)。

(3) 生产场所，包括具有中毒危险的生产场所和具有爆炸、火灾危险的生产场所。

(4) 企业危险建(构)筑物，限用于企业生产经营活动的建(构)筑物，如厂房、库房等，和已确定为危险建筑物，且建筑面积不小于 1000 m^2 或经常有 100 人以上出入的建(构)筑物。

(5) 压力管道，满足下列条件之一的压力管道应列入管理范围。

① 输送毒性等级为剧毒、高毒或火灾危险性为甲、乙类介质，公称直径为 100 mm，工作压力为 10 MPa 的工业管道。

② 公用管道中的中压或高压燃气管道，且公称直径不小于 200 mm。

③ 公称压力不小于 0.4 MPa，公称直径不小于 400 mm 的长输管道。

(6) 锅炉。满足以下条件之一的锅炉应列入管理范围。

① 额定蒸汽压力不小于 2.45 MPa。

② 额定出口水温不小于 120℃，且额定功率不小于 14 MW 的热水锅炉。

(7) 压力容器。满足以下条件之一的压力容器应列入管理范围。

① 贮存毒物的毒性等级为剧毒、高毒及中等毒的三类压力容器。

② 最高工作压力不小于 0.1 MPa，几何容积不小于 1000 m^2，贮存介质为可燃气体的压力容器。

③ 液化气体陆路罐车和铁路罐车。

三、重大危险源的类型

从危险性物质的生产、贮运、泄漏等事故案例的分析可知，重大危险源根据事故类型可分为泄放型危险源和潜在型危险源。

1. 泄放型危险源

泄放型危险源包括连续性气体、爆炸性气体、爆炸性压力液化气体、连续压力液化气体、非爆炸性压力液化气体、非爆炸性冷冻压力液化气体、冷冻液化气体、两相泄放型气体。

(1) 连续性气体：包括气体管道、阀门、垫片、视镜、腐蚀孔、安全阀等的泄放，如果气体呈正压状态，泄放的基本形态为连续气体流。

(2) 爆炸性气体：包括气体贮罐、汽化器、气相反应器等爆炸性泄漏，基本形态是大量气体瞬间释放并与空气混合形成云团。

(3) 爆炸性压力液化气体：包括压力液化气球罐、钢瓶、计量槽、罐车等爆炸性泄放，基本形态是大量液化气体在瞬间泄放，由于闪蒸导致大量空气夹带，液化气液滴蒸发导致云团温度下降，形成冷云团。

(4) 连续压力液化气体：包括压力液化气球罐的液相孔、管道、阀门等的泄漏，基本形态是压力液化气迅速闪蒸，混入空气并形成低温烟云。

(5) 非爆炸性压力液化气体：包括压力液化气球罐气相孔、小口径管道和阀门等的泄放，基本形态是产生气体喷射，泄放速度随罐内压力变化而变化。

(6) 非爆炸性冷冻压力液化气体：包括半冷冻液化气球罐的液相通道和阀门等的泄放，基本形态是泄放物部分闪蒸，部分在地面形成液池。

(7) 冷冻液化气体：包括冷冻液化气球罐液位下的孔、管道、阀门等的泄放，基本形态是地面形成低温液池。

(8) 两相泄放型气体：包括压力液化气球罐气相中等孔的泄放，基本形态是产生变化的"雾"状或泡沫流。

2. 潜在型危险源

潜在型危险源包括阀门和法兰泄漏、管道泄漏、贮罐泄漏、爆炸性贮罐泄放、钢瓶泄放。

(1) 阀门和法兰泄漏：因阀门和法兰加工缺陷、腐蚀、密封件失效、外部载荷或误操作引起的气体、压力液化气、冷冻液化气或其他液体的泄漏。

(2) 管道泄漏：因管道接头开裂、脱落、腐蚀、加工缺陷或外部载荷引起气体压力液化气、冷冻液化气及其他液体的泄漏。

(3) 贮罐泄漏：因贮罐材质缺陷、附件缺陷、腐蚀或局部加工不良而引起的气体、压力液化气、冷冻液化气及其他液体的泄漏。

(4) 爆炸性贮罐泄放：因贮罐加工和材质缺陷并超温、超压作业或外部载荷引起的压力液化气和冷冻液化气爆炸性泄放。

(5) 钢瓶泄放：因超标充装、超温使用或附件缺陷引起的压力液化气或压力气体泄放。

四、各危险源的临界量

各危险源的临界量是指国家规定和条例中有关特定条件下，对某种危险物质所规定的数量，若超过该数量则容易引发重大工业事故。控制危险源的临界数量，对防止发生重大工业灾害事故至关重要。

表 3-1 和表 3-2 分别列举了一些危险化学品名称及其临界量。

表 3-1 危险化学品名称及其临界量

序号	类别	危险化学品名称和说明	临界量/t
1	爆炸品	叠氮化钡	0.5
2		叠氮化铅	0.5
3		雷酸汞	0.5
4		三硝基苯甲醚	5
5		三硝基甲苯	5
6		硝化甘油	1
7		硝化纤维素	10
8		硝酸铵(含可燃物大于 0.2%)	5
9	易燃气体	丁二烯	5
10		二甲醚	50
11		甲烷、天然气	50
12		氯乙烯	50
13		氢	5
14		液化石油气(含丙烷、丁烷及其混合物)	50
15		一甲胺	5
16		乙炔	1
17		乙烯	50
18	毒性气体	氨	10
19		二氟化氧	1
20		二氧化氮	1
21		二氧化硫	20
22		氟	1
23		光气	0.3
24		环氧乙烷	10
25		甲醛(含量大于 90%)	5
26		磷化氢	1
27		硫化氢	5
28		氯化氢	20
29		氯	5
30		煤气(CO、CO 和 H2、CH4 的混合物等)	20
31		砷化三氢(胂)	12
32		锑化氢	1
33		硒化氢	1
34		溴甲烷	10
35	易燃液体	苯	50
36		苯乙烯	500
37		丙酮	500
38		丙烯腈	50
39		二硫化碳	50

续表

序号	类别	危险化学品名称和说明	临界量/t
40	易燃液体	环己烷	500
41		环氧丙烷	10
42		甲苯	500
43		甲醇	500
44		汽油	200
45		乙醇	500
46		乙醚	10
47		乙酸乙酯	500
48		正己烷	500
49	易于自燃的物质	黄磷	50
50		烷基铝	1
51		戊硼烷	1
52	遇水放出易燃气体的物质	电石	100
53		钾	1
54		钠	10
55	氧化性物质	发烟硫酸	100
56		过氧化钾	20
57		过氧化钠	20
58		氯酸钾	100
59		氯酸钠	100
60		硝酸(发红烟的)	20
61		硝酸(发红烟的除外,含硝酸大于70%)	100
62		硝酸铵(含可燃物不大于0.2%)	300
63		硝酸铵基化肥	1000
64	有机过氧化物	过氧乙酸(含量不小于60%)	10
65		过氧化甲乙酮(含量不小于60%)	10
66	毒性物质	丙酮和氰化氢	20
67		丙烯醛	20
68		氟化氢	1
69		环氧氯丙烷(3-氯-1、2-环氧丙烷)	20
70		环氧溴丙烷(表溴醇)	20
71		甲苯二异氰酸酯	100
72		氯化硫	1
73		氰化氢	1
74		三氧化硫	75
75		烯丙胺	20
76		溴	20
77		乙撑亚胺	20
78		异氰酸甲酯	0.75

表 3-2   未在表 3-1 中列举的危险化学品类别及其临界量

类别	危险性分类及说明	临界量/t
爆炸品	1.1A 项爆炸品	1
	除 1.1A 项外的其他 1.1 项爆炸品	10
	除 1.1 项外的其他爆炸品	50
气体	易燃气体：危险性属于 2.1 项的气体	10
	氧化性气体：危险性属于 2.2 项非易燃无毒气体且次要危险性为 5 类的气体	200
	剧毒气体：危险性属于 2.3 项且急性毒性为类别 1 的毒性气体	5
	有毒气体：危险性属于 2.3 项的其他毒性气体	50
易燃液体	极易燃液体：沸点不大于 35℃且闪点低于 23℃	10
	高度易燃液体：闪点低于 23℃(不包括极易燃液体)	1000
	易燃液体：闪点不小于 23℃	5000
易燃固体	危险性属于 4.1 项且包装为 I 类的物质	200
易于自燃的物质	危险性属于 4.2 项且包装为 I 或 II 类的物质	200
遇水放出易燃气体的物质	危险性属于 4.3 项且包装为 I 或 II 的物质	200
氧化性物质	危险性属于 5.1 项且包装为 I 类的物质	50
	危险性属于 5.1 项且包装为 II 或 III 类的物质	200
有机过氧化物	危险性属于 5.2 项的物质	50
毒性物质	危险性属于 6.1 项且急性毒性为类别 1 的物质	50
	危险性属于 6.1 项且急性毒性为类别 2 的物质	500

注：以上危险化学品危险性类别及包装类别依据 GB12268 确定，急性毒性类别依据 GB 20592 确定。

3.3 危险化学品

3.3.1 危险化学品安全基础知识

一、危险化学品种类

《化学品分类和标签规范》(GB30000—2024)将化学品的危险性分为 3 大类 29 项，具体如下。

1. 物理危险

(1) 爆炸物；

(2) 易燃气体；

(3) 气雾剂（气溶胶）和加压化学品；

(4) 氧化性气体；

(5) 加压气体；

(6) 易燃液体；

(7) 易燃固体；

(8) 自反应物质和混合物；

(9) 发火液体（自燃液体）；

(10) 发火固体（自燃固体）；

(11) 自热物质和混合物；

(12) 遇水放出易燃气体的物质和混合物；

(13) 氧化性液体；

(14) 氧化性固体；

(15) 有机过氧化物；

(16) 金属腐蚀物；

(17) 退敏爆炸物。

2. 健康危害

(1) 急性毒性

(2) 皮肤腐蚀刺激；

(3) 严重眼损伤/眼刺激；

(4) 呼吸道或皮肤致敏；

(5) 生殖细胞致突变性；

(6) 致癌性；

(7) 生殖毒性；

(8) 特异性靶器官毒性一次接触；

(9) 特异性靶器官毒性反复接触；

(10) 吸入危害。

3. 环境危害

(1) 危害水生环境；

(2) 危害臭氧层。

二、危险化学品危险性分析

1. 危险化学品固有危险性

危险化学品的固有危险性参考前欧共体危险品分类，可划分为物理化学危险性、生物危险性和环境污染危险性。

1) 物理化学危险性

(1) 爆炸危险性。爆炸危险性是指危险化学品在明火影响下或是对振动或摩擦比二硝基苯更敏感时会产生爆炸的特性。该定义取自危险物品运输的国际标准，用二硝基苯作为标准参考基础。迅速而又缺乏控制的能量释放会产生爆炸，释放能量的形式一般是热、光、声和机械振动等。化工爆炸的能源最常见的是化学反应，但是机械能或原子核能的释放也会引起爆炸。任何易燃的粉尘、蒸气或气体与空气或其他助燃剂混合，在适当条件下点火都会产生爆炸。能引起爆炸的可燃物质有可燃固体、易燃液体的蒸气、易燃气体等。可燃物质爆炸的三个要素是可燃物质、空气或任何其他助燃剂、火源或高于着火点的温度。

(2) 氧化危险性。氧化危险性是指危险物质或制剂与其他物质，特别是易燃物质接触产生强放热反应的特性。氧化性物质依据其作用可分为中性的(如氧化铅等)、碱性的(如高锰酸钾、氧等)、酸性的(如硫酸等)三种类别。绝大多数氧化剂都是高毒性化合物。按照其生物作用，有些可称为刺激性气体，如硫酸等，有些是窒息性气体，如硝酸烟雾、氯气等。所有刺激性气体，直接接触一般都能引起细胞组织表层的炎症。其中一些如硫酸、硝酸和氟气等，可以造成皮肤和黏膜的灼伤，另外一些，如过氧化氢，可以引起皮炎。含有铬、锰和铅的氧化性化合物具有特殊的危险。例如，铬(Ⅵ)化合物长期吸入会导致肺癌，锰化合物可以引起中枢神经系统和肺部的严重疾患。作为氧源的氧化性物质不仅具有助燃作用，而且会增加燃烧强度。由于氧化反应的放热特征，反应热会使接触物质过热，而且各种反应副产物往往比氧化剂本身更具毒性。

(3) 易燃危险性。易燃危险性可细分为极度易燃性、高度易燃性和易燃性三个危险类别。

极度易燃性是闪点低于 0℃、沸点不超过 35℃ 的危险物质或制剂具有的特征。例如，乙醚、甲酸乙酯、乙醛等就属于这个类别。能满足上述界定条件的还有许多其他物质，如氢气、甲烷、乙烷、乙烯、丙烯、一氧化碳、环氧乙烷、液化石油气等，以及在环境温度下为气态、可形成较宽爆炸极限范围的气体-空气混合物的石油化工产品。

高度易燃性是在无能量、与常温空气接触时就能变热起火的物质或制剂具有的特征。这个危险类别包括与火源短暂接触就能起火、火源移去后仍能继续燃烧的固体物质或制剂，以及闪点低于 21℃ 的液体物质或制剂。通常压力下空气中的易燃气体、氢化合物、烷基铝、磷以及多种溶剂都属于这个类别。

易燃性是指闪点在 21～55℃ 的液体物质或制剂具有的特征。大多数溶剂和许多石油馏分都属于这个类别。

2) 生物危险性

(1) 毒性。毒性危险可造成急性或慢性中毒甚至死亡，用试验动物的半数致死剂量表征。毒性反应的大小很大程度上取决于物质与生物系统接受部位反应生成的化学键类型。对毒性反应起重要作用的化学键的基本类型是共价键、离子键和氢键。另外范德华力也对毒性反应大小有影响。

(2) 腐蚀性和刺激性。腐蚀性物质是指能够严重损伤活性细胞组织的一类危险物质。一般腐蚀性物质除具有生物危险性外，还能损伤金属、木材等其他物质。刺激性是指危险物质或制剂与皮肤或黏膜直接、长期或重复接触会引起炎症。刺激性物质的作用对象不包括无生命物质。虽然腐蚀性作用常引起深层损伤结果，刺激性作用一般只有浅表特征，但两者之间并没有明确的界线。

(3) 致癌性。致癌性是指一些化学危险物质或制剂，通过呼吸、饮食或皮肤注射进入人体会诱发癌症或增加癌变危险的特性。1978 年国际癌症研究机构制定的一份文件宣布，有 26 种物质被确认具有致癌性质。随后又有 22 种物质经动物试验被确认能诱发癌变。在致癌物质领域，由于目前人们对癌变的机理还不甚了解，还不足以建立起符合科学论证的管理网络。但是对于物质的总毒性，却可以测出一个浓度水平，在此浓度水平之下，物质不再显示出致癌作用。另外，动物试验结果与对人体作用之间的换算问题，目前在科学上还未解决。

(4) 致变性。致变性是指某些化学危险物质或制剂可以诱发生物活性的特性。对于具体物质诱发的生物活性的类型，如细胞的、细菌的、酵母的或更复杂有机体的生物活性，目前还无法确定。致变性又称变异性，受其影响的如果是人或动物的生殖细胞，受害个体的正常功能会有不同程度的变化；如果是躯体细胞，则会诱发癌变。前者为生物变异，可传至后代；后者为躯体变异，只影响受害个体的一生。

3) 环境污染危险性

与化工有关的环境污染危险主要是水质污染和空气污染，指化学危险物质或制剂在水和空气中的浓度超过正常量，进而危害人或动物的健康以及植物的生长。

环境污染危险是一个不易确定的综合概念。环境污染危险往往是物理化学危险和生物危险的聚合，并通过生物降解和非生物降解来达到平衡。为了评价化学物质对环境的危险性，必须进行全面评估，考虑化学物质的固有危险及其处理量、化学物质的最终去向及其散落入环境的程度、化学物质分解产物的性质及其所具有的新陈代谢功能等。

2. 危险化学品生产的特征与其危险性分析

当前，危险化学品生产等化学工业正向着多样化、大型化、连续化、自动化的趋势发展。

1) 化工产品和生产方法的多样化

化工生产所用的原料、半成品、成品种类繁多，绝大部分是易燃、易爆、有毒、有腐蚀性的危险化学品。而化工生产中一种主要产品可以联产或副产几种其他产品，同时又需要多种原料和中间体来配套。同一种产品往往可以使用不同的原料和采用不同的方法制得，如苯的主要来源有四个，即炼厂副产、石脑油铂重整、裂解制乙烯时的副产以及甲苯经脱烷基取制。而同一种原料采用不同的生产方法，可得到不同的产品，如用化工基本原料乙烯，可以生产出多种化工产品。

2) 生产规模的大型化

近 20 年来，国际上化工生产采用大型生产装置是一个明显趋势。世界各国出现了以炼石脑油和天然气凝析液为原料，采用烃类裂解技术制造乙烯的大型石化工厂，生产乙烯的装置也由 20 世纪 50 年代的 1 万吨级跃升为 10～30 万吨级。我国已建成了许多年产 30 万吨以上的合成氨的大型化肥装置，目前新建的乙烯装置和合成氨装置大都稳定在

30 万～45 万吨/年的规模。从安全角度考虑，大型化会带来极强的潜在危险性。

(1) 能量大增加了能量外泄的危险性。生产过程温度越高，设备内外压力差越大，对设备强度要求就越高，也就越难以保证安全生产，原材料、半成品甚至产品在加工过程中外泄的可能性就会增大，一旦大量外泄，就会在很大范围内燃烧爆炸或产生易爆的蒸气云团或毒气云，给人民财产和安全带来巨大的灾难。

(2) 生产相互依赖、相互制约性大增。工厂为了提高经济效益，把各种生产有机地联合起来，一个厂的产品就是另外一个厂的原料，输入输出只是在管道中进行，多数装置直接接合，形成直线连接，规模不仅变大而且更为复杂，装置间具有强相互作用，独立运转就不可能实现。直线连接又容易形成许多薄弱环节，使系统变得非常脆弱。

(3) 生产弹性减弱。过去化工生产往往在工序或车间之间，设置一定的储存能力，以调节生产的平衡。而大型化必然带来连续化和自动控制操作，不可能也不必要再设置中间储存能力，但也因此导致生产弹性减弱。

(4) 控制集中化和自动控制使系统复杂化。没有控制的集中和自动化也谈不上大型化。但控制设备和计算机也有一定的故障率，如果是开环控制，人是子系统的一员，人的低可靠性增大了事故发生的可能。

(5) 设备要求日益严格。工厂规模大型化以后，对工艺设备的处理能力、材质和工艺参数要求更高。如轻油裂解、蒸气稀释裂解的裂解管壁耐温要求都在 900℃ 以上，合成氨、甲醇、尿素的合成压力都要求在 10 MPa 以上，高压聚乙烯压缩机出口压力为 350 MPa，高速水泵转速达 2500 r/min，天然气深冷分离在 -120～-130℃ 的条件下进行。这些严苛的生产条件，给设备制造带来极大的难度，同时也增加了设备的潜在危险性。

(6) 大型化给社会带来威胁。工厂大型化基本上是在原有厂区上逐渐扩建的，大量职工的生活需求又使厂区与居民区越来越近，一旦发生事故，便会对社会造成巨大影响。

3) 条件工艺过程的连续化和自动控制

化工生产有间歇操作和连续操作之分。间歇操作的特点是各个操作过程都在一组或一个设备内进行，反应状态随时间变化，原料的投入和产出都在同一地点，危险性原料和产品都在岗位附近，因此很难达到稳定生产。另一方面操作人员的注意力必须十分集中，劳动强度也很大，这就容易发生事故。间歇生产方式不可能大型化，连续化和自动控制是大型化的必然结果。

连续化生产的操作比间歇操作要简单，特别是各种物理量参数在正常运转的全部时间内是不变的，不像间歇操作那样不稳定，随时间变化经常出现波动。但连续化生产中外部或内部产生的干扰非常容易侵入系统，导致各种参数发生偏离。由于各子系统的输入输出是连续的，上游的偏离量很容易传递到下游，进而影响系统的稳定。连续化生产装置和设备之间的相互作用非常紧密，输入输出问题也比间歇操作复杂，所以必须实现自动控制，才能保持稳定生产。自动控制虽然能增加运转的可靠性，提高产品质量和安全性，但也不是万无一失的。美国石油保险协会曾调查过炼油厂火灾爆炸事故原因，其中因控制系统发生故障而造成的事故占比达 6.1%，所以，即使采用自动控制手段，也应加强管理，搞好维护，不可掉以轻心。

4) 间歇操作仍是众多化工企业生产的主要方式

间歇操作的特点是所有操作阶段都在同一设备或地点进行，将原料和催化剂、助剂等加入反应器内，进行加热、冷却、搅拌等操作，使之发生化学反应。经一段时间反应完成后，将产品从反应器内全部或部分卸出，然后再加入新原料周而复始地进行新一轮的操作。进行间歇操作时，由于人机接合面过于接近，发生事故很难躲避，岗位环境不良，劳动强度也大，因此，在中小型工厂中，如何改善间歇操作的安全环境和劳动条件，仍是当今化工安全的主攻方向。

5) 生产工艺条件苛刻

采用高温、高压、深冷、真空等工艺，可以提高单机效率和产品收益，缩短产品生产周期，使化工生产获得更大的经济效益。然而，与此同时，这也对工艺操作提出更为苛刻的要求。首先，对设备的本质安全性和可靠性提出了更高的要求，否则，就极易因设备质量问题引发设备安全事故；其次，要求操作人员必须具备较为全面的操作知识、良好的技术素质和高度的责任心；最后，苛刻的工艺条件要求必须具备良好的安全防护设施，以防因工艺波动、误操作等导致事故发生。而这些苛刻条件下的安全生产防护，无论从软件还是从硬件上来讲都不是一件很容易的事情，一旦不能做好，就会产生不可估量的事故损失。

3.3.2　危险化学品事故

危险化学品事故指由一种或数种危险化学品或其能量意外释放造成的人身伤亡、财产损失或环境污染事故。后果通常表现为人员伤亡、财产损失或环境污染。构成危险化学品事故的两个必要条件是危险化学品和事故。

一、危险化学品事故类型

1. 按事故表现种类分类

(1) 单一型。单一型事故是指危险化学品发生事故时其表现形式仅仅是下述各种类型事故中的一种：危险化学品火灾事故、危险化学品爆炸事故、危险化学品泄漏事故、危险化学品中毒事故、危险化学品窒息事故、危险化学品灼伤事故、其他危险化学品事故等。

(2) 复合型。危险化学品发生事故时，往往由泄漏事故引起中毒、窒息、火灾、爆炸事故等，或由火灾事故引起爆炸、灼伤、中毒或其他类型的事故，很难以单一类型的事故形式出现。像这种由一种类型的事故引发其他类型事故的叫作危险化学品的复合型事故。

2. 按事故的理化表现分类

一般从危险化学品事故的危险性分析其固有危险性，危险化学品事故大体上可划分为八类：危险化学品火灾事故、危险化学品爆炸事故、危险化学品泄漏事故、危险化学品中毒事故、危险化学品窒息事故、危险化学品灼伤事故、危险化学品辐射事故和其他危险化学品事故。

(1) 火灾。危险化学品火灾事故指燃烧物质主要是危险化学品的火灾事故，具体又分若干小类，包括易燃气体火灾、易燃液体火灾、易燃固体火灾、自燃物品火灾、遇湿易燃物品火灾和其他危险化学品火灾。易燃气体、液体火灾往往又引起爆炸事故，易造成重大的人员伤亡。由于大多数危险化学品在燃烧时会释放出有毒有害气体或烟雾，因此危险化学品火灾事故中，往往会伴随人员中毒和窒息事故。

(2) 爆炸。危险化学品爆炸事故是指危险化学品发生化学反应的爆炸事故或液化气体和压缩气体的物理爆炸事故。具体包括：爆炸品的爆炸(又可分为烟花爆竹爆炸、民用爆炸器材爆炸、军工爆炸品爆炸等)；易燃固体、自燃物品、遇湿易燃物品的火灾爆炸；易燃液体的火灾爆炸；易燃气体爆炸；危险化学品产生的粉尘、气体、挥发物爆炸；液化气体和压缩气体的物理爆炸；其他化学反应爆炸。

(3) 泄漏。危险化学品泄漏事故主要是指气体或液体危险化学品发生了一定规模的泄漏，虽然没有发展成为火灾、爆炸或中毒事故，但造成了严重的财产损失或环境污染等后果的危险化学品事故。危险化学品泄漏事故一旦失控，往往造成重大火灾、爆炸或中毒事故。

(4) 中毒。危险化学品中毒事故主要指人体吸入、食入或接触有毒有害化学品或者化学品反应的产物而导致的中毒事故。具体包括：吸入中毒事故(中毒途径为呼吸道)；食入中毒事故(中毒途径为消化道)；接触中毒事故(中毒途径为皮肤、眼睛等)；其他中毒事故。

(5) 窒息。危险化学品窒息事故主要指危险化学品对人体氧化作用的干扰，一般是因人体吸入有毒有害化学品或者化学品反应的产物而导致的窒息事故，分为简单窒息(周围氧气被惰性气体替代)和化学窒息(化学物质直接影响机体传送氧以及和氧结合的能力)。

(6) 灼伤。危险化学品灼伤事故主要指腐蚀性危险化学品意外与人体接触，在短时间内使人体被接触表面发生化学反应，造成明显破坏的事故。腐蚀品包括酸性腐蚀品、碱性腐蚀品和其他不显酸碱性的腐蚀品。

(7) 辐射。辐射是指具有放射性的危险化学品发射出一定能量的射线对人体造成伤害。放射性污染物主要指各种放射性核素，其放射性与化学状态无关，放射性浓度越大，危险性就越大。人体组织在受到射线照射时，能发生电离，如果人体受到过量射线的照射，就会产生不同程度的损伤。

(8) 其他。其他危险化学品事故指不能归入上述七类危险化学品事故之内的其他危险化学品事故，如发生危险化学品罐体倾倒、车辆倾覆等但没有伴随火灾、爆炸、中毒、窒息、灼伤、泄漏等的事故。

3. 按危险化学品的类型分类

1) 爆炸品事故

爆炸品事故是指因爆炸品在外界作用下(如受热、受摩擦、撞击等)发生了剧烈的化学反应，瞬时产生大量的气体和热量，使周围压力急剧上升发生爆炸，对周围环境造成破坏的事故。

2) 压缩气体和液化气体事故

压缩气体和液化气体事故可以分为以下三类。

(1) 一般压缩气体与液化气体均盛装在密闭容器中，如果受到高温、日晒，气体极易膨胀产生很大的压力，当压力超过容器的耐压强度时就会造成爆炸事故。

(2) 易燃气体与空气能形成爆炸性混合物，遇明火极易发生燃烧爆炸。

(3) 具有毒性、腐蚀性、刺激性、致敏性的易燃气体进入空气后容易造成中毒、灼伤和窒息等。

3) 易燃液体事故

易燃液体事故可以分为以下三类。

(1) 密闭容器储存时，常常会出现鼓胀或挥发现象，如果体积急剧膨胀就会引起爆炸。

(2) 易燃液体易发生火灾爆炸事故，一种是其蒸气与空气的混合物遇明火发生火灾爆炸，另一种是其自身电荷集聚发生火灾爆炸，火灾爆炸事故还会随着液体的流动扩散蔓延。

(3) 中毒，一些可燃液体具有毒性，易导致中毒事故。

4) 易燃固体、自燃物品和遇湿易燃物品事故

易燃固体、自燃物品和遇湿易燃物品事故主要表现为火灾事故，一些易燃固体还会发生燃烧爆炸事故，另一些易燃固体与遇湿易燃物品还有较强的毒性和腐蚀性，容易发生中毒和灼伤事故。

5) 氧化剂和有机过氧化物事故

氧化剂和有机过氧化物容易引起火灾和爆炸事故，同时一些氧化剂和有机过氧化物还有较强的毒性和腐蚀性，容易引起中毒和灼伤事故。

6) 毒害品事故

毒害性物品易扰乱或破坏人或动物机体的正常生理功能，引起机体产生暂时性或持久性的病理状态，使人感到神经麻痹、头晕和昏迷，甚至危及生命。

7) 放射性物品事故

放射性物品事故在极高剂量的放射线作用下，能造成三种类型的放射伤害：

(1) 对中枢神经和大脑系统的伤害，主要表现为虚弱、倦怠、嗜睡、昏迷、震颤、痉挛等症状，可能在两天内死亡；

(2) 对肠胃的伤害，主要表现为恶心、呕吐、腹泻、虚弱和虚脱等，症状消失后可出现急性昏迷，通常可能在两周内死亡；

(3) 对造血系统的伤害，主要表现为恶心、呕吐、腹泻等，但很快能好转，经过 2～3 周无症状表现之后，出现脱发、经常性流鼻血，再出现腹泻，极度憔悴，通常在 2～6 周后死亡。

8) 腐蚀品事故

腐蚀性物品如硫酸、氨水、烧碱等易使皮肤、眼睛被严重腐蚀、灼伤，造成溃疡和糜烂，严重者会危及生命。

4. 按事故的后果分类

国务院令第 493 号《生产安全事故报告和调查处理条例》根据生产安全事故造成的人员伤亡或者直接经济损失，将事故分为以下等级：

(1) 特别重大事故，指造成 30 人以上死亡，或者 100 人以上重伤(包括急性工业中毒,

下同），或者 1 亿元以上直接经济损失的事故。

(2) 重大事故，指造成 10 人以上 30 人以下死亡，或者 50 人以上 100 人以下重伤，或者 5000 万元以上 1 亿元以下直接经济损失的事故。

(3) 较大事故，指造成 3 人以上 10 人以下死亡，或者 10 人以上 50 人以下重伤，或者 1000 万元以上 5000 万元以下直接经济损失的事故。

(4) 一般事故，指造成 3 人以下死亡，或者 10 人以下重伤，或者 1000 万元以下直接经济损失的事故。

二、危险化学品事故

1. 危险化学品事故原因和发生机理

1) 危险化学品事故原因理论

(1) 能量意外释放理论。事故是一种不正常或不希望的能量释放。预防和控制危险化学品事故就是控制、约束能量或危险物质，防止其意外释放；防止危险化学品事故就是在事故、能量或危险物质意外释放的情况下，防止人或物与之接触，或者一旦接触，作用于人或物的能量或危险物质应尽可能的小，使其不超过人或物的承受能力。

(2) 两类危险源理论。第一类危险源是指系统中存在的、可能发生意外释放的能量或危险物质。第一类危险源具有的能量越多，发生事故的后果就越严重。一般情况下为控制系统中的能量或危险物质会采取相应的约束和限制措施，那些使约束和限制措施失效、被破坏的因素称为第二类危险源。两类危险源共同决定危险源的危险性。

2) 危险化学品事故发生机理

危险化学品发生泄漏时的事故发生机理及过程如下。

(1) 易燃易爆化学品→泄漏→遇到火源→发生火灾或爆炸→造成人员伤亡、财产损失、环境破坏等。

(2) 有毒化学品泄漏→发生急性中毒或慢性中毒→造成人员伤亡、财产损失、环境破坏等。

(3) 腐蚀品泄漏→发生腐蚀→造成人员伤亡、财产损失、环境破坏等。

(4) 压缩气体或液化气体→发生物理爆炸→造成易燃易爆、有毒化学品泄漏。

(5) 危险化学品→泄漏→发生变化→造成财产损失、环境破坏等。

危险化学品没有发生泄漏时的事故发生机理及过程如下。

(1) 生产装置中的化学品反应失控→发生爆炸→造成人员伤亡、财产损失、环境破坏等。

(2) 爆炸品→受到撞击、摩擦或遇到火源等→发生爆炸→造成人员伤亡、财产损失等。

(3) 易燃易爆化学品→遇到火源→发生火灾、爆炸或放出有毒气体或烟雾→造成人员伤亡、财产损失、环境破坏等。

(4) 有毒有害化学品→与人体接触→发生腐蚀或中毒→造成人员伤亡、财产损失等。

(5) 压缩气体或液化气体→发生物理爆炸→造成人员伤亡、财产损失、环境破坏等。

2. 危险化学品在事故中的重要作用

1) 危险化学品在事故起因中的重要作用

(1) 危险化学品的性质直接影响事故发生的难易程度。这些性质包括毒性、腐蚀性、爆炸品的爆炸性(包括敏感度、稳定性等)、压缩气体或液化气体的蒸气压力、易燃性和助燃性、易燃液体的闪点、易燃固体的燃点和散发有毒气体和烟雾的可能性、氧化剂和过氧化剂的氧化性等。

(2) 具有毒性或腐蚀性的危险化学品泄漏后,可能直接导致危险化学品事故,如中毒(包括急性中毒和慢性中毒)、灼伤(或腐蚀)、环境污染(包括水体污染、土壤污染、大气污染等)。

(3) 不燃性气体可造成窒息事故。

(4) 可燃性危险化学品泄漏后遇火源或高温热源即可发生燃烧、爆炸事故。

(5) 爆炸性物品若受热或受到撞击,极易发生爆炸事故。

(6) 压缩气体或液化气体容器超压或容器不合格极易发生物理爆炸事故。

(7) 生产工艺、设备或系统不完善,极易导致危险化学品爆炸或泄漏。

2) 危险化学品在事故后果中的重要作用

事故是由能量的意外释放而导致的,危险化学品事故中的危害能量包括以下几种。

(1) 机械能。主要包括压缩气体或液化气体产生物理爆炸的势能,或化学反应爆炸产生的机械能。

(2) 热能。危险化学品发生爆炸、燃烧、酸碱腐蚀或其他化学反应产生的热能,或氧化剂和过氧化物与其他物质反应发生燃烧或爆炸。

(3) 毒性化学能。有毒化学品或化学品反应后产生的有毒物质,与人体体液或组织发生生物化学作用或生物物理学变化,扰乱或破坏肌体的正常生理功能。

(4) 阻隔能力。不燃性气体可阻隔空气,造成窒息事故。

(5) 腐蚀能力。腐蚀品会使人体或金属等物品的被接触表面发生化学反应,在短时间内造成明显破损。

(6) 环境污染。有毒有害危险化学品泄漏后,对水体、土壤、大气等环境造成污染或破坏。

3. 危险化学品事故的特点

(1) 突发性。危险化学品事故往往是在没有先兆的情况下突然发生的。

(2) 复杂性。危险化学品事故的发生机理常常非常复杂,许多着火、爆炸事故并不是简单地由泄漏的气体、液体引发的,而往往是由腐蚀等化学反应等引起的,事故发生的原因往往也很复杂,并具有相当的隐蔽性。

(3) 严重性。危险化学品事故造成的后果往往非常严重,一个罐体的爆炸,会造成整个罐区的连环爆炸,一个罐区的爆炸,可能殃及生产装置,进而造成全厂性爆炸,如北京东方化工厂发生的"6·27"特大爆炸事故。更有一些化工厂,由于生产工艺的连续性,装置布置紧密,会在短时间内发生厂毁人亡的恶性爆炸。

(4) 持久性。危险化学品事故造成的后果往往在长时间内得不到消除,具有持久性。

譬如，人员严重中毒，常常会造成终生难以消除的后果；对环境造成的破坏，往往需要用几十年的时间进行治理。

(5) 社会性。危险化学品事故往往造成惨重的人员伤亡和巨大的经济损失，影响社会稳定。灾难性事故常常会给受害者、亲历者造成不亚于战争留下的创伤，在很长时间内都难以消除痛苦。如重庆开县的井喷事故，造成了 243 人死亡，许多家庭都因此残缺破碎，生存者可能永远无法抚平心中的创伤。同时，一些危险化学品泄漏事故，还可能对子孙后代造成严重的生理影响。如意大利塞维索发生的化学污染事故，剧毒化学品二噁英扩散，使许多人中毒，当地新生儿的畸形率大大增加。

三、危险化学品事故应急救援方法

危险化学品事故应急救援是近年来国内外都在开展的一项社会性减灾救灾工作。重大或灾害性危险化学品事故对社会具有极大的危害，而救援工作又涉及众多部门和多支救援队伍的协调配合。所以，危险化学品事故应急救援也就不同于一般事故的处理，成为一项社会性的系统工程，受到政府和有关部门的重视。

危险化学品事故应急救援是指危险化学品由于各种原因造成或可能造成众多人员伤亡及其他较大社会危害时，为及时控制危险源，抢救受害人员，指导群众防护和组织撤离，消除危害后果而组织的救援活动。它包括事故单位自救和对事故单位以及事故单位周围危害区域的社会救援。其中工程救援和医学救援是应急救授中最主要的两项基本救援任务。

1. 危险化学品事故应急救援的基本原则

危险化学品事故应急救援工作应在预防为主的前提下，贯彻统一指挥、分级负责、区域为主、单位自救与社会救援相结合的原则。其中预防工作是危险化学品事故应急救援工作的基础，除平时做好事故的预防工作，避免或减少事故的发生外，还要落实好救援工作的各项准备措施，做到预先准备，一旦发生事故就能及时实施救援。危险化学品事故具有的发生突然、扩散迅速、危害途径多、作用范围广等特点，也决定了救援行动必须迅速、准确和有效。因此，救援工作只能实行统一指挥下的分级负责制，以区域为主，并根据事故的发展情况，采取单位自救与社会救援相结合的形式，充分发挥事故单位及地区的优势作用。危险化学品事故应急救援又是一项涉及面广、专业性很强的工作，只靠某一个部门是很难完成的，必须把各方面的力量组织起来，形成统一的救援指挥部，在指挥部的统一指挥下，救灾、公安、消防、化工、环保、卫生、劳动等部门密切配合，协同作战，迅速、有效地组织和实施应急救援，尽可能地避免和减少损失。

2. 危险化学品事故应急救援的基本任务

(1) 控制危险源。及时控制造成事故的危险源是应急救援工作的首要任务，只有及时控制住危险源，防止事故继续扩展，才能及时、有效地进行救援。特别是对于发生在城市或人口稠密地区的危险化学品事故，应尽快组织工程抢险队与事故单位技术人员一起及时堵源，阻止事故继续扩展。

(2) 抢救受害人员。抢救受害人员是应急救援的重要任务。在应急救援行动中，及时、有序、有效地实施现场急救与安全转送伤员是降低伤亡率、减少事故损失的关键。

(3) 指导群众防护，组织群众撤离。由于危险化学品事故发生突然、扩散迅速、涉及范围广、危害大，应及时指导和组织群众采取各种措施进行自身防护，并向上风方向迅速撤离出危险区域或可能受到危害的区域。在撤离过程中应积极组织群众开展自救和互救工作。

(4) 做好现场危害后果消除。对事故中外逸的有毒有害物质和可能对人和环境继续造成危害的物质，应及时组织人员予以清除，防止继续对人造成危害和对环境造成污染。

(5) 查清事故原因，估算危害程度。事故发生后应及时调查事故的发生原因和事故性质，估算出事故的危害波及范围和危险程度，查明人员伤亡情况，做好事故调查。

3. 危险化学品事故应急救援的基本形式

危险化学品事故应急救援工作按事故波及范围及其危害程度，可采取以下三种不同的救援形式。

(1) 事故单位自救。事故单位自救是危险化学品事故应急救援最基本、最重要的救援形式，这是因为事故单位最了解事故的现场情况，即使事故危害已经扩大到事故单位以外区域，事故单位仍须全力组织自救，特别是要尽快控制危险源。

(2) 对事故单位的社会救援。对事故单位的社会救援主要是指发生重大或灾害性危险化学品事故时，由于事故危害虽然局限于事故单位内，但危害程度较大或危害范围已经影响到周围邻近地区，依靠本单位以及消防部门的力量不能控制事故或不能及时消除事故后果而组织的社会救援。

(3) 对事故单位以外受危害区域的社会救援。该种救援主要是对灾害性危险化学品事故而言的，指因事故危害超出本事故单位区域，其危害程度较大或事故危害跨区、县或需要各救援力量协同作战而组织的社会救援。

4. 应急救援工作的特点与基本要求

(1) 危险性。危险化学品事故应急救援工作处在一个高度的危险环境中，特别是在事故原因不明、危险源尚未得到有效控制的情况下，随时可能造成新的人员伤害。这就要求救援人员具有临危不惧、勇于作战和对人民高度负责的精神。

(2) 复杂性。危险化学品事故的复杂性表现在事故原因的复杂性、救援环境的复杂性以及救援工作具有高度的危险性上，这就为实施救援工作带来一定的困难。因此，救援工作必须采取科学的态度和方法，避免蛮干和采用人海战术。在救援过程中要发扬灵活机动的战略战术，根据事故原因、环境、气象因素和自身技术、装备条件，科学合理地实施救援。

(3) 突发性。危险化学品事故的突发性使应急救援工作任务重、工作突击性强。在条件差、人手少、任务重的情况下，要求救援人员发扬不怕苦和连续作战的精神，以最小的代价，取得最好的效果。

四. 典型危险化学品事故应急处理

1. 火灾事故

1) 灭火对策

(1) 扑救初期火灾。在火灾尚未扩大到不可控制之前，应使用适当的移动式灭火器来控制火灾，迅速切断火灾部位的上、下游阀门，隔绝进入火灾事故地点的一切物料，然后立即启用现有各种消防装备扑灭初期火灾或控制火源。

(2) 对周围设施采取保护措施。为防止火灾危及相邻设施，必须及时采取冷却保护措施，并迅速疏散受火势威胁的物资。有的火灾可能造成易燃液体外流，这时可用沙袋或其他材料筑堤拦截流淌的液体或挖沟导流，将物料导向安全地点。必要时可用毛毡、海草帘等堵住下水井、阴井口等处，防止火焰蔓延。

(3) 火灾扑救。扑救危险化学品火灾决不可盲目行动，应针对危险化学品，选择正确的灭火剂和灭火方法，必要时采取堵漏或隔离措施，预防次生灾害扩大。当火势被控制以后，仍然要派人监护，清理现场，消灭余火。

2) 几种特殊化学品的火灾扑救注意事项

(1) 扑救液化气体类火灾，切忌盲目扑灭火势，在没有采取堵漏措施的情况下，必须保持稳定燃烧。否则，大量可燃气体泄漏出来与空气混合，遇到火源就会发生爆炸，后果将不堪设想。

(2) 对于爆炸物品火灾，切忌用沙土盖压，以免增强爆炸物品爆炸时的威力；扑救爆炸物品堆垛火灾时，水流应采用吊射方式，避免强力水流直接冲击堆垛，导致堆垛倒塌引起再次爆炸。

(3) 对于遇湿易燃物品火灾，绝对禁止用水、泡沫、酸碱等湿性灭火剂扑救。

(4) 氧化剂和有机过氧化物火灾的扑灭比较复杂，应针对具体物质具体分析。

(5) 扑救毒害品和腐蚀品火灾时，应尽量使用低压水射流或雾状水，避免腐蚀品、毒害品溅出；遇酸类或碱类腐蚀品，最好调制相应的中和剂并稀释中和。

(6) 易燃固体、自燃物品一般都可用水和泡沫扑救，只要控制住燃烧范围，逐步扑灭即可。但有少数易燃固体、自燃物品的扑救方法比较特殊。如 2，4-二硝基苯甲醚、二硝基萘、萘等是易升华的易燃固体，受热放出易燃蒸气，能与空气形成爆炸性混合物，尤其是在室内，易发生爆燃，在扑救过程中应不时向燃烧区域上空及周围喷射雾状水，并消除周围一切火源。

注意：发生化学品火灾时，灭火人员不应单独灭火，出口应始终保持清洁和畅通，要选择正确的灭火剂，灭火时还应考虑人员的安全。

2. 爆炸事故

爆炸事故发生时，一般应采取以下基本对策。

(1) 迅速判断和查明再次发生爆炸的可能性和危险性，紧紧抓住爆炸后和再次发生爆炸之前的有利时机，采取一切可能的措施，全力制止再次爆炸的发生。

(2) 切忌用沙土盖压，以免增强爆炸物品爆炸时的威力。

(3) 如果有疏散可能，人身安全确有可靠保障时，应迅速组织力量及时疏散着火区域周围的爆炸物品，使着火区周围形成一个隔离带。

(4) 扑救爆炸物品堆垛时，水流应采用吊射方式，避免强力水流直接冲击堆垛，导致堆垛倒塌引起再次爆炸。

(5) 灭火人员应尽量利用现场现成的掩蔽体或尽量采用卧姿等低姿射水，尽可能地采取自我保护措施。消防车辆不要停靠在离爆炸物品太近的水源旁。

(6) 灭火人员发现有发生再次爆炸的危险时，应立即向现场指挥报告，现场指挥应迅速做出准确判断，确有发生再次爆炸征兆或危险的可能时，应立即下达撤退命令。灭火人员看到或听到撤退信号后，应迅速撤至安全地带，来不及撤退时，应就地卧倒。

3. 泄漏事故

1) 进入泄漏现场时的安全防护

(1) 进入现场的救援人员必须配备必要的危险化学品应急救援防护器具。

(2) 如果泄漏物是易燃易爆的，事故中心区应严禁出现火种，切断电源，禁止车辆进入，立即在边界设置警戒线，并根据事故情况和事故发展，确定事故波及区，安排人员撤离。

(3) 如果泄漏物是有毒的，应使用专用防护服、隔绝式空气面具等。

(4) 应急处理时严禁单独行动，要有监护人，必要时用水枪、水炮等掩护。

2) 泄漏源控制

(1) 可通过关闭阀门、停止作业或改变工艺流程、物料走副线、局部停车、打循环、减负荷运行等方式控制泄漏源。

(2) 堵漏。采用合适的材料和技术手段堵住泄漏处。

3) 泄漏物处理

(1) 围堤堵截。可筑堤堵截泄漏液体或者将其引流到安全地点。当储罐区发生液体泄漏时，要及时关闭雨水阀，防止物料沿明沟外流。

(2) 稀释与覆盖。可向有害物蒸气云喷射雾状水，加速气体向高空扩散。对于可燃物泄漏，也可以在现场施放大量水蒸气或氮气，破坏其燃烧条件。对于液体泄漏，为降低物料向大气中的蒸发速度，可用泡沫或其他覆盖物品覆盖外泄的物料，在其表面形成覆盖层，抑制其蒸发。

(3) 收容(集)。泄漏量大时，可选择用隔膜泵将泄漏出的物料抽入容器内或槽车内；泄漏量小时，可用沙子、吸附材料、中和材料等吸收中和。

(4) 废弃。将收集的泄漏物运至废物处理场所处理，再用消防水冲洗剩下的少量物料，将冲洗水排入污水处理系统。

4) 努力减轻危险化学品泄漏毒害

参加危险化学品泄漏事故处理的车辆应停于上风方向，消防车、洗消车、洒水车等应在保障供水的前提下，从上风方向喷射开花或喷雾水流对泄漏出的有毒有害气体进行稀释、驱散；对泄漏的液体有害物质可用沙袋或泥土筑堤拦截，或开挖沟坑导流、蓄积，还可向沟、坑内投入中和(消毒)剂，使其与有毒物直接发生氧化、氯化作用，从而使有毒物改变性质，成为低毒或无毒的物质。对某些毒性很大的物质，还可以在消防车、洗消车、洒水车水罐中加入中和剂(浓度比为 5%左右)，加强驱散、稀释、中和的效果。常见毒气与可使用的中和剂见表 3-3。

表 3-3　常见毒气与可使用的中和剂

毒气名称	中　和　剂
氨气	水
一氧化碳	苏打等碱性溶液、氯化铜溶液
氯气	砂石灰及其溶液、苏打等碱性溶液
氯化氢	水、苏打等碱性溶液
液化石油气	水
氰化氢	苏打等碱性溶液、硫酸铁的苏打溶液
硫化氢	苏打等碱性溶液、水
光气	苏打、碳酸钙等碱性溶液
氟	水

5) 着力搞好现场检测

应不间断地对泄漏区域进行定点与不定点检测，以及时掌握泄漏物质的种类、浓度和扩散范围，恰当地划定警戒区(如果泄漏物是易燃易爆物质，警戒区内应禁绝烟火，而且不能使用非防爆电器，也不准使用手机、对讲机等非防爆通信装备)，并为现场指挥部的处理决策提供科学的依据。为了保证现场检测的准确性，泄漏事故发生地政府应迅速调集环保、卫生部门和消防特勤部队的检测人员和设备共同搞好现场检测工作。若有必要，还可按程序请调军队的防化部队增援。

6) 把握好灭火时机

当危险化学品大量泄漏，并在泄漏处稳定燃烧时，在没有绝对把握能制止泄漏的情况下，不能盲目灭火，一般应在制止泄漏成功后再灭火，否则极易引起再次起火爆炸，造成更加严重的后果。

7) 后续措施及要求

制止泄漏并灭火后，应对泄漏(尤其是破损)装置内的残液实施输转作业。然后还需对泄漏现场(包括在污染区工作的人和车辆装备)进行彻底的洗消处理，洗消产生的污水也需回收消毒处理。对损坏的装置应彻底清洗、置换，并使用仪器检测，达到安全标准后，方可按程序和安全管理规定进行检修或废弃。总之，危险化学品的泄漏处理危险性高、难度大，必须周密计划、精心组织、科学指挥、严密实施，确保万无一失。

4. 中毒事故

1) 中毒事故现场应急处理的一般原则

发生毒物泄漏事故时，现场人员应分头采取以下措施：① 按报送程序向有关部门领导报告；② 通知停止周围一切可能危及安全的动火、产生火花的作业，消除一切火源；③ 通知附近无关人员迅速离开现场，严禁闲杂人等进入毒区等。

进行现场急救的人员应遵守下列规定。

(1) 参加抢救的人员必须听从指挥，抢救时必须分组有序进行，不能慌乱。

(2) 救护者应做好自身防护，戴防毒面具或氧气呼吸器，穿防毒服后，从上风向快速进入事故现场。进入事故现场后必须简单了解事故情况及引起伤害的物料，清点现场人数，严防遗漏。

(3) 迅速将伤者从上风向转移到空气新鲜的安全地方。转移过程中应注意：① 移动伤者时应用双手托移，动作要轻，不可强拖硬拉；② 应用担架、木板、竹板等抬送伤员；③ 转移过程中应保持伤者的呼吸道畅通，去除伤者的领带，解开伤者的领扣和裤带，抬高其下颌，将伤者的头偏向一侧，清除其口腔内的污物；④ 救护人员在工作时，应注意检查个人危险化学品应急救援防护装备的使用情况，如发现异常或感到身体不适，要迅速离开染毒区。

(4) 假如有多个中毒或受伤的人员被送到救护点，应立即在现场按下列原则进行急救：① 救护点应设在上风向、交通便利的非污染区，但不要远离事故现场，尽可能保证有水、电来源；② 救护人员应通过"看、听、摸、感觉"的方法来检查伤者有无呼吸和心跳，即看有无呼吸时的胸部起伏，听有无呼吸时的声音，摸颈动脉或肱动脉有无搏动，感觉病人是否清醒；③ 遵循"先救命、后治病、先重后轻、先急后缓"的原则，分类对伤者进行救护。

2) 硫化氢中毒急救

在怀疑存在不安全硫化氢的应急救援场所，施救者应首先做好自身防护，佩戴自给正压式呼吸器并穿防化服，同时要注意以下几点。

(1) 迅速将伤者移离现场，脱去污染衣物，对呼吸、心跳停止者，立即进行胸外心脏按压及人工呼吸(忌用口对口人工呼吸，万不得已时可与病人间隔数层水湿的纱布进行人工呼吸)。

(2) 尽早吸氧，有条件的地方及早用高压氧治疗。凡有昏迷者，宜立即送高压氧舱治疗。高压氧压力为 $2\sim2.5$ atm，间断吸氧 $2\sim3$ 次，每次吸氧 $30\sim40$ min，内次吸氧中间休息 10 min；每日 $1\sim2$ 次，$10\sim20$ 次一疗程，一般用 $1\sim2$ 个疗程即可。

(3) 防治肺水肿和脑水肿。宜早期、足量、短程应用糖皮质激素以预防肺水肿及脑水肿，可用地塞米松 10 mg 加入葡萄糖静脉滴注，每日一次。对肺水肿及脑水肿进行治疗时，地塞米松剂量可增大至 $40\sim80$ mg，加入葡萄糖液静脉滴注，每日一次。

(4) 换血疗法。换血疗法可以将失去活性的细胞色素氧化酶和各种酶及游离的硫化氢清除出去，再补入新鲜血液。此方法可用于危重伤者，换血量一般在 800 mL 左右。

(5) 眼部刺激处理。先用自来水或生理盐水彻底冲洗眼睛，局部涂抹红霉素眼药膏，预防和控制感染。同时局部滴鱼肝油以促进上皮生长，防止结膜黏连。

(6) 伤者因硫化氢中毒严重导致昏迷时，可注射亚硝酸戊酯和亚硝酸钠，一般成人剂量为静脉推注 3%的溶液 $10\sim20$ mL，时间不少于 4 min。不能使用硫代硫酸钠进行治疗。

3) 氯气中毒急救

(1) 皮肤接触到氯气时，按酸灼伤进行处理，应立即脱去被污染的衣服，用大量流动清水冲洗。氯痤疮可用地塞米松软膏涂患处。

(2) 眼睛接触时，提起眼睑，用流动清水或生理盐水彻底冲洗后滴眼药水。

(3) 若吸入，则应迅速脱离现场至空气新鲜处。如果伤者呼吸心跳停止，应立即对其进行人工呼吸和胸外心脏按压。

5. 环境污染事故

环境污染事故可分为水污染事故(含饮用水源地污染)、大气污染事故、固体废弃物污染事故、有毒化学品污染事故、电磁辐射及放射性泄漏等污染事故。

事故发生后，人员应迅速到位投入监测，及时掌握污染种类、浓度、影响范围、变化趋势等信息，提供及时、准确的污染动态数据，为事故善后处理提供科学依据。处理事故时应做到以下几点。

(1) 对环境污染事故和突发事件造成的环境污染进行定性和半定量监测，鉴别污染物的种类、性质、危害程度并获取环境污染监测数据。

(2) 对环境污染事故进行调查、取证，对污染情况做出鉴别和鉴定，提出预警等级建议。

(3) 判定环境污染的危害范围，提出区域隔离、人员撤离及其他防护建议，协助有关责任单位做好人员撤离、隔离和警戒工作。

(4) 对受污染的区域、水域、建筑物表面进行消毒、去污，对危险废物进行善后处理、处置工作。

(5) 提供环境污染应急处理信息。

3.4 防火防爆技术

3.4.1 燃烧基本知识

一、燃烧

燃烧是一种放热发光的化学反应，是化学能转变成热能的过程。在日常生活、生产中所见的燃烧现象，大都是可燃物质与空气(氧)或其他氧化剂进行剧烈化合反应而发生发热发光的现象。实际上燃烧有的是化合反应，也有的是分解反应。

简单可燃物质的燃烧，只是元素与氧发生化合反应。例如：$C + O_2 = CO_2$，$S + O_2 = SO_2$。

复杂物质的燃烧，则先发生物质受热分解，然后发生化合反应。例如：$CH_4 + 2O_2 = CO_2 + 2H_2O$。

燃烧的化学反应具有放热、发光、生成新物质三个特征，这是区分燃烧和非燃烧现象的依据。例如，电灯在照明时放出了光和热，但这是物理现象，因为它没有发生化学反应，没有新物质生成，所以不能称为燃烧；铜和稀硝酸反应虽然生成了新物质硝酸铜，但没有产生光和热，也不叫燃烧。燃烧也不只限于可燃物与氧的化合，金属钠、炽热的铁在氧气中反应，具有放热、发光、生成新物质等三个特征，所以也叫燃烧。可燃物和空气中的氧起反应是最常见的燃烧方式，在火灾爆炸事故的原因中也是最常见的。

二、燃烧的条件

燃烧的发生，必须同时具备三个条件。

(1) 可燃物。凡是能与空气中的氧或其他氧化剂起燃烧反应的物质，均称为可燃物，如汽油、液化石油气、木材等。

(2) 助燃剂。凡是能帮助和支持燃烧的物质，均称为助燃物，如空气、氧气、氯酸钾、高锰酸钾等，空气和氧气是最常见的助燃物。

(3) 着火源。凡是能引起可燃物质发生燃烧的热能源，均称作着火源，如明火、高温表面、化学能、撞击和摩擦产生的热、自然发热、电火花、聚集的日光和射线等。

实际发生燃烧不仅要具备三个要素，还要求可燃物和助燃物达到适当的比例，着火源必须具有一定的强度，否则即使同时具备了上述三个条件，燃烧也不能发生。

第一，要发生燃烧就必须使可燃物与氧达到一定的比例，如果空气中的可燃物载量不足，燃烧就不会发生。例如，在同样室温(20℃)的条件下用火柴去点汽油和柴油时，汽油会立刻燃烧，柴油则不燃，这是因为柴油在室温下蒸气浓度不足，还没有达到燃烧浓度，虽有可燃物质，但其挥发的气体或蒸气量不足够，即使有空气和着火源的接触，也不会发生燃烧。

第二，要使可燃物质燃烧，必须供给足够的助燃物，否则，燃烧反应就会逐渐减弱，直至停止。例如，点燃的蜡烛用玻璃罩罩起来，不让空气进入，短时间内，蜡烛就会熄灭。通过对玻璃罩内气体的分析发现，罩内还含有 16% 的氧气，这说明蜡烛在空气中的氧含量低于 16% 时，就不能发生燃烧。

第三，要发生燃烧，着火源必须有一定的温度和足够的能量。例如，从烟囱冒出来的碳火星，温度约有 600℃，已超过了一般可燃物的燃点，如果这些火星落在易燃的柴草或刨花上，就能引起燃烧，这说明这种火星所具有的温度和热量能引起这些物质的燃烧；如果这些火星落在大块木料上，就会很快熄灭，不能引起燃烧，这就说明这种火星虽有相当高的温度，但缺乏足够的热量，因此不能引起大块的木料燃烧。

总之，要使可燃物质燃烧，不仅要具备燃烧的三个条件，而且每一个条件都要具有一定的量，并且彼此相互作用，否则就不会发生燃烧。对于正在进行着的燃烧，消除其中任何一个条件，燃烧便会中止，这就是灭火的基本原理。

三、燃烧的过程

各聚集状态不同的可燃物的燃烧过程是不同的，多数可燃物的燃烧是物质受热成为气体后发生的。

可燃气体最容易燃烧，只要达到其本身氧化反应所需的温度便能迅速燃烧。可燃液体受热时，先是蒸发，然后蒸气氧化分解发生燃烧。固体燃烧分两种情况，如果是简单物质，如硫、磷等，受热时先熔化，后蒸发、燃烧，没有分解过程；如果是复杂物质，受热时，先分解得到气态和液态产物，然后产物的蒸气着火燃烧。

物质燃烧时，其温度变化是很复杂的。最初一段时间，加热的大部分热量用于物质的熔化、汽化或分解，故可燃物温度上升较缓慢。随后，可燃物开始氧化，由于此时温度尚低，故氧化速度较慢，氧化所产生的热量还不足以克服系统向外界散热，此时停止加热，不能引起燃烧。若继续加热，则温度上升很快，氧化产生的热量与系统向外界散失的热量相等，处于平衡状态。若温度再升高，便打破平衡状态，即使停止加热，温度也能自行上升，到自燃温度时，就会开始燃烧。

四、燃烧的形式

由于可燃物的存在状态不同，所以它们的燃烧形式是多种多样的。按参加反应的相态的不同，燃烧可分为均一系燃烧和非均一系燃烧。均一系燃烧是指燃烧反应物为同一相，如氢气在氧气中燃烧、煤气在空气中燃烧等；非均一系燃烧是指燃烧反应物为不同相，如石油、木材和煤等液、固体在空气中的燃烧均属于非均一系燃烧。

根据可燃气体燃烧过程的不同，又分为混合燃烧和扩散燃烧。混合燃烧是指可燃气体预先同空气或氧气混合而发生的燃烧。扩散燃烧是指可燃气体由管中喷出，同周围空气或氧气接触，可燃气体分子与氧分子扩散，一边混合，一边发生燃烧。混合燃烧反应迅速、温度高、火焰传播速度快，通常爆炸反应就属于这类。

至于可燃液体和固体的燃烧，通常不是原始态燃烧，而是先汽化再燃烧，而汽化又分为纯相变的蒸发(多数的可燃液体)和经热分解产生可燃气体 (多数的可燃固体) 两种，故可叫作蒸发燃烧或分解燃烧。

气体燃烧均有火焰产生，也叫火焰型燃烧，而纯碳或金属燃烧在表面进行，没有可见火焰，故也叫作表面燃烧或均热型燃烧。

根据燃烧的起因和剧烈程度的不同，又分为着火、闪燃和自燃。

1. 着火与着火点

可燃物质在空气充足的条件下，温度超过某个数值时，与火源接触即着火。火源移去后，仍能继续燃烧。将火源移去后仍能继续燃烧的最低温度称为该物质的着火点或燃点。物质燃点的高低，反映了这个物质火灾危险性的大小。

2. 闪燃与闪点

当点火源接近易燃或可燃液体时，液面上的蒸气与空气混合物会发生瞬间火苗或闪光，这种现象称为闪燃。发生闪燃时的最低温度称为闪点。温度处在闪点时，液体的蒸发速度并不快，蒸发出来的蒸气仅能维持一刹那的燃烧，新的蒸气来不及补充，所以一闪即灭。从消防角度来说，闪燃是起火的先兆。部分可燃液体的闪点见表3-4。

表 3-4　部分可燃液体的闪点

液体名称	闪点/℃	液体名称	闪点/℃	液体名称	闪点/℃
戊烷	−42	甲酸	69	乙醚	−45
庚烷	−4	冰醋酸	40	苯	−14
环己烷	6.3	乙酸甲酯	−13	汽油	−43
乙炔	−18	乙酸乙酯	−4	石油醚	30～70
乙醇	11	丙酮	−10	重油	80～130

不同浓度的可燃液体的闪点不同。例如，乙醇水溶液中乙醇含量为80%、40%、20%、5%时，其闪点分别为19℃、26.75℃、36.75℃、62℃。当含量为3%时，不发生闪燃现象。

两种可燃液体组成的混合物的闪点，一般介于两种液体的闪点之间，并低于这两种物质闪点的平均值。

某些固体，如樟脑和萘等，能在室温下挥发或缓慢蒸发，因此也有闪点。

闪点是可燃物的固有性质之一，可根据各种可燃液体闪点的高低来衡量其危险性，即闪点越低，火灾的危险性越大。

3. 自燃与自燃点

自燃是指可燃物自行燃烧的现象，指可燃物在没有外界点火源的直接作用条件下，在空气中自行升温而引起的燃烧。

可燃物发生自燃的最低温度称为自燃点，也称最低引燃温度。自燃又可分为受热自燃和自热自燃。

(1) 受热自燃。受热自燃是指可燃物在外界热源作用下，温度升高，当达到自燃点时即着火燃烧，如化工生产中，可燃物由于接触高温表面、被加热和烘烤过度、受到冲击摩擦等，均可自燃。

(2) 自热自燃。自热自燃是指某些物质在没有外来热源影响的条件下，由于本身产生的氧化热、分解热、聚合热或发酵热，经积累使物质温度上升，达到自燃点而燃烧的现象。

4. 物质的燃点、自燃点和闪点的关系

易燃液体的燃点约高于闪点 1~5℃，而闪点愈低，二者的差距愈小。苯、二硫化碳、丙酮等的闪点都低于 0℃，这一差数只有 1℃左右。在开口的容器中做实验时，很难区别出它们的闪点与燃点。可燃液体中闪点在 100℃以上者，燃点与闪点的差数可达 30℃或更高。

由于易燃液体的燃点与闪点很接近，所以在估计这类液体有火灾危险性时，只考虑闪点就可以了。一般来说，液体燃料的密度越小，闪点越低，自燃点越高；液体燃料的密度越大，闪点越高，自燃点越低。

五、燃烧速度及热值

1. 气体燃烧速度

由于气体燃烧不需要像固体、液体那样经过熔化、蒸发等过程，而在常温下就具备了气态的燃烧条件，所以燃烧速度很快。气体的燃烧速度随物质的组成不同而异，简单气体比复杂气体的燃烧速度快。

气体的燃烧速度通常以火焰传播速度来衡量。一些气体与空气的混合物在直径为 25.4 mm 的管道中火焰传播速度的试验数据见表 3-5。

表 3-5　某些气体在空气中的火焰传播速度

气体名称	最大火焰传播速度/(m/s)	浓度/%	气体名称	最大火焰传播速度/(m/s)	浓度/%
氢	4.83	33.5	乙烯	2.42	7.1
一氧化碳	1.25	45.0	发生炉煤气	0.73	48.5
甲烷	0.69	9.8	水煤气	3.1	43
乙烷	1.85	6.5			

管子的直径对火焰传播速度有明显的影响，一般随着管子直径的增加而增加，但当达到某个极限值时，速度就不再增加。同样，传播速度随着管子直径的减小而减少，在小到

一定程度时，火焰就不能传播，阻火器就是根据当传播直径低于某一数值时，可以阻止火焰传播的这一原理制成的。

2. 液体燃烧速度

液体燃烧速度用液体的蒸发量来表示，通常有两种方式：一种是以每平方米面积上 1 h 烧掉液体的质量来表示，即液体燃烧的质量速度；一种是以单位时间内烧掉液体层的高度来表示，即液体燃烧的直线速度。

易燃液体的燃烧速度与很多因素有关，如液体的初温、贮罐直径、罐内液面的高低及液体中含水量的高低等。初温越高、贮罐中液面越低，燃烧速度就越快。石油产品含水量高的比含水量低的燃烧速度要慢。几种易燃液体的燃烧速度见表 3-6。

表 3-6　几种易燃液体的燃烧速度

液体名称	直线速度 /(cm/h)	质量速度 /[kg/(m^2·h)]	液体名称	直线速度 /(cm/h)	质量速度 /[kg/(m^2·h)]
苯	18.9	166.4	二硫化碳	10.5	133.0
乙醚	17.5	125.8	丙酮	8.4	66.4
甲苯	16.1	138.3	甲醇	7.2	57.6
航空汽油	12.6	92.0	煤油	6.6	55.1
车用汽油	10.5	80.6			

3. 固体物质的燃烧速度

固体物质的燃烧速度一般要小于可燃气体和液体。不同性质的固体物质燃烧速度有很大差别。例如，萘衍生物、三氯化磷、松香等的燃烧过程是：受热熔化、蒸发、分解氧化、起火燃烧，一般速度较慢。有的如硝基化合物、含硝化纤维素的制品等，本身含有不稳定的因素，燃烧是分解式的，比较剧烈，速度很快。对于同一固定物质，其燃烧速度还取决于表面积的大小，燃烧的表面积越大，燃烧速度越快。

4. 热值与燃烧温度

所谓热值，就是单位质量的可燃物质在完全烧尽时所放出的热量。不同的物质燃烧时，放出的热量是不同的。热值大的可燃物质燃烧时放出的热量多。

燃烧温度实质上就是火焰温度，因为可燃物质燃烧所产生的热量是在火焰燃烧区域内析出的，因而火焰温度也就是燃烧温度。

很明显，热值是决定燃烧温度的主要因素。热值数据是用热量计在常温下测得的。高热值包括燃烧生成的水蒸气全部冷凝成液态水所放出的热量；低热值不包括燃烧生成的水蒸气全部冷凝成液态水所放出的热量。

3.4.2　爆炸基本知识

一、爆炸

爆炸一般具有以下特征：① 爆炸过程在瞬间完成；② 爆炸点附近压力急剧升高；③ 发出或大或小的响声；④ 气体体积急剧增大，周围介质发生震动或邻近物体遭到破坏。

爆炸物质可能是气体、液体或固体。爆炸是一种瞬间完成的物理或化学的能量释放过程，在此过程中，系统的内在能量转变为气体的静压能，静压能对外做机械功。爆炸做功的根本原因在于，系统爆炸瞬间形成的高温高压气体或蒸气骤然膨胀。爆炸的冲击波最初使气压上升，随后使气压下降，进而使空气振动产生局部真空，呈现所谓的吸收作用。由于爆炸的冲击波呈升降交替的波状气压向周围扩散，因此使附近建筑物遭到震荡破坏。与火灾不同，爆炸造成人员伤亡、财产损失的大小与时间无关。但是，爆炸产生的设备碎片可能使人员伤亡或击穿其他设备造成泄漏，引发火灾、中毒事故或者环境污染。

二、爆炸的分类

1. 按照爆炸的原因分类

1) 核爆炸

核爆炸是由核反应导致的爆炸。

2) 物理爆炸

物理爆炸是指仅由物理因素(温度、压力等)引起的爆炸，又称爆裂。

3) 化学爆炸

化学爆炸是指因物质发生激烈的化学反应而发生的爆炸。任何一种化学爆炸的发生必须具备的条件是：化学反应过程放出热量，反应速度快，放热速率快，放出热量大。此外，化学反应一般生成气体产物。按发生的化学反应的不同，化学爆炸又可分为三类。

(1) 简单分解爆炸，指爆炸物自身分解并放热引起的爆炸。这类爆炸不一定发生燃烧，爆炸所需要的热量是由爆炸物自身分解产生的。易发生简单分解爆炸的物质有：叠氮类化合物，如叠氮铅(PbN_8)、乙炔类化合物，乙炔银(Ag_2C_2)、氮卤化物，三氯化氮(NCl_3)等。这类物质极不稳定，受振动即可引起爆炸，是非常危险的。例如，三氯化氮在 60℃时为黄色油状液体，在受振动或在超声波条件下，可分解爆炸，在容积不变的情况下，爆炸时温度可达 2128℃，压力高达 531.6 MPa。其爆炸反应的方程式为：$2NCl_3 \rightarrow N_2 + 3Cl_2$。

某些单一气体，如乙炔、乙烯、丙烯、臭氧、环氧乙烷、四氟乙烯、一氧化氮、二氧化氮等，当分解反应迅速、放热量大时，可以发生简单分解爆炸。该爆炸不需要助燃气体，爆炸点火能的数值随温度和压力升高而降低，温度高容易发生分解爆炸。只有当超过一定压力时才会发生气体分解爆炸，低于该压力爆炸一般不会发生，该压力称为气体分解爆炸的临界压力。气体分解爆炸的临界压力可以从有关手册上查到，但是要注意其数值是在一定温度下测定的。例如，当温度达到 700℃、压力超过 0.14 MPa 时，乙炔发生分解爆炸，其反应方程式为：$C_2H_2 \rightarrow 2C(s) + H_2$。

(2) 复杂分解爆炸，指物质分子在分解反应同时伴随有自身氧化还原燃烧反应的爆炸。例如，TNT、硝化棉、苦味酸和硝化甘油等所有炸药的爆炸都属于复杂分解爆炸。复杂分解爆炸和简单分解爆炸合称热分解爆炸。复杂分解爆炸时大多伴有燃烧，所需要的氧由爆炸物分解产生。例如，硝化甘油类物质爆炸可在万分之一秒内完成，释放大量氧气和热量，其爆炸体积可增大 47 万倍，从而产生强大的冲击波。硝化甘油分解爆炸反应的方程式为：$4C_3H_5(ONO_2)_3 \rightarrow 12CO_2 + 10H_2O + O_2 + 6N_2$。

(3) 爆炸性混合物爆炸，指两种或两种以上物质的混合物发生爆炸，其中一种为不含或含氧极少的可燃物，另一种为含氧较多的助燃物。爆炸性混合物可以是气态、液态、固态或是多相系统的。例如可燃气体、可燃蒸气、可燃粉尘、可燃液体雾滴等与氧化剂(如空气)按一定比例混合为爆炸性混合物，在点火源的作用下，发生瞬间完成的燃烧反应而发生爆炸。还有一类爆炸品是多相混合爆炸物品，如黑火药，本身是既含可燃物木炭、硫黄，又含氧化剂硝酸钾的混合物。热分解爆炸可以在没有助燃物(空气)存在的情况下发生，而爆炸性混合物爆炸必须有助燃剂，这是二者原则上的区别。

2. 按照爆炸的传播速度分类

(1) 轻爆。轻爆是指传播速度范围为每秒数十厘米到数米的爆炸过程，一般破坏力和响声不大，如无烟火药在空气中的快速燃烧，还有可燃气体混合物在接近爆炸限时的爆炸。

(2) 爆炸。爆炸是指传播速度范围为每秒十米到数百米的爆炸过程，有较大破坏力和响声，如可燃气体混合物在爆炸限时的爆炸。

(3) 爆轰。爆轰是指传播速度范围为每秒一千米到数千米的爆炸过程。爆轰时突然产生极高的压力和超音速的冲击波，同时可发生"殉爆"现象，即一种物质的爆炸冲击波会引起邻近的爆炸性气体混合物或火药等发生爆炸。爆轰不仅在爆炸性混合气体中发生，一些热分解反应的气体如乙烯、一氧化氮等，在一定高压下也会发生。爆炸性混合气体发生爆轰时，只发生在一定浓度范围内，这个浓度范围称为爆轰范围。爆轰范围的上下限在爆炸极限的上下限之间。

三、爆炸极限及影响因素

1. 爆炸极限

可燃物与空气或其他氧化剂的混合物，并不是在任何混合比例下都是可燃或可爆的，而且混合物的比例不同，燃烧的速度也不同。当混合物中可燃物含量接近于完全燃烧时的理论量时，燃烧最快、最剧烈；若含量减少或增加，燃烧速度就降低；当浓度低于或高于某一极限值时，火焰便不再蔓延。可燃物在空气中达到刚好足以使火焰蔓延的最低浓度，称为该物质的爆炸下限；达到刚好足以使火焰蔓延的最高浓度，称为该物质的爆炸上限。混合物浓度低于爆炸下限时，因含有过量的空气，空气的冷却作用就会阻止火焰蔓延；当浓度高于爆炸上限时，由于过量的可燃物使空气中的氧含量非常不足，火焰也不能传播。所以，当浓度在爆炸范围以外时，混合物就不会爆炸。但对于浓度在爆炸上限以上的混合物还不能认为是安全的，因为其一旦补充进空气就具有危险性了。

爆炸极限的表示常用可燃气体或蒸气在混合物中的体积百分比表示，也可用可燃气体或蒸气在每立方米或每升混合气体中含有的质量表示。固体可燃物浓度则用每立方米气体中含有的质量表示。

多年来，人们开发了多个计算爆炸极限的经验公式，但均有一定的误差和使用的局限性。实际工程涉及的常见可燃物在一定条件下的爆炸极限以及闪点、自燃点等可从有关资料查得，也可用相关仪器测定。

2. 影响爆炸极限的因素

爆炸极限不是一个固定值, 它受各种因素影响。如果掌握外界条件对爆炸极限的影响规律, 在一般条件下所测得的爆炸极限就有普遍的参考价值。影响爆炸极限的主要因素有以下几点。

(1) 原始温度。爆炸性混合物的原始温度越高, 则爆炸极限范围越大, 即爆炸下限值越低, 上限值越高。

(2) 原始压力。一般原始压力增大, 爆炸范围扩大。但也有例外, 如磷化氢与氧混合一般不反应, 但将压力降至一定值时, 会突然爆炸; 再如, 压力越高, 一氧化碳爆炸范围越小。

(3) 惰性介质。当混合物中所含惰性气体含量增加时, 其爆炸极限范围将缩小, 以至于不爆炸。

(4) 容器的尺寸和材质。容器的尺寸和材质均对可燃物爆炸极限有影响。容器、管子直径越小, 火焰在其中的蔓延速度越低, 爆炸范围也就越小。当容器或管子直径达到某一数值(临界直径)时, 火焰即不能通过, 这一间距称为最大灭火间距。这是因为火焰通过管道时被其表面冷却, 管道尺寸越小, 则单位体积火焰所对应的固体冷却表面积就越大, 散出热量也越多。当通道直径小到一定值时, 火焰便会熄灭, 干式阻火器就是利用此原理设计的。

容器的材质对爆炸极限也有影响。例如, 氢和氟在玻璃容器中混合, 即使在液态空气的温度下于黑暗中也会发生爆炸; 而在银制容器中, 在常温下才能发生反应。

(5) 点火源。点火源的能量、性质以及与混合物接触的时间都对爆炸极限有很大的影响。如果点火源的强度高、热表面积大、点火源与混合物的接触时间长, 就会使爆炸极限扩大, 其爆炸危险性随之增加。每一种爆炸混合物都有一个最低引爆量(在接近化学反应的理论量时出现), 低于这个量, 混合物在任何比例下都不会爆炸。

(6) 可燃气体与可燃粉尘混合物。可燃蒸气混入含可燃粉尘空气, 会使其爆炸下限浓度降低, 危险性增大。即使可燃气体及可燃粉尘都没有达到各自的爆炸下限, 但当二者混合在一起时, 可形成爆炸性混合物。即使是强能量的点火源也不能引爆的粉尘掺入可燃气或可燃蒸气以后, 即可能变成爆炸性粉尘。

(7) 其他因素。除上述因素外, 还有其他因素影响爆炸的发生, 如光的影响。在黑暗中, 氢与氯的反应十分缓慢, 但在强光照射下, 就会发生链式反应导致爆炸。又如, 甲烷与氯的混合物, 在黑暗中长时间不发生反应, 但在日光照射下, 会产生剧烈的反应, 如果比例适当, 便会爆炸。另外, 表面活性物质对某些气体混合物也有影响。如氢与氧在球形器皿内, 530 ℃气温下完全无反应, 但如果向器皿中投入石英、玻璃、铜或铁棒, 则会发生爆炸。

3.4.3　防火防爆的基本技术措施

一、生产工艺的火灾危险性分类

目前, 对化工生产工艺过程火灾危险性的分类主要是依据生产中所使用的原料和中间产品以及产品的物理化学性质、数量、工艺技术条件等综合考虑而决定的，分为甲、乙、丙、丁、戊5类，其中甲类最危险，戊类的火灾危险性最小。其分类原则详见表3-7。

表 3-7 生产中的火灾危险性分类原则

类别	特 征
甲	生产中使用或产生下列物质： 1. 闪点＜28℃的易燃液体。 2. 爆炸下限＜10%的可燃气体。节 3. 常温下能自行分解或在空气中氧化即能导致迅速自燃或爆炸的物质。 4. 常温下受到水或空气中水蒸气的作用，能产生可燃气体并引起燃烧或爆炸的物质。 5. 遇酸、受热、受撞击、受摩擦以及遇有机物或硫黄等易燃无机物，极易引起燃烧或爆炸的强氧化剂。 6. 受撞击、摩擦或与氧化剂、有机物接触时能引起燃烧或爆炸的物质。 7. 在压力容器内物质本身温度超过自燃点的
乙	生产中使用或产生下列物质： 1. 28℃≤闪点＜60℃的易燃、可燃液体。 2. 爆炸下限≥10%的可燃气体。 3. 助燃气体和不属于甲类的氧化剂。 4. 不属于甲类的化学易燃危险固体。 5. 排出浮游状态的可燃纤维或粉尘，并能与空气形成爆炸性混合物的物质
丙	生产中使用或产生下列物质： 1. 闪点≥60℃的可燃液体。 2. 可燃固体
丁	具有下列情况之一的生产活动： 1. 对非燃烧物质进行加工，并在高热或熔化状态下经常产生辐射热、火花或火焰的生产活动。 2. 利用气体、液体、固体作为燃料或将气体、液体进行燃烧做他用的各种生产活动。 3. 常温下使用或加工难燃烧物质的生产活动
戊	常温下使用或加工非燃烧物质的生产活动

根据以上分类原则，表 3-8 分类列举了化工生产的相应例子。化工厂在采取防火防爆措施时，必须遵循表中分类原则；对防火设计，还要遵守化工企业的设计防火规定和规范。

需要注意的是石油化工厂的液化烃、可燃液体总体是按表3-7所示，按闪点划分为甲、乙、丙 3 类。实际应用时此 3 种又各细分为 A、B 两小类：由于液化烃的蒸气压大于其他"闪点＜28℃"的可燃液体的蒸气压，故其火灾危险性大于其他"闪点＜28℃的可燃液体"，因此列为甲$_A$类；生产中操作温度超过其闪点的乙类液体视为甲$_B$类；操作温度超过其闪点的丙类液体视为乙$_A$类；丙类液体中，闪点高于 120℃的视为丙$_B$类。

表 3-8　化工生产的火灾危险性分类举例

类别	举　例
甲	1. 闪点小于 28℃ 的油品和有机溶剂的提炼、回收或洗涤工段及其泵房，二硫化碳工段，环丙烷工段，甲醇、乙醚、丙酮、异丙酮、醋酸乙酯、苯等的合成或精制工段，苯酚和丙酮车间。 2. 乙烯、丙烯制冷、分离工段，丁烯氧化脱氢制丁二烯工段，乙烯水合制酒精工段，顺丁橡胶、丁苯橡胶的聚合工段。 3. 硝化棉工段，赛璐珞车间，黄磷制备工段。 4. 金属钠、金属钾加工车间，五氯化磷工段，三氯化磷工段。 5. 氯酸钠、氯酸钾车间，过氧化氢工段，过氧化钠工段。 6. 赤磷制备工段，五硫化二磷工段。 7. 轻质油、重质油、天然气热裂解工段
乙	1. 闪点大于等于 28℃，小于 60℃ 的油品和有机剂的提炼、回收、洗涤工段及其泵房，己内酰胺的萃取精制工段，乙二醇精制工段，环己酮精馏、肟化、转位、中和工段。 2. 一氧化碳压缩及净化工段，发生炉煤气或鼓风炉煤气净化工段，氨压缩、氨制冷工段，氨水吸收工段、尿素合成、气提工段，氨接触氧化、制硝酸工段。 3. 氧气站，发烟硫酸或发烟硝酸浓缩工段，高锰酸钾工段。 4. 硫黄回收车间，精萘车间。 5. 铝粉、镁粉车间，煤粉车间，活性炭制造及再生工段
丙	1. 闪点大于等于 60℃ 的油品和有机液体的提炼、回收工段及其泵房，焦油生产工段，沥青加工工段，润滑油再生工段，苯甲酸工段，苯乙酮工段。 2. 顺丁橡胶生产的后处理、脱水、干燥、包装等工段，橡胶制品的压延成型和硫化工段。 3. 合成氨生产用煤焦和煤的备料、干燥及输送工段，尿素生产的蒸发、造粒及输送工段
丁	1. 化纤后加工润湿部位，印染漂染部位，碳酸氢离心分离部位，包装工段。 2. 石灰焙烧工段，电石炉，硫酸生产焙烧工段。 3. 酚醛塑料加工车间，金属冶炼、锻造、铆焊、铸造、热处理车间，锅炉房，汽车库
戊	纯碱车间(煅烧炉除外)，氯化钠生产工段，空气分离、压缩、净化工段，二氧化碳压缩、装瓶工段，氮气压缩、装瓶工段

二、点火源的控制

在化工企业里，可能遇到的点火源，除生产过程本身具有的加热炉火、反应热、电火花等以外，还有维修用火、机械摩擦热、撞击火星及香烟燃烧等。这些点火源经常是引起易燃易爆物着火爆炸的原因。控制这类火源的使用范围，加强用火管理，对于防火防爆是十分重要的。

1. 明火的控制

化工生产中的明火，主要指生产过程中的加热用火、维修用火及其他火源。

1) 控制加热用火的措施

(1) 加热易燃液体时，应尽量避免采用明火。加热时可采用水蒸汽或其他热载体。如果必须采用明火，设备应严格密闭，燃烧室应与设备分开建筑或隔离。设备应定期检验，防止泄漏。

(2) 装置中明火加热设备的布置，应远离可能泄漏易燃气体或蒸气的工艺设备和储罐区，并应布置在散发易燃物料设备的侧风向或上风向。如有两个以上的明火设备，应将其集中布置在装置的边缘。

2) 维修用火的控制

化工生产维修常需要用到电焊、气焊等动火作业，必须严格按照我国化工行业在厂区动火作业的安全规程进行。

2. 摩擦与撞击产生的火花的预防

机器中轴承等转动部分的摩擦、铁器的相互撞击或铁器工具打击混凝土地面等，都可能产生火花。当管道或铁容器裂开，物料喷出时，也可能因摩擦而起火。对此应采取以下预防措施。

(1) 机器上的轴承应保持润滑，及时添油，并经常清除机器周围的可燃油垢。

(2) 凡是会发生撞击或摩擦的两部分都应采用不同的金属(铜与钢、铝与钢等)制成。为避免撞击打火，工具应用青铜或镀铜的金属制品或木制品。

(3) 为防止金属零件落入机器设备内发生撞击产生火花，应在机器设备上安装磁力分离器。

(4) 不准穿带钉鞋进入易燃易爆区；不能随意抛、撞金属设备、管线。

3. 电气火花的控制

可燃气体、可燃蒸气和可燃粉尘与空气可以形成爆炸混合物，电气火花是引起这种混合物燃烧爆炸的重要火源。因此，对有火灾爆炸危险场所的电气设备必须采取防火防爆措施。

最有效的防火防爆措施是选用合适的防爆电器。在特殊情况下，选用非防爆电气设备时应采取相应防火防爆措施，即考虑把电气设备安装在爆炸危险场所以外或另室隔离；采用非防爆照明灯具时，可在外墙上通过两层玻璃密封的窗户照明；将小型非防爆电器用塑料袋密封，也是临时防爆措施的一种。

4. 其他点火源的控制

(1) 要防止易燃物料与高温的设备、管道的表面接触；可燃物料排放口应远离高温表面，高温表面要有隔热保温措施。

(2) 油抹布、油棉纱等易自燃引起火灾，因此应装入金属桶、箱内，放在安全地点并及时处理。

(3) 吸烟易引起火灾，而且往往可引燃很长时间，因此要加强宣传教育和防火管理，严禁在有火灾爆炸危险的厂房和仓库内吸烟。

(4) 一般应禁止汽车、拖拉机等机动车在易燃易爆的区域行驶，必须行驶时，应装配火星熄灭器。

三、防爆电气设备的选用

在火灾和爆炸事故中，由电气火花引发的火灾事故占很大比例。据统计，在火灾事故中，由电气原因引起的火灾占比仅次于明火。因此，在有火灾危险的环境中生产必须选好防爆电气设备。

　　各化工生产过程中发生火灾爆炸的情况是不同的，而可供选用的防爆电气设备也有多种。选用必须本着安全可靠、经济合理的原则，从实际情况出发，根据火灾爆炸危险场所的类别等级和电火花形成的条件，选择相应的防爆电气设备。

1. 爆炸火灾危险场所的分类

　　我国将爆炸火灾危险场所分为 3 类 8 区(级)，具体划分如表 3-9、表 3-10 和表 3-11 所示。

表 3-9　气体爆炸危险场所区域等级

区域等级	说　明
0 区	连续出现爆炸性气体环境，或会长期出现爆炸性气体环境的区域
1 区	在正常运行时，可能出现爆炸性气体环境的区域
2 区	在正常运行时，不可能出现爆炸性气体环境的区域，即使出现也可能是短时存在的区域

表 3-10　粉尘爆炸危险场所区域等级

区域等级	说　明
10 区	爆炸性粉尘混合物环境连续出现或长期出现的区域
11 区	有时会因将积留下的粉尘扬起而偶然出现爆炸性粉尘混合物危险环境的区域

表 3-11　火灾危险场所区域等级

区域等级	说　明
21 区	具有闪点高于场所环境温度的可燃液体，在数量和配置上能引起火灾危险的区域
22 区	具有悬浮状、堆积状的爆炸性或可燃性粉尘，虽不可能形成爆炸性混合物，但在数量和配置上能引起火灾危险的区域
23 区	具有固体状可燃物质，在数量和配置上能引起火灾危险的区域

2. 防爆电气设备类型

　　防爆电气设备按防爆结构的防爆性能的不同特点，可分为下列几种类型。

　　(1) 增安型(标志 e)。增安型设备是指在正常运行时，不产生能够点燃爆炸混合物的火花电弧或危险温度，并在结构上采取措施，提高安全程度的电气设备，如防爆安全型高压水银荧光灯。

　　(2) 爆型(标志 d)。爆型设备是指在电气设备内部发生爆炸时，不至于引起外部爆炸性混合物爆炸的电气设备，其外壳能承受 0.78～0.98 MPa 内部压力而不损坏，如隔爆型电动机。

　　(3) 充油型(标志 o)。充油型设备是指将全部或某些带电部件，浸在绝缘油中，使其不能点燃油面上或外壳周围的爆炸性混合物的电气设备。

　　(4) 正压充气型(标志 p)。正压充气型设备是指向外壳内通入新鲜空气或充入惰性气体，并使其保持正压，以防止外部爆炸性混合物进入外壳内部的电气设备。

　　(5) 本质安全型(标志 i)。本质安全型设备是指电路系统在正常运行中或标准试验条件下所产生的电火花或热效应都不可能点燃爆炸性混合物的电气设备。本型又分 ia、ib 两类，ia 类可用于 0 级区，ib 用于 1 级以下区。

　　(6) 充沙型(标志 g)。充沙型设备是指外壳内充填细颗粒材料，以使在规定使用条件下，外壳内产生的电弧、火焰传播、壳壁或颗粒材料表面的过热温度均不能点燃周围的爆炸性混合物的电气设备。

(7) 无火花型(标志 n)。无火花型设备是指在正常运行条件下，不产生电弧或火花，也不产生能够点燃周围爆炸性混合物的高温表面或灼热点，并且一般不会发生有点燃作用的故障的电气设备。

(8) 防爆特殊型(标志 s)。防爆特殊型设备是指结构上不属于上述各种类型，而是采取其他防爆措施的电气设备，例如填充石英砂等。

3. 电气设备的外壳防护等级

电气设备的外壳通常是为了防止固体和水分进入内部，但也有一定的防爆功能。其外壳防护等级的标志由字母"IP"及其后的两个数字组成，两个数字分别表示防固体和防水分的等级。如只需单独标志一种防护型式的等级，则被略去数字的位置应以"X"补充。例如 IPX3、IP5X 等。

4. 防爆电气设备的选型

防爆电气设备的选型原则是：防爆电气设备所适用的级别不应低于场所内爆炸性混合物的级别。当场所内存有两种以上爆炸性混合物时，应按危险程度高的级别选定。

5. 关于静电危害的消除

在易燃易爆环境中，可能由电气火花引起火灾爆炸的另一个隐患是某些化工过程会产生静电，必须周密防范和消除它。消除静电最常用的方法是接地导走和静电屏蔽法，既简单又有效。

四、对有燃烧爆炸危险性的物质的处理

化工生产中对燃烧爆炸危险性比较大的物质，应该采取安全措施。首先应尽量通过工艺的改进，以危险性小的物质代替危险性大的物质。如果不具备上述条件，则应根据物质燃烧爆炸特性采取相应的措施，来防止燃烧爆炸条件的形成。

1. 根据物质的危险特性采取措施

对于具有自燃能力的危险物质，如遇空气能自燃的黄磷、三异丁基铝等，遇水燃烧的钾、钠等，应采用隔绝空气、防水、防潮或通风、散热降温等措施。

两种互相接触会引起燃烧爆炸的物质不能混存，如遇酸、碱会产生分解爆炸燃烧的物质应防止其与酸碱接触。接触对机械作用比较敏感的物质要轻拿轻放。

对于易燃、可燃气体和易燃液体的蒸气，要根据它们的密度，采取相应的排除方法。应根据物质的沸点、饱和蒸气压力等，来考虑容器的耐压强度、储存温度、保温降温措施等。

对于不稳定的物质，在储存时应添加稳定剂。例如，含有水分的氰化氢长期储存时，会引起聚合，而聚合热又会使蒸气压上升导致爆炸。故通常加入浓度为 0.01%～0.5%的硫酸等酸性物质作为稳定剂。丙烯腈在储存中也易发生聚合，因此必须添加稳定剂对苯二酚。某些液体如乙醚等，受到阳光作用时能生成过氧化物，因此必须存放在金属桶内或暗色的玻璃瓶中。

易燃液体具有流动性，因此要考虑到容器破裂后液体流散和火灾蔓延的问题；不溶于

水的燃烧液体由于能浮于水面燃烧，要防止火灾随水流由高处向低处蔓延，因此要设置必要的防护堤。

物质的带电性能直接关系到物质在生产储运过程中有无产生静电的可能，对容易产生静电的物质，应采取防静电措施。

2. 系统密闭操作

为防止易燃气体、蒸气和可燃性粉尘与空气混合构成爆炸性混合物，应设法使操作系统设备密闭。对于在负压下生产的设备，应特别注意防止空气吸入。

为了保证设备的密闭性，对危险设备及系统应尽量少用法兰连接，但要保证便于安全检修。输送危险气体、液体的管道应采用无缝钢管。

生产中应严格控制加压或减压系统的压力，防止超压。装置检修时，应检查其密闭性和耐压程度。如发现密封填料等有损坏，应立即调换，以防渗漏。

3. 通风置换

生产厂房内泄漏的易燃易爆气体，易于积聚并达到爆炸浓度，通风排风是防止积聚的有效措施。因含有易燃易爆气体，不能循环使用，排风设备和送风设备应各有独立的通风机室。若通风机室设在厂房内，还应有隔绝措施。排除、输送温度超过 80℃的空气或其他气体以及有燃烧爆炸危险的气体、粉尘的通风设备，应使用非燃材料制成。

处理有燃烧爆炸危险粉尘的排风系统，应采用不产生火花的除尘器。当粉尘与水接触能形成爆炸性混合物时，不应采用湿式除尘系统。

对含有爆炸粉尘的空气，应在空气进入风机前对其进行净化，防止粉尘进入排风机。排风管应直接通往室外安全处。通风管道不宜穿过防火墙或非燃烧体的楼板等防火分隔物，以免发生火灾时火势顺管道通过防火分隔物。

4. 惰性介质保护

惰性介质保护也是一种行之有效的方法。化工生产中常用的惰性介质有氮、二氧化碳、水蒸气、烟道气等。惰性介质作为保护性气体，常用在以下几方面。

(1) 易燃固体物质的粉碎、筛选处理及其粉末输送时，采用惰性气体进行覆盖保护。

(2) 处理易燃易爆的物料系统，在进料前用惰性气体进行置换，以排除系统中原有的气体，防止形成爆炸性混合物。

(3) 将惰性气体通过管线与有火灾爆炸危险的设备、储槽等连接起来，在万一发生危险时使用。发现易燃易爆气体泄漏时，采用惰性气体(水蒸气)冲淡。发生火灾时用惰性气体灭火。

(4) 易燃液体利用惰性气体充压输送。

(5) 在有爆炸性危险的生产场所，对有引起火灾危险的电器、仪表等应采用充氮正压保护。

(6) 易燃易爆系统检修动火前，使用惰性气体进行吹扫和置换。

五、工艺参数的安全控制

在化工生产中，工艺参数主要是指温度、压力、流量、流速及物料配比等。确定工艺参数时，一定要考虑安全因素，并把安全放在首位，要有可靠的安全控制措施。生产中严格控制工艺参数在安全限度之内，可以避免操作中的超温、超压和物料损耗等，是防止火灾爆炸发生的根本措施。

1. 温度控制

正确控制反应温度不但对保证产品质量、降低能耗有重要意义，也是防火防爆所必需的。温度过高，会引起剧烈反应而发生冲料或爆炸，也可能引起反应物的分解和着火。温度过低，会引起反应速率减慢或停滞，而一旦反应温度恢复正常，则往往会由于反应的物料过多而发生剧烈反应，甚至爆炸。温度过低时，还会使某些物料冻结，使管路堵塞或破裂，造成易燃物料的外泄而引起爆炸。

严格控制温度必须从以下几方面采取相应措施。

(1) 除去反应热。化学反应过程一般都伴有热反应。对于吸热反应，要正确地选择传热介质；对于放热反应，必须选择最有效的传热方法和传热设备，保证反应热及时传出，以免超温。例如，合成甲醇是一个强烈的放热反应，反应时必须用一种结构特殊的反应器，这种反应器内装有热交换装置，且混合合成气分两路，通过控制一路气体量的大小来控制反应温度。

(2) 防止搅拌中断。搅拌可以加速热量的传导，在生产过程中，如果搅拌中断，可能会造成散热不良或局部反应加剧而发生危险。例如，苯与浓硫酸混合进行磺化反应时，物料加入后由于迟开搅拌器，会造成物料分层。搅拌器开动后，反应剧烈，冷却系统不能将大量的反应热带走，使其温度升高，未反应完的苯很快受热汽化，造成超压爆裂。因此，加料前必须先启动搅拌器，防止物料积存。

对于可能因搅拌中断而引起事故的反应装置，应采取有效措施避免事故发生，如双路供电、增设人工搅拌装置、设置有效的降温措施等。

(3) 正确选择传热介质。正确选择如水蒸气、热水、烟道气、联苯、熔盐和熔融金属等传热介质，对加热过程的安全有十分重要的意义。应避免选择会与反应物相作用的物质作为传热介质。例如，环氧乙烷很容易与水发生剧烈的反应，甚至极微量的水分渗到液体环氧乙烷中，也会引起自聚发热，产生爆炸。冷却或加热这类物质时，不能选用水或水蒸气作为介质，而应该选用液状石蜡等作为传热介质，防止传热面结疤，同时对热不稳定物也要及时处理。

2. 投料控制

(1) 投料速度。对于放热反应，加料速度不能超过设备的传热能力，否则会引起温度骤升，加剧副反应的进行或引起物料的分解。加料速度如果太慢，反应温度降低，反应物不能完全作用而积聚，升温后反应加剧，温度及压力都可能突然升高进而造成事故。

(2) 投料配比。反应物料的配比要严格控制，因此对反应物料的浓度、含量、流量都要准确地分析和计算。催化剂对化学反应速率影响很大，如果过多加入催化剂，就可能发生危险。在化工生产过程中，若易燃物与氧化剂能进行反应，则要严格控制氧化剂的投料量。在某一配比下能形成爆炸性混合物的物料，其配比浓度应尽量控制在爆炸极限范围以外，或添加水蒸气、氮气等惰性气体进行稀释，以降低生产过程中发生火灾爆炸的可能性。

(3) 投料顺序。在化工生产过程中，必须按一定顺序进行投料，例如，合成氯化氢应先投氢，后投氯；生产三氯化磷应先投磷，后投氯，否则有可能发生爆炸。为了防止误操作而颠倒投料顺序，可将进料阀门联锁。

(4) 原料纯度控制。许多化学反应，会因反应物料中存在杂质而发生副反应或过量反应，以致造成火灾爆炸。所以，发料和领料不但要由专人负责，还要有严格的制度。配料时应取样进行检验分析，以保证原料的纯度。例如，若电石中含磷过高，则在制取乙炔时易发生事故。对于反应气体中的有害成分应清除干净或控制一定的排放量，以防止生产系统中有害成分的积累影响生产的正常进行。

3. 防止跑、冒、滴、漏

在化工生产过程中，由于物料起泡、设备损坏、管道破裂、人为操作错误、反应无法控制等原因，常出现跑、冒、滴、漏现象，从而导致火灾爆炸事故的发生。为杜绝跑、冒、滴、漏等现象，确保安全生产，应采取如下措施。

(1) 加强操作人员和维修人员的责任心，提高他们的技术水平，稳定工艺操作效率，提高设备完好率。

(2) 在工艺方法、设备结构方面应采取相应的控制措施。例如，对易泄漏的重要阀门，采用两级控制；对危险性大的装置，设置远距离的遥控断路阀等。

(3) 对比较重要的各种管线，涂以不同颜色加以区别，对重要阀门采取挂牌、加锁等措施。不同管道上的阀门，应相隔一定的距离。同时，对管道的振动或管道与管道之间的摩擦，应尽力防止和消除。

4. 紧急情况停车处理

当发生停电、停气(或停汽)、停水等紧急情况时，整个装置的生产控制将会由平衡状态变为不平衡状态，这种不平衡状态若处理不及时或处理不当，便会造成事故或使事故扩大。

(1) 停电。操作者应及时与调度联系并汇报情况，查明停电原因，同时要注意加热设备的温度和压力变化，保持物料流通。某些设备的手动搅拌、紧急排空等安全装置，应有专人看管。

(2) 停水。停水时要注意水位和各部位的温度变化。可采用减量的措施维持生产，当水压降为零时，应立即停止进料，并注意用水降温的所有设备，不要使其超温、超压。当压力高时，应立即采取紧急放空措施，应注意对运转设备轴的降温。

(3) 停蒸气。水蒸气一旦停止加入，加热装置的温度便会下降，气动设备则停止运转，一些在常温下是固体、在操作温度下是液态的物料，应根据温度变化进行处理，防止堵塞管道。另外，应及时关闭蒸气管线与物料系统相连通的阀门，以防止物料倒流到蒸气管线系统中。

(4) 停压缩空气。当气流压力回零时，所有气动仪表和阀门都不能动作，这时生产装置中的流量、压力、液面等，应根据一次仪表或实际情况来分析判断，改自动为手动。

5. 设备自动信号、联锁和保护系统

在化工生产过程中，当某些机器、设备发生不正常情况时，会发生警报或自动采取措施，以防发生事故，保证安全生产，这是化工生产实现自动化的重要组成部分，近年来已被许多大中型化工厂所采用。

六、阻制火灾和爆炸的扩散与蔓延

在化工生产过程中，由于化学危险物质多，火灾、爆炸的危险性大，且设备和管线又连通在一起，一处发生爆炸或燃烧，便可能扩展到其他部位。因此在设计化工生产装置时，既要考虑工艺装置的布局和建筑结构，又要考虑防火区域的划分和消防设施，既要有利于

安全，又要有利于生产。常用的限制措施有以下几种：

1. 设置必要的阻火设备

阻火设备包括安全液封、阻火器和单向阀等，其作用是防止外部火焰蹿入有燃烧爆炸危险的设备、管道、容器，或是阻止火焰在设备和管道间扩展。各种气体发生器或气柜多用液封进行阻火。液封是靠设备中的一段封闭液(常用水)柱来分隔系统以达到阻火的目的。常用的安全液封有敞开式和封闭式两种。

在容易引起燃烧爆炸的高热设备、燃烧室、高温氧化炉、高温反应器上输送可燃气体、易燃液体蒸气的管线之间，以及易燃液体、可燃气体的容器、管道、设备的排气管上，多用阻火器进行阻火。阻火器阻火的原理是：当火焰通过狭小孔隙时，由于冷却作用而中止燃烧。阻火器是利用内装的金属网、波纹金属片、砾石等形成许多小孔隙阻火的。当只允许流体(气体或液体)向一定方向流动，防止高压窜入低压及防止回火时，应采用单向阀，为了防止火焰沿通风管道或生产管道蔓延，可采用阻火门。

2. 设置防爆泄压设施

防爆泄压设施包括安全阀、爆破片、防爆门和放空管等。安全阀主要用于防止物理爆炸；爆破片主要用于防止化学爆炸；防爆门和防爆球阀主要用在加热炉上；放空管用来紧急排泄有超温、超压、爆聚和分解爆炸危险的物料。有的化学反应设备除设置紧急放空管外，还宜设置安全阀、爆破片或事故储槽，有时只设置其中一种。

3. 分区隔离

在总体设计时，应慎重考虑危险车间的布置。按照国家有关规定，危险车间与其他车间或装置应保持一定的间距，应充分估计到相邻车间建构筑物可能引起的相互影响，须采用相应的建筑材料和结构形式等。例如，合成氨生产中，合成车间压缩岗位的布置，焦化炼焦和副产品回收车间的间隔，染料厂的原料仓库和生产车间的间隔，高压加氢装置的间隔，厂区、厂前区、生产区等的划分等，都必须合理。

对同一车间的各个工段，应视其生产性质和危险程度予以隔离，各种原料成品、半成品的储存，也应按其性质、储量不同进行隔离；对个别有危险的生产过程，也可采用隔离操作和防护屏的方法，使操作人员和生产设备隔离。分区隔离的具体设计应按《石油化工企业设计防火标准(2018 年版)》(GB 50160—2008)等国家标准执行。

4. 露天安装

为了便于有害气体的散发，减少因设备泄漏造成易燃气体在厂房中积聚的危险，一般将这类设备和装置露天或半露天放置，如氮肥厂的煤气发生炉及其附属设备、加热炉、炼焦炉、气柜、精馏塔等。石油化工生产的大多数设备都是放在露天环境中的。露天安装的设备密闭性要考虑气象条件对生产设备、工艺参数及工作人员健康的影响。还应注意冬季防冻保温，夏季防暑降温、防潮气腐蚀等，并应设有合理的夜间照明。

5. 远距离操纵

远距离操纵不但能使操作人员与危险工作环境隔离，还提高了管理效率，消除了人为的误差。对大多数的连续生产过程，主要是根据反应的进行情况和程度来调节各种阀门。特别是对于某些操作人员难以接近，开启又较费力，或要求迅速启闭的阀门，都应该进行远距离操纵，操作人员只需在操纵室进行操作，记录有关数据即可。另外，对于辐射热高的反应设备以及某些危险性大的反应装置，也可以远距离操纵。远距离操纵和自动调节一样，可以通过机动、气动、液动、电动和联动等方式来传递动作。二者的不同之处在于远距离操纵需要人即时操作，而自动调节则是根据预先设定的条件自动操作。

6. 厂房的防爆泄压措施

建造能够耐爆炸最高压力的厂房和仓库是不现实的，因为可燃气体、蒸气和粉尘等物质与空气混合形成的爆炸性混合物，其爆炸最高压力可达 $110\ t/m^2$，而 30 cm 厚的砖墙配压只有 $0.2\ t/m^2$。通常应在具有爆炸危险的厂房设置轻质板制成的屋顶、外墙或泄压窗，发生爆炸时这些薄弱部位首先遭受爆破，顷刻间向外释放大量气体和热量，室内爆炸产生的压力骤然下降，如此可减轻承重结构受到的爆炸压力，避免因此遭受倒塌破坏。

3.5　防尘防毒技术

3.5.1　生产性粉尘危害控制技术

一、生产性粉尘的来源和分类

1. 来源

生产性粉尘的来源十分广泛，如固体物质的机械加工、粉碎；金属的研磨、切削；矿石的粉碎、筛分、配料；岩石的钻孔、爆破和破碎；耐火材料、玻璃、水泥和陶瓷等工业中的原料加工；皮毛、纺织物等原料的处理；化学工业中固体原料的加工处理；物质加热时产生的蒸气；有机物质的不完全燃烧所产生的烟；粉末状物质在混合、过筛、包装和搬运等操作时产生的粉尘，以及沉积的粉尘二次扬尘等。

2. 分类

根据生产性粉尘的性质可将其分为 3 类。

1) 无机性粉尘

无机性粉尘包括矿物性粉尘，如硅石、石棉、煤等；金属性粉尘，如铁、锡、铝等及其化合物；人工无机粉尘，如水泥、金刚砂等。

2) 有机性粉尘

有机性粉尘包括植物性粉尘，如棉、麻、面粉、木材；动物性粉尘，如皮毛、丝、骨粉尘；人工合成的有机染料、农药、合成树脂、炸药和人造纤维等。

3) 混合性粉尘

混合性粉尘是上述各种粉尘的混合存在，一般为两种及以上粉尘的混合。生产环境中最常见的就是混合性粉尘。

二、生产性粉尘的理化性质

粉尘对人体的危害程度与其理化性质有关，与其生物学作用及防尘措施等也有密切关系。在卫生学上，有意义的粉尘理化性质包括粉尘的化学成分、分散度、溶解度、密度、形状、硬度、荷电性和爆炸性等。

1. 粉尘的化学成分

粉尘的化学成分、浓度和接触时间是直接决定粉尘对人体危害性质和严重程度的重要因素。根据粉尘化学性质的不同，粉尘对人体可有致纤维化、中毒、致敏等作用，如游离二氧化硅粉尘的致纤维化作用。对于同一种粉尘，它的浓度越高，与其接触的时间越长，对人体危害越大。

2. 分散度

粉尘的分散度是表示粉尘颗粒大小的一个概念，它与粉尘在空气中呈浮游状态存在的持续时间(稳定程度)有密切关系。在生产环境中，由于通风、热源、机器转动以及人员走动等原因，空气经常流动，从而使尘粒沉降变慢，延长了其在空气中的浮游时间，被人吸入的机会就更多。直径小于 5 微米的粉尘对机体的危害性较大，也易于达到呼吸器官的深处。

3. 溶解度与密度

粉尘溶解度大小与对人危害程度的关系，因粉尘作用性质不同而异。主要呈化学毒作用的粉尘，其危害作用随溶解度的增加而增强；主要呈机械刺激作用的粉尘，其危害作用随溶解度的增加而减弱。

粉尘颗粒密度的大小与其在空气中的稳定程度有关，尘粒大小相同时，密度大者沉降速度快、稳定程度低。在通风除尘设计中，要考虑密度这一因素。

4. 形状与硬度

粉尘颗粒的形状多种多样，质量相同的尘粒因形状不同，在沉降时所受阻力也不同。因此，粉尘的形状能影响其稳定程度。坚硬且外形尖锐的尘粒可能引起呼吸道黏膜机械损伤，如石棉纤维状尘。

5. 电性

高分散度的尘粒通常带有电荷，尘粒的带电性与作业环境的湿度和温度有关。尘粒带有相异电荷时，可促进凝集、加速沉降。粉尘的这一性质对选择除尘设备有重要意义。荷电的尘粒在呼吸道可被阻留。

6. 爆性性

高分散度的煤炭、糖、面粉、硫磺、铝、锌等粉尘具有爆炸性。发生爆炸的条件是高温(火焰、火花、放电)和粉尘在空气中达到足够的浓度。可能发生爆炸的粉尘最小浓度：各种煤尘为 $30\sim40~g/m^3$，淀粉、铝及硫磺为 $7~g/m^3$，糖为 $10.3~g/m^3$。

三、生产性粉尘治理的工程技术措施

1. 防尘的技术措施

在防尘工作中，多种措施配合使用能收到较显著的效果。

(1) 采用新工艺、新技术，降低车间空气中的粉尘浓度，使生产过程中不产生或少产生粉尘。

(2) 对粉尘较多的岗位尽量采用机械化和自动化操作，尽量减少工人直接接触尘源的机会。

(3) 采用无害材料代替有害材料。

(4) 采用湿法作业，防止粉尘飞扬。

(5) 将尘源安排在密闭的环境中，设法使内部造成负压条件，以防止粉尘向外扩散。

(6) 真空清扫。有扬尘点的岗位应采用真空吸尘清扫，避免用一般的方法清扫，更不能用压缩空气吹扫。

(7) 个人防护。在粉尘场地工作的工人必须严格执行劳保规定，要穿防护服，戴口罩、手套、防护面具、头盔和穿鞋套等。

2. 除尘措施

(1) 排尘。排尘是指采取一定的措施将工作场地所产生的粉尘排放到空气中或者送到除尘设备中的过程。排尘设备一般由吸尘罩、排风管道和排风机 3 个部分组成。

(2) 除尘。采取一定的技术措施除掉粉尘的过程称为除尘。常用的除尘装置主要有机械式除尘器、过滤式除尘器、湿式除尘器、电除尘器 4 种。

3.5.2　生产性毒物危害控制技术

一、生产性毒物的来源与存在形态

1. 来源

在生产过程中，生产性毒物主要来源于原料、辅助材料、中间产品、夹杂物、半成品、成品、废气、废液及废渣，有时也可能来自加热分解的产物，如聚氯乙烯塑料加热至 160～170℃时可分解产生氯化氢。

2. 形态

生产性毒物可以以固体、液体、气体的形态存在于生产环境中，按存在形态可将生产性毒物分为以下几种。

(1) 气体，指在常温、常压条件下，散发于空气中的无定形气体，如氯、溴、氨、一氧化碳和甲烷等。

(2) 蒸气，指固体升华、液体蒸发时形成蒸气，如水银蒸气和苯蒸气等。

(3) 雾，指混悬于空气中的液体微粒，如喷洒农药和喷漆时所形成的雾滴，镀铬和蓄电池充电时逸出的铬酸雾和硫酸雾等。

(4) 烟，指直径小于 0.1 微米的悬浮于空气中的固体微粒，如熔锌时产生的氧化锌烟尘，熔镉时产生的氧化镉烟尘，电焊时产生的电焊烟尘等。

(5) 粉尘，指能较长时间浮于空气中的固体微粒，直径大多数为 0.1～10 微米。固体物质的机械加工、粉碎、筛分、包装等可引起粉尘飞扬。

悬浮于空气中的粉尘、烟和雾等微粒，统称为气溶胶。了解生产性毒物的存在形态有助于研究毒物进入机体的途径和发病原因，且便于采取有效的防护措施以及选择车间空气中有害物采样的方法。

生产性毒物进入人体的途径主要是呼吸道，也可经皮肤和消化道进入。

二、防毒技术措施

1. 生产装置的防毒技术措施

(1) 以无毒、低毒的物料或工艺代替有毒、高毒的物料或工艺。这意味着从根本上改变有关生产的工艺路线，使生产过程中不产生或少产生对人体有害的物质，这是解决防毒问题的最好办法。近几年来相关研究在这方面的进展较大。

(2) 生产装置的密闭化、管道化和机械化。主要指以下几方面：① 装置密封，勿使尘毒物质外逸；② 密闭投料、出料，如机械投料、真空投料、高位槽和管道密封、密闭出料等；③ 转动轴密封，有多种密封方式，如填料罐密封、密封圈密封、迷宫式密封、机械密封、填料密封及磁密封等；④ 加强设备维护管理，及时消除跑、冒、滴、漏。

(3) 通风排毒。通风是使车间空气中的毒物浓度不超过国家卫生标准的一项重要防毒措施，分局部通风和全面通风两种。局部通风，即把有害气体罩起来排出去。其排毒效率高，动力消耗低，比较经济合理，还便于有害气体的净化回收。全面通风又称稀释通风，是用大量新鲜空气将整个车间空气中的有毒气体冲淡使达到国家卫生标准。全面通风一般只适用于污染源不固定和局部通风不能将污染物排除的工作场所。

(4) 有毒气体的净化回收。净化回收即把排出来的有毒气体加以净化处理或回收利用。气体净化的基本方法有洗涤吸收法、吸附法、催化氧化法、热力燃烧法和冷凝法等。

(5) 隔离操作和自动化控制。因生产设备条件有限，而无法将有毒气体浓度降低达到国家卫生标准时，可采取隔离操作的措施。常用的方法是把这些生产设备单独安装在隔离室内，用排风的方法使隔离室处于负压状态，杜绝毒物外逸。自动化控制就是对工艺设备采用常规仪表或计算机控制，使监视、操作地点离开生产设备。自动化控制按其功能可分为 4 个系统，即自动检测系统、自动操作系统、自动调节系统、自动讯号联锁和保护系统。

2. 个人防护措施

作业人员在正常生产活动或进行事故处理、抢救、检修等工作中，为保证安全与健康，防止意外事故发生，要采取个人防护措施。个人防护措施就其作用分为皮肤防护和呼吸防护两个方面。

1) 皮肤防护

皮肤防护常采用穿防护服，戴防护手套、帽子，穿鞋套等方式。除此之外还应在外露皮肤上涂一些防护油膏来保护。常见的防护膏有单纯防水用的软膏、防水溶性刺激物的油膏、防油溶性刺激物的软膏，还有防光感性和防粉末作用的软膏等。

2) 呼吸防护

保护呼吸器官的防毒用具一般分为过滤式和隔离式两大类。过滤式防毒用具有简易防毒口罩、橡胶防毒口罩和过滤式防毒面具等。过滤式防毒用具适用于空气中氧含量大于18%及有毒成分较低的场合，否则需用隔离式防毒用具。隔离式防毒用具又可分为氧气呼吸器、自吸式橡胶长管防毒面具和送风式长管防毒面具等。使用防毒用具时，应根据现场操作和设备条件、空气中含氧量、有毒物质的毒性和浓度及操作时间长短等情况来正确选用。

(1) 简易防毒口罩。该口罩是由 10 层纱布浸入药剂 2 h 后烘干制成的，它适用于空气中氧含量大于18%，有毒气体浓度小于 200 mg/m^3 的环境。

(2) 橡胶防毒口罩。该口罩由橡胶主体、呼吸阀、滤毒罐和系带 4 个部分组成，适用于含有低浓度的有机蒸气的环境，不适用于含有一氧化碳等无臭味的气体的环境及空气中氧含量低于18%的环境。

(3) 过滤式防毒面具。该面具由橡胶面具、导气管、滤毒罐和背包 4 部分组成，可以过滤空气中的有毒气体、烟雾、放射性灰尘和细菌等，并可以保护眼睛、面部免受有毒物质的伤害。过滤式防毒面具适用于空气中氧含量大于 18%，有毒气体浓度小于 2% 的环境。

(4) 2 h 氧气呼吸器。该呼吸器是利用压缩氧气为使用者提供气源的防毒用具。适用于缺氧、有毒气体成分不明或浓度较高的环境。

(5) 化学生氧式防毒面具。该面具是用金属超氧化物作为基本化学药剂。适用于防护各种有害气体及放射性粉尘和细菌等对人体的伤害，特别适合在缺氧和含多种混合毒气的复杂环境中处理事故和抢救人员使用。

(6) 自吸式长管防毒面具。该面具是由面罩、10～20 m 长的蛇形橡胶气管导管和腰带 3 部分组成。适用于缺氧、有毒气体成分不明和浓度较高的环境，特别适合进入密闭设备、储罐内从事检修作业时佩戴。

(7) 送风式长管防毒面具。该面具由新鲜空气来源设备、导气管、面罩和腰带 4 部分组成，适用范围与自吸式长管防毒面具相同。

3.5.3 空气中有害物质最高容许浓度

预防生产场所空气中有害物质危害的安全技术工作的重要内容之一，是确定工人在该场所中工作时容许有害物质的最高浓度，即职业接触限值。在这种极限浓度下工作，无论是短时间和长时期接触过程，对绝大多数人体均无特别危害。

国家卫生健康委员会发布的《工作场所有害因素职业接触限值第 1 部分：化学有害因素》(GBZ 2.1—2019)中规定的化学有害因素的职业接触限值(OELs)分为以下三类。

1. 时间加权平均容许浓度(PC-TWA)

以时间为权数规定的 8 h 工作日、40 h 工作周的平均容许接触浓度。实际的时间加权平均浓度 C_{TWA} 是根据采集一个工作日内一个工作地点，各时段的样品，按各时段的持续接触时间 T_i 与其相应浓度 C_i 乘积之和除以 8 得到。其计算公式为：$C_{TWA} = (C_1T_1 + C_2T_2 + \cdots + C_iT_i + \cdots + C_nT_n)/8 \ (mg/m^3)$。

2. 短时间接触容许浓度(PC-STEL)

在实际测得的 8 h 工作日、40 h 工作周平均接触浓度遵守 PC-TWA 的前提下，容许劳动者短时间(15 min)接触的加权平均浓度。

3. 最高容许浓度(MAC)

指在一个工作日内，任何时间、工作地点的化学有毒因素均不应超过的浓度。

4. 峰值接触浓度(PE)

指在最短的可分析的时间段内(不超过 15 min)确定的空气中特定物质的最大或峰值浓度。对于接触具有 PC-WTA 但尚未制定 PC-STEL 的化学有害因素，应使用峰值接触浓度控制短时间的接触。在遵守 PC-WTA 的前提下，允许在一个工作日内，发生一次短时间(15 min)超出 PC-WTA 水平的峰值接触浓度。

GBZ 2.1—2019 对 358 种化学物质、49 种粉尘、3 种生物因素规定了工作场所空气中的容许浓度。

当工作场所存在两种以上化学物质时，可能发生三类作用：独立作用、协同作用(加强作用)和拮抗作用(减弱作用)。对此,处理方式如下。

(1) 缺乏相关的毒理学资料时,分别测定各化学物质的浓度,按各个物质的职业接触限值进行评价。

(2) 若该两种以上物质的化学结构近似,或共同作用于同一器官、系统,或具有相似毒性作用,或已知它们可产生相加作用时,则按下式进行计算和评价。

$$\frac{C_1}{L_1} + \frac{C_2}{L_2} + \cdots + \frac{C_n}{L_n} = 比值$$

式中:C_1、$C_2 \cdots$、C_n 为各化学物质的实测浓度;L_1、$L_2 \cdots$、L_n 为各化学物质相应的容许浓度限值。若比值≤1,表示浓度未超过接触限值,符合卫生要求;若比值>1,表示浓度超过接触限值,不符合卫生要求。

3.5.4 急性中毒的现场抢救原则

在实际生产和检修现场,有时设备突发性损坏或泄漏,致使大量毒物外溢(逸),造成作业人员急性中毒。急性中毒往往发展急骤、病情严重,因此,必须全力以赴、分秒必争地抢救。一旦发生急性中毒事故应立即与医疗单位联系,同时及时、正确地抢救化工生产或检修现场中所发生的急性中毒事故。这对于挽救重危中毒者的生命、减轻中毒程度、防止并发症的产生具有十分重要的意义,也为进一步治疗创造了有利条件。

急性中毒的现场抢救应遵循下列原则。

1. 救护者应做好个人防护

急性中毒发生时,毒物多由呼吸系统和皮肤侵入人体内。因此,救护者在进入毒区抢救之前,首先要做好个人呼吸系统和皮肤的防护,佩戴好供氧式防毒面具或氧气呼吸器,穿好防护服。进入设备内抢救时要系上安全带,然后再进行抢救。

2. 切断毒物源

救护人员进入事故现场后,除对中毒者进行抢救外,同时应迅速侦察毒物源,采取果断措施切断毒物源,防止毒物继续外溢(逸)。对于已经扩散出来的有毒气体或蒸气应立即启动通风设备或开启门窗,并采取中和处理等措施,降低有毒物质在空气中的浓度,为抢救工作创造有利条件。

3. 采取有效措施防止毒物继续侵入人体

(1) 撤离现场、去除污染。应将中毒者迅速移至空气新鲜处,松开其颈、胸部纽扣和腰带,让其头部侧偏以保持呼吸道通畅。同时要注意保暖和保持安静,严密注意中毒者的神志、呼吸和循环系统。

(2) 消除毒物,防止毒物沾染皮肤和黏膜。应迅速脱去中毒者被污染的衣服、鞋袜、手套等,并用清水冲洗 15~20 min。此外,还可用中和剂(弱酸性或弱碱性溶液)清洗。石灰、四氯化钛等遇水能反应的物质中毒时,应先用布、纸或棉花去除毒物后再用水冲洗,以防加重损伤。对黏稠的毒物可用大量的肥皂水冲洗,尤其要注意皮肤褶皱、毛发和指甲内的污染。

(3) 毒物进入眼睛时,应用流水缓慢冲洗眼睛 15 min 以上,冲洗时把眼睑撑开,并嘱咐伤员使眼球向各方向缓慢转动。

(4) 毒物经口腔引起急性中毒时，可根据具体情况和现场条件正确处理。若毒物为非腐蚀性者，应立即采用催吐、洗胃或导泻等方法去除毒物。氯化钡等中毒，可口服硫酸钠溶液，使胃肠道内未被吸收的钡盐变成不溶的硫酸钡沉淀。胺、铬酸盐、铜盐、汞盐、羧酸类、醛类、酯类中毒时，可给中毒者喝牛奶、生鸡蛋等缓解剂。但烷烃、苯、石油醚等中毒时，既不要催吐，也不要给中毒者食用牛奶、鸡蛋和油性食物，可喝少量(一汤匙)液状石蜡和一杯含硫酸镁或硫酸钠的水。一氧化碳中毒者应立即吸入氧气以缓解机体缺氧状况并促进毒物排出。

4. 促进生命器官功能恢复

在急救时如遇到危及生命的严重现象，要当机立断，立即紧急处理，千万不能等待诊断后再处理。特别是中毒者心跳、呼吸停止时，要立即就地抢救，尽快进行心肺复苏术(CPR)，恢复患者自主呼吸和自主循环，同时拨打 120 或寻求最近的专业医务人员进行救治。

中毒者若停止呼吸，应立即进行人工呼吸。人工呼吸的方法有俯卧压背式、振臂压胸式和口对口(鼻)式 3 种。最好采用口对口式人工呼吸法。其具体做法是：使中毒者仰卧，救护者一手托起中毒者下颌，尽量使其头部后仰，另一手捏紧中毒者鼻孔，救护者深吸气后，对中毒者的口吹气，使中毒者上胸部升起，然后松开鼻孔。如此有节律地、均匀地反复进行，每分钟吹气 12～16 次，直至中毒者可自行呼吸为止。如果中毒者牙关紧闭，可采用口对鼻呼气的方法，做法同上。

对心跳停止的中毒者应立即进行人工心肺复苏和胸外按压。将中毒者放平仰卧在硬地或木板床上，使其头部稍低。救护者将一手的根部放在中毒者胸骨下半段(剑突以上)，另一手掌叠于该手背上，肘关节伸直，借救护者自己身体的重力向下按压。对于成人，按压频率为 100～120 次/min，下压深度 5～6 cm，每次按压之后应让胸廓完全回复。按压时间与放松时间各占 50%左右，放松时掌根部不能离开胸壁，以免按压点移位。按压时动作要稳健有力、均匀规则，注意不要用力过猛，以免发生肋骨骨折、血气胸等状况。心肺复苏(CPR)的胸外按压与通气(人工呼吸)的比例一般为 30∶2，对于婴儿和儿童，双人做心肺复苏时可采用 15∶2 的比例，也就是应每 2 min 或 5 个周期 CPR(每个周期包括 30 次按压和 2 次人工呼吸)更换按压者，并在 5 s 内完成转换。现场的 CPR 应坚持不间断地进行，快速有力，不可轻易做出停止复苏的决定，直到患者恢复呼吸、心跳和意识或由专业医务人员接手承担复苏工作。

3.6　压力容器安全技术

3.6.1　压力容器的概念和分类

一、概念

从字面上讲，所有承受压力载荷的封闭容器都统称为压力容器，但在工业生产中，把一部分比较容易发生事故且危害性比较大的压力容器，作为一种特殊设备，由专门机构进行安全监督管理，并按规定的技术规范进行设计、制造和使用，工业上把这部分设备称为压力容器。《特种设备安全监察条例》(2009 年 1 月 14 日国务院令第 373 号)定义：压力容器是指盛装气体或者液体，承载一定压力的密闭设备，包括最高工作压力大于或者等于 0.1 MPa(表压)，且压力与容积的乘积大于或者等于 2.5 MPa·L 的气体、液化气体和最高工作温度高于或者等于标准沸点的液体的固定式容器和移动式容器；盛装公称工作压力大于或者等于 0.2 MPa(表压)，且压力与容积的乘积大于或者等于 1.0 MPa·L 的气体、液化气体和标准沸点等于或者低于 60℃液体的气瓶、氧舱等。化工生产中的储槽、反应器、塔器、分离器、换热器等大多为压力容器。压力容器承压受力情况比较复杂，例如，有的压力容器在几百上千摄氏度下运行，有的在深冷条件(-100℃以下)下工作，有的在强腐蚀介质条件下运行。与其他设备相比，压力容器容易超载、易受腐蚀，因此容易发生事故，甚至是灾难性事故。所以必须加强对压力容器(包括锅炉)的安全技术管理，以确保它们的安全运行。

我国规定，凡压力容器设备均需在当地设区市以上的特种设备安全技术监督机构逐台登记，并受其监督管理。压力容器的设计、安装、检验和修理等必须由具有相应资质的单位进行。

二、压力容器的分类

属于压力容器范畴的有固定式压力容器、移动式压力容器、气瓶、氧舱四大类，其中固定式压力容器是化工生产中应用最多的。压力容器的品种极多，分类方法也很多，现介绍最常用的两种分类方法。

1. 按设计压力的等级分类

根据《压力容器安全技术监察规程》的规定，按压力容器的设计压力 p 分为低压、中压、高压和超高压 4 个压力等级。具体划分为：① 低压(代号 L)：0.1 MPa≤p<1.6 MPa；② 中压(代号 M)：1.6 MPa≤p<10 MPa；③ 高压(代号 H)：10 MPa≤p<100 MPa；④ 超高压(代号 U)：p≥100 MPa。

压力低于 0.1 Pa 的视为常压容器，不属于压力容器范畴。

2. 按类别分类

根据《固定式压力容器安全技术监督规程》(TSG 21—2016)的规定，按照承压设备的设计压力、容积和介质危害程度，将规程适用范围的压力容器划分为 3 类。

第Ⅰ类压力容器潜在危险性最小，设计、制造和使用等要求水平最低；第Ⅲ类压力容器潜在危险性最大，设计、制造和使用等要求水平最高；第Ⅱ类压力容器潜在危险性及相应的要求水平居中。压力容器的分类现在采用查图法，其划分的原则和过程如下。

首先把压力容器中的介质分为以下两组：① 毒性程度为高度危害、极度危害的化学介质、易爆介质、液化气体；② 除第一组以外的介质。具体介质毒性危害程度和爆炸危险程度的确定，按照《压力容器中化学介质毒性危害和爆炸危险程度分类标准》(HG/T 20660—2017)确定。HG/T 20660 中没有规定的，由压力容器设计单位参照《职业性接触毒物危害程度分级》(GBZ 230—2010)的标准确定介质组别。

其次，依据压力容器中的介质特性选择适当介质组别的类别划分图，根据设计压力 p(单位：MPa)和容积 V(单位：L)，找到坐标点，确定容器类别。

需要说明的是，移动式压力容器、超高压压力容器和非金属压力容器等使用各自特定的压力容器安全技术监督规程。此外，化工常用设备——锅炉，由"锅"和"炉"两部分组成，其"锅"部分的组成单元也属压力容器，可以说锅炉是种类规格很多的一类压力容器，有许多特点，现已形成一整套锅炉安监规程，本书由于篇幅有限不做专门介绍。本章节述及的压力容器安全技术的基本原则同样适用于其他类型压力容器和锅炉。

3.6.2　压力容器的安全技术管理

为了保证压力容器安全运行，不仅要求其设计可靠、制品合格，还必须对其进行正确操作、合理维护和定期检修，并建立完善的压力容器安全技术管理的规章制度。

由于压力容器的使用条件复杂，种类繁多，工作介质及工艺过程也不尽相同，所以对每一台压力容器都应有各自的操作与维护的具体要求。

一、建立压力容器技术档案

压力容器的技术档案应包括容器的原始技术资料和容器的使用记录。容器的原始技术资料由设计和制造单位提供，至少应有压力容器设计总图、受压部件图、出厂合格证、说明书和质量证明书以及压力容器登记卡等。压力容器的使用记录应包括容器的实际使用情况、操作条件、检验和修理记录以及事故与事故处理措施等。

二、制定压力容器的安全操作规程

对每一台压力容器都应制定相应的安全操作规程，以确保压力容器得以合理使用、安全运行。操作规程至少应包括以下主要内容：① 压力容器的正确操作方法；② 压力容器的最高许用压力和温度；③ 开、停车的操作程序和注意事项；④ 压力容器运行中的检查项目和部位，可能出现的异常现象及判断方法和应采取的紧急措施；⑤ 压力容器停用时的维护和检查。

压力容器要分级管理，专人负责操作，操作人员必须完全熟悉安全操作的全部内容，严格按操作规程进行操作。

三、岗前培训

压力容器的操作人员属于特殊工种，上岗前必须对他们进行安全教育和培训考核，合格后报请上级主管部门和劳动部门核准，发给安全操作证后，方可允许上岗操作。

在压力容器的运行过程中，操作人员要严格遵守安全操作规程。注意观察容器内介质的反应情况，压力、温度的变化及有无异常现象等，并及时进行调节和处理。还要认真做好设备运行记录，记录数据应准时、正确。

四、平稳操作

平稳操作主要是指缓慢地进行加温、加压和结束时降温、降压，运行期间保持温度、压力的相对稳定。因为加载速度过快会降低材料的断裂韧性，可能使存在有微小缺陷的容器产生脆性断裂。在高温或零下温度运行的容器，如果急剧升温或降温，会使壳体产生较大的温度梯度从而产生过大的热应力。所以，无论是开车、停车，还是在容器运行期间都要避免壳体温度的突然变化，以免产生过大的热应力。

五、防止超负荷运行

防止容器超负荷运行，主要是防止超压、超温运行。每台容器都有它的最高允许压力和允许温度，超过了规定的压力和温度，容器就有可能发生事故。所以，压力容器一律严禁超载。如果在运行中发现容器的压力或温度不正常，要按操作规程进行调整。

对于压力来自器外的压力容器，超压大多是由于操作失误引起的。所以，除了在连接管道或压力容器阀门上设置联锁装置外，还可以实行"安全操作挂牌制度"，即在一些关键性的操作位置上挂牌，用明显标志或文字说明阀门的开关方向、开关程度和注意事项等，以防止出现操作失误。

六、加强压力容器的安全检查及日常保养

对运行中的压力容器进行安全检查的主要内容有：容器的压力、温度、流量、液位等操作条件是否在规定范围内；容器连接部位有无泄漏或渗漏现象；安全装置及附件、计量仪表等是否保持在完好状态；容器的防腐层要经常保持完好；及时消除容器震动和摩擦；杜绝物料的"跑、冒、滴、漏"等。

七、及时紧急停止运行

压力容器在运行过程中，出现下列紧急情况时，操作人员应采取紧急措施，按规定程序停止压力容器的运行并及时报告有关部门。

(1) 容器的工作压力、介质温度或警温超过规定的极限值，经采取各种措施仍无法控制；

(2) 容器的受压部件出现裂缝、鼓包变形和泄漏等危及安全的缺陷；

(3) 容器的安全附件失效，或接管、紧固件损坏，难以保证容器的安全运行；

(4) 发生火灾，直接威胁容器的安全运行。

对于连续生产的压力容器，采取紧急措施使其停止运行时，必须与前后有关操作岗位取得密切联系。

3.6.3　压力容器定期检验

压力容器一般都在高压、高温(或低温)及腐蚀性物质下运行，在这样苛刻的条件下，其材料和制造过程中的缺陷可能会发展，新的缺陷也可能产生。这些缺陷如不及时发现和消除，就可能导致压力容器破裂而造成事故。为此，在使用压力容器时，应按照《固定式压力容器安全技术监察规程》(TSG 21—2016)和《压力容器定期检验规则》(TSGR 7001—2013)的规定，进行定期安全检查检验、评定和登记。定期检查检验有两种：年度检查和定期检验。

一、年度检查

压力容器使用单位应当实施压力容器每年一次的年度检查，年度检查至少包括压力容器安全管理情况检查、压力容器本体及运行状况检查和压力容器安全附件检查等。对年度检查中发现的压力容器安全隐患要及时消除。

二、定期检验

定期检验是指压力容器停机时进行的检验和安全状况等级评定。定期检验由具有资质的特种设备检验机构进行。

1.定期检验的周期

压力容器一般应当于投用后 3 年内进行首次全面检验。下次的全面检验周期，由检验机构根据压力容器的安全状况等级按照以下要求确定：压力容器安全状况等级分为 1 级至 5 级，1 级最好，5 级最差。① 状况等级为 1、2 级的，一般每 6 年检验一次；② 安全状况等级为 3 级的，一般每 3～6 年检验一次；③ 安全状况等级为 4 级的，应当监控使用，其检验期由检验机构确定，累计监控使用时间不得超过 3 年；④ 安全状况等级为 5 级的，应当对缺陷进行处理，否则不得继续使用；⑤ 压力容器安全状况符合规定条件的，可适当缩短或者延长检验周期。压力容器安全状况为 1、2 级，且符合一定条件的，其检验周期最长可延至 12 年。

2.定期检验的内容

检验人员应当根据压力容器的使用情况、失效模式制定检验方案。定期检验的方法以宏观检查、壁厚测定、表面无损检测为主，必要时可以采用超声检测、射线检测、硬度测定、金相检验、材质分析、涡流检测、强度校核或者应力测定、耐压试验、声发射检测、气密性试验等。

检查内容主要是压力容器的有关部位是否有下列情况：容器的本体、接口部位、焊接接头等的裂纹、过热、变形和泄漏等；外表面的腐蚀；保温层的破损、脱落、潮湿；检漏孔、信号孔的漏液和滑气；压力容器与相邻管道或构件的异常振动、响声、相互摩擦；支承或支座的损坏，基础下沉、倾斜、开裂，紧固螺栓松动等。还要检查容器运行的稳定情况，按"安全附件检验"要求检验安全附件的安装、维护、使用和灵敏度等。

除外部检查的有关内容外，至少还应检查内外表面开孔接管等处有无裂纹、介质腐蚀或磨损、冲刷等缺陷；对于金属衬里，检查有无穿透性腐蚀、裂纹、局部鼓包或凹陷；对于非金属衬里，如有衬里破坏、龟裂或脱落等情况时，应局部或全部拆除衬里；对于焊缝，根据不同情况可做肉眼检查；也可采用放大镜检查和做不小于焊缝长度 20%的表面探伤检查以及全部焊缝的表面擦伤检查。对于一些焊缝的埋藏缺陷，应进行射线探伤或超声波探伤抽查，必要时还应相互复验；对于高压螺栓要逐个清洗，检查其损伤情况，必要时应进行表面无损探伤，并应重点检查螺纹及过渡部位有无环向裂纹。对于安全附件要进行全面检查、修理、调整和有关试验等，校验合格后重新铅封。此外，还要进行结构、几何尺寸、壁厚、材质等的检查与测定。

3. 定期检验中的耐压试验

新制和经特殊维修的压力容器必须做压力试验。压力试验包括耐压试验和气密性试验，都应在内外部检查合格后进行。耐压试验除非设计规定要用气体进行耐压试验外，一般都用液体进行。需要进行气密性试验的压力容器，要在液压试验合格后进行。耐压试验是检查容器强度、制造(或维修)质量等的一项综合试验，而气密性试验是为了检查容器的严密性。

3.6.4 压力容器的安全附件

承压容器(锅炉和压力容器)的安全附件是为防止容器超温、超压、超负荷而装设在设备上的一种安全装置。承压容器的安全附件较多，最常用的安全附件有安全阀、爆破片、压力表和液位计等。

一、安全阀

1. 安全阀的作用及工作原理

安全阀的作用是当承压容器的压力超过允许工作压力时，阀门自动开启并发出警报声响，继而全量开放，以防止设备内的压力继续升高。当压力降低到正常工作压力时，阀门及时自动关闭，从而保护设备在正常工作压力下安全运行。当承压容器正常运行时，安全阀应该严密不漏。

2. 安全阀的结构

安全阀的结构有多种，其中较典型的是弹簧式安全阀。弹簧式安全阀主要由阀座、阀芯、阀杆、弹簧和调整螺丝等组成，它利用弹簧的力量将阀芯压在阀座上，使承压容器内的压力保持在允许的范围内。弹簧的力量是通过拧紧或放松调整螺丝来调节的。如果气体压力超过了弹簧作用在阀芯上部的压力，弹簧就被压缩，阀芯和阀杆被顶起离开阀座，气体即从排气口排出。

弹簧式安全阀具有体积小、调整方便、适用压力范围广、灵敏度高等优点，因此，在工业锅炉和压力容器上被普遍使用。

安全阀根据气体排放的方式可分为全封闭式、半封闭式和敞开式 3 种；根据阀芯开启的最大高度与阀孔直径之比值来划分，又可分为全启式(比值≥0.25)和微启式(比值<0.25)。

3. 安全阀的选用

(1) 安全阀的排放能力必须大于压力容器的安全泄放量。即压力容器在超压时，安全阀必须在单位时间内排出所需泄放的气量，只有如此，才能保证承压容器超压时，安全阀开启后能及时把气体排出，避免容器的压力继续升高。

(2) 根据压力容器的工艺条件和工作介质的特性选择。一般容器应选用弹簧式安全阀，压力较低而又没有震动影响的容器可选用杠杆式安全阀。如果容器的工作介质是有毒、易燃气体或其他污染大气的气体，应选用封闭式安全阀。高压容器及安全泄放量较大的中、低压容器，最好采用全启式安全阀，但全启式安全阀的回座压力较低，一般比容器正常工作压力低一些，所以对于要求压力绝对平稳的容器来说不宜采用。

(3) 按承压容器的工作压力选用相同级别的安全阀。如，不应把工作压力很低的安全阀过分加载，用于压力很高的承压容器上；也不应把工作压力很高的安全阀过分卸载，用于压力很低的承压容器上。

(4) 压力容器安全泄放量的计算。压力容器安全泄放量是指为保证容器出现超压时，器内压力不再继续升高，安全泄放装置在单位时间内所必需的最低泄放(介质)量。因压力容器超压的原因不同，有物理的也有化学的，还有人为的操作失误，加上器内介质状态也不一样，所以计算安全泄放量的方法各不相同。

(5) 安全阀的排放能力的计算。安全阀的排放能力指在排放压力下，阀全部开启时，单位时间内安全阀的理论气体排放量。

二、爆破片

爆破片(又称防爆片、防爆膜)是一种破裂型的安全泄压装置，它是利用膜片的破裂来达到泄压目的，泄压后便不能继续使用，压力容器也被迫停止运行。所以，通常它只用于泄压可能性较小而又不宜装安全阀的压力容器上。

1. 爆破片的特点

爆破片装置是一种很薄的膜片，用一副特殊的管法兰夹持着装入容器的引出管中，也可把膜片直接与密封垫片一起放入接管法兰内。爆破片有以下几个特点。

(1) 泄压装置的动作与介质的状态无关，它可以用于下列介质的压力容器：高黏度的液体、容易产生结晶的液体及粉状物质。

(2) 由于爆破片的泄放面积是根据工艺要求事先确定的，故泄压速度快、泄放量大，特别适用由于物料的化学反应而增大压力的反应釜。

(3) 密封性能可靠，保证绝对不泄漏。所以，工作介质为易燃、易爆物质或剧毒气体的压力容器，宜采用爆破片。

(4) 爆破片的材料可以根据腐蚀介质的性质确定，因此，能达到耐腐蚀要求。

(5) 具有结构简单、安装维修方便、价格低廉等优点。

爆破片在压力容器中可以用作主要泄压装置单独使用，也可以用作辅助泄压装置与安全阀联合使用。实际操作中应根据压力容器的安全要求、介质性质及设备运转条件等，选择合适的配置方法。

安装爆破片时，应检查爆破片表面及夹持压紧面，不得有任何损伤，并将夹持器和爆破片的两个表面擦拭干净。根据爆破片的形式不同，应注意安装方向。爆破片与夹持器需正确配合，拧紧螺栓施加压紧力要适中，而且要均匀，安装时应注意产品说明书规定的螺栓扭矩。爆破片夹偏和不均匀夹紧，将严重影响膜片的爆破压力。

爆破片要做定期检查和更换。定期检查主要是检查外表面有无伤痕和腐蚀情况；是否有明显的变形；有无异物黏附等。此外，应注意检查引出管是否通畅，腐蚀是否严重和支撑是否牢固。一般在设备大修时应更换爆破片。对设备超压而未破的爆破片及正常运行中有明显变形的爆破片应立即更换。

2. 爆破片的选用原则

爆破片一般应用在以下几种场合。

(1) 爆燃或因异常反应使压力瞬间急剧上升的隐患场合。这种场合弹簧式安全阀由于惯性而不相适应。

(2) 不允许介质有任何泄漏的场合。其他各种形式的安全阀一般总有微量的泄漏。

(3) 产生大量沉淀或黏附物，妨碍安全阀正常运作的场合。

爆破片爆破压力的选定，一般为容器最高工作压力的 1.15～1.3 倍。压力波动幅度较大的容器，其比值还可增大。但任何情况下，爆破片的爆破压力均应小于压力容器的设计压力。

三、压力表

压力表是用来测量承压容器压力的仪表。操作人员可以根据压力表所指示的压力进行操作，并将压力控制在允许的范围内。如果压力表不准或与安全阀同时失灵，则承压容器将可能发生事故。因此，压力表的准确与否直接关系到承压容器的安全。压力表的种类很多，目前使用最广泛的是弹簧管式压力表，这种压力表具有结构坚固、不易泄漏、准确度较高、安装使用方便、测量范围较宽等优点。

1. 压力表的选用

压力表的选用应根据使用的具体要求，如承压容器的工作压力或最高压力等，确定压力表的精度、表盘直径和量程。

压力表的量程应为测量点最高工作压力的 1.5～3 倍，以 2 倍为宜。压力表表盘大小和安装位置应便于操作人员观察，表盘直径一般不应小于 100 mm。压力表的精度是以压力表的允许误差占表盘刻度极限值的百分比来表示的。例如，精度为 1.5 级的压力表，其允许误差为表盘刻度极限值的 1.5%，精度级别一般都标在表盘上。对于低压容器，压力表的精度不应低于 2.5 级；中压应不低于 1.5 级；高压、超高压应不低于 1 级。工业锅炉压力表的精度一般应不低于 2.5 级。

2. 压力表的安装

压力表应安装在照明充足、便于观察、没有震动、不受高温辐射和低温冷冻的地方。压力表与容器之间应装设三通旋塞或针型阀，并有开启标志，以便校对和更换。指示蒸汽压力的压力表，在压力表与容器之间应有存水弯管。盛装高温、强腐蚀性物质的容器，在压力表与容器之间应有隔离缓冲装置。

3. 压力表的维护

压力表应保持清洁，表面玻璃要光滑无污，表盘内指针所指的压力值要清楚可见。压力表必须定期校验，一般应半年校验一次，合格的应加封印。若发生以下情况，如无压时指针不到零位或表面玻璃破碎、表盘刻度模糊、封印损坏、超期未检验、表内漏气或指针跳动等均应停止使用，并进行修理或更换。

3.7　电气及防静电安全防护技术

3.7.1　电气安全基本知识

电气安全是指电气设备和线路在安装、运行、维修和操作过程中不发生人身和设备事故。人身安全是指人在从事电气工作过程中不发生事故。设备安全是指电气设备、线路及相关设备建筑物不发生事故。电气安全事故是电能失控所造成的事故。人身触电(或电击)伤残、死亡事故，电气设备、线路损坏，由于电热及电火花引起的火灾爆炸事故，这些都属于电气安全事故。

一、发生触电事故的原因

1. 缺乏电气安全知识

如有人向正在工作的电气线路或电气设备上误送高、低压电，会造成工人触电事故；用手触摸已经破坏了的电线绝缘外皮和电气机具保护外壳，会引起触电事故等。

2. 违反操作规程

如在高低压电线附近施工或运输大型设备，施工工具和货物碰击损坏高低压电线，形成接地或短路事故；带电连接临时照明电线及临时电源线，产生电火花；火线误接在电动工具外壳上，引起接地及触电事故等。

3. 维护不良

如大风刮断的高低压电线未能得到及时修理；胶盖开关破损长期不予修理等造成事故。

4. 电气设备存在事故隐患

如电气设备和电气线路上的绝缘保护层损坏而漏电；电气设备外壳没有接地而带电；闸刀开关或磁力启动器缺少保护壳而导电等。

二、触电方式

按人体触及带电体的方式及电流通过的途径，有以下几种触电情况。

1. 高压电击

高压电击是指发生在 1000 V 以上的高压电气设备上的电击事故。当人体即将接触高压带电体时，高压电可将空气击穿，使空气成为导体，进而使电流通过人体形成电击。这种电击不仅会对人体造成内部伤害，其产生的高温电弧还会烧伤人体。

2. 单线电击

单线电击是指人体站立于地面上，手部或其他部位触及带电导体造成的电击。化工生产中大多数触电事故是单线电击事故，一般都是由于开关、灯头、导线及电动机有缺陷造成的。

3. 双线电击

双线电击是指人体不同部位同时触及对地电压不同的两相带电体造成的电击。这类事故的危险性大于单线电击，常出现于工作中操作不当的场合。

4. 跨步电压电击

当带电体发生接地故障时，在接地点附近会形成电位分布。人体在接地点附近，两脚间所处不同电位而产生的电位差，称为跨步电压。当高压接地或大电流流过接地装置处时，均可出现较高的跨步电压。跨步电压会危及人身安全。

三、电流对人体的伤害

电流对人体的伤害有电击、电伤和电磁场生理伤害三种形式。

1. 电击

电击是指电流通过人体，破坏人的心脏、肺及神经系统的正常功能。电流造成人体死亡的原因主要是电击。在 1000 V 以下的低压系统中，电流会引起人的心室颤动，使心脏由原来正常跳动变为每分钟数百次以上的细微颤动，这种颤动足以使心脏不能再压送血液，导致血液中止循环和大脑缺氧，最终造成窒息死亡。

2. 电伤

电伤是电流转变成其他形式的能量造成的人体伤害，包括电能转化成热能造成的电弧烧伤、灼伤和电能转化成化学能或机械能造成的电印记、皮肤金属化及机械损伤、电光眼等。电伤不会造成触电死亡，但可造成二次事故或局部伤害，甚至可能致残。

电击和电伤有可能同时发生，尤其是在高压触电事故中。

3. 电磁场生理伤害

电磁场生理伤害是指在高频电磁场的作用下，人出现头晕、乏力、记忆力减退、失眠等神经系统的症状。

四、电流对人体伤害程度的影响因素

电流通过人体内部时，其对人体伤害的严重程度与电流通过人体时的大小、持续时间、途径和人体电阻、电流种类及人体状况等多种因素有关，而各因素之间又有着十分密切的联系。

1. 电流强度

通入人体的电流越大，人体的生理反应越明显；人体感觉越强烈，危险性就越强。

2. 通电时间

电流通过人体的持续时间越长，人体电阻因紧张出汗等因素而降低电阻的可能性越大，电击的危险性越强。

3. 电流途径

电流流经人体的途径不同，危险程度也不同。从手到脚的途径最危险，这条途径上的电流将通过心脏、肺部和脊髓等重要部位。从手到手或从脚到脚的途径虽然伤害程度较轻，但在摔倒后能够造成电流通过全身的严重情况。

4. 电流种类

电流种类对电击伤害程度有很大影响。在各种不同的电流频率中，工频电流对人体的伤害高于直流电流和高频电流。50 Hz 的工频交流电用于设计电气设备比较合理，但是这种频率的电流对人体的伤害程度也最高。

5. 电压

在人体电阻一定时,作用于人体的电压越高,则通过人体的电流就越大,电击的危险性就越强。

6. 人体的健康状况

人体的健康状况和精神状况,对触电造成的伤害也有影响。患有心脏病、结核病、精神病、内分泌器官疾病的人及酒醉的人因触电引起的伤害较重。人体电阻越小,流过人体的电流就越大,也就越危险。

人体阻抗包括体内阻抗和皮肤阻抗。前者与接触电压等外界条件无关,一般在 $500\,\Omega$ 左右,而后者随皮肤表面的干湿程度、有无破伤以及接触电压的大小而变化。不同人,皮肤表面的电阻差异很大,因而人体电阻差异也很大。一般情况下,在进行电气安全设计或评价电气安全性时,人体电阻应按 $1000\,\Omega$ 考虑。

此外,接触电压增加,人体阻抗明显下降,致使电流增大,对人体的伤害加剧。随电压而变化的人体电阻见表 3-12。

表 3-12　随电压而变化的人体电阻

电压 U/V	12.5	31.3	62.5	125	220	250	380	500
人体电阻 R/Ω	16 500	11 000	6240	3530	2222	2000	1417	1130
电流 I/mA	0.8	2.84	10	35.2	99	125	268	1430

人体阻抗是确定和限制人体电流的参数之一,因此它是处理很多电气安全问题必须考虑的基本因素。

3.7.2 电气安全防护技术措施

一、触电防护技术措施

触电事故各种各样,但最常见的情况是偶然触及那些正常情况下不带电而意外带电的导体而触电。触电事故虽然具有突发性,但具有一定的规律性。若针对其规律性采取相应的安全技术措施,很多事故是可以避免的。预防触电事故的主要技术措施如下。

1. 认真做好绝缘

绝缘是用绝缘物把带电体封闭起来。绝缘材料分为气体、液体和固体三大类。

(1) 气体。通常采用空气、氮、氢、二氧化碳和六氟化硫等。

(2) 液体。通常采用矿物油(变压器油、开关油、电容器油和电缆油等)、硅油和蓖麻油等。

(3) 固体。通常采用陶瓷、橡胶、塑料、云母、玻璃、木材、布、纸以及某些高分子材料等。电气设备的绝缘应符合其相应的电压等级、环境条件和使用条件,应能长时间耐受电气、机械、化学、热力以及生物等有害因素的作用而不失效。

2. 采用安全电压

安全电压是制定电气安全规程和系列电气安全技术措施的基础数据,它取决于人体电阻和人体允许通过的电流。我国规定的安全电压额定值的等级为 42 V、36 V、24 V、12 V 和 6 V。在矿井、多导电粉尘等场所应使用 36 V 灯，在特别潮湿场所或金属物内应使用 12 V 灯。

3. 严格屏护

屏护就是使用屏障、遮栏、护罩、箱盒等将带电体与外界隔离。某些开启式开关电器的活动部分不方便绝缘，或高压设备的绝缘不能保证人在接近时的安全，那么应采取屏蔽保护措施，以免触电或电弧伤人等事故发生。对屏护装置的一般要求是：所用材料应有足够的机械强度和耐火性能；金属材料制成的屏护装置必须接地或接零；必须用钥匙或工具才能打开或移动屏护装置；屏护装置应悬挂警示牌；屏护装置应采用必要的信号装置和连锁装置。

4. 保持安全间距

带电体与地面之间、带电体与其他设备之间、带电体之间，均需保持一定的安全距离，以防止过电压放电、各种短路、火灾和爆炸事故的发生。

5. 合理选用电气装置

合理选用电气装置是减少触电危险和火灾爆炸危害的重要措施，应根据周围环境的情况选择电气设备。如在干燥少尘的环境中，可采用开启式或封闭式电气设备；在潮湿和多尘的环境中，应采用封闭式电气设备；在有腐蚀性气体的环境中，必须采用封闭式电气设备；在有易燃易爆危险的环境中，必须采用防爆式电气设备。

6. 采用漏电保护装置

当设备漏电时，漏电保护装置可以切断电流防止漏电引起触电事故。漏电保护器可以用于低压线路和移动电具等方面。一般情况下漏电保护装置只用作附加保护，不能单独使用。

7. 保护接地和接零

接地与接零是防止触电的重要安全措施。

(1) 保护接地。接地是指将电气设备或线路的某一部分通过接地装置与大地连接，当电气设备的某处绝缘物损坏或因事故带电时，接地短路电流将同时沿接地体和人体两条通路流通。接地体的接地电阻一般为 4 Ω 以下，而人体电阻约为 1000 Ω，因此通过接地体的分流作用而流经人体的电流几乎为零，这样就避免了触电的危险。

(2) 保护接零。接零是将电气设备在正常情况下不带电的金属部分(外壳)用导线与低压电网的零线(中性线)连接起来。当电气设备发生碰壳短路时，短路电流就由相线流经外壳到零线(中性线)，再回到中性点。由于故障回路的电阻、电抗都很小，所以有足够大的故障电流使线路上的保护装置(熔断器等)迅速工作，从而使故障的设备断开电源，起到保护作用。

8. 正确使用防护用具

电工安全用具包括绝缘安全用具(绝缘杆与绝缘夹钳、绝缘手套与绝缘靴、绝缘垫与绝缘站台)、登高作业安全用具(脚扣、安全带、梯子、高凳等)、携带式电压和电流指示器、临时接地线、遮拦、标志牌(颜色标志和图形标志)等。

二、电气防火防爆技术

1. 电气火灾和爆炸发生的原因

火灾和爆炸是电气灾害的主要形式。电气线路、电力变压器、开关设备、插座、电动机、电焊机、电炉等电气设备若设计不合理，安装、运行和维修不当，均有可能造成电气火灾和爆炸。短路、过载、接触不良、电气设备铁芯过热、散热不良等因素均有可能导致电气线路或者电气设备过热，从而可能产生引燃源。

2. 防爆电气设备类型的标志

防爆电气设备根据结构和防爆性能分为 8 种类型。

(1) 隔爆型(标志为 d)：在设备内部发生爆炸性混合物爆炸时，不会引起外部爆炸性混合物爆炸的电气设备。

(2) 安全型(标志为 i)：在正常运行或指定试验条件下，产生的电火花或热效应不能点燃爆炸性混合物的电气设备。

(3) 增安型(标志为 e)：在正常运行时，不产生火花、电弧和危险高温等点火源的电气设备。

(4) 充油型(标志为 o)：将全部或部分带电部件浸在油中，不引起油面上爆炸性混合物爆炸的电气设备。

(5) 正压型(标志为 p)：外壳内通入新鲜空气或惰性气体，形成正压，以阻止外部爆炸性混合物进入外壳内部的电气设备。

(6) 充砂型(标志为 q)：外壳内填充细砂材料使外壳内产生的电弧、火焰不能传播的电气设备。

(7) 无火花型(标志为 n)：在正常条件下既不产生电弧或火花，也不产生引燃周围爆炸性混合物的高温表面或灼热点的电气设备。

(8) 特殊型(标志为 s)：采用其他防爆措施的电气设备。

防爆电气设备的类型、级别、组别在其外壳上有明显的标识。

3. 电气设备和配电线路的选型

应根据生产现场爆炸性物质的分类、分级和分组以及爆炸危险环境的区域范围划分，按国家电气防爆规程和手册的规定，选用和安装相应的防爆电气设备和配电线路类型，以确保设备安全运行。

三、触电急救

触电事故发生后，必须不失时机地进行急救，尽可能减少损失。触电急救应动作迅速、方法正确，使触电者尽快脱离电源是救治触电者的首要条件。

1. 低压触电

当发现有人在低压(对地电压为 250 V 以下)线路触电时，可采用下面的方法进行急救。

(1) 触电地点附近有电源开关或插头，可立即切断电源。

(2) 如果远离电源开关，可用有绝缘保护的电工钳剪断电线，或者用带绝缘木把的斧头、刀具砍断电源线。

(3) 如果是带电线路断落造成的触电，可利用手边干燥的木棒、竹竿等绝缘物，把电线拨开，或用衣物、绳索、皮带等将触电者拉开，使其脱离电源。

(4) 如果触电者的衣物很干燥，且未紧缠在身上，可用一只手抓住触电者的衣物，将其拉离电源。但因触电者的身体是带电的，其鞋子的绝缘也可能遭到破坏，救护人员不得接触触电者的皮肤，也不能触摸他的鞋。

2. 高压线路触电

高压线路的电压很高，救护人员不能随便去接近触电者，必须慎重采取抢救措施。

(1) 立即通知有关部门停电。

(2) 戴上绝缘手套，穿上绝缘靴，用相应电压等级的绝缘工具拉开开关。

(3) 抛掷裸金属线使线路短路接地，迫使保护装置工作，断开电源。抛掷金属线前，应注意先将金属线一端可靠接地，然后抛掷另一端，被抛掷的另一端不可触及触电者和其他人。

3. 现场复苏术

人触电以后会出现神经麻痹、呼吸中断、心脏停跳等表现，外表上呈现昏迷不醒的状态，但此时不应认为已死亡，而应该看作是"假死状态"。有条件时应立即把触电者送医院急救，若不能马上送到医院应立即就地急救，尽快使触电者心肺复苏。

1) 呼吸复苏术

触电者若停止呼吸，应立即对其进行人工呼吸。人工呼吸方法有俯卧压背式、振背压胸式和口对口(鼻)式三种。最好采用口对口式人工呼吸法。其具体做法是：置触电者于向上仰卧位置，救护者一手托起触电者下颌，尽量使头部后仰，另一手捏紧触电者鼻孔，救护者深吸气后，对触电者口中吹气，然后松开鼻孔。如此有节律地、均匀地反复进行，每分钟吹气 12～16 次，直至触电者可自行呼吸为止。如果触电者牙关紧闭，可进行口对鼻呼气，做法同上。

2) 心脏复苏术

触电者若心跳停止应立即采用胸外心脏按压法进行人工心脏复苏。具体做法是：救护者将一手的根部放在触电者胸骨下半段(剑突以上)，另一手掌叠于该手背上，肘关节伸直，借救护者自己身体的重力向下加压。一般使胸骨陷下去 3～4 cm 为宜，然后放松。如此反复有规律地按压，每分钟 60～70 次，动作要稳健有力、均匀规则，不可用力过大过猛，以免造成肋骨折断、气血胸和内脏损伤等。

3.7.3 静电安全防护技术

一、静电的特性、产生原因和危害

1. 静电的特性

静电是一种常见的带电现象，利用静电原理可以生产静电除尘器、静电打印机等，但在多数化工生产中，静电是一种危险因素。静电一般电量不大，只有毫库甚至微库级，但是电压很高，有时可达上万伏。带静电的物体即带电体，带电体如果是导体，它上面的电荷分布与导体的几何形状有关，曲率越大的部位，电荷密度越高，越易产生尖端放电现象。带电体如果是绝缘体，它上面的电荷泄漏很慢，危险状态持续时间较长。带电体对附近物体能产生静电感应，使附近物体也带上静电成为带电体。在一定条件下带电体也可对外界产生静电放电。静电放电可分为空中放电和表面放电两大类。空中放电可分为电晕放电、刷形放电和火花放电三种状态，其中电晕放电的放电能量密度小，造成危害的概率较小。火花放电成为引火源或产生静电电击的概率最高。表面放电在带电的非导体和接地体之间产生，沿非导体表面呈树枝状放电，其能量密度较大，故成为引火源的概率也较高。

2. 静电的产生原因和危害

静电可由摩擦、静电感应、介质极化和带电微粒的附着等物理过程产生。在工业生产中传送或分离固体绝缘物料、流动的流体和高速喷射的气体等都可产生静电。静电最主要的危害是放电时产生电火花导致火灾和爆炸事故。

(1) 气体高速喷射。气体高速喷射时与管道产生剧烈摩擦，可能产生静电放电。

(2) 液体灌注。灌注易燃液体时，液体与管道壁的摩擦、液体注入容器时的冲击和飞溅都可产生静电。所以灌注易燃液体时必须严格控制流速。

(3) 液体运输。在用槽车运输汽油、二硫化碳、甲苯和苯等有机溶剂的过程中，溶剂与槽车壁发生的强烈摩擦、槽车的橡胶轮胎与地面的摩擦，都会产生大量静电，达到一定电压时可能产生静电放电，槽车静电起火事故屡见不鲜。

(4) 液体搅拌。液体在反应釜或储罐中被搅拌时，液体与容器壁或其他物体发生摩擦，会产生大量静电。

(5) 液体过滤。过滤易燃液体时，液体与过滤器之间的摩擦会产生大量静电，可能在过滤器或者液体及其容器上积累，到达一定电压后可能产生静电放电，从而引发事故。工业过滤与实验室过滤都要注意这一点。

(6) 研磨、搅拌、筛分、输送粉体物料。在研磨、搅拌、筛分、输送粉体物料时，粉体物料与设备、管道摩擦碰撞会产生静电。化工行业中，用于收集粉尘的袋式集尘器和用于粉料包装的粉料捕集器所造成的火灾爆炸事故不少是由静电引起的。

(7) 橡胶和塑料剥离。橡胶和塑料工业生产中，经常需要将堆叠在一起的橡胶和塑料制品迅速剥离。这是一个强烈的接触分离过程，剥离电阻率较高的物品时，会产生较高的静电电位。

(8) 人体静电。人在活动时，人体与衣服发生摩擦，可能使人体带上静电，人体又是一个良好的导体，在静电场中会感应带电，甚至成为独立的带电体。作为独立带电体的人接近金属物体时能对金属放电，产生的电火花的能量可能足以引爆油类蒸气与空气的混合气体。人体带静电时虽然自身没有感觉，但人体已经成为一个活动的、很容易被忽视的点火源，必须高度重视。人体对金属物体放电或其他带电体对人体放电，都会使电流在人体内流过，即产生静电电击。静电电击虽然不会对人体产生多大的直接危害，但仍可能因此摔倒发生二次事故。

(9) 粉体静电。粉体与带电体直接接触或静电感应都可以使粉体带静电。化工生产中的粉体带静电后，易产生吸附现象，静电除尘就利用了这一原理。许多情况下粉体静电可能影响正常生产，例如，粉体吸附在筛网上会降低筛分效率；粉体吸附在钢球上，不仅减低球磨机效率，而且从钢球上脱落时会影响产品细度，降低产品质量；粉体计量时吸附在计量仪器上，会造成计量误差；粉体装袋时可能因电斥力的作用而四散飞扬。

(10) 其他危害。感光材料生产中胶片的静电压可达数千至数万伏，在暗室中静电放电会导致胶片报废；静电放电的电磁干扰可以造成计算机故障，使计算机控制失灵，后果难以预计。

二、静电安全防护措施

化工静电安全防护的主要目的是防止因静电引起火灾和爆炸事故。静电引起火灾爆炸事故的条件有三个：① 有产生静电的来源；② 静电得以积累且静电放电的火花能量达到爆炸性混合气体的最小点燃能量值；③ 静电火花周围有爆炸性混合气体。消除这三个条件中的任何一个，就能防止发生静电火灾和爆炸事故。本节从前两个条件入手讨论各项技术措施。防止静电积累的思路是通过以下四个途径使带电体上的静电荷尽快泄漏、消散：① 静电放电；② 带电体上的正、负电荷中和；③ 与大气中存在的相反电性的离子相中和；④ 带电体接地，使静电集中泄漏并消散入大地。

静电安全防护从以下几个方面入手。

1. 工艺措施

应根据生产特点和物料性质，合理地设计工艺条件和物料装卸工艺操作规程，以控制静电的产生和消散，使其不能达到危险的程度。

1) 改善工艺操作条件，尽量避免产生大量静电荷

根据静电序列表选用原料配方和使用材料，使摩擦或接触的两种物质在序列表中的位置接近，以减少静电产生。有多种物质摩擦或接触时，通过调配接触顺序等办法，使产生的静电互相抵消。例如，某搅拌作业需要向混合釜内加入汽油、氧化锌、氧化铁、石棉等。如果最后加汽油，料浆表面静电电压会高达 11～13 kV。但若改为先加入部分汽油，再加入氧化锌、氧化铁，搅拌后再加入石棉等填料和剩余汽油，料浆表面静电电压则降至 400 V 以下。同样的道理，向油中通入空气起搅拌混合作用，也是不安全的。对于有负面作用的杂质要消除。

2) 控制物料输送速度

流体流速越快，产生的静电量越多，因此控制流体流动速度可以减少静电。输送液体时的允许流速与液体的电阻率有密切关系，当电阻率小于 10 Ω·m 时允许流速小于 10 m/s；当电阻率大于 10 Ω·m 时，允许流速取决于液体性质、管道直径和内壁粗糙度等。例如，在直径 50 mm 的管内输送烃类燃料油时，流速不得超过 3.6 m/s；管直径为 100 mm 时，流速不得超过 2.5 m/s。用皮带输送固体物料时，也要控制皮带速度，以不使皮带上的物料发生振动为准。

3) 保证足够的静置时间

生产过程中向容器灌注易燃液体时会产生静电。停止灌注后，液体趋于静止，液体中的静电荷向器壁和液面集中，并可慢慢泄漏消散。完成这一过程需要一定时间，有试验表

明，接地条件下向储罐灌注重柴油，装到 90%时停泵并开始计时，液面静电电位的峰值出现在第 5～10 s，静电泄漏消散时间为 70～80 s。由此可知，如果刚停泵就进行下一步操作(如取样测温、转送或拆除接地线等)易发生事故，所以必须保证足够的静置时间。

4) 改进灌注方式

向容器灌注易燃液体时，减少液体注入容器时的冲击和飞溅，可减少静电。具体做法为：改变灌注管头的形状，如用 T 型或 Y 型；改变灌注管头的位置，如延伸至近容器的底部。例如，GB 50156—2021《汽车加油加气加氢站技术标准》规定，加油站汽车油罐车必须采用密闭卸油方式，严禁采用喷溅卸油方式。

5) 增设松弛容器

液体在管道流动过程中与管道壁摩擦会产生静电，注入接收容器后，液体中的静电荷则会慢慢泄漏消散。如果在管道末端加装一个直径较大的"松弛容器"，给带电体上的电荷一个消散的缓和时间，可以大大消除液体在管道中积累的静电荷，使液体进入接收容器时较为安全。通常带电体上的电荷(或电位)消散至其初始值的 1/e(约 37%)时所需要的时间，称为缓和时间。

6) 尽量避免存在高能量静电放电的条件

在设计工艺装置或制作设备时，应尽量避免存在高能量静电放电的条件，如在容器内避免出现细长的导电性突出物和未接地的孤立导体等。

2. 静电接地

静电接地的作用是使物体上产生的静电荷能够顺利地泄漏出来并迅速导入大地，静电接地是防止静电危害的主要措施之一。静电接地对导体特别是金属上的自由静电荷，能起到很好的导流作用。而对于一部分非导体上的自由电荷，则需要经过一定的静置时间，才能导入大地。不能认为只要将设备接地，就没有静电危害了。

在爆炸、火灾危险场所内可能产生静电危险的设备和管道，以及输送易燃物料的设备管道，均应采取静电接地措施。具有火灾爆炸危险的场所、静电对产品质量有影响的生产过程以及静电危害人身安全的作业区中，所有的金属用具及门窗零部件、移动式金属车辆、梯子等均应设计接地。汽车罐车、铁路罐车和装卸栈台应设静电专用接地线。

静电接地连接系统主要包括静电接地体、接地连接端头、接地干线、接地支线等。埋入地中并直接与大地接触的金属导体，专门起到静电接地作用的，称为静电接地体。静电接地体的接地电阻应符合国家标准规定。可以将彼此没有良好导电通路的物体进行导电性连接，使连接点两侧的电位大致相等，一并接地。设备基础等本身与大地相连接的称为静电自然接地。人工接地连接改善了带电体的自然接地系统，确保带电体的静电荷向外界导出通道畅通。

3. 其他措施

1) 抗静电添加剂和增湿

用抗静电添加剂、空气增湿等手段增加带电体静电泄漏通道和泄漏能力的增泄措施，也属于静电接地措施。采用抗静电添加剂增加非导体材料的吸湿性或导电性来消除静电的措施时，应根据使用对象、目的、物料工艺状态以及成本、毒性、腐蚀性等具体条件进行选择。例如，在橡胶中加入炭黑、金属粉等添加剂。在生产工艺许可的条件下，对于亲水性非导体可采用空气增湿等手段，降低其绝缘性能来消除静电，应保持作业环境中的空气相对湿度大于 50%。

2) 静电屏蔽

静电屏蔽是指为避免带电体的静电场对外界的影响，或者防止外界静电场对非带电体的影响，可把带电体(或非带电体)用接地的金属罩(金属壳、网等)全部或局部封闭起来。屏蔽体必须可靠接地，以防止带电体与不带电体之间发生静电感应。需要静电防护的非导体设备、管道、储罐等不能直接接地，应采用静电屏蔽方法间接接地。

3) 静电消除器

非导体如橡胶、塑料、纤维、薄膜、纸张、粉体等生产过程，应根据工艺特点、作业环境和非导体性质，选择适当的静电消除器械，对带电体上积聚着的静电荷及时进行中和消除。常用静电消除器的原理是利用空气电离产生大量正、负电荷，并用风机将电离空气吹出，形成带正、负电荷的气流。当物体表面带电荷时，它会吸引气流中的异性电荷，从而使物体表面上的静电被中和，达到消除静电的目的。

4) 防止人体带静电

重点防火、防爆作业区的入口处，应设计人体导除静电装置。对可能产生静电危害的工作场所，必要时应铺设防静电地板。应根据生产特点配置必要的静电检测仪器、仪表。气体爆炸危险场所的区域等级属 0 区、1 区且最小点燃能量在 0.25 mJ 以下的，进入时应穿戴防静电工作服、工作帽、手套等静电防护用品，但要禁止在易燃易爆场所穿脱，禁止在防静电服上附加或佩戴任何金属物件。

3.7.4 雷电安全防护技术

雷电是一种常见的自然现象，不仅能击毙人、畜，劈裂树木、电杆，破坏建(构)筑物，还能引起火灾和爆炸事故。因此防雷是石油化工行业一项重要的防火防爆安全工作。

一、雷电的概念和种类

1. 雷电的概念

在雷雨季节里，地面的气温变化不均，常有升高或降低。当气温升高时，就会形成一股上升的气流，而这股气流含有大量的水蒸气，在上升过程中受到高空中高速低温气流的吹袭，会凝结成为一些小水滴和较大的水滴，它们带有不同的电荷，若较大的水滴带正电(或负电)并以雨的形式降落到地面，较小的水滴就成为带负电(或正电)的云在空中飘浮。这些云有时会被气流携走，于是成为带有不同电荷的雷云，当雷云层和大地接近时，使地面也感应到相反的电荷，这样，当电荷聚积到一定程度，就冲破空气的绝缘，形成了云与云之间或云与大地之间的放电，发出强烈的光和声，这就是人们常见的雷电。

2. 雷电的种类

雷电大致有片状、线状和球状三种形式。片状雷电是在云间发生的，对人类影响最大；线状雷电就是比较常见的闪电落雷现象；球状雷电是一种特殊雷电现象，简称"球雷"。"球雷"是一种紫色或红色的发光球体，直径从几毫米到几十米不等，存在时间一般为 3～5 s。球雷通常是沿着地面滚动或在空气中飘行，还会通过缝隙进入室内。"球雷"碰到建筑物便可发生爆炸，并往往引起燃烧。

二、雷电的危害性

雷电具有很大的破坏性，能够摧毁房屋、劈裂树木、伤害人畜，还会损坏电气设备和电力线路。雷击放电所出现的各种物理现象和危害如下。

1. 电效应

雷电放电时能产生高达数万伏的冲击电压，足以烧毁电力系统的发电机、变压器、断路器等电气设备，还会将输电线路绝缘击穿而引发短路，导致可燃、易燃易爆物品着火和爆炸。

2. 热效应

几十千安至几百千安的强大雷电流通过导体时，会在极短时间内转换大量的热能。雷击点的发热能量为 500～2000 J，这一能量可熔化 50～200 mm^3 的钢，故在雷电通道中产生的高温往往会酿成火灾。

3. 机械效应

雷电的热效应还将使雷电通道中木材纤维缝隙和其他结构中间缝隙里的空气剧烈膨胀，同时使水分及其他物质分解为气体。因而被雷击物体内部会出现强大的机械压力，致使被击物体遭受严重破坏或爆炸。

4. 静电感应

当金属物处于雷云和大地电场中时，金属物上会产生出大量的电荷。雷云放电后，云和大气间的电场虽然消失了，但金属物上所感应积聚的电荷却来不及逸散，因而产生很高的对地电压。这种对地电压，称为静电感应电压。静电感应电压往往高达几万伏，可以击穿数十厘米的空气间隙，发生火花放电，因此，对于存放可燃性物品及易燃、易爆物品的仓库来说是很危险的。

5. 电磁感应

雷电具有很高的电压和很强的电流，同时又是在极短暂的时间内发生的。因此在它周围的空间里，将产生强大的交变磁场，不仅会使处在这一电磁场的导体感应出较大的电动势，并且还会在构成闭合回路的金属物中感应电流。这时如果回路中有的地方接触电阻较大，就会局部发热或发生火花放电，对存放易燃、易爆物品的建筑物来说同样非常危险。

6. 雷电侵入波

雷电在架空线路、金属管道上会产生冲击电压，使雷电波沿线路或管道迅速传播。若侵入建筑物内，可击穿配电装置和电气线路绝缘层，引起短路，或使建筑物内易燃、易爆物品燃烧和爆炸。

7. 防雷装置上的高电压对建筑物的反击作用

当防雷装置受雷击时，在接闪器、引下线和接地体上都会产生有很高的电压。如果防雷装置与建筑物内、外的电气设备、电气线路或其他金属管道的相隔距离很近，它们之间就会产生放电，这种现象称为反击。反击可能破坏电气设备绝缘，烧穿金属管道，甚至造成易燃易爆物品着火和爆炸。

8. 雷电对人的危害

雷击电流迅速通过人体，可立即使呼吸中枢麻痹，心室纤颤或心搏骤停，以致使脑组织及一些主要脏器受到严重损害，导致休克或突然死亡。雷击时产生的电火花，还可使人遭到不同程度的烧伤。

三、防雷的基本措施

根据不同的保护对象，对直击雷、雷电感应、雷电侵入波等均应采取适当的安全保护措施。

1. 直击雷保护措施

1) 避雷针

避雷针用来保护工业与民用高层建筑以及发电厂、变电所的屋外配电装置和输电线路个别区段。在雷电先导电路向地面延伸过程中，由于受到避雷针畸变电场的影响，会逐渐转向并击中避雷针，从而避免了雷电先导向被保护设备，击毁被保护设备和建筑的可能性。由此可见，避雷针实际上是引雷针，它将雷电引向自己，从而保护其他设备免遭雷击。

2) 避雷线

避雷线也叫架空地线，它是沿线路架设在杆塔顶端，并具有良好接地的金属导线。避雷线是输电线路的主要防雷保护措施。

3) 避雷带、避雷网

避雷带、避雷网是在建筑上沿屋角、檐角和屋檐等易受雷击部件铺设的金属网格，主要用于保护高大的民用建筑。

2. 雷电感应的防护措施

雷电感应也能产生很高的冲击电压，引起爆炸和火灾事故。因此，也要采取预防措施。为了防止雷电感应产生高压，应将建筑物内的金属设备、金属管道、结构钢筋予以接地。

根据建筑物屋顶的不同，应采取相应的防止雷电感应的措施。对于金属屋顶，应将屋顶妥善接地；对于钢筋混凝土屋顶，应将屋顶钢筋焊成 6～12 m 的网格，连成通路接地；对于非金属屋顶，应在屋顶上加装边长 6～12 m 的金属网格，予以接地。屋顶或其金属网格的接地不得少于 2 处，且其间距应为 18～30 m。

为防止感应，平行管道相距不到 100 mm 时，应每 20～30 m 用金属线跨接；交叉管道相距不到 100 mm 时，应用金属线跨接；管道与金属设备或金属结构之间距离小于 100 mm 时，也应用金属线跨接。此外，管道接头(法兰)弯头等接触不可靠的地方，也应用金属线跨接。

3. 雷电侵入波的防火措施

雷电侵入波造成的雷害事故很多，特别是在电气系统中，这种事故占雷害事故的比例较大，所以也要采取防护措施。

1) 阀型避雷器

阀型避雷器是保护电、变电设备的最主要的基本元件，主要由放电间隙和非线性电阻两部分构成。当高幅值的雷电波侵入被保护装置时，避雷器间隙先行放电，从而限制了绝缘设备上的过电压值，起到保护作用。

2) 保护间隙

保护间隙是一种简单而有效的过电压保护元件，它是由带电与接地的两个电极，中间间隔一定数值的间隙距离构成的。将它并联接在被保护的设备旁，当雷电波袭来时，间隙先行被击穿，把雷电流引入大地，从而避免了被保护设备因高幅值的过电压而被击毁。

3) 管形避雷器

管形避雷器是利用产气材料在电弧高温作用下产气以熄灭电弧的避雷器。当雷电波侵入放电接地时，它能将工频电弧很快熄灭，而不必靠断路器动作断弧，保证了供电的连续性。

4. 可燃液体贮罐的防雷措施

因为油罐本身就有着良好的屏蔽性能，遭受雷击时，只要油罐顶板有足够的厚度，不会被击穿，用自身保护是可以满足要求的。所以，我国规定可燃气体、液化烃、可燃液体的钢罐，必须设防雷接地，但装有阻火器的甲类、乙类可燃液体地上固定顶罐，当顶板厚度等于或大于 4 mm 时，可不设避雷针，且丙类液体储罐也可不设避雷装置，但必须设防感应雷接地。浮顶油罐可不设防雷装置，但应将浮顶与罐体用两根截面不小于 25 mm 的软线做电气连接。

四、防雷装置的检查

为了使防雷装置具有可靠的保护效果，不仅要有合理的设计和正确的施工，还要建立必要的维护保养制度，进行定期和特殊情况下的检查。

(1) 对于重要设施，应在每年雷雨季以前做定期检查，对于一般性设施，应每二三年在雷雨季以前做定期检查，如有特殊情况，还要做临时性的检查。

(2) 检查是否由于维修建筑物或建筑物本身变形，使防雷装置的保护情况发生变化。

(3) 检查各处明装导体有无因锈蚀或机械损伤而折断的情况。如发现锈蚀率在 30%以上必须及时更换。

(4) 检查接闪器是否因遭受雷击而发生熔化或折断，避雷器护套有无裂纹、碰伤等，并应定期进行预防性试验。

(5) 检查接地线在距地面 2 m 至地下 0.3 m 处的保护处理有无被破坏的情况。

(6) 检查接地装置周围的土壤有无沉陷现象。

(7) 测量全部接地装置的接地电阻，如发现接地电阻有很大变化时，应对接地系统进行全面检查，必要时可补打接地极。

(8) 检查有无因施工挖土、铺设其他管道或种植树木而挖断接地装置的情况。

五、化工建筑与装置的防雷

1. 工业建筑物的防雷

建筑物防雷不仅要保护建筑物自身，还要保护建筑物内部的人员、设备和线路。工业建筑物应当按照 GB 50057—2010《建筑物防雷设计规范》的规定，进行分类并安装防雷设施。建筑物应根据其重要性、危险环境类别、发生雷电事故的可能性和后果，按防雷要求分为以下三类。

第一类防雷建筑物包括具有 0 区或 10 区爆炸危险环境的建筑物；具有 1 区爆炸危险环境，且因电火花而引起爆炸时，会造成巨大破坏和人身伤亡的建筑物。

第二类防雷建筑物包括具有 1 区爆炸危险环境，且电火花不易引起爆炸或不致造成巨大破坏和人身伤亡的建筑物；具有 2 区或 11 区爆炸危险环境的建筑物；工业建筑物内有爆炸危险的露天钢质封闭气罐。

第三类防雷建筑物包括根据雷击后对工业生产的影响及产生的后果，并结合当地气象、地形、地质及周围环境等因素确定的需要防雷的 21 区、22 区、23 区火灾危险环境；预计雷击次数 ≥0.06 次/a 的一般性工业建筑物；处于平均雷暴日 >15 d/a 的地区，高度在 15 m 及以上的烟囱、水塔等孤立的高耸建筑物；处于平均雷暴日 ≤15 d/a 的地区，高度在 20 m 及以上的烟囱、水塔等孤立的高耸建筑物。预计雷击次数应按 GB 50057—2010 的规定计算。

工业建筑物的防雷要求是：各类防雷建筑物都应采取防直击雷和防雷电波侵入的措施；第一、二类防雷建筑物还应采取防雷电感应的措施；建筑物的所有外露金属构件(包括管道)都应与防雷网(带、线)良好连接；对于钢筋混凝土结构的建筑物，楼顶的接闪器均应与建筑物内钢筋连接；对于装有防雷装置的建筑物，在防雷装置与其他设施和建筑物内人员无法隔离的情况下，应采取等电位连接。

2. 化工装置的防雷

化工生产装置的防雷设计，应根据生产性质、环境特点以及被保护设施的类型，设计相应防雷设施。有火灾、爆炸危险的化工装置、露天设备、储罐、电气设施等应设置防直击雷装置。防雷接地装置的电阻要求应按 GB 50057—2010 的规定执行。

当露天布置的塔、容器顶板厚度 ≥4 mm 时，其应对雷电有自我保护能力，不需要装设避雷针保护，但必须设防雷接地；当顶板厚度 <4 mm 时，为防止直击雷击穿顶板引起事故，需要装设避雷针。

可燃气体、液化烃、可燃液体的钢罐必须设防雷接地，并应符合下列规定：① 避雷针、线的保护范围应包括整个储罐；② 装有阻火器的甲、乙类可燃液体的地上固定顶罐，当顶板厚度 ≥4 mm 时可不设避雷针、线，当顶板厚度 <4 mm 时应装设避雷针、线；③ 丙类液体储罐可不设避雷针、线，但必须设防感应雷接地；④ 浮顶罐(含内浮顶罐)可不设避雷针、线，但应将浮顶与罐体用两根截面不小于 25 mm^2 的软铜线做电气连接；⑤ 压力储罐不设避雷针线，但应做接地。

为了使防雷装置具有可靠的保护效果，不仅要有合理的设计和正确的施工，还要建立必要的检查、维护制度。对于重要设施，应在每年雷雨季以前做定期检查，如有特殊情况，还要做临时性的检查。检查中应测量全部接地装置的接地电阻，防止因导线的导电性差或接地不良而起不到保护作用。如发现接地电阻有很大变化时，应对接地系统进行全面检查，必要时可补打接地极。严禁在独立避雷针、架空避雷线(网)的支柱上悬挂电话线、广播线、电视接收天线及低架空线等。

3.8　职业危害个体防护技术

3.8.1　职业病及其预防

　　为了职工的健康和安全，企业要高度重视职业性危害的防护工作。根据职业病防治法律、法规，制定和落实各职业健康管理制度及措施，建立并完善职业性危害防治体系。职工也要掌握职业性危害防护工作的有关知识。

一、职业病及其危害

　　职业病是指企业、事业单位和个体经济组织等用人单位的劳动者，在职业活动中，因接触粉尘、放射性物质和其他有毒有害物质等因素而引起的疾病。职业病的特点是：有明显的接触史、有群发性、有特异性，即选择性地作用于人体的某一系统或某一器官，具有典型症状，有潜伏期，多数职业病痊愈后身体状况可以转为良好。职业病必须由国家认定，所以又称法定职业病。根据《中华人民共和国职业病防治法》(以下简称《职业病防治法》)有关规定，2013 年 12 月 23 日国家卫生和计划生育委员会、人力资源和社会保障部、安全生产监督管理总局和中华全国总工会四部门发布了新修订的《职业病目录》。该目录将纳入法定范围的职业病分为 10 大类。这 10 类职业病的主要区别就是其职业性有害因素不同，其中因毒物造成的职业性中毒 60 种；职业性尘肺病及其他呼吸系统疾病 19 种(其中粉尘导致的尘肺病 13 种，其他呼吸系统疾病 6 种)；职业性放射性疾病 11 种；物理因素所致职业病 6 种；生物因素所致职业性传染病 5 种；职业性皮肤病 9 种；职业性眼病 3 种；职业性耳鼻口腔疾病 4 种；职业性肿瘤 11 种；其他职业病 3 种。

　　职业病危害范围十分广泛。1949 年至 2009 年年底，全国已累计报告职业病 72 万多例，其中尘肺病 65 万多例。2009 年全国共报告职业病 18 128 例，同比上升 32%，其中煤炭行业是新发职业病最多的行业，占到总数的 41.38%；全部新发职业病中尘肺病达 14 495 例，占总数的 79.96%。由于职业病具有迟发性和隐匿性的特点，估计我国实际发生的职业病例数量要大于报告数量。近几年，我国有 30 余个行业的职工受到职业病威胁，虽然尘肺病、职业中毒等职业病得到初步遏制，但是发病率仍然居高不下。

　　接触毒物、粉尘等化学危害因素，也可能使某些非职业病的发病率增高或者使某些个体的非职业病加剧，生产环境中多种因素也可能导致病损，这些情况称职业性多发病，和职业病一样也属于职业性伤害。

二、职业性伤害防治法律

1.《职业病防治法》

　　《职业病防治法》规定：职业病防治工作坚持"预防为主、防治结合"的方针，职业病防治管理的基本原则是"分类管理、综合治理"。《职业病防治法》对于职业病的前期预防、劳动过程中的防护与管理、职业病诊断与职业病病人保障、监督检查等做出了明确规定。《职业病防治法》规定：国务院卫生行政部门统一负责全国职业病防治的监督管理工作。国务院和县级以上地方人民政府应当制定职业病防治规划，将其纳入国民经济和社会发展规划，并组织实施。

用人单位应当为劳动者创造符合国家职业卫生标准和要求的工作环境和条件，并保证使劳动者获得职业卫生保护。用人单位应当采取下列职业病防治管理措施。

(1) 设置或者指定职业卫生管理机构或者组织，配备专职或者兼职的职业卫生专业人员负责本单位的职业病防治工作。

(2) 制定职业病防治计划和实施方案。

(3) 建立、健全职业卫生管理制度和操作规程。

(4) 建立、健全职业卫生档案和劳动者健康监护档案。

(5) 建立、健全工作场所职业病危害因素监测及评价制度。

(6) 建立、健全职业病危害事故应急救援预案。

(7) 建立、健全职业健康宣传教育培训制度。

《职业病防治法》规定了劳动者的权利和义务。劳动者的权利有：获得职业卫生教育、培训；获得职业健康检查、职业病诊疗、康复等职业病防治服务；了解工作场所产生或者可能产生的职业病危害因素、危害后果和应当采取的防护措施；要求用人单位提供符合防治职业病要求的防护设施和个人使用的防护用品，改善工作条件；对违反职业病防治法律、法规以及危及生命健康的行为提出批评、检举和控告；拒绝违章指挥和强令进行没有职业病防护措施的作业；参与用人单位职业卫生工作的民主管理，对职业病防治工作提出意见和建议。劳动者应尽的义务有：学习、了解并遵守相关的职业病防治法律、法规；学习并掌握相关的职业卫生知识；正确使用、维护职业病防护设备和个体防护用品；严格遵守职业病防治规章、制度和操作规程；发现职业病危害事故隐患应当及时报告。

2. 《工伤保险条例》

国务院制定的《工伤保险条例》是为了保障因工作遭受事故伤害或者患职业病的职工获得医疗救治和经济补偿，促进工伤预防和职业康复，分散用人单位的工伤风险。职工发生事故伤害或者按规定被诊断、鉴定为职业病，所在单位应当自事故伤害发生之日或者被诊断、鉴定为职业病之日起 30 日内，向本地区社会保险行政部门提出工伤认定申请。职工发生工伤，经治疗伤情相对稳定后存在残疾、影响劳动能力的，应当进行劳动能力鉴定。企业应安排疑似职业病病人进行诊断，保障职业病病人享受职业病待遇，安排职业病病人进行治疗、康复和定期检查。对不适宜继续从事原工作的职业病病人，应当调离原岗位并妥善安置。

防治职业性伤害必须建立下述三级防治体系：消除或控制职业性有害因素；职工职业健康监护；职业病病人和工伤人员的社会保障。贯彻落实《工伤保险条例》属于第三级防治体系，更重要的是预防职业性伤害的发生。

三、职业病的预防控制对策

职业病的预防控制对策包括对职业病危害发生源、接触者、传播途径三个方面的控制，其指导思想是降低粉尘和毒物等有害因素的作用强度和减少接触时间。

1. 发生源控制原则

企业职业健康管理首先要弄清企业存在哪些职业性有害因素，这些职业性有害因素的作用强度如何，可能造成哪些职业性伤害，存在哪些有损职工健康的有害作业，作业场所有害作业危害程度属于什么级别。作业场所有害作业分级评价有许多国家标准，如 GBZ/T 229.2—2010《工作场所职业病危害作业分级　第 2 部分：化学物》和 GBZ/T 229.1—2010《工作场所职业病危害作业分级　第 1 部分：生产性粉尘》等。影响职业性有害因素作用强度的因素较多。以毒物为例，作用强度首先与毒物的毒性有关，其次与毒物的数量或浓度有关，还与毒物与人体的接触方式、接触是否充分有关。例如，毒性很大的毒物以很少的数量和极短的时间可以使人毙命；毒性不是很大的毒物，如果浓度很高也容易发生中毒；通过呼吸道进入人体时，粉状的毒物与人体接触比块状的毒物与人体接触更充分，挥发性强的液体毒物与人体接触可能更充分。应当在以上职业性有害因素辨识的基础上，有针对性地提出卫生技术措施和管理措施，抓好预防工作。

发生源的控制原则及优先措施是：替代、改变工艺、湿式作业、密闭、隔离、局部通风及维护管理等。替代、改变工艺是设法消除职业病危害发生源或者减少其危害性，如激光照排代替铅字排版，从根本上消除了印刷行业铅中毒的可能性。用低毒物质替代高毒物质，则可减少中毒的可能性。采用各种工业除尘系统通过加湿降低空气中粉尘的悬浮量；采用吸收、吸附、冷凝和燃烧等净化工艺，处理含有有毒物质的工艺气体，降低有毒物质的浓度，都是重要的工艺措施。密闭、隔离措施是将发生源屏蔽起来，尽量减少人员与发生源的接触机会。例如，尽量采用密闭化、连续化、机械化操作和自动控制的手段；建立隔离室，将操作人员与生产设备隔离并与局部通风结合；按照 GBZ 158—2003《工作场所职业病危害警示标识》的要求在工作场所安放职业病危害警示标识，也是一种屏蔽措施。

预防粉尘和有毒物质泄漏是预防尘肺病、职业中毒等职业病的基本措施。以上工程措施和安全生产中的危险源控制措施是相同或类似的。生产经营单位应当对职业危害防护设施进行经常性的维护、检修和保养，定期检测其性能和效果，确保其处于正常状态。不得擅自拆除或者停止使用职业危害防护设施。任何生产经营单位不得使用国家明令禁止使用的可能产生职业危害的设备或者材料。要像抓安全生产一样，建立、健全并严格执行职业危害防治责任制度和职业危害防护设施维护检修制度。

2. 接触者控制原则

接触者控制原则及优先措施是：劳动组织管理、培训教育、个体医学监护、配备个人防护用品以及维护管理等。

在同样的环境中从事同一种劳动，不同劳动者所受到的职业性伤害程度差别较大，这主要与劳动者个体危险因素有关。具有个体危险因素的人容易得职业性伤病，称此类人为易感者或高危人群。个体危险因素包括遗传因素，有某些遗传疾病或过敏的人，易受有毒物质影响。老年、少年与妇女对于某些职业性有害因素较敏感，特别要注意怀孕期和哺乳期的妇女。营养缺乏和身体有某些疾病或精神因素的人，也容易受毒物影响。有吸烟、喝酒等不良习惯的人，受职业性有害因素影响的概率较大。在职工中鉴别易感者，弄清不同有害岗位的职业禁忌证，并合理调配工作岗位，是预防职业性危害的重要措施。劳动者从事特定职业或者接触特定职业病危害因素时，比一般职业人群更易于遭受职业病危害和罹患职业病，也可能使原有自身疾病病情加重，或者在作业过程中诱发可能导致对生命健康构成危险的疾病等，这些个人特殊生理或病理状态称为职业禁忌证。例如，血液疾病是接触苯作业的禁忌证，肺结核是接触硅尘作业的禁忌证。用人单位不得安排未经上岗前职业健康检查的劳动者从事接触职业病危害的作业；不得安排有职业禁忌的劳动者从事其所禁忌的作业；发现有与所从事的职业相关的健康损害的劳动者，应将其调离原工作岗位，并妥善安置；对未进行离岗前职业健康检查的从业人员，不得解除或终止与其订立的劳动合同。生产经营单位不得安排未成年工从事接触职业危害的作业；不得安排孕期、哺乳期的女职工从事对本人和胎儿、婴儿有危害的作业。

生产经营单位应当建立、健全职业健康宣传教育培训制度，并对从业人员进行上岗前的职业健康培训和在岗期间的定期职业健康培训，普及职业健康知识，督促从业人员遵守职业危害防治的法律、法规、规章、国家标准、行业标准和操作规程。

生产经营单位必须为从业人员提供符合国家标准和行业标准的职业危害防护用品，并督促、教育、指导从业人员按照使用规则正确佩戴、使用防护用品，不得以发放钱物替代发放职业危害防护用品。单位应当建立、健全从业人员防护用品管理制度，对职业危害防护用品进行经常性的维护、保养，确保防护用品安全有效。不得使用不符合国家标准、行业标准或者已经失效的职业危害防护用品。

3. 传播途径控制原则

传播途径的控制对策及优先措施是：清理、全面通风、密闭、自动化远距离操作、监测及维护管理。其指导思想也是尽可能地避免人员与发生源接触和降低职业性有害因素的作用强度，但控制的重点是劳动环境。控制传播途径必须经常进行劳动环境测定。厂房通风在预防职业病中的作用是多方面的，不仅可以降低厂房内有害气体及粉尘的浓度，还可降温降湿，改善劳动环境。

GBZ 1—2010《工业企业设计卫生标准》规定了工业企业选址与总体布局、工作场所、辅助用室以及应急救援的基本卫生学要求，适用于工业企业各种建设项目的卫生设计及职业病危害评价。与 GBZ 1—2002 相比，GBZ 1—2010 增加了建设项目可行性论证阶段、初步设计阶段和竣工验收阶段的职业卫生要求，以及职业卫生专篇编制，职业卫生管理组织机构和人员编制要求等内容；增加了工作场所职业危害预防控制的卫生设计原则；增加了工作场所防尘、防毒的具体卫生设计要求等多项重要内容。执行该标准，就是在为从业人员创造良好的劳动环境。

四、劳动环境测定

劳动环境测定是指对劳动环境中各种有害因素和不良环境条件的测定，它是劳动环境评价的依据。劳动环境中有害因素测定的基本方法是：测定劳动者接触有害因素的时间和有害因素的强度(浓度)，根据有害因素的种类，按照相应的国家标准、行业标准和岗位劳动评价标准做出评价。企业应当建立、健全职业危害日常监测管理制度，设专人负责作业场所职业危害因素日常监测，保证监测系统处于正常工作状态。

1. 有害因素职业接触限值

GBZ 2.1—2019《工作场所有害因素职业接触限值 第 1 部分：化学有害因素》规定了

工作场所空气中 329 种有毒物质、47 种粉尘和 2 种生物因素的职业接触限值。GBZ 2.2—2007《工作场所有害因素职业接触限值　第 2 部分：物理因素》规定了工作场所中多种物理因素的职业接触限值。这两个标准适用于工业企业卫生设计，也适用于职业卫生监督检查等，但不适用于非职业性接触。有关单位应根据这两个标准，监测工作场所环境污染情况，评价工作场所卫生状况、劳动条件以及劳动者接触有害因素的程度，也可用此评估生产装置泄漏情况，评价防护措施效果等。

2. 有害因素的监测方法

在实施职业卫生监督管理、评价工作场所有害因素职业危害或个人接触状况时，一般使用时间加权平均容许含量(PC-TWA)，应按照国家颁布的相关测量方法进行测量和分析。2004 年，原卫生部公布了 81 类工作场所空气中有毒物质测定的国家标准，即 GBZ/T 160—2007系列标准。物理因素测量根据 GBZ/T 189—2007《工作场所物理因素测量》进行。

有害因素的测定时间、地点等要有代表性，要能科学、真实地反映被评价岗位劳动者接触有害因素的实际情况，为有害因素的分级评价提供可靠的依据。有害因素测定的时间、地点等是根据岗位的性质、工序、位置和接触情况确定的。测定点放置测定仪器的具体位置一般应尽量接近劳动者的作业位置，并处于下风侧或浓度(强度)有代表性的位置。粉尘和毒物采样器的采样头处于呼吸带高度，高温和辐射测定的探头应处于胸部高度，噪声场测定的传声器应处于耳部高度。

五、职业健康监护

工程措施不一定能消除或完全控制职业性有害因素，因此必须采取个体防护措施。除了上述接触者控制措施之外，更重要的是，对在具有职业危害因素的场所工作的职工，企业要进行职业健康监护。职业健康监护主要包括职业健康检查和职业健康监护档案管理等内容。职业健康检查包括上岗前、在岗期间、离岗时和离岗后医学随访以及应急健康检查。职业健康监护的目的是及时发现职业病、职业健康损害和职业禁忌证；根据劳动者的职业接触史，通过定期或不定期的医学健康检查和与健康相关资料的收集，连续性地监测劳动者的健康状况；分析劳动者健康状况的变化与所接触的职业病危害因素的关系，并及时地将健康检查和资料分析结果报告给用人单位和劳动者本人，以便及时采取干预措施，保障劳动者的健康；评价职业健康损害与作业环境中职业病危害因素的关系及危害程度。

职业卫生标准 GBZ 188—2014《职业健康监护技术规范》规定，用人单位有以下 6 项责任和义务。

(1) 应根据国家有关法律、法规，结合生产劳动中存在的职业病危害因素，建立职业健康监护制度，保证劳动者能够得到与其所接触的职业病危害因素相应的健康监护。

(2) 应根据职业病防治法和《职业健康监护监督管理办法》的有关规定，制订本单位的职业健康监护工作计划。应选择并委托经省级卫生行政部门批准的具有职业健康检查资质的机构，对本单位接触职业病危害因素的劳动者进行职业健康检查。

(3) 建立、健全从业人员职业健康监护档案管理制度。由专人负责管理职业健康监护档案，并按照规定的期限妥善保存，要确保医学资料的机密性和维护劳动者的职业健康隐私权、保密权。从业人员离开单位时，有权索取本人职业健康监护档案复印件，生产经营单位应当如实、无偿提供，并在所提供的复印件上签字盖章。

(4) 应保证从事职业病危害因素作业的劳动者能按时参加安排的职业健康检查，劳动者接受职业健康检查的时间应视为正常出勤。

(5) 用人单位应安排即将从事接触职业病危害因素作业的劳动者进行上岗前的健康检查，但应保证其就业机会的公正性。

(6) 应根据企业文化理念和企业经营情况，鼓励企业制定比国家规范更高的健康监护实施细则，以促进企业可持续发展，特别是人力资源的可持续发展。

预防职业性危害除了技术措施之外，各种管理措施也非常重要。多数预防职业性危害的技术和管理措施，还要结合具体职业性有害因素进行探讨。本章讨论的职业病危害的预防控制对策，同样适用于因中毒导致的职业病。

3.8.2　粉尘危害及其防护

一、粉尘的来源和分类

1. 粉尘的含义

粉尘是指能够较长时间悬浮于空气中的固体微粒。粉尘按其性质分为：无机粉尘(含矿物性粉尘、金属性粉尘、人工合成的无机粉尘)，有机粉尘(含动物性粉尘、植物性粉尘、人工合成的有机粉尘)，混合性粉尘(混合存在的各类粉尘)。生产性粉尘的形成方式有以下几种：固体的机械粉碎、磨粉过程；物质的不完全燃烧过程产生炭粉尘；固体的钻孔、切削、断裂过程；固体化工产品本身呈粉状，在包装、运输等环节都可能与人员接触。

粉尘的危害有两个方面：一方面，部分可燃性粉尘与空气混合，可以形成爆炸性气体；另一方面就是对于人体健康的危害。对工业粉尘如果不加以控制，它将破坏作业环境，危害工人身体健康，损坏机器设备，还会污染大气环境。

2. 粉尘的来源及种类

根据《职业病危害因素分类目录》统计可知，粉尘的来源广泛，种类繁多，包括矽尘(游离 SiO_2 含量＞10%)、煤尘、石墨粉尘、炭黑粉尘、铝尘、滑石粉尘、水泥粉尘、云母粉尘、陶土粉尘和石棉粉尘等 50 余种。

二、粉尘对人体的危害

1. 尘肺

尘肺是长期吸入生产性无机粉尘(主要是矿物性粉尘)而致的以肺组织纤维化病变为主的一类全身性疾病的统称，其病理特点是肺组织发生弥漫性、进行性的纤维组织增生，引起呼吸功能严重受损而致劳动能力下降乃至丧失。游离二氧化硅具有极强的细胞毒性和致纤维化作用，因此，粉尘中游离二氧化硅含量的多少和该类粉尘致纤维化的程度密切相关。矽肺是纤维化病变最严重、进展最快、危害最大的尘肺。粉尘的致纤维化作用是粉尘对人体健康危害最大的生物学作用。此外，铍及其氧化物粉尘引起的慢性病也以肺组织纤维化为主要病理改变。

我国 2002 年公布的《职业病目录》中共有 12 种尘肺，分别是矽肺、石棉肺、滑石尘肺、水泥尘肺、云母尘肺、煤工尘肺、石墨尘肺、炭黑尘肺、陶工尘肺、铸工尘肺、电焊工尘肺和铝尘肺。另外，还有根据《尘肺病诊断标准》和《尘肺病理诊断标准》可以诊断的其他尘肺。

2. 除尘肺以外的呼吸系统疾病

1) 粉尘沉着症

某些生产性粉尘如锡尘、钡尘、铁尘、锑尘等沉积于肺部后，可引起一般性异物反应，并继发轻度的肺间质非胶原型纤维增生，但肺泡结构保留，脱离接尘作业后，病变并不进展甚至会逐渐减轻，X 射线显示阴影逐渐消失。

2) 有机粉尘所致呼吸系统疾患

吸入棉、亚麻、大麻等粉尘可引起棉尘症；吸入被真菌、细菌或血清蛋白等污染的有机粉尘可引起职业性变态反应性肺泡炎；吸入被细菌毒素污染的有机粉尘也可引起有机粉尘毒性综合征；吸入聚氯乙烯、人造纤维粉尘可引起非特异性慢性阻塞性肺病等。

3) 其他呼吸系统疾病

粉尘性支气管炎、肺炎、哮喘性鼻炎、支气管哮喘等。

3. 局部作用

粉尘对呼吸道黏膜可产生局部刺激作用，引起鼻炎、咽炎、气管炎等；刺激性强的粉尘(如铬酸盐尘等)还可引起鼻腔黏膜充血、水肿、糜烂、溃疡等；金属磨料粉尘可引起角膜损伤，粉尘堵塞皮肤的毛囊、汗腺开口可引起粉刺、毛囊炎、脓皮病等；沥青可引起光敏性皮炎。

4. 中毒作用

铅、砷、锰等粉尘可在呼吸道黏膜被很快溶解吸收，导致中毒。

5. 肿瘤

吸入石棉、放射性物质、镍、铬酸盐粉尘等可致肺部肿瘤或其他部位肿瘤。

三、粉尘危害的防护

根据我国多年防尘的经验，对于粉尘的治理采用工程技术消除措施和降低粉尘危害双管齐下，才是治本的对策，是防止尘肺发生的根本措施。要有效地预防粉尘危害，必须采取综合措施，包括组织措施、技术措施及卫生保健措施，长期实践中，我们总结出了八字综合防尘措施。

(1) 革，即工艺改革和技术革新，这是消除粉尘危害的根本途径。

(2) 水，即湿式作业，可防止粉尘飞扬，降低环境粉尘浓度。

(3) 风，指加强通风及抽风措施，在密闭、半密闭发尘源的基础上，采用局部抽出式机械通风，将工作面的含尘空气抽出，并可同时采用局部送入式机械通风，将新鲜空气送入工作间。

(4) 密，指将发尘源密闭，对产生粉尘的设备，尽可能中罩密闭，并与排风结合，经除尘处理后再排入大气。

(5) 护，即个人防护，当防尘、降尘措施难以使粉尘浓度降至国家标准水平以下时，应佩戴防尘护具。

(6) 管，即维修管理。

(7) 查，即粉尘接触者应定期做体格检查。

(8) 教，即加强宣传教育。

3.8.3 化学灼伤及其防护

一、化学灼伤的概念

由化学物质直接接触皮肤造成的损伤，称为化学灼伤。化学物质与皮肤或黏膜接触后，会产生化学反应，且具有渗透性，对组织细胞产生吸水、溶解组织蛋白质和皂化脂肪组织的作用，从而破坏细胞组织的生理机能，使皮肤组织受伤。

二、化学灼伤的预防措施

化学灼伤常常伴随生产中的事故或是由于设备发生腐蚀、开裂、泄漏等造成，它与安全管理、操作、工艺和设备等因素有密切的关系。因此，为避免发生化学灼伤，必须采取综合性管理和技术措施，防患于未然。

1. 采取有效的防腐蚀措施

在化工生产过程中，由于强腐蚀介质的作用及生产过程中的高温、高压、高流速等条件对设备管道会造成腐蚀，因此加强防腐，杜绝"跑、冒、滴、漏"是预防灼伤的重要措施之一。

2. 改革工艺和设备结构

使用具有化学灼伤危险物质的生产场所，在工艺设计时就应该预先考虑到防止物料喷溅的合理流程、设备布局、材质选择及必要的控制和防护装置。

3. 加强安全性预测检查

使用先进的探测探伤仪器等定期对设备管道进行检查，及时发现并正确判断设备腐蚀损伤部位与损坏程度，以便及时消除隐患。

4. 加强安全防护措施

加强安全防护措施，如储槽敞开部分应高于地面 1 m 以上，低于 1 m 时，应在其周围设置护栏并加盖，防止操作人员不小心跌入；禁止将危险液体盛入非专用和没有标志的容器内；搬运酸、碱槽时，要两人抬，不得单人背运。

5. 加强个人防护

在处理有灼伤危险的物质时，必须穿戴工作服和防护用具，如护目镜、面具或面罩、手套、毛巾、工作帽等。

三、化学灼伤的现场急救

化学灼伤的程度与化学物质的性质、接触时间、接触部位等有关。化学物质的性质越活泼、接触时间越长，受损程度越深。因此，当化学物质接触人体组织时，应迅速脱去衣服，立即使用大量清水冲洗创面，冲洗时间不得少于 15 min，以利于将渗入毛孔或黏膜的物质清洗出去。清洗时要遍及各受害部位，尤其要注意眼、耳、鼻、口腔等处。对眼睛的冲洗一般用生理盐水或清洁的自来水，冲洗时水流不宜正对角膜方向，不要搓揉眼睛，也可将面部浸在清洁的水盆里，用手撑开上下眼皮，用力睁大眼睛，头在水中左右摆动。其他部位的灼伤，要先用大量水冲洗，然后用中和剂洗涤或温敷。用中和剂时间不宜过长，并且用完后必须再用清水冲洗掉。完成冲洗后，应及时就医，由医生进行诊治。

3.8.4　噪声危害及其防护

一、噪声的含义

人们的生活、工作和社会活动中离不开声音。声音作为信息传递媒介对传递人们的思维和感情起着非常重要的作用。然而有些声音却干扰人们的工作、学习和休息，影响人们的身心健康。如各种车辆通行时嘈杂的声音，压缩机的进气、排气声音等。这些声音人们是不需要的，甚至是厌恶的。从声学上讲，人们不需要的声音被称为噪声。从物理学上看，无规律、不协调的声音，即频率和声强都不同的声波杂乱组合被称为噪声。

噪声污染和空气污染、水污染、废弃物污染一样，被称为当今的四大污染。噪声污染面积大，并且随处可见，如交通噪声污染、厂矿噪声污染(各类机械设备)、建筑噪声污染、社会噪声污染。噪声污染一般不致命，它作用于人们的感官，没有后效，即当噪声源停止辐射时，噪声立即消失。噪声既没有污染物，又不能积累，再利用价值不大，常被人们忽视。在我国，随着工业的迅速发展，噪声污染已越来越严重，对接触噪声的劳动者的健康带来不利的影响，因此，正确认识噪声的危害，控制噪声污染，保护劳动者健康已成为全社会的重要任务之一。

二、职业噪声的分类

噪声有工业噪声、交通噪声和环境生活噪声等。

1. 按产生的动力和方式划分

按产生的动力和方式的不同，噪声分为机械性噪声、流体动力性噪声和电磁性噪声。

(1) 机械性噪声。指由于机械的转动、摩擦、撞击和车辆的运行等产生的噪声，如纺织机、球磨机、电锯、机床等发出的声音。

(2) 流体动力性噪声。指由于气体压力发生突变，引起气体分子扰动而产生的噪声，如通风机、空压机、喷射器、汽笛、锅炉等发出的声音。

(3) 电磁性噪声。指由于电机中交变力相互作用而产生的噪声，如发电机、变压器等发出的声音。

2. 按噪声持续时间和出现的形态划分

按噪声持续时间和出现的形态，噪声分为稳态声和非稳态声。

(1) 稳态噪声。稳态噪声在长时间内，声音连续不断，而且声音强度相对稳定，声音波动一般不超过 3 dB，两声之间的间隔小于 1 s。

(2) 非稳态噪声。非稳态噪声可分为起伏噪声、间歇噪声、脉冲噪声和撞击噪声。

① 起伏噪声。指在观察时间内采用声级计慢档动态测量时，声音起伏大于 3dB、通常小于 10 dB 的噪声。

② 间歇噪声。指在测量过程中声级保持在背景噪声之上的，持续时间大于或等于 1 s，并多次突然下降到背景噪声级的声音。许多工业噪声如建筑业以及维修业的噪声都属于这种。

③ 脉冲噪声与撞击噪声。这两种噪声是指声压快速上升到顶峰又快速下降的一种瞬时的噪声。脉冲噪声是指其最大峰值强度的上升时间不大于 35 ms，峰值下降 20 dB 处的持续时间不大于 500 ms，两个脉冲声的时间间隔小于 1 s 的单个或多个猝发声组成的噪声。撞击噪声的上升与下降的持续时间都比脉冲噪声时间长些。属于脉冲噪声的多为武器发射或爆炸声，撞击噪声包括锤锻和冲压噪声。

3. 按频谱特征和频率特性划分

(1) 低频噪声：噪声频率为 300 Hz 以下。

(2) 中低频噪声：噪声频率为 300～1000 Hz。

(3) 中高频噪声：噪声频率为 1000～2400 Hz。

(4) 高频噪声：噪声频率为 2400～8000 Hz。

三、噪声的危害

噪声对人体的危害是多方面的，主要表现在以下几个方面。

1. 损害听觉

短时间暴露在噪声下可引起听觉疲劳，其表现为听力减弱、听觉敏感性下降。长期在噪声的作用下可导致永久性耳聋。噪声在 80 dB(A)以下，一般不致引起职业性耳聋；噪声在 80 dB(A)以上，对听力有不同程度影响；而噪声在 95 dB(A)以上，对听力的影响比较严重。

2. 引起各种病症

长时间接触高声级噪声，除引起职业性耳聋外，还可引发消化不良、食欲不振、恶心、呕吐、头痛、心跳加快、血压升高、失眠等全身性病症。

3. 影响睡眠

噪声在 40 dB(A)以下，对人的睡眠基本无影响；噪声在 55 dB(A)以上将严重影响人的休息和入睡。

4. 引起事故

强烈的噪声可导致某些机器、设备、仪表损坏或精度下降；在某些特殊场所，强烈的噪声会掩盖警报音响等，引起事故。

四、噪声控制标准

噪声危害的影响因素有噪声的强度、频率和接触时间等。噪声的强度越大、频率越高，对人体的危害越大；接触噪声的时间越长，职业性耳聋发生的概率越大；性质、强度和频率经常变化的噪声，比稳定的噪声危害大。噪声测量应按 GBZ/T 189.8—2007《工作场所物理因素测量 噪声》规定的方法测量。在噪声测量中，用 A 计权网络测得的声压级表示噪声的大小称为 A 声级，记作 dB(A)。

GBZ 2.2—2007《工作场所有害因素职业接触限值 第 2 部分：物理因素》规定噪声职业接触限值为 85 dB(A)，即每周工作 5 天，每天工作 8 小时稳态噪声限值为 85 dB(A)。对于非稳态噪声、每周工作不是 5 天或每天工作不是 8 小时等情况，均需计算各自的等效声级，等效声级的限值均为 85 dB(A)。对于产生脉冲噪声的工作场所，还应控制噪声声压级峰值和脉冲次数。

为防治噪声污染，保护和改善生活环境，保障人体健康，我国制定了《中华人民共和国噪声污染防治法》(简称《噪声污染防治法》)和一系列环境噪声标准，包括户外、室内和环境噪声排放等标准。《噪声污染防治法》规定：在城市范围内向周围生活环境排放工业噪声的，应当符合国家规定的工业企业厂界环境噪声排放标准。

五、噪声控制措施

对于生产过程中和设备产生的噪声，应首先从声源上进行控制，如选用低噪声的设备，其次应采用各种工程控制技术措施，使噪声作业劳动者接触的噪声声级符合 GBZ 2.2—2007 的要求。仍达不到 GBZ 2.2—2007 要求的，应根据实际情况合理设计劳动作息时间或佩戴个人防护用具。以下为常采用的工程控制技术措施。

1. 厂区布置设计

在厂区布置设计中，产生噪声的车间与非噪声作业车间、高噪声车间与低噪声车间应分开布置。在满足工艺流程要求的前提下，宜将高噪声设备相对集中。噪声与振动较大的生产设备，宜安装在单层厂房内或多层厂房底层，并采取有效的隔声和减振措施。

2. 隔声、吸声建筑设计

产生噪声的车间，应在控制噪声发生源的基础上，对厂房的建筑设计采取减轻噪声影响的措施，注意增加隔声、吸声措施。还需要经常观察、监视设备运转的场所，若强噪声源不宜进行降噪处理，为减少噪声的传播，宜设置隔声室。隔声室的天棚、墙体、门窗等均应符合隔声和吸声的要求。

3. 采取消声措施

管道设计与调节阀的选型应做到能够防止振动和噪声，管道截面不宜突变；管道与强烈振动的设备连接处应具有一定的柔性。对辐射强噪声的管道，应采取隔声、消声措施。强噪声气体动力机构的进排气口敞开时，应在进、排气管的适当位置设消声器。对噪声超标的放空口也应设置消声器。

4. 采取减振措施

产生强振动或冲击的机械设备，其基础应单独设置，并宜采取减振降噪措施。

六、噪声劳动保护用品

佩戴个人防护用具可以减轻噪声对听力的损害。噪声劳动保护用品有耳塞、耳罩和防噪声帽盔等。耳塞为插入外耳道的一种栓塞，要求能密塞外耳道而又不引起刺激或压迫感，常用塑料或橡胶制作，形式很多。过去最普通的耳塞，入耳道的一端为鸡心状，有中空者，也有实心者，并有各种大小尺寸。另有用在常温下呈胶体状的硅橡胶，直接注入使用者外耳道内，稍待片刻即可凝成耳塞，该耳塞可完全吻合于使用者的耳道。也有用柔化处理的超细纤维玻璃棉作为耳塞，此种耳塞材料应选用松软而不含粗纤维杂质的，还要外包多孔塑料纸，使其不易散落。实验结果表明，用棉纱制作耳塞，其隔声值为 13.86 dB(A)。目前，市售最简单有效的耳塞为塑制海绵圆柱体，其富有弹性且柔软，用时捏紧塞入耳道，然后等其自行弹起，可适应不同大小的耳道。有研究指出，耳塞在低频段的降噪能力高于耳罩。

耳罩常以塑料制成，呈矩形杯碗状，内具泡沫或海绵垫层，两杯碗间连以富有弹性的头带(弓架)，使用时覆盖于双耳，使其紧夹头部。耳罩能罩住部分乳突骨和一部分颅骨，有助于降低一小部分能经骨传导到达内耳的噪声。现国产已有弓架与罩体联结采用可定位的方向支承结构，可转动 360°，使弓架可定位于头上、颚下和颈后。

防噪声帽盔能覆盖大部分头骨，以防止强烈噪声经空气和耳骨传导到达内耳，帽盔两侧耳部常垫衬防声材料，以加强防护效果。对防噪声用具(耳塞、耳罩、帽盔)的选用，应考虑作业环境中噪声的强度、性质及各种防噪声用具衰减噪声的性能。如对强度在 110 dB(A)以下，且频率为 1000～3000 Hz 的稳态噪声，单用耳塞或耳罩即可。如噪声过强，即便为低频(低于 1000 Hz)，也宜戴帽盔或并用耳塞和耳罩。据报道，耳塞和耳罩两者并用的降噪声效果比单独使用高 6～18 dB(A)。

七、防振动

化工企业中发生振动的主体主要是设备或其部件、管道和仪表等，导致它们持续振动的能量常来自振动机械。除了产生噪声之外，振动的其他危害还有可能导致振动主体某部位磨损或紧固件(如螺帽)松动等。工业企业设计中，宜选用振动较小的设备，使振动强度符合 GBZ 2.2—2007 的要求，避免振动对健康的影响。产生振动的车间，应在控制振动源的基础上在厂房建筑设计中采取减轻振动影响的措施。产生强振动或冲击的机械设备，其基础应单独设置，并宜采取减振降噪措施。采用工程控制技术措施后仍达不到要求的，应合理设计劳动作息时间，并采取适宜的个人防护措施。

3.8.5   高温危害及消除的措施

一、高温作业的含义

高温作业是指在高气温、有强烈热辐射或伴有高气湿相结合的异常气象条件下的作业。GBZ 2.2—2007《工作场所有害因素职业接触限值 第 2 部分：物理因素》要求按照 WBGT 指数来确定高温作业职业接触限值。WBGT 指数亦称为湿球黑球温度(℃)指数，是表示人体接触生产环境热强度的一个经验指数，它采用自然湿球温度(t_{nw})、黑球温度(t_g)和干球温度(t_a)三个参数，由下列公式计算：

室内作业：$WBGT = 0.7 t_{nw} + 0.3 t_g$

室外作业：$WBGT = 0.7 t_{nw} + 0.2 t_g + 0.1 t_a$

GBZ 2.2—2007 规定在生产劳动过程中，工作地点平均 WBGT 指数≥25℃的作业为高温作业。接触高温作业的累积时间满 8 h，体力劳动强度为 Ⅳ 级时，WBGT 指数限值为

25℃；体力劳动强度每降低一级或接触高温作业的累积时间每减少 25%，WBGT 指数限值提高 1℃～2℃。

1. 高温、强热辐射作业

冶金工业的炼焦、炼铁、轧钢等车间，机械制造工业的铸造、锻造、热处理等车间，陶瓷、玻璃、搪瓷、砖瓦等工业的炉窑车间，火力发电厂和轮船的锅炉间等，这些生产场所的气象特点是高气温、热辐射强度大，而相对湿度较低，会形成干热环境。

2. 高温、高湿作业

此类作业的特点是工作环境高气温、高气湿，但热辐射强度不大，这主要是由于生产过程中产生大量水蒸气或生产上要求车间内保持较高的相对湿度。例如，印染、缫丝、造纸等工业中，液体加热或蒸煮时，车间气温可达 35℃以上，相对湿度常达 90%以上。潮湿的深矿井内气温可达 30℃以上，相对湿度达 95%以上。如通风不良就极易形成高温、高湿和低气流的不良气象条件，即湿热环境。

3. 夏季露天作业

夏季在建筑建造、搬运等露天作业中，除受太阳的辐射作用外，还受被加热的地面和周围物体放出的热辐射作用。露天作业中的热辐射强度虽较高温车间低，但其作用持续时间较长，加之中午前后气温升高，形成了高温、强热辐射的作业环境。

二、高温作业的危害

1. 高温作业对机体生理功能的影响

1) 体温调节

在高温环境劳动时，人的体温调节受气象条件和劳动强度的共同影响。气象条件诸因素中，气温和热辐射起主要作用。

在高温环境中，当中心血液温度增高时，热敏感的下丘脑神经元发放冲动增加，导致皮肤血管扩张，皮肤出汗，大量血液携带热量由内脏流向体表，热量在皮肤上经对流和蒸发散去，正常体温得以维持。若环境温度高于皮肤温度(皮肤温度平均为 35℃)，机体只能通过蒸发途径散热，湿热环境又降低了蒸发散热的效率，因环境受热，再加上劳动代谢产热明显超过散热时，机体会蓄热，体温可能上移并稳定在较高的平衡点上(如中心体温39℃)，此时机体处于高度的热应激状态；如果热接触是间断的，体内蓄积的热可在间期内散发出去。当蓄热过量，超过了体温调节能力时，可能因过热而发生中暑。

2) 水盐代谢

环境温度愈高，劳动强度愈大，人体出汗则愈多。汗液的有效蒸发率在干热有风的环境中高达 80%以上，散热良好。但在湿热风小的环境，有效蒸发率则经常不足 50%，汗液难以蒸发，往往形成汗珠淌下，不利于散热。皮肤潮湿、角质渍汗膨胀，进而阻碍汗腺孔的正常作用，促使人体更多地出汗。一般高温环境下，工人一个工作日出汗量可达3000～4000 g，经汗排出盐达 20～25 g，故大量出汗可致水盐代谢障碍。出汗量是高温工人受热程度和劳动强度的综合指标，一个工作日出汗量 6 L 为生理最高限度，失水不应超过体重的 1.5%。

3) 循环系统

人在高温环境下从事体力劳动时，心脏要向高度扩张的皮肤血管网输送大量血液，以便有效地散热，一方面，要向工作肌输送足够的血液，以保证工作肌的活动和维持适当的血压；另一方面，由于大量出汗使体液减少，如果不及时补液，可导致血容量下降，心率加快。这种供求矛盾使得循环系统处于高度应激状态。心脏向外周输送血液的能力取决于心输出量，而心输出量又依赖于最高心率和血管血容量。如果高温工人在劳动时已达最高心率，机体蓄热又不断增加，心输出量却不可能再增加来维持血压和肌肉灌流，则可能导致热衰竭。

4) 消化系统

人在高温作业时，消化液分泌减弱，消化酶活性和胃液酸度降低，胃肠道的收缩和蠕动减弱，吸收和排空速度减慢，唾液分泌也明显减少，淀粉酶活性降低，再加上消化道血流减少，大量饮水使胃酸稀释等，这些因素均可引起食欲减退、消化不良和胃肠道疾患增多，且工龄越长，患病率越高。

5) 神经系统

高温作业可使人中枢神经系统出现抑制，肌肉工作能力低下，因而机体产热量因肌肉活动减少而下降，负荷得以减轻。因此，可以把这种抑制看作是保护性反应。

6) 泌尿系统

人在高温作业时，大量水分经汗腺排出，肾血流量和肾小球滤过率下降，经肾脏排出的尿液大量减少，有时减少达 85%～90%。如不及时补充水分，由于血液浓缩使肾脏负担加重，可致肾功能不全，尿中出现蛋白、红细胞、管型等。

2. 热适应

热适应是指人在热环境工作一段时间后对热负荷产生适应的现象。一般在高温环境中劳动数周时间，机体可产生热适应。热适应的状态并不稳定，离开热环境一周左右，机体会返回到适应前的状况，因此病愈或休假重返工作岗位者应注意重新适应。热适应者对热的耐受能力增强，这不仅可提高高温作业的劳动效率，而且有助于防止中暑的发生。但人体热适应有一定限度，超出限度仍可引起生理功能紊乱，因此，不能放松防暑保健工作。

3. 中暑

中暑是高温环境下由热平衡和(或)水盐代谢紊乱等引起的一种以中枢神经系统和(或)心血管系统障碍为主要表现的急性热致疾病。中暑的致病因素主要是环境温度过高、湿度大、风速小、劳动强度过大、劳动时间过长等。过度疲劳、未热适应、睡眠不足、年老、体弱、肥胖等都易诱发中暑。

中暑根据发病机制可分为三种。

1) 热射病

热射病是人体在热环境下，散热途径受阻，体温调节机制失调所致。其临床特点为突然发病，体温升高可达 40℃以上，开始时大量出汗，之后转为"无汗"，并伴有干热和意识障碍、嗜睡、昏迷等中枢神经系统症状，致死率很高。

2) 热痉挛

热痉挛由大量出汗，体内钠、钾过量丢失所致，主要表现为明显的肌肉痉挛，并伴有收缩痛。痉挛多发生在四肢肌肉及腹肌等经常活动的肌肉部位，尤以腓肠肌最为常见。痉挛常呈现出对称性，时而发作、时而缓解，患者神志清醒，体温多正常。

3) 热衰竭

热衰竭是在高温、高湿环境下，皮肤血流的增加不断伴有内脏血管收缩或血容量的相应增加，因此不能得到足够的代偿，致脑部暂时供血减少而晕厥。热衰竭一般起病迅速，先出现头昏、头痛、心悸、出汗、恶心、呕吐、皮肤湿冷、面色苍白、血压短暂下降等症状，继而出现昏厥、体温不高或稍高的情况，通常休息片刻即可清醒，一般不会循环衰竭。

这三种中暑中，热射病最为严重，即使迅速救治，仍有 20%~40%的致死率。

三、消除高温职业危害的措施

消除高温职业危害应优先采用先进的生产工艺和技术，减少生产过程中热和水蒸气的释放，并使操作人员作业地点远离热源。其次，应根据具体条件采取有利于隔热、通风、降温的设计，使作业地点 WBGT 指数符合 GBZ 2.2—2007 的要求。对于达不到标准要求的，应根据实际接触情况采取必要的劳动管理措施，优化作业方式。

1. 优化车间热源布局设计，使作业地点远离热源

热源应尽量布置在车间外面。采用以热压为主的自然通风时，热源应尽量布置在天窗的下方；采用以穿堂风为主的自然通风时，热源应尽量布置在夏季主导风向的下风侧。热源布置应便于采用各种有效的隔热及降温措施。车间内发热设备的设置应按车间气流具体情况确定，一般宜在操作岗位夏季主导风向的下风侧、车间天窗下方的部位。

2. 优化建筑设计，加强自然通风

应根据夏季主导风向设计高温作业厂房的朝向，使厂房能形成穿堂风或能增加自然通风的风压。高温作业厂房平面布置呈"L"形"Ⅱ"形"Ⅲ"形的，其开口部分宜位于夏季主导风向的迎风面。以自然通风为主的高温作业厂房应有足够的进、排风面积。产生大量热或逸出有害物质的车间，在平面布置上应以其最长边作为外墙，若四周均为内墙时，应采取向室内送入清洁空气的措施。产生大量热、湿气、有害气体的单层厂房的附属建筑物，占用该厂房外墙的长度不得超过外墙全长的 30%，且不宜设在厂房的迎风面。夏季自然通风用的进气窗的下端距地面不宜高于 1.2 m，以便空气直接吹向工作地点。高温作业厂房宜设置有风的天窗，天窗和侧窗宜便于开关和清扫。

3. 采用有效的隔热措施屏蔽热辐射源

对于高温、强热辐射作业，应根据工艺、供水和室内微小气候等条件采取有效的隔热措施，如使用水幕、隔热水箱或隔热屏等。工作人员经常停留或靠近的高温地面或高温壁板，其表面平均温度应不大于 40℃，瞬间最高温度不宜大于 60℃。

特殊高温作业，如高温车间桥式起重机驾驶室、车间内的监控室、车间内的操作室、炼焦车间拦焦车驾驶室等，应有良好的隔热措施，热辐射强度应小于 700 W/m²，室内气温不应大于 28℃。

4. 采取有效的降温措施

当高温作业时间较长、工作地点的热环境参数达不到卫生要求时，应采取机械通风等降温措施，一般是对工作地点进行局部通风，有的采用带有水雾的气流降温。需要注意的是，采用局部送风降温措施时，对于气流到达工作地点的温度和风速以及某些车间的湿度的控制，均应符合《工业企业设计卫生标准》的要求。

5. 采取必要的劳动管理措施

劳动者在高温季节上岗前及在岗期间都应进行职业健康体检，发现患有 II 期及 III 期高血压、活动性消化性溃疡、慢性肾炎、未控制的甲亢、糖尿病以及大面积皮肤瘢痕等高温职业禁忌证者，应及时调离高温作业岗位。

高温作业车间应设有工间休息室，休息室应远离热源，采取通风、降温、隔热等措施，使室内温度小于等于 30℃；设有空气调节的休息室，室内气温应保持在 24℃ 至 28℃ 之间；对于可以脱离高温作业点的，可设观察室。在工厂内应设置饮水供应设施。当作业地点日最高气温大于等于 35℃ 时，应采取局部降温和综合防暑措施，并应减少高温作业时间。

3.8.6　辐射危害及其防护

一、辐射线的种类

随着科学技术的进步，工业中越来越多地接触和应用各种电磁辐射能和原子能。由电磁波和放射性物质所产生的辐射，根据其对原子或分子是否形成电离效应而分成两大类，即电离辐射和非电离辐射。

电离辐射是指能引起原子或分子电离的辐射，如 α 粒子、β 粒子、X 射线、γ 射线、中子射线的辐射等。不能引起原子或分子电离的辐射称为非电离辐射，如紫外线、红外线、射频电磁波等。

下面简要介绍几种辐射。

1. 电离辐射

1) α 粒子

α 粒子是放射性蜕变中从原子核中射出的带正电荷的质点，它实际上是氦核，有两个质子和两个中子，相对质量较大。α 粒子在空气中的射程为几厘米至十几厘米，穿透力较弱，但有很强的电离作用。

2) β 粒子

β 粒子是由放射性物质射出的带负电荷的质点，它实际上是电子，带一个单位的负电荷，在空气中的射程可达 20 m。

3) 中子

中子是放射性蜕变中从原子核中射出的不带电荷的高能粒子，有很强的穿透力，与物质作用能引起散射和核反应。

4) X 射线和 γ 射线

X 射线和 γ 射线为波长很短的电离辐射，X 射线的波长为可见光波长的十万分之一，而 γ 射线的波长又为 X 射线的万分之一。两者都是穿透力极强的放射线。

2. 非电离辐射

1) 紫外线

紫外线是电磁波谱中介于 X 射线和可见光之间的频带，波长为 $7.6 \times 10^{-9} \sim 4.0 \times 10^{-7}$ m。自然界中的紫外线主要来自太阳辐射、火焰和炽热的物体，物体温度达到 1200℃ 以上时，辐射光谱中即可出现紫外线。

2) 射频电磁波

任何交流电路都能向周围空间发射电磁能，形成有一定强度的电磁波。交变电磁场以一定速度在空间中传播的过程，称为电磁辐射。射频电磁辐射包括 $1.0 \times 10^{2} \sim 3.0 \times 10^{7}$ kHz 的宽广频带。当交变电磁场的变化频率达到 100 kHz 以上时，即为射频电磁波。按其频率大小，可分为中频、高频、甚高频、特高频、超高频、极高频六个频段。人们有可能接触到射频电磁波的情形有以下几种。

(1) 高频感应加热，如高频热处理、焊接、冶炼、半导体材料加工等。

(2) 高温介质加热，如塑料热合、橡胶硫化、木材及棉纱烘干等。

(3) 微波应用，如微波通信、雷达等。

(4) 微波加热，如食物、纸张、木材、皮革以及某些粉料的干燥等。

二、电离辐射的危害与防护

1. 电离辐射的危害

电离辐射对人体的危害是超过允许剂量的放射线作用在机体上的结果，对人体细胞组织的危害主要是阻碍和伤害细胞的活动机能及导致细胞死亡。

人体长期或反复受到允许放射剂量的照射，人体细胞会改变机能，出现白细胞过多、眼球晶体浑浊、皮肤干燥、毛发脱落和内分泌失调的症状；受到较高剂量照射会出现贫血、出血、白细胞减少、胃肠道溃疡、皮肤溃疡或坏死的症状；在极高剂量的放射线作用下，产生的放射性损害有以下三种类型。

(1) 中枢神经和大脑伤害。主要表现为虚弱、倦怠、嗜睡、昏迷、震颤、痉挛等症状，可在两周内死亡。

(2) 胃肠伤害。主要表现为恶心，呕吐、腹泻、虚弱或虚脱等症状。症状消失后可出现急性昏迷，通常可在两周内死亡。

(3) 造血系统伤害。主要表现为恶心，呕吐、腹泻等症状，但很快好转，2～3 周无病症之后出现脱发、经常性流鼻血，再度腹泻，造成人体极度憔悴，2～6 周后死亡。

2. 电离辐射的防护

(1) 缩短接触时间。从事或接触放射线的工作时，人体受到放射线照射的累计剂量与暴露时间成正比，即受到放射线照射的时间越长，接收的累计剂量越大。

(2) 加大操作距离或实行遥控。放射性物质的辐射强度与距离的平方成反比。因此，采取加大距离、实行遥控的办法可以达到防护的目的。

(3) 屏蔽防护。采用屏蔽的方法是减少或消除放射性危害的重要措施。屏蔽物的材质和形式通常根据放射线的性质和强度确定。屏蔽 γ 射线常用铅、铁、水泥、砖、石等，屏

蔽 β 射线常用有机玻璃、铝板等。弱 β 放射性物质，如碳 14(^{14}C)、硫 35(^{35}S)、氢 3(^{3}H)，可不必屏蔽；强 β 放射性物质，如磷 35(^{35}P)，则要以 1 cm 厚塑胶或玻璃板遮蔽。当发生源产生相当量的二次 X 射线时便需要用铅遮蔽。γ 射线和 X 射线的放射源要在有铅或混凝土屏蔽的条件下储存，屏蔽的厚度根据放射源的放射强度和需要减弱的程度而定。

(4) 个人防护服和用具。在任何有放射性污染或危险的场所，都必须穿防护工作服、戴胶皮手套、穿鞋套、戴面罩和目镜。在有吸入放射性粒子危险的场所，要携带氧气呼吸器。在发生意外事故导致大量放射污染或被多种途径污染时，可穿能够供给空气的衣套。

(5) 警告牌。射线源处必须设有明确的标志、警告牌，划定禁区范围。

三、非电离辐射的危害与防护

1. 紫外线

1) 紫外线的伤害

紫外线可直接对眼睛造成伤害，眼睛暴露于短波紫外线中时，可能患结膜炎和角膜炎，即电光性眼炎。

不同波长的紫外线可被皮肤的不同组织层吸收，皮肤在数小时或数天后可能形成红斑。空气受大剂量紫外线照射后，能产生臭氧，臭氧对人体的呼吸道和中枢神经都有一定的刺激。

2) 紫外线的防护

在有紫外线发生装置或有强紫外线照射的场所，必须佩戴能吸收或反射紫外线的防护面罩及眼镜。此外，在紫外线发生源附近可设立屏障，或在室内和屏障上涂上黑色涂层，以吸收部分紫外线，减少反射作用。

2. 射频辐射

1) 射频辐射的危害

射频辐射中，微波对机体的影响较为严重。微波波长很短，能量很大，对人体的危害尤为明显。微波引起中枢神经机能障碍的主要表现是头痛、乏力、失眠、嗜睡、记忆力衰退、视觉及嗅觉机能低下等。微波对心血管系统的影响主要表现为血管痉挛、张力障碍综合征，初期血压下降，随着病情的发展血压升高。长时间受到高强度的微波辐射，会对眼睛的晶状体及视网膜造成伤害。

2) 射频辐射的防护

防止射频辐射的危害可以采取屏蔽辐射源、屏蔽工作场所、远距离操作以及个人防护等措施。

3.8.7 个人防护用品

个人防护用品包括呼吸防护器、防护帽、防护服、防护眼镜、面罩、防噪声用具以及皮肤防护用品等。当工程技术措施还不能消除或完全控制职业性有害因素时，个人防护用品是保障健康的主要防护手段。在不同场合应选择不同类型的个人防护用品。在使用时应加强训练、管理和维护，才能保证其有效。

一、呼吸防护器

呼吸防护器包括防尘口罩、防毒口罩和防毒面具等，根据结构和作用原理，可分为过滤式和隔离式两大类。

1. 过滤式呼吸防护器

过滤式呼吸防护器的作用是过滤或净化空气中的有害物质，一般用于空气中有害物质浓度不是很高且空气中含氧量不低于 18% 的场合。该类防护器又可分为机械过滤式和化学过滤式两种。

机械过滤式主要是指防尘口罩，用于粉尘环境。化学过滤式呼吸防护器即防毒面具，用于有毒气体或蒸气环境。防毒面具的结构为：一个薄橡皮所制的面罩，上接一节短蛇管，管尾连接一个药罐，或在面罩上直接连接一个或两个药盒，这种形式也称全面罩。如某些有害物质并不刺激皮肤或黏膜，就不用面罩，只要一个连储药盒的口罩即可，这种也称半面罩。无论是面具还是口罩，其吸入和呼出通道都要分开。药罐或罩内用于净化有害物质的滤料视防护对象而不同，如酸雾用钠石灰，氨用硫酸铜，汞用含碘活性炭。活性炭对各种气体和蒸气都有不同程度的吸附作用，吸附有机化合物的效果一般较无机化合物好，且通常对含碳原子多的有机化合物吸附率较高，吸附芳香化合物又较脂肪族化合物有效。常用净化滤料大多数为 8~14 目的颗粒状物质。目前，我国生产的滤毒罐有各种型号，涂有不同颜色的标记，并标有防护适用范围和更换滤料的时间。有些过滤式呼吸防护器会标明不适用于气味不易觉察和可以与吸附剂产生反应热的有机化合物蒸气。

2. 隔离式呼吸防护器

隔离式呼吸防护器所需的空气并非现场空气，而是另行供给，故又称供气式呼吸防护器，按其供气的方式又可分为自带式与外界输入式两类。

1) 自带式

自带式的结构为一个面罩连接着一段短蛇管，管尾衔接一个供气调节阀，阀另一端连接供气罐，供气罐固定于工人背上或胸前，其呼吸通道与外界隔绝。供气罐用耐压的钢板或铝合金板制成，有两种形式。

(1) 罐内盛压缩氧气或空气以供吸入，呼出的二氧化碳由呼吸通路中预置的药品，如钠石灰等除去，再循环吸入，一般大的压缩氧气罐约可维持 2 h 使用，小的约 0.5 h。

(2) 罐中盛过氧化物与少量铜盐(作触媒)，呼出的水蒸气和二氧化碳发生化学反应，产生氧气供吸入。此类防护器主要用于意外事故时供救灾人员佩戴，或在密不通风且有害物质浓度极高而又缺氧的工作环境中使用。由于过氧化物为强氧化剂，因此，以过氧化物为供气源的自带式呼吸防护器在易燃易爆物质存在的环境下使用时，要注意防止过氧化物供气罐损漏而引起事故。

另有一种自给正压式空气呼吸保护器，在工作时其面罩内始终保持略高于外界环境气压的压力，使外界有害物质不能进入面罩内，且配有提醒佩戴人员气瓶空气即将用完时的报警装置。

2) 外界输入式

不同于自带式，外界输入式的供气源不是自身携带的，而是由风机从别处输送过来的。

我国现有该类产品的国家标准 GB 6220—2009 称其为长管面具，根据其结构又可分为以下两种。

(1) 蛇管面具。蛇管面具主体是一个面罩，面罩接一段长蛇管，蛇管固定置于皮腰带的供气调节阀上，以减轻蛇管对面罩的曳重，而该皮腰带上又可另外连接长绳，以便遇到意外情况时可借助长绳进行救援，故皮腰带又称安全救生带。蛇管末端接一个油水尘屑分离器，其后再接输气的空气压缩机或鼓风机。对于蛇管长度，用手摇鼓风机者不宜超过 50 m，用空气压缩机者可达 100~200 m，若过长则阻力太大，且恐中间折叠而妨碍供气。这种蛇管面具的适用范围和主要用途与前述自带式呼吸防护器相同，但使用者的活动范围受蛇管长度的限制。蛇管面具也可不用风机输气，即将管尾部置于邻近空气洁净的地方，依赖使用者自身吸气输入空气，但其蛇管长度宜在 8 m 左右，最多不应超过 20 m，吸气阻力不应超过 588 Pa，呼气阻力应小于 294 Pa，适用于工作活动范围不大而环境空气中有害物质浓度又极高，不能使用过滤式呼吸防护器的场合，这种装置不能用于救灾。

(2) 送气口罩和头盔。送气口罩是一个吸入与呼出通道分开的口罩，连接一段短蛇管或耐压橡皮管，管尾接于皮腰带上的供气阀。送气头盔是能罩住整个头部并伸延至肩部的特殊头罩，以小橡皮管一端伸入盔内供气，另一端固定于皮腰带上的供气阀上。送气口罩与头盔所需的空气，可经由安装在附近墙上的空气管路通过小橡皮管输入，输入空气管路中也应装有油水尘屑分离器，在冬季必要时可附加空气预热器。头盔常用于喷砂等作业，也可用于煤矿采煤作业。头盔的供气量应使盔内保持轻度正压，送气口罩的适用范围与无鼓风的蛇管面具相同。

二、防护服与防护帽

1. 防护服

1) 静电防护服

静电防护服是为了防止衣服上静电积聚，用防静电织物为面料缝制的工作服。例如，为运载火箭加注液氢和液氧的工作人员必须穿戴静电防护服。防静电织物是在纺织时大致等间隔或均匀地混入导电性纤维或防静电合成纤维织成的织物。导电纤维是指全部或部分使用金属或有机物的导电材料或亚导电材料制成的纤维。服装应尽可能地使用防静电织物，不使用衬里，若必须使用衬里(如衣袋、加固布等)，衬里的暴露面积应占全部防静电服暴露面积的 20%以下。防静电服的款式一般上装为"三紧式"上衣，下装为直筒裤。服装上一般不得使用金属附件。必须使用(如纽扣、拉锁等)时，应保证穿着时金属附件不直接外露。

静电防护服必须经国家指定的防护用品质量监督部门检验，并获得产品生产许可证后方可生产、销售。出厂产品须经生产厂检验合格后，并附有产品合格证、使用说明书及由国家指定的防护用品质量监督部门发给的检验证书方可出厂。每件成品上必须注有生产厂名、产品名称、商标、型号规格、生产日期等。使用单位必须购置有产品合格证的产品，并经安全技术部门验收后方可使用。

2) 化学污染物防护服

化学污染物防护服的作用是防止化学污染物损伤皮肤或经皮肤进入体内。防酸碱服常以丙纶、涤纶或氯纶等面料制作，因其耐酸碱性较好。炼油作业的防护服常用氟单体接枝的化纤织物制作，因其在织物表面形成高聚物的大分子栅栏，能防止油类污染皮肤，而空气却可以自由通过。防止化学物经皮肤进入机体的防护服，常用各种对所防护化学物不渗透或渗透率小的聚合物，涂布于化纤或天然纤维织物上制成。化学防护服常不利于汗水蒸发和散热，从而使皮肤温度和湿度增加，因此从事易燃易爆物作业的工人，不宜穿着化纤织物的工作服，一旦发生火灾，燃烧时的高温会使化纤熔融，黏附在皮肤上，造成严重灼伤。根据从事作业的不同，防护服应选择不同的颜色，以便及时觉察污染。

2. 防护帽

防护帽用于防止重物意外坠落或飞来击伤头部和防止有害物质污染等。安全防护帽过去曾用压缩皮革、布质胶木、藤、柳条等制作，目前则多用合成树脂(如改性聚乙烯和聚苯乙烯树脂、聚碳酸酯、玻璃纤维增强树脂橡胶等)制作。我国对此类防护帽的国家标准要求为帽重不超过 400 g，帽檐为 10～35 mm，倾斜度为 45°～60°，帽舌长 10～50 mm，帽色为浅色或醒目颜色，并要求须经过了冲击吸收、耐穿透、耐低温、耐燃烧、电绝缘和侧向刚性等技术性试验。安全防护帽有的为组合式，如电焊工安全防护帽。防一般污染的劳动防护帽则是以棉布或合成纤维制成的带舌帽。

3. 防护眼镜和面罩

防护眼镜和面罩的主要作用是保护眼睛和面部免受电磁波(紫外线、红外线和微波等)辐射和粉尘、烟尘、金属、砂石碎屑或化学溶液溅射等损伤。

1) 防护眼镜

防护眼镜的框架常用柔韧且能顺应脸型的塑料或橡胶制成，且框架宽大，足以覆盖使用者自身所戴的眼镜。根据作用原理不同，防护眼镜分为反射性防护镜片与吸收性防护镜片两类。

反射性防护镜片是在玻璃片上涂布光亮的金属薄膜，如铬、镍、银等。一般情况下，可反射的辐射线范围较宽，反射率可达 95%。

吸收性防护镜片多半带有色泽，是根据选择吸收原理制成，如绿色的玻璃可吸收红光和蓝光，仅使绿光通过。但在某些生产操作中，同时存在短波和长波辐射线，则不能用选择吸收作用的玻璃片，而是在玻璃中加入一定量的化学物质，如氧化亚铁等，使其能较全面地吸收辐射线。

2) 防护面罩

防护面罩是防止固体屑末和化学溶液溅伤人眼和损伤面部的面罩，用轻质透明塑料制作，现多用聚碳酸酯等塑料，结构比以前有所改进，面罩两侧和下端分别向两耳和下颌下端朝颈部延伸，使面罩能更全面地包覆面部，以增强防护效果。

防热面罩除有铝箔面罩外，也可用单层或双层金属网制成，以双层为优，可将部分辐射热遮挡在空气中散热。若镀铬或镍，则可增强反射防热作用，并能防止生锈。金属网面罩也能防护微波辐射。

电焊工用面罩装有带编号的深绿色镜片，编号越大，辐射线透过率越小，其面罩部分用一定厚度的硬纸纤维制成，质轻、防热且具有良好的电绝缘性。详细标准可参见 GB/T 3609.1—2008《焊接防护具》。

3.9　化工行业典型事故案例

从传统化工储罐泄漏到纳米材料失控扩散，材料化工行业的事故形态正随着技术迭代发生质变。当剖析这些看似孤立的事故时，必须警惕其中暗含的规律：每一次工艺革新都可能催生新型风险盲区。

化工行业典型事故案例

3.10　国内外杰出科学家简介

1. 程映雪与航空工程和安全科学与工程

程映雪是我国安全科学学科的奠基者与开创者，他承担的"歼八气动力布局选型和校核计算与风洞实验研究"项目获国家科学技术进步奖特等奖，"主动控制技术—ACT"项目获国家科学技术进步奖二等奖，"易燃、易爆、有毒等重大危险源辨识评价技术研究"项目获国家"八五"科技攻关重大成果奖。他因在航空工程和安全科学与工程领域做出突出贡献，获得国务院政府特殊津贴等荣誉。他作为国务院特别重大事故调查领导小组的成员，主持过多起特大事故的调查工作，其中包括"3·15哈尔滨亚麻厂爆炸火灾事故"和"6·6西安特大空难事故"。这些工作的开展，为我国特大事故调查和分析建立了基本模式，确保事故前后具有科学有效的事故预防和处理机制。他参加了多个国家的科技攻关课题，如《易燃、易爆、有毒重大危险源辨识评价技术研究》，这些研究不仅产生了重大事故预防技术中的多项关键技术，也为我国安全生产技术的发展做出了重要贡献。在职业安全健康界，他是职业安全健康会议和亚太地区职业安全健康组织(APOSHO)的发起者之一，国际会议上他多次担任主席和主讲人，为中国安全生产与职业健康科学技术的国际交流与合作做出了巨大贡献。

2. 涂善东与高温高压装备安全与可靠性技术

涂善东是中国工程院院士，兼任中国机械工程学会压力容器分会名誉理事长、中国结构完整性联盟主席、诺丁汉大学名誉教授、国际压力容器学会亚洲和大洋洲地区主席、国际机构学与机器科学联合会可靠性委员会委员。他还是 *Int. J. Pressure Vessels & Piping*、*Applied Energy*、*J. of Materials Science &Technology*、*Fatigue and Fracture of Engineering Materials Structures*、《化工进展》、《压力容器》等学术期刊编委或编委会主任。他长期从事高温高压装备安全与可靠性技术研发，致力建立高温承压设备安全评价技术、风险辨识与精准维修技术以及本质安全调控技术，并将这些技术成功应用于石化、能源等重化工业领域安全保障工程及大型反应器、高效换热器、高端阀门等产品的可靠性制造。涂善东先后 5 次获国家科技奖励，其中国家科技进步一等奖 1 项、二等奖 3 项，国家发明二等奖 1 项，省部级一等奖 8 项。

3. 崔克清与安全工程教育

崔克清是国家安全生产专家、江苏省政协委员、南京工业大学教授、博士生导师。他致力于创建安全技术及工程学科本科生、硕士研究生、博士研究生的教育体系，研究成果"化学化工安全工程教学理论与工程技术体系的建立及其应用"获得江苏省高等教育教学成果一等奖，为我国安全工程领域特别是化工、石油化工等过程工业以及安全生产监督管理系统培养了大批的高级专业人才。其多年研究的化学化工安全工程教学理论体系及工程应用体系荣获南京工业大学优秀教学成果一等奖、江苏省优秀教学成果一等奖，工业过程火灾爆炸灾害事故模式与分析鉴定技术体系研究与应用获江苏省科技进步二等奖，化工过程安全基础理论及工程技术体系研究荣获国家化工科技进步三等奖。著有《化工安全技术》《化学安全工程学》《安全工程与科学导论》等安全工程高级人才培养教材和专著共二十余部，其中《化学安全工程学》被中国科学院自然科学史研究所化学部评定填补了国内学科空白，《安全工程大辞典》在国内、外及港台地区均有广泛影响。他长期致力于化工及石油化工装置爆炸模式与预防控制技术以及事故技术鉴定体系的研究，多项研究成果获得国家和省部级科技奖励，曾荣获沈阳市有突出贡献的科技人员、江苏省十佳安全科技之星、江苏省先进科技工作者称号。他还曾 50 余次担任国内、省内重大火灾爆炸事故技术分析鉴定专家组组长、成员，主持或参与 100 余项国家重点基本建设项目和技术改造项目的设计论证与安全评审，是我国著名化工安全与爆炸事故分析论证的专家。

4. 周福宝与矿山灾害防治

周福宝是中国安全生产科学研究院院长、国家安全生产专家组专家。他长期从事矿山灾害防治与资源化利用等方面的科学研究与人才培养工作，主持完成国家重点研发计划项目、国家杰出青年科学基金、国家自然科学基金重点项目、国家 111 学科创新引智基地、教育部创新团队发展计划等科研项目 30 余项，研究成果在国内外数百座矿山、隧道工程等领域直接转化应用。近年来，他获国家技术发明二等奖 1 项、国家科技进步二等奖 3 项及省部级科技进步一等奖 5 项，拥有国家发明专利 80 余件、软件著作权 4 件，出版学术专著 2 部，主编教材 2 部，在 *Journal of Hazardous Materials*、《煤炭学报》等国内外重要学术刊物上发表论文 100 余篇，2017 年后连续入选 Elsevier 在安全、风险、可靠性和质量学科领域的中国高被引学者。他还曾任第十一届世界矿山通风大会组委会副主席、第三十五届国际匹兹堡煤炭会议燃烧分会主席等，并荣任特聘教授、百千万人才工程国家级人选、国家有突出贡献的中青年专家、科学探索奖、何梁何利科学与技术奖、中国工程院光华工程科技青年奖、中国青年科技奖等人才奖项等多项荣誉。

5. 赫伯特·威廉·海因里希(Herbert William Heinrich)与海因里希法则

赫伯特·威廉·海因里希是二十世纪三十年代美国工业安全的先驱人物，他出版了《工业事故预防：科学方法》一书，那时他是旅行者保险公司的工程检验部助理主管，著名的"海因里希法则"就是在这部著作中提出的。海因里希法则是通过分析工伤事故的发生概率，为保险公司的经营提出的法则。这一法则对 20 世纪的健康和安全文化产生了重大影响，即在一件重大的事故背后必有 29 件轻度的事故，还有 300 个潜在的隐患。海因里希认为，人的不安全行为、物的不安全状态是事故的直接原因，企业事故预防工作的中心就是消除人的不安全行为和物的不安全状态。海因里希的研究说明大多数的工业伤害事故都是由于工人的不安全行为引起的。即使一些工业伤害事故是由物的不安全状态引起的，但物的不安全状态的产生也是由于工人的缺点、错误造成的。因而，海因里希理论也和事故频发倾向论一样，把工业事故的责任归因于工人。从这种认识出发，海因里希进一步追究事故发生的根本原因，认为人的缺点来源于遗传因素和人员成长的社会环境。随后几十年间，海因里希法则被广泛应用于工业健康和安全项目，并被描述为健康和安全哲学的基石。

6. 丹尼尔·克劳尔(Daniel Crowl)与化工过程安全基础

丹尼尔·克劳尔是美国密歇根理工大学化工过程安全教授、国际安全工程领域著名学者。他长期致力于化工过程安全基础及应用的研究，在燃烧行为理论方法预测、全浓度范围可燃气体混合物爆炸极限界定、密闭空间爆炸压力计算、反应性物质危险性、压力安全泄放等方面开展了丰富的工作。他所著大量论文发表在安全科学领域的国际顶尖期刊和学术会议上，如《化工过程安全：基础与应用》《化学品泄漏后果分析指南》《爆炸概论》等，还担任《高度有毒材料处理与管理手册》《本质更安全的化学过程——一种生命周期方法》《保护层分析》《过程工业中提高性能的人为因素方法》编辑及《佩里化工工程师手册》第七版蒸汽扩散篇编辑、第八版安全篇编辑。他在 1990 年获 AIChE 颁发的 Bill Doyle 奖，1992 年获 AIChE 底特律分部年度奖，1994 年获美国化学学会化工健康与安全奖，1998 年获美国化学品制造商协会 Catalyst 奖，1999 年获职业健康、安全环境教育联合会颁发的安全和健康化工教育优秀奖，2002 年获 AIChE 安全和卫生部颁发的 Walton/Miller 奖，2007 年参与 Chem-E-Car 安全项目并获 AIChE 颁发的 Gary Leach 奖。他还是 AIChE 损失预防委员会成员，曾担任 AIChE 损失预防研讨会主席、AIChE 的安全和健康部总裁，11 届 AIChE/CCPS 委员会(包括本科教育委员会和技术指导委员会)委员。

思 考 题

1. 简述化工生产事故的特点。
2. 危险化学品事故具有哪些特点？
3. 什么是爆炸极限？简述影响爆炸极限的因素。
4. 简述急性中毒现场抢救原则。
5. 简述压力容器定期检验的种类及内容。
6. 分析静电安全防护措施。
7. 噪声对人体的危害及其防护措施有哪些？

第4章 材料行业安全生产技术

4.1 建材行业安全生产技术

建材行业是我国经济发展的重要支柱行业。随着国民经济的快速发展和建筑业的蓬勃发展，建材行业也面临着越来越多的安全生产问题。建材行业是生产安全事故相对多发的行业，做好建材行业安全生产工作任重道远。

一、建材行业的安全生产难题

(1) 建材行业中管理散乱的企业较多，生产安全条件较差，现场安全管理较弱。

(2) 建材行业企业安全投入不足，安全生产管理不到位，内部安全管理水平不够高，"三违"作业现象比较突出。

(3) 危险作业安全管理不够严谨，料仓物料坍塌、传动轮带机械伤害、高处坠落、物体打击、车辆伤害等风险管控措施落实不够到位。

二、建材行业的重点管理区域和部位

(1) 要加强水泥、砖瓦、石材等建筑材料制造行业的水泥磨机、料仓内有限空间作业、吊装作业、选粉机检维修作业、袋笼作业、预制件脱模作业、外包作业等重点作业安全管理；

(2) 要加强陶瓷卫浴行业烧成作业、球磨作业、干燥塔内作业、高处作业、动火作业等的安全管理；

(3) 要加强平板玻璃和玻璃纤维制造行业中液氨作业、高温作业、提升作业、窑炉作业等的安全管理。

三、防范生产安全事故的方法

(1) 凡是涉及人员误入的场所应加设隔离护栏；

(2) 凡是涉及易导致机械伤害的部位应加设隔离防护网、防护板；

(3) 凡是涉及能量意外释放的部位场所应加设上锁、挂牌等能量隔离措施；

(4) 要注意严格落实有限空间"七不准"、动火作业"三个一律"、高处作业"五个必须"、吊装作业"十不吊"等安全生产规定。

四、加强安全生产的主要措施

1. 全面排查重大事故隐患

建材行业除粉尘涉爆及有限空间作业有关专项类重大隐患外，应重点排查整治以下六类重大事故隐患。

(1) 水泥工厂煤磨袋式收尘器(或煤粉仓)未设置温度和一氧化碳监测仪及气体灭火装置。

(2) 水泥工厂筒型储存库人工清库作业外包给不具备高空作业工程专业承包资质的承包方，且作业前未进行风险分析。

(3) 燃气窑炉未设置燃气低压警报器和快速切断阀，易燃易爆气体聚集区域未设置监测报警装置。

(4) 纤维制品三相电弧炉、电熔制品电炉、水冷构件泄漏。

(5) 进入筒型储库、磨机、破碎机、篦冷机、各种焙烧窑等有限空间作业时，未采取能够有效防止电气设备意外启动、热气涌入等的隔离防护措施。

(6) 玻璃窑炉、玻璃锡槽，水冷、风冷保护系统存在漏水、漏气问题，未设置监测报警装置。

2. 崩塌事故预防办法

(1) 施工现场物料堆积应规整，禁止超高。模板、钢管、木方、砌块等堆积高度不应大于 2 m，钢筋堆积高度不应大于 1.2 m，堆积物应采纳固定办法。

(2) 修建施工暂时结构应遵从先规划后施工的原则，并应进行安全技能剖析，保证其在规划规则的运用工况下坚持整体稳定性。

(3) 施工现场应进行施工区域内暂时排水系统规划，暂时排水不得损坏挖填土方的边坡。

(4) 在地势、地质条件复杂，可能产生滑坡、崩塌的地段挖方时，应确认排水计划。

(5) 场地周围呈现地表水汇流、分泌或地下水管渗漏时，应采取有组织堵水、排水和疏水办法，并应对基坑采纳保护等办法。

(6) 当开挖低于地下水位的基坑和桩孔时，应合理选用降水办法降低地下水位，并应编制降水专项施工计划。

(7) 施工现场物料不宜堆置在基坑边际、边坡坡顶、桩孔边等处；当需堆置时，堆置的重量和距离应符合规划规则。

(8) 各类施工机械距基坑边际、边坡坡顶、桩孔边的距离，应根据设备重量、支护结构、土质状况按规划要求进行确认，且不宜小于 1.5 m。

(9) 高度超过 2 m 的竖向混凝土构件的钢筋绑扎过程中及绑扎完结后，在侧模装置完结前，应采纳有用的侧向暂时支撑办法。

(10) 大型混凝土构件钢筋施工过程中，应设置固定钢筋的定位与支撑件，上层钢筋网上堆积物料禁止超载。

（11）各种安全防护棚上禁止堆积物料，运用期间棚顶禁止上人。

3. 起重损伤事故预防办法

（1）起重机械装置拆开工、起重机械司机、信号司索工等应经专业组织训练，并应取得相应的特种作业人员从业资格，持证上岗。

（2）从事修建起重机械装置、拆开活动的单位应具有相应资质和修建施工企业安全出产答应证，并在其资质答应范围内承揽修建起重机械装置、拆开工程，超过一定规模的起重吊装及起重机械装置、拆开工程，其专项施工计划应组织专家论证。

（3）起重机械进场拼装后应履行查验程序，填写装置查验表，并经责任人签字，在查验前应由有相应资质的查验检测组织监督查验合格。

（4）进行起重机械作业前，施工技术人员应向操作人员进行安全技能交底。操作人员应熟悉作业环境和施工条件。

（5）进行起重作业前应查看起重设备的钢丝绳及端部固接方式、滑轮、卷筒、吊钩、索具、卡环、绳环和地锚、缆风绳等，一切索具设备和零部件应符合安全要求。

（6）禁止随意调整或撤除限位装置和保护装置，禁止运用限制器和限位装置代替操作装置。

（7）起重机械每三个月应进行一次超载试验，保证制动器性能安全牢靠。

（8）当多台起重机械在同一施工现场穿插作业时，应采纳防撞的安全技术办法。

（9）吊装作业中未形成稳定系统的部分，有必要采取暂时固定办法。暂时固定的构件在永久固定完结后方可拆除。

（10）在风速达到 9 m/s 及以上或大雨、大雪、大雾等恶劣气候时，禁止进行起重机械的装置、拆卸作业。在风速达到 12 m/s 及以上或大雨、大雪、大雾等恶劣气候时，应停止露天的起重吊装作业。

（11）雨雪后进行吊装时，应清理积水、积雪，并应采纳防护办法，作业前应先试吊。

4. 触电事故防范办法

（1）施工现场暂时用电设备和线路的装置、巡查、修理或撤除必须要由专职电工完成，并由专人监护。

（2）定时对施工现场临时用电进行查看，发现安全隐患及时处理，并复查。

（3）运用电气设备前，作业人员必须按照规则穿戴和装备相应的劳动防护用品，并查看电气装置和保护设施。

（4）加强电气设备、线路查看，及时替换破损的电线和电箱，避免漏电、触电。

（5）下雨前，做好机具及电气设备防雨作业。配电箱应尽量装置在室内，若在室外则应搭防雨棚，露天照明灯具应设防雨罩。

（6）遇雷雨天气，及时关闭用电设备，切断电源，避免发生设备损坏或其他安全事故。

（7）施工现场机械设备应有牢靠接地保护装置，塔式起重机、施工电梯等用电设备除应连接 PE 线外，还应重复接地。

（8）照明灯具的金属外壳有必要与 PE 线相连接，照明开关箱内有必要装设隔离开关、短路与过载保护器和漏电保护器。

（9）生活区禁止私接、乱拉电线；禁止使用大功率电器设备，以防线路过载引起火灾。

五、安全政策制定

(1) 企业法定代表人是本单位安全生产的第一责任人，必须履行职责到位，保证国家安全生产方针政策和法律法规在本企业的贯彻落实，恪守安全诚信和安全道德，自觉防止和克服漠视生命、忽视安全的错误倾向，确保本企业生产安全运行以及保障从业人员的生命安全和健康。

(2) 健全安全生产管理机构。各建材企业(包括下属各独立法人单位)应设立相对独立的安全生产管理机构，配备满足安全生产管理工作需要的工作人员。

(3) 完善安全生产制度。企业应依据国家有关法律法规，结合本单位实际情况，建立健全内部安全责任体系和激励约束机制，完善以安全生产责任制为核心的企业内部各项安全生产规章制度和各岗位操作规程。

(4) 加强对从业人员特别是农民工的安全生产教育和培训。必须保证从业人员具备必要的安全生产知识，熟悉有关的安全生产规章制度和安全操作规程，掌握本岗位的安全操作技能。未经安全生产教育和培训不合格的从业人员，不得上岗作业。采用新工艺、新技术、新材料或者使用新设备时，必须采取有效的安全防护措施，并对从业人员进行专门的安全生产教育和培训。特殊工种工作人员必须持证上岗。

(5) 强化日常检查。各企业安全生产管理人员应当根据本单位的生产工艺特点，对安全生产状况进行经常性检查。对检查中发现的安全问题和隐患，应当立即处理；不能处理的，应当及时报告本单位有关负责人。检查及处理情况应当记录备案，建立整改责任制，落实责任人和整改资金。对安全设备应经常性进行维护、保养，并定期检测。在有较大危险因素的生产经营场所和有关设施、设备上，应设置明显的安全警示标志。

(6) 保障安全生产投入。建材企业要保障新、改、扩建项目的安全设施、安全培训、隐患治理、安全管理等方面必要的安全投入，使企业具备《中华人民共和国安全生产法》等有关法律、行政法规和国家标准或者行业标准规定的安全生产条件，逐步实现本质安全。

(7) 加强对重大危险源的监控。应对重大危险源登记建档，进行定期检测、评估、监控，并制定应急预案，告知从业人员和相关人员在紧急情况下应当采取的应急措施，并将本单位重大危险源及有关安全措施、应急措施报有关地方人民政府负责安全生产监督管理的部门和相关部门备案。

(8) 加强相关方外协单位及外来务工人员的安全管理。要明确相关方的安全生产责任和义务，做好资质审查和安全培训，加强工程施工安全监管，将外来施工单位和外来务工人员的安全管理落到实处。

(9) 把安全生产纳入企业改革发展总体规划，开展安全生产管理创新工作。要消除安全生产工作中的问题，不断完善安全管理系统，以适应企业快速发展和业务迅速扩展的需要。

(10) 积极构建企业安全文化。各建材企业要学习和借鉴国内外先进企业安全管理的成功经验，引入科学的安全理念和先进的管理方法，提高企业管理水平，尽快形成适合本企业的安全管理模式和企业安全文化。

六、安全生产专项检查

(1) 生产设施的安全性检查。对建材生产企业的生产设施进行全面检查，包括生产线设备、仓储设施、输送设备等，确保设施运行正常、安全可靠。

(2) 生产人员的安全培训情况检查。对建材生产企业的生产人员进行安全培训情况的检查，重点关注工人对生产过程中的安全规范和操作程序的理解和掌握情况。

(3) 生产环境的安全卫生检查。对建材生产企业的生产环境进行检查，包括作业场所是否整洁、通风情况是否良好、危险化学品是否妥善存放等，确保生产环境符合安全卫生标准。

(4) 安全生产管理制度的健全情况检查。对建材生产企业的安全生产管理制度进行检查，包括安全责任制、安全生产培训制度、事故应急预案等，确保安全生产管理规范完善。

通过安全生产专项检查，可以全面了解建材行业安全生产的现状，发现问题并及时整改，确保建材行业安全生产工作的稳步推进和提升。

七、事故应急处理及事故调查

(1) 应建立完善的事故应急预案，对可能发生的事故进行充分预防和处置，提高应急处理能力。

(2) 事故发生时，应立即采取果断措施，及时报告主管部门和安全生产委员会，并迅速组织救援和善后处理。

(3) 事故发生后，应迅速成立事故调查组，全面调查事故原因，并采取有效措施防止事故再次发生。

4.2　冶金行业安全生产技术

4.2.1　钢铁冶炼及其他安全技术

一、烧结、焦化、耐火材料安全生产技术

1. 烧结安全生产技术

1) 烧结生产特点

烧结是把含铁废弃物与精矿粉烧结成块，用作炼铁的原料。其工艺过程是按炼铁的要求，将细粒含铁原料与熔剂和燃料进行配料，经造球、点火、燃烧，将所得成品再经过破碎、筛分、冷却、整粒后运往炼铁厂。

2) 烧结生产安全技术及事故预防措施

铁精矿是烧结生产的主要原料。在选矿厂生产过程中，常夹杂着大块铁精料和其他杂物，在胶带运输中经常发生堵塞、撕裂皮带，甚至进入配料圆盘使排料口堵塞的事故，处理时易发生人身伤害事故。为避免发生铁精矿运输事故，胶带机的各种安全设施要齐全，保证灵活、可靠，并应实现自动化控制。

3) 主体设备存在的不安全因素及防护措施

(1) 抽风机。抽风机能否正常运行直接关系着烧结矿的质量。抽风机存在的不安全因素是转子在不平衡运动中发生振动。针对这一问题，预防方法有：在更换新的叶轮前应当对转子做平衡试验；提高除尘效率，改善风机工作条件；适当加长、加粗集气管，使废气及粉尘在管中流速减慢，增大灰尘沉降的比率；加强二次除尘器的检修和维护。

(2) 带式烧结机。带式烧结机存在的不安全因素是烧结机的机体又大又长，生产与检修工人可能因联系失误而造成事故。随着烧结机长度的增加，台车跑偏现象也很严重，并且受高温的影响，易产生过热"塌腰"现象。所以应当为烧结机的开停设置必要的联系信号，并设置一定的保护装置。

(3) 翻车机。往往由于翻车机联络工和司机联系失误，车皮未能对正站台车即行翻车，会发生站台车及旋转骨架撞坏事故；工人处理事故易发生挤手、砸脚事故。

4) 除尘与噪声防治

(1) 烧结厂除尘。烧结过程中会产生大量的粉尘、废气、废水，含有硫、铝、锌、氟、钒、钛、一氧化碳、二氧化硅等有害成分，严重污染了环境，因此应采取抽风除尘措施。烧结机抽风一般采用两级除尘：第一级集尘管集尘和第二级除尘器除尘。大型烧结厂多用多管式集尘器，而中小型烧结厂除了用多管式集尘器外还常用旋风式除尘器。

(2) 烧结厂的噪声防治。烧结厂的噪声主要来源于高速运转的设备。这些设备主要有主风机、冷风机、通风除尘机、振动筛、锤式破碎机、四辊破碎机等。对噪声的防治，应当改善和控制设备本身产生的噪声，即采用合乎声学要求的吸、隔声与抗震结构的最佳设备设计，选用优质的材料，提高制造质量；对于超过单机噪声允许标准的设备则需要进行综合治理。

2. 焦化安全生产技术

1) 焦化生产特点

焦化厂一般由备煤、炼焦、回收、精苯、焦油、其他化学精制、化验和修理等车间组成。其中化验和修理车间为辅助生产车间。备煤车间的任务是为炼焦车间及时供应合乎质量要求的配合煤。炼焦车间是焦化厂的主体车间。炼焦车间的生产流程是：装煤车从贮煤塔取煤后，运送到已推空的碳化室上部将煤装入炭化室，煤经高温干馏变成焦炭，并放出荒煤气由管道输往回收车间；用推焦机将焦炭从炭化室推出，经过拦焦车后落入熄焦车内送往熄焦塔熄焦；之后，从熄焦车卸入凉焦台，蒸发掉多余的水分和进一步降温，再经输送带送往筛焦炉分成各级焦炭。回收车间负责抽吸、冷却及吸收回收炼焦炉产生的荒煤气中的各种初级产品。

2) 焦化安全生产技术及事故预防措施

(1) 防火防爆。一切防火防爆措施都是为了防止生产可燃(爆炸)性混合物或防止产生和隔离足够强度的活化能，以避免激发可燃性混合物发生燃烧、爆炸。为此，必须弄清可燃(爆炸)性混合物和活化能是如何产生的，以及防止其产生和互相接近的措施。有些可燃(爆炸)性混合物的形成是难以避免的，如易燃液体贮槽上部空间就存在可燃(爆炸)性混合物。因此，在充装物料前，往贮槽内先充惰性气体(如氮)，排出蒸气后才可避免上述现象发生。此外，选用浮顶式贮槽也可以避免产生可燃(爆炸)性混合物。

(2) 泄漏。泄漏是常见的产生可燃(爆炸)性混合物的原因之一。可燃气体、易燃液体和温度超过闪点的液体的泄漏，都会在漏出的区域或漏出的液面上产生可燃(爆炸)性混合物。造成泄漏的原因主要有两个：

一是设备、容器和管道本身存在漏洞或裂缝。有的是设备制造质量差，有的是长期失修、腐蚀造成的。所以，凡是加工、处理、生产或贮存可燃气体、易燃液体或温度超过闪点的可燃液体的设备、贮槽及管道，在投入使用之前必须经过验收合格，方可使用。在使用过程中要定期检查设备的严密性和腐蚀情况。焦化厂的许多物料因含有腐蚀性物质，应特别注意设备的防腐处理，或采用防腐蚀的材料制造。

二是操作不当。相对来说，操作不当造成的泄漏事故比设备本身缺陷造成的要多些。由于疏忽或操作错误造成跑油、跑气的事故很多。要预防这类事故的发生，除要求严格执行标准化作业外，还必须采取防溢流措施。《焦化安全规程》规定，易燃、可燃液体贮槽区应设防火堤，防火堤内的容积不得小于贮槽地上部分总贮量的一半，且不得小于最大贮槽的地上部分的贮量。防火堤内的下水道通过防火堤处应设闸门，此闸门只有在放水时才打开，放完水即应关闭。对可能泄漏或产生含油废水的生产装置周围应设围堰。化产车间下水道应设水封井、隔油池等。

(3) 放散。焦化厂许多设备都设有放散管，它是加工处理或贮存易燃、可燃物料的设备或贮槽。放散管放散的气(汽)体有的本身就是可燃(爆炸)性混合物，或放出后与空气混合成为可燃(爆炸)性混合物。《焦化安全规程》规定，各放散管应按所放散的气体、蒸气种类分别对其进行集中净化处理后方可放散。放散有毒、可燃气体的放散管出口应高出本设备及邻近建筑物 4 m 以上。可燃气体排出口应设阻火器。

(4) 防尘与防毒。煤尘主要产生在煤的装卸、运输以及破碎粉碎等过程中，主要产尘点为煤场、翻车机、受煤坑、输送带、转运站以及破碎机、粉碎机等处。一般煤场采用喷洒覆盖剂或在装运过程中采取喷水等措施来降低粉尘的浓度。输送带及转运站主要依靠安设输送带通廊、局部或整体密闭防尘罩等来隔离和捕集煤尘。破碎及粉碎设备等产尘点应加强密闭吸风，设置布袋除尘、湿式除尘、通风集尘等装置来降低煤尘浓度。

在焦化厂，一氧化碳存在于煤气中，特别是焦炉加热用的高炉煤气中的一氧化碳含量在 30% 左右。焦炉的地下室、烟道通廊的设备多，阀门启闭频繁，极易泄漏煤气。所以，必须对煤气设备定期进行检查，及时维护，烟道通廊的贫煤气阀应保证其处于负压状态。

为了防止职工硫化氢、氰化氢中毒，焦化厂应当设置脱硫、脱氰工艺设施。过去国内只有城市煤气才进行脱硫，冶金企业一般不脱硫。至于脱氰，一般只从部分终冷水或氨气中脱氰生产黄血盐。随着对污染严重性认识的提高，近年来，各焦化厂已开始重视煤气的脱硫脱氰问题。为了防止硫化氢和氰化氢中毒，蒸氨系统的放散管应设在有人操作的下风侧。

3. 耐火材料生产安全技术

1) 耐火材料生产特点

不同的耐火制品，使用的原材料及生产时发生的物理化学反应虽不同，但生产工序和加工方法，如原料煅烧、破碎、粉碎、细磨、配料、混料、成型、干燥和烧成等基本一致。耐火材料生产所用的设备比较笨重，机械化程度低，劳动强度大，环境条件差，生产中易发生事故。另外，耐火材料生产工艺中的各个环节，都可能产生大量含有较高游离二氧化碳的粉尘，严重危害着人的身体健康。

2) 耐火材料安全生产技术及事故预防措施

(1) 主体设备的运行安全。主体设备运行时应注意以下几点：检查轴承润滑情况，轴承内及衬板的连接处是否有足够而适量的润滑脂；检查所有的紧固件是否安全紧固；检查传动胶带，若有破损应及时更换，胶带轮有油污时，应用干净的抹布将其擦净；检查防护装置是否良好，发现有不安全的现象时应即行消除；检查破碎腔内有无矿石及杂物，并清除之，正常运行后方可喂料；正常启动后若发现有不正常情况，应立即停机检查处理；在设备运行时，严禁从上面朝机器内窥视，进行任何调整、清理或检查等工作，也严禁用手在进料口上和破碎腔内搬运、移动矿石；停机前，应首先停止加料，待破碎腔内破碎物料完全排出后，方可断开电源开关。

(2) 防尘措施。耐火厂的各个工艺环节可以说无处不产尘。经验证明，采取水、密、风、护、革、管、教、查八字方针是有效的、正确的。

(3) 安全技术措施。改进工艺，提高机械化、自动化程度；安装安全设施和标志，并定期检查；坚决贯彻执行有关安全生产的政策和法规；加强劳动保护，定期对职工进行身体检查。

二、炼铁生产安全技术

1. 炼铁安全生产的主要特点

炼铁是将铁矿石或烧结球团矿、锰矿石、石灰石和焦炭按一定比例混匀送至料仓，然后再送至高炉，从高炉下部吹入 $1000℃$ 左右的热风，使焦炭燃烧产生大量的高温还原煤气，从而加热炉料并使其发生化学反应。在 $1100℃$ 左右铁矿石开始软化，$1400℃$ 熔化形成铁水与液体渣，分层存于炉缸。之后，进行出铁、出渣作业。炼铁生产所需的原料、燃料，生产的产品与副产品的性质，以及生产的环境条件，都给炼铁人员带来了一系列潜在的职业危害。例如，在矿石与焦炭运输、装卸、破碎与筛分、烧结矿整粒与筛分过程中，都会产生大量的粉尘；在高炉炉前出铁场，设备、设施、管道布置密集，作业种类多，人员较集中，危险有害因素最为集中，如炉前作业的高温辐射，出铁、出渣会产生大量的烟尘，铁水、熔渣遇水会发生爆炸；开铁口机、起重机易造成伤害；炼铁厂煤气泄漏可致人中毒，高炉煤气与空气混合可发生爆炸，且爆炸威力很大；喷吹烟煤粉可发生粉尘爆炸；另外还有炼铁区的噪声以及机具、车辆的伤害等。如此众多的危险因素，威胁着生产人员的生命安全和身体健康。

2. 炼铁生产的主要安全技术

1) 高炉装料系统安全技术

装料系统能够将满足高炉冶炼要求的料坯，持续不断地送入高炉冶炼。装料系统包括原料燃料的运入、储存、放料、输送以及炉顶装料等环节。装料系统应尽可能地减少装卸与运输环节，提高机械化、自动化水平，使之安全地运行。

(1) 运入、储存与放料系统。大中型高炉的原料和燃料大多数采用胶带机运输，比火车运输更易于自动化和治理粉尘。储矿槽若未铺设隔栅或隔栅不全，周围没有栏杆，人行走时有掉入槽内的危险；料槽若形状不当，存有死角，则需要人工清理；若内衬磨损，进行维修时的劳动条件则会很差；料闸门失灵时常人工捅料，如果料突然崩落往往造成伤害。

放料时的粉尘浓度很大，尤其是采用胶带机加振动筛筛分料时，作业环境更差。因此，储矿槽的结构应是永久性的、十分坚固的。各个槽的形状应该做到自动顺利下料，槽的倾角应不小于 50°，以消除人工捅料的现象。金属矿槽应安装振动器。钢筋混凝土结构，内壁应铺设耐磨衬板；存放热烧结矿的内衬板应是耐热的。矿槽上必须设置隔栅，周围设栏杆，并保持完好。料槽应设料位指示器，卸料口应选用开关灵活的阀门，最好采用液压闸门。对于放料系统应采用完全封闭的除尘设施。

(2) 原料输送系统。大多数高炉采用料车斜桥上料法，料车必须设有两个相对方向的出入口，并设有防水防尘措施，且一侧应设有符合要求的通往炉顶的人行梯。卸料口卸料方向必须与胶带机的运转方向一致，机上应设有防跑偏、打滑装置。胶带机在运转时容易伤人，所以必须在停机后方可进行检修、加油和清扫工作。

(3) 顶炉装料系统。装料系统通常采用钟式装料向高炉装料。钟式装料以大钟为中心，由大钟、料斗、大小钟开闭驱动设备、探尺、旋转布料等装置组成。采用高压操作时必须设置均压排压装置。必须做好各装置之间的密封，特别是高压操作时，密封不良不仅会使装置的部件受到煤气冲刷，缩短使用寿命，甚至会出现大钟掉到炉内的事故。料钟的开闭必须遵守安全程序。为此，有关设备之间必须联锁，以防止人为失误。

2) 供水与供电安全技术

高炉是连续生产的高温冶炼炉，不允许中途停水、停电。特别是大、中型高炉必须采取可靠的措施，保证安全供电、供水。

(1) 供水系统安全技术。高炉炉体、风口、炉底、外壳、水渣等必须连续给水，一旦中断便会烧坏冷却设备，发生足以导致停产的重大事故。为了安全供水，大中型高炉应采取以下措施：供水系统设有一定数量的备用泵；所有泵站均设有两路电源；设置供水的水塔，以保证柴油泵启动时供水；设置回水槽，保证在没有外部供水情况下维持循环供水；在炉体、风口供水管上设连续式过滤器；供、排水采用钢管以防破裂。

(2) 供电安全技术。不能停电的仪器设备万一发生停电时，应考虑人身及设备安全，设置必要的保安应急措施。应设置专用、备用的柴油发电机组。计算机、仪表电源、事故电源和通信信号均为保安负荷，各电器室和运转室应配紧急照明用的带镉电池荧光灯。

3) 煤粉喷吹系统安全技术

高炉煤粉喷吹系统最大的危险是可能发生爆炸与火灾。为了保证煤粉能吹进高炉又不致使热风倒吹入喷吹系统，应视高炉风口压力确定喷吹罐压力。混合器与煤粉输送管线之间应设置逆止阀和自动切断阀。喷煤风口的支管上应安装逆止阀，由于煤粉极细，停止喷吹时，喷吹罐内、储煤罐内的储煤时间不能超过 8~12 小时。煤粉流速必须大于 18 m/s。罐体内壁应圆滑，管道应避免有直角弯。为了防止爆炸产生强大的破坏力，喷吹罐、储煤罐应有泄爆孔。喷吹时，由于炉况不好或其他原因使风口结焦，或由于煤枪与风管接触处漏风使煤枪烧坏，这两种现象的发生都能导致风管烧坏。因此，操作时应该经常检视，及早发现和处理问题。

4) 高炉安全操作技术

(1) 开炉的操作技术。开炉工作极为重要，处理不当极易发生事故。开炉前应做好如下工作：进行设备检查，并联合检查；做好原料和燃料的准备；制订烘炉曲线，并严格执行；保证准确计算和配料。

(2) 停炉的操作技术。停炉过程中，煤气中的一氧化碳浓度和温度逐渐增高，再加上停炉时喷入炉内的水分的分解，煤气中氢浓度也会增加。为防止煤气爆炸事故发生，应做好如下工作：处理煤气系统，以保证该系统蒸气畅通；严防向炉内漏水；在停炉前，切断已损坏的冷却设备的供水，更换损坏的风渣口；利用打水控制炉顶温度在 $400\sim500$℃之间；停炉过程中要保证炉况正常，严禁休风；打水喷头必须设在大钟下，如果设在大钟上，严禁开关大钟。

5) 高炉维护安全技术

高炉生产是连续进行的，任何非计划休风都属于事故。因此，应加强设备的检修工作，尽量缩短休风时间，保证高炉正常生产。

为防止出现煤气中毒与爆炸，应注意以下几点：

(1) 进行一、二类煤气作业前必须通知煤气防护站的人员，并要求至少有 2 人同时进行作业。在一类煤气作业前还须进行空气中一氧化碳含量的检验，并佩戴氧气呼吸器。

(2) 在煤气管道上动火时，须先取得动火票，并做好防范措施。

(3) 进入容器作业时，应首先检查空气中一氧化碳的浓度；作业时，除要求通风良好外，还要求容器外有专人进行监护。

3. 炼铁生产事故的预防措施和技术

在炼铁厂，煤气中毒事故危害最为严重，这类事故死亡人员多，多发生在炉前和检修作业中。预防煤气中毒的主要措施有：提高设备的完好率，尽量减少煤气泄漏；在易发生煤气泄漏的场所安装煤气报警器；进行煤气作业时，作业人员佩戴便携式煤气报警器，并派专人监护。炉前还容易发生烫伤事故，主要预防措施是提高装备水平，作业人员须穿戴防护服。原料场、炉前还容易发生车辆伤害和机具伤害事故。使用烟煤粉尘制备、喷吹系统，当烟煤的挥发分含量超过 10% 时，可发生粉尘爆炸事故。预防粉尘爆炸主要采取控制磨煤机的温度、控制磨煤机和收粉器中空气的氧含量等措施。目前，我国多采用喷吹混合煤的方法来降低挥发分的含量。

三、炼钢生产安全技术

1. 炼钢安全生产的主要特点

铁水中含有 C、S、P 等杂质，影响铁的强度和脆性等，所以需要对铁水进行再冶炼以去除上述杂质，并加入 Si、Mn 等调整其成分。对铁水进行重新冶炼以调整其成分的过程叫作炼钢。

炼钢的主要原料是含碳量较高的铁水或生铁以及废钢铁。为了去除铁水中的杂质，还需要向铁水中加入氧化剂、脱氧剂和造渣材料，以及铁合金等材料，以调整钢的成分。含碳量较高的铁水或生铁加入炼钢炉以后，经过供氧吹炼、加矿石、脱碳等工序，将铁水中的杂质氧化除去，最后加入合金，进行合金化，便得到钢水。炼钢炉有平炉、转炉和电炉三种。平炉炼钢法因能耗高、作业环境差已逐步被淘汰。转炉炼钢法和平炉炼钢法是先将铁水装入混铁炉预热，将废钢加入转炉或平炉内，然后将混铁炉内的高温铁水用混铁车兑入转炉或平炉，进行熔化与提温；当温度合适后，进入氧化期。电炉炼钢是在电炉炉膛内全部加入冷废钢，经过长时间的熔化与提温，再进入氧化期。

(1) 熔化过程。铁水及废钢中含有 C、Mn、Si、P、S 等杂质，在低温熔化过程中，C、Si、P、S 被氧化，即把单质态的杂质变为化合态的杂质，以利于后期进一步去除。氧来源于炉料中的铁锈(成分为 $Fe_2O_3 \cdot 2H_2O$)、氧化铁皮、加入的铁矿石以及空气中的氧和吹氧。各种杂质的氧化过程是在炉渣与钢液的界面之间进行的。

(2) 氧化过程。氧化过程是在高温下进行的脱碳、去磷、去气、去杂质等反应。

(3) 脱氧、脱硫与出钢。氧化过程末期，钢中含有大量过剩的氧，通过向钢液中加入块状或粉状铁合金或多元素合金来去除钢液中过剩的氧，产生的有害气体 CO 随炉气排出，产生的炉渣可进一步脱硫。即在最后的出钢过程中，渣、钢强烈混合冲洗，增加脱硫反应。

(4) 炉外精炼。从炼钢炉中冶炼出来的钢水含有少量的气体及杂质，一般将钢水注入精炼包中，进行吹氩、脱气、钢包精炼等工序，得到较纯净的钢质。

(5) 浇铸。从炼钢炉或精炼炉中出来的纯净的钢水，当其温度合适、化学成分调整合适以后，即可出钢。钢水经过钢水包脱入钢锭模或连续铸钢机内，即得到钢锭或连铸坯。

浇铸分为模铸和连铸两种方式。模铸又分为上铸法和下铸法。上铸法是将钢水包中的钢水通过铸模的上口直接注入模内形成钢锭。下注法是将钢水包中的钢水浇入中注管、流钢砖，钢水从钢锭模的下口进入模内。钢水在模内凝固即得到钢锭，再把钢锭经过脱保温帽送入轧钢厂的均热炉内加热，然后将钢锭模等运回炼钢厂进行整模工作。

连铸是将钢水包中的钢水浇入中间包，然后再浇入洁净器中。钢液通过激冷后由拉坯机按一定速度拉出结晶器，经过二次冷却及强迫冷却；待全部冷却后，切割成一定尺寸的连铸坯，最后送往轧钢车间。

2. 炼钢生产的主要安全技术

1) 氧枪系统安全技术

转炉和平炉通过氧枪向熔池供氧来强化冶炼。氧枪系统是钢厂用氧的安全工作重点。

(1) 弯头或变径管燃爆事故的预防。氧枪上部的氧管弯道或变径管由于流速大，局部阻力损失大，管内有渣或脱脂不干净时，容易诱发高纯、高压、高速氧气燃爆。应通过改善设计、防止急弯、减慢流速、定期吹管、清扫过滤器、完善脱脂等手段来避免事故的发生。

(2) 回火燃爆事故的防治。低压用氧导致氧管负压、氧枪喷孔堵塞，都易使高温熔池产生的燃气倒灌回火，发生燃爆事故。因此，应严密监视氧压。多个炉子用氧时，不要抢着用氧，以免造成管道回火。

(3) 汽阻爆炸事故的预防。因操作失误造成氧枪回水不通，氧枪积水在熔池高温中汽化，阻止高压水进入，当氧枪内的蒸气压力高于枪壁强度极限时便发生爆炸。预防措施有：保障冷却水循环畅通，操作中严密监控氧枪冷却水流量及压力，确保回水通畅，避免因堵塞导致积水汽化引发超压爆炸；定期清理冷却水过滤器，防止杂质堵塞管道。当监测到枪体温度异常或冷却水中断时，应立即切断氧气供给并启动紧急排水程序。

2) 废钢与拆炉爆破安全技术

(1) 爆破可能出现的危害：爆炸地震波，爆炸冲击波，碎片和飞块，噪声。

(2) 安全对策：一是重型废钢爆破。废钢必须在地下爆破坑内进行，爆破坑强度要大，并有泄压孔，泄压孔周围要设立柱挡墙；二是拆炉爆破，限制装药量，控制爆破能量；三是采取其他必要的防治措施。

3) 钢、铁、渣液灼伤防护技术

铁、钢、渣液的温度很高，热辐射很强，又易于喷溅，加上设备及环境的温度很高，极易发生灼伤事故。

(1) 灼伤及其发生的原因有：设备遗漏，如炼钢炉、钢水罐、铁水罐、混铁炉等满溢；铁、钢、渣液遇水发生的物理化学爆炸及二次爆炸；过热蒸汽管线穿漏或裸露；改变平炉炉膛的火焰和废气方向时喷出热气或火焰；违反操作规程。

(2) 安全对策有：定期检查、检修炼钢炉、钢水罐、铁水罐、混铁炉等设备；改善安全技术规程，并严格执行；做好个人防护；定期更换容易漏气的法兰、阀门。

4) 炼钢厂起重运输作业安全技术

炼钢过程中所需要的原材料、半成品、成品都需要起重设备和机车进行运输，运输过程中有很多危险因素。

(1) 存在的危险：起吊物坠落伤人；起吊物相互碰撞伤人；铁水和钢水倾翻伤人；车辆撞人。

(2) 安全对策：厂房设计时没有足够的空间；革新设备，加强维护；提高工人的操作水平；严格遵守安全生产规程。

3. 炼钢生产事故预防措施和技术

(1) 炼钢厂房的安全要求。炼钢厂房应考虑结构能够承受高温辐射；具有足够的强度和刚度，能承受钢水包、铁水包、钢锭和钢坯等载荷和碰撞而不会变形；有宽敞的作业环境，通风采光良好，有利于散热和排放烟气；要充分考虑人员作业时的安全要求。

(2) 防爆安全措施。钢水、铁水、钢渣以及炼钢炉炉底的熔渣都是高温熔融物，与水接触就会发生爆炸。当 1 kg 水完全变成蒸汽后，其体积要增大约 1500 倍，破坏力极大。炼钢厂因为熔融物遇水爆炸的情况主要有：转炉、平炉氧枪，转炉的烟罩，连铸机的结晶器的高、中压冷却水大漏，穿透熔融物而引起爆炸；炼钢炉、精炼炉、连铸结晶器的水冷件因为回水堵塞，造成继续受热而引起爆炸；炼钢炉、钢水罐、铁水罐、中间罐、渣罐漏钢、漏渣倾翻时发生爆炸；往潮湿的钢水罐、铁水罐、中间罐、渣罐中盛装钢水、铁水、液渣时发生爆炸；在有潮湿废物及积水的罐坑、渣坑中放热罐、放渣、翻渣时引起爆炸；向炼钢炉内加入潮湿料时引起爆炸；铸钢系统漏钢与潮湿地面接触发生爆炸。防止熔融物遇水爆炸的主要措施是：对冷却水系统要保证安全供水，水质要净化，不得泄漏；物料、容器、作业场所必须干燥。

转炉和平炉是通过氧枪向熔池供氧来强化冶炼的。氧枪系统由氧枪、氧气管网、水冷管网、高压水泵房、一次仪表室、卷扬机及测控仪表等组成，如使用、维护不当，会发生燃爆事故。氧气管网如有锈渣、脱脂不净，容易发生氧气爆炸事故，因此氧气管道应避免采用急弯，采取减慢流速、定期吹扫氧管、清扫过滤器脱脂等措施防止燃爆事故。如氧枪中氧气的压力过低，可造成氧枪喷孔堵塞，引起高温熔池产生的燃气倒灌回火而发生燃爆事故。因此要严密监视氧压，一旦氧压降低要采取紧急措施，并立即上报；氧枪喷孔发生堵塞要及时检查处理。因误操作造成氧枪冷却系统回水不畅而引起枪内积水汽化，阻止高压冷却水进入氧枪，可能引起氧枪爆炸；如冷却水不能及时停水，冷却水可能进入熔池而引发更严重的爆炸事故。因此氧枪的冷却水回水系统要装设流量表，吹氧作业时要严密监视回水情况，要加强人员技术培训，增强其责任心，防止误操作。

(3) 烫伤事故的预防。铁、钢、渣的温度达 1250～1670℃时，热辐射很强，易于喷溅，加上设备及环境温度高，起重吊运、倾倒作业频繁，作业人员极易发生烫伤事故。防止烫伤事故应采取下列措施：定期检查、检修炼钢炉、混铁炉、化铁炉、混铁车和钢水罐、铁水罐、中间罐、渣罐及其吊运设备、运输线路和车辆，并加强维护，避免穿孔、渗漏，以及起重机断绳、罐体断耳和倾翻；严防铁水、钢水、渣等熔融物与水接触发生爆炸、喷溅事故；过热蒸气管线、氧气管线等必须包扎保温，不允许裸露；法兰、阀门应定期检修，防止泄漏；制订完善安全技术操作规程，严格对作业人员进行安全技术培训，防止误操作；搞好个人防护，上岗必须穿戴工作服、工作鞋、防护手套、安全帽、防护眼镜和防护罩；尽可能提高技术装备水平，减少人员烫伤。

四、煤气生产安全技术

1. 煤气安全生产的特点

煤气作为气体燃料，具有输送方便，操作简单，燃烧均匀，温度、用量易于调节等优点，是工业生产的主要能源之一。在冶金企业里，煤气是高炉炼铁、焦炉炼焦、转炉炼钢的副产品，又是冶金炉窑加热的主体热料。

2. 煤气安全生产技术

煤气中含有大量一氧化碳，散发在作业场所时，容易使人中毒。

1) 煤气的性质

煤气的主要成分是一氧化碳、氢、甲烷等可燃气体，其中一氧化碳有毒。煤气中还含有少量不可燃气体，如氮、二氧化碳等。因此，煤气安全事故分为三类：中毒、火灾和爆炸。

2) 煤气中毒的原因及安全对策

(1) 煤气中毒的原因。

煤气泄漏是煤气中毒的原因。存在煤气泄漏的部位有高炉风口、热风炉煤气闸阀、高炉冷却架、煤气蝶阀组传动轴、煤气管道的法兰部位、煤气鼓风机围带等处，作业人员在这些区域作业最容易发生煤气中毒事故。

(2) 安全对策。

煤气设施的设计必须符合国家标准和规范的要求；应制定煤气设备的维修制度，及时检查，发现泄漏及时处理；对煤气设施要实行分级管理。根据一氧化碳的含量，可将作业区域分成一、二、三类煤气危险区域。在一类煤气危险区域作业，作业人员必须戴氧气呼吸器或通风口罩，并应有人在现场监护；在二类煤气危险区域作业，应准备好氧气呼吸器或有人监护；在三类煤气危险区域作业，虽然可不用氧气呼吸器但也要加强检测。

3) 煤气爆炸的原因及安全对策

煤气爆炸是煤气和空气混合到一定比例，遇明火、电火花、燃点以上温度等可产生的剧烈燃烧。煤气爆炸必须具备三个条件：一是煤气浓度在爆炸限范围以内；二是处于受限空间；三是存在点火源。只有这三个条件同时具备，煤气爆炸才会发生。

(1) 事故原因。

煤气爆炸的发生有以下原因：工业炉窑内温度尚未达到燃点温度时就输入煤气，使炉窑内形成爆炸性混合气体，点火时发生爆炸事故；强制送风的炉窑未开风机，煤气由闸阀窜入送风管，点火时发生爆炸；工业炉窑送煤气点火时，操作人员误把煤气旋塞的开启当成关闭，将煤气送入炉窑，点火引起爆炸；工业炉窑第一次点火时未将送入的煤气完全燃烧，剩余煤气未经处理就第二次点火，引起爆炸；工业炉窑的送风机突然停电，煤气不能完全燃烧，部分煤气从烧嘴窜入空气管道，引起爆炸；煤气设备停产后，未将煤气处理干净，又未经爆炸试验，动火引起爆炸；煤气发生炉的送风机突然停电，煤气倒流窜入空气管道，引起爆炸；准备投产的煤气管道与有煤气的管道没有用堵盲板隔断，煤气由闸阀漏入新管道，未经空气分析检查，动火引起爆炸；煤气设备停产检修，设备内的煤气已清除，检验合格，允许动火，后因蒸汽管未与煤气设备断开，另一台正常生产的煤气设备的煤气沿蒸汽管道及闸阀窜入检修的这台设备中，第二次动火时未经化验检查，引起爆炸；煤气设备着火时，未通入蒸汽或氮气充压，未切断煤气来源，引起回火爆炸。

(2) 安全对策。

在员工中广泛开展危险预知活动，凡直接接触、操作、检修煤气设备的职工，都要熟悉煤气设备的结构及性能，知晓煤气的危险性，掌握煤气设备的安全标准化操作要领，并经考试合格，取得合格证，方可上岗操作。

煤气设备停产检修时，必须将煤气处理干净，并将其与正常生产的煤气设备用盲板或闸阀和水封隔断，把煤气设备上的蒸汽管、水管断开。

在煤气设备上动火或炉窑点火送煤气之前，必须先做气体分析。一般停产检修的煤气设备内空气中的氧含量应在20.5%以上；炉窑点火送煤气时，煤气中的氧含量应不大于1%。

4) 煤气火灾的原因及安全对策

煤气燃烧必须具备两个条件：一是有足够的空气，二是有明火或者达到煤气的燃点。

(1) 事故原因。

发生煤气火灾的原因有以下几种：在焦炉地下室或者在平炉炉台下一层带煤气抽堵盲板时，煤气大量逸出，与火源接触，引起火灾事故；带煤气作业时使用铁质工具，撞击火花，引起火灾事故；带煤气作业时，附近有火源或裸露的蒸汽管道，引起火灾事故；煤气管道停产检修时，管道内的萘等存积物或硫化铁自燃起火；煤气设备动火时泄漏的煤气引起着火；煤气设备停产检修时，煤气未清扫干净，又未准备好消火设施而动火，引起火灾；雷击或焦炉煤气放散口积存硫化铁，引起火灾。

(2) 安全对策。

带煤气作业时，40 m 以内禁止一切火源。不采取特殊安全措施，严禁在焦炉地下室带煤气作业。

带煤气作业应使用铜质工具或铝青铜合金工具，禁止使用铁质工具。

在裸露的高温蒸汽管道附近，设备应做绝热处理。

在煤气设备上动火，应备有防火设施。停煤气动火的设备必须清扫干净。

3．煤气生产安全预防措施和技术

1) 爆炸事故抢救

煤气设备或炉窑一旦发生煤气爆炸，不仅会损坏设备，还会造成人员伤亡或中毒。爆炸事故发生后，应首先救人，同时切断已发生煤气爆炸设备的煤气来源，防止二次爆炸。如煤气设备未损坏，应查明爆炸原因后再送煤气。

2) 火灾事故抢救

煤气火灾往往是熊熊大火，煤气管道内起火则往往是黑烟滚滚。根据煤气着火的情况，应局部停止使用煤气，设法关闭闸阀降低煤气压力，并向着火的设备内通入大量蒸汽或氮气。煤气管道管径在 150 mm 以下的，可直接关闸阀熄火。万一发生爆炸，最大爆炸压力约为 0.7 MPa(7 kg/cm^2)，管径小的钢管足够承担煤气爆炸压力。管径在 150 mm 以上的，关闸阀降低煤气压力最低不得小于 49～98 Pa，严禁突然完全关闭闸阀或水封，以防回火爆炸。煤气火灾抢救工作应特别注意以下几点：

(1) 煤气设备已烧红时，不得用水骤然冷却，以防煤气设备变形，漏出煤气更多。

(2) 煤气闸阀、压力表、蒸汽或氮气管头，应有专人控制操作。

(3) 蒸汽来源有困难时，可调用蒸汽机车或汽吊。

(4) 如煤气管道内沉积物着火，可密闭入孔隔绝空气使其灭火。

五、氧气生产安全技术

1．氧气安全生产的特点

氧气是无色、无味、无嗅的气体，比空气重。标准大气压下液化温度为 −182.98℃。液氧系天蓝色、透明、易流动的液体，凝固温度为 −248.4℃，呈蓝色固体结晶。

氧与其他物质化合生成氧化物的氧化反应无时不在进行。纯氧中进行的氧化反应异常激烈，同时放出大量热，温度极高。

氧是优良的助燃剂，与一切可燃物可进行燃烧，与氢、乙炔、甲烷、煤气、天然气等可燃气体按一定比例混合后容易发生爆炸。氧气纯度越高，压力越大，越危险。各种油脂与压缩氧气接触易自燃。

氧气的制取方法很多，一般有化学法、电解法、吸附法和深度冷冻法等。

深度冷冻法制氧以空气为原料，电耗低(1.8～2.16 MJ/m^3)、成本低、产量高、质量好，安全运转周期长，工艺成熟，目前已在工业上得到广泛应用。

2．氧气生产的安全技术

随着吹氧炼钢、高炉富氧鼓风等强化冶炼的措施和钢坯自动火焰清理机新技术的采用，钢铁企业的用氧发展很快，已成为国民经济中最大的用氧部门。其特点是装机多，容量大，普遍采用大型制氧机组，小时产氧量达数万立方米，单机容量为 3200～3500 m^3/h。

氧气在钢铁企业生产中占有很重要的地位，并具有非常广泛的用途。其用途基本可分为工艺用氧和切焊用氧。钢铁企业不仅用氧量大，而且用途广泛，从原料加工、冶炼、轧钢到机修、基建，甚至生活、后勤、工作，无时不用氧气。

1）氧气的爆炸

（1）物理爆炸：无化学反应，也没有大幅升温现象。一般是在常温或比常温稍高的温度下，由于气压超过了受压容器或管道的屈服极限乃至强度极限，造成压力容器或管道爆裂，如氧气钢瓶使用年限过久，腐蚀严重，瓶壁变薄，又没有检查，以致在充气时或充气后发生物理性超压爆炸。

（2）化学爆炸：有化学反应，并产生高温、高压，瞬时发生爆炸，如氢、氧混合装瓶，见火即爆。

2）氧气的燃爆

发生燃爆需要可燃物、氧化剂和激发能源三要素同时存在。氧气和液氧都是很强的氧化剂。氧气的纯度越高，压力越高，危险性就越大。

当可燃物与氧混合并存在激发能源时，可能发生燃烧，但不一定爆炸。只有当氧与可燃气体均匀混合，浓度在爆炸极限范围内时，遇到激发能源，才能引发爆炸。这就是燃烧条件和爆炸条件的唯一差别。

3）氧气生产的安全要点

预防氧气事故应从安全管理、安全装置两个方面入手。

（1）安全管理。制定岗位责任制、安全教育培训制度、安全检查制度、安全操作规程等相应的安全管理制度，并严格执行。

（2）安全装置。氧气安全装置主要包括三大类：

一是安全泄压装置。安全泄压装置是用以保证系统(容器、管道、设备等)安全运行，防止发生超压事故的一种保险装置。若系统压力超过规定值，它就自动将系统内的气体迅速排出一部分，使系统压力恢复正常值。

安全泄压装置有许多种类型，目前，冶金行业使用最多的是安全阀与防爆片。

安全阀由阀座、阀瓣和阀体组成，是一种阀门自动开启型安全泄压装置。压力超限时，阀门自动开启并泄压；压力正常后，阀门自动关闭。安全阀泄压不影响系统正常运行。安全阀必须动作灵敏可靠，密封性能良好，结构紧凑，调节方便。

防爆片又称防爆膜、防爆板，是一种断裂型安全泄压装置。因为泄压后膜片不能自动复原，所以系统将被迫停止运行。因此，防爆片只在不宜安装安全阀的情况下使用。

二是报警停车联锁装置。该装置能够通过对一系列参数进行监控，发现异常或超限，自动报警和(或)停车。目前使用较普遍的是温度、压力、浓度、阻力、流量、液位等报警停车联锁装置。另外，轴位移保护、防喘振保护、振动保护、超速保护以及电压、电流、接地保护等也经常采用报警停车联锁装置。

三是其他防护措施。氧气事故的其他防护措施包括放散阀、逆止阀、防爆墙、防雷、防静电、接地等。

4.2.2　有色金属冶炼及黄金选冶安全技术

一、有色金属冶炼、黄金选冶的安全生产特点及主要危害因素

有色金属的冶炼根据矿物原料的不同和各金属本身的特性，可以采用多种方法进行冶炼，包括火法冶金、湿法冶金以及电化冶金。从目前的产量及金属种类来说，以火法冶金

为主。有色金属的冶炼方法基本上可分为三大类：第一类是硫化矿物原料的选硫熔炼，属于这一类的金属有铜、镍；第二类是将硫化矿物原料先经焙烧或烧结后，进行碳热还原生产金属，属于这一类的金属有锌、铅、锑；第三类是将焙烧后的硫化矿或氧化矿用硫酸等溶剂浸出，然后用电解法从溶液中提取金属，属于这类冶炼方法的金属主要有锌、镉、镍、钴、铝。铜、铅冶炼厂生产金、银和处理阳极泥仍使用火法冶金流程。一般阳极泥处理包括脱铜硒、贵铅的还原熔炼和精炼，银电解，金电解等工序。对铅阳极泥则用直接熔炼、电解的方法或与脱铜脱硒后的铜阳极泥混合处理。

我国主要大型有色冶炼厂以火法冶金作为骨干流程，对冶金生产过程进行分组、计划、指挥、协调和控制管理。冶炼生产多在高温、高压、有毒、腐蚀等环境下进行，为确保操作人员和设备的安全，必须特别注意安全防护措施的落实，努力提高机械化和自动化水平。冶金工业也是污染最严重的行业，它在有色金属生产中定向地、持续地向环境排放大量的废渣、废水、废气，易于污染环境和破坏生态平衡，必须有完善的"三废"治理工程加以处理和利用，还有噪声、振动、恶臭、放射线和热污染等，破坏了生态平衡，造成环境污染，给人民健康和生物生长带来危害。

二、铜、铅、锌、铝冶炼及其他有色金属冶炼中的主要安全技术

1. 铜冶炼的主要安全技术

铜冶炼以火法炼铜为主，火法炼铜大致可分为三步：选硫熔炼—吹炼—火法精炼和电解精炼。铜冶炼安全生产的主要特点是：

(1) 工艺流程较长，设备多；

(2) 过程腐蚀性强，设备寿命短；

(3) "三废"排放数量大，污染治理任务重。

铜冶炼是一个以氧化、还原为主的化学反应过程，设备直接或间接受到高温或酸碱侵蚀影响。为延长设备寿命，应采取如下措施：

(1) 选用优质、耐高温、耐腐蚀的设备；

(2) 贯彻落实大、中、小修和日常巡回检查制度；

(3) 采取防腐措施；

(4) 提高操作工人素质，做好设备的维护保养等工作。

铜冶炼原料主要是硫化铜精矿，硫在生产过程中会形成二氧化硫进入烟气，回收烟气中的二氧化硫制取硫酸是污染治理的重要任务之一。对废渣的综合利用有多种渠道，可用于生产铸石、水泥、硅渣等建筑材料，也可用作矿坑填充料。废水除含有重金属离子外，还含有砷、氟等有害杂质，常用中和沉淀法或硫化沉淀法将其中的重金属离子转化为难溶的重金属化合物将其净化后，回收重复利用，同时将沉淀物或浓缩液返回生产系统或单独处理，回收其中的有价金属。对含尘烟气，要完善收尘设施，严格管理，提高收尘效率；对泄漏的含铜溶液和含铜废水，集中回收处理。

2. 从铜阳极泥中提取金、银的安全技术及事故预防措施

冶炼厂金、银冶炼采用硫酸化焙烧-湿法处理工艺。其主要安全技术有如下要求。

(1) 对烟气、烟尘的治理。

从铜阳极泥提取金、银的生产过程中，产生的有毒有害气体主要有二氧化硫、氯气、二氧化氮等。采取的治理措施主要有：

① 设置回转窑尾气吸收塔，通过负压，将铜阳极泥与浓硫酸反应生成的二氧化碳、二氧化硒气体导入塔内，并在汞的作用下生成粗硒产品，从而达到环保和回收有价元素的目的。对吸收塔内残留的气体，排空前应用碱液淋洗中和处理。为保证尾气的吸收，必须做好设备密封，避免回转窑、吸收塔泄漏烟气。

② 设置氯气吸收塔，通过抽风装置，将阳极泥分金生产中生成的氯气抽入塔内，用碱液中和处理，或将废液返回采用过氯化分金作业。为减少氯气过量产生，避免氯酸钠与酸反应造成损失，阳极泥分金作业除了要控制氯酸钠的加入速度以外，还要控制溶液的酸度和温度，防止氯气中毒。

③ 设置水膜收尘装置，净化小转炉吹炼炉气。由于从阳极泥中提取的粗银粉含有大量的杂质，目前，冶炼厂采用小型转炉并以高温空气为氧化剂，对粗银粉进行吹炼提纯。吹炼过程中，大量的金属或非金属粉尘进入炉气，因此，需通过水膜收尘器吸收粉尘，待炉气净化后再排放，达到减少大气污染的目的。

④ 设置抽风装置，对金、银电解精炼过程中产生的有害气体进行抽排处理，以改善作业环境。在金电解槽上方安装排风罩，将金电解过程中产生的氯气、氯化氢抽排，并用碱液吸收。在抽风柜中进行造银电解液作业，将产生的二氧化氮气体排出并用碱液吸收。此外，应在银电解室安装换气扇，创造良好的通风条件，防止散雾和废气对职工健康造成危害。

(2) 危险化学品伤害事故的预防措施。

运用现有工艺从铜阳极泥中提取金、银，要广泛使用强酸强碱、易燃易爆化学品和液化的有毒有害气体。因此，必须明确从业人员的安全职责，建立危险化学品贮存和使用安全管理制度，落实各项安全防范措施，以达到安全生产的目的。

主要安全措施有：

① 建立危险化学品的专贮库房，实行危险化学品分区、分类存放，避免因性能互抵而燃烧、爆炸，释放有毒气体。

② 装卸、搬运盛酸容器、液化有毒有害气体高压容器、液态有害有毒化学品容器时，要谨慎操作，防止酸溅出伤人和容器爆裂造成危险化学品泄漏。做好高压容器的日常检查、维护和定期校验工作，确保其安全可靠，要保证挥发性危险化学品的密封有效。

③ 通过教育和培训，使从业人员掌握危险化学品特性和安全使用技术知识。

④ 从业人员使用危险化学品时，要穿戴好必需的劳保用品。

⑤ 尽可能减少危险化学品在生产车间的贮存量，降低事故隐患。

(3) 高温烫伤事故的预防措施。

① 从阳极泥中提取金、银有转炉吹炼、蒸硒窑焙烧、中转炉浇铸三个火法生产岗位。在这些岗位上，一要掌握蒸硒窑、转炉点火、停火的送风、送油和停风、停油的正确顺序，避免火焰喷炉烧伤；二是要保证转炉吹炼，中转炉浇铸投入的物料为干料，避免高温熔体爆炸造成烫伤；三是要保证坩埚的完好和夹具的灵活，防止发生高温熔体烫伤事故。

② 从阳极泥提取金、银高温湿法有浸出分铜、氯化分金两个岗位，向高温溶液中添加各种化学药剂时要严格遵守"均匀、缓慢、少量"的原则，防止高温溶液外溢造成烫伤。

三、有色金属冶炼事故的预防与控制的主要技术措施

有色金属冶炼常见的事故有高温作业伤害、火灾和爆炸、机械伤害、触电、职业病、环境污染、冶金设备腐蚀等。

1. 高温作业伤害预防与控制的主要技术措施

(1) 通过体格检查，避免患有高血压、心脏病以及肥胖和肠胃消化系统不健康的工人从事高温作业。

(2) 供给作业人员 0.2% 的食盐水，并给他们补充维生素 B_1 和维生素 C。

2. 火灾和爆炸预防与控制的主要技术措施

在有色金属冶炼生产过程中常伴随着火灾和爆炸，采取的预防和控制措施主要有：

(1) 开展危险预知活动，凡直接接触、操作、检修煤气设备的职工，要掌握煤气设备的安全标准化操作要领，并经考试合格，取得合格证，方可上岗操作。

(2) 在煤气设备上动火或炉窑点火送煤气之前，必须先做气体分析。

(3) 架设隔栏防止灼热的金属飞溅引起火灾或爆炸。

(4) 在煤气设备上动火，应备有防火消火措施。对停止使用的煤气动火设备，必须清扫干净。

3. 环境污染预防与控制的主要技术措施

(1) 设置回转窑尾气吸收塔，将废气导入塔内，并在汞的作用下生成粗硒产品，从而达到环保和回收有价元素的目的。

(2) 设置氯气吸收塔，通过抽风装置，将阳极泥分金生产中生成的氯气抽入塔内，用碱液中和处理，或将废液返回采用过氯化分金作业。

(3) 设置水沫收尘装置，净化转炉吹炼产生的炉气。

(4) 设置抽风装置，对金、银电解精炼过程中产生的有害气体进行抽排处理，以改善作业环境。在金电解槽上方安装排风罩，将金电解过程中产生的氯气、氯化氢抽排，并用碱液吸收。

4. 冶金设备腐蚀预防与控制的主要技术措施

(1) 选用优质、耐高温、耐腐蚀的设备。

(2) 贯彻落实大、中、小修和日常巡回检查制度。

(3) 采取防腐措施。

(4) 提高操作工人素质，做好设备的维护保养等工作。

四、黄金冶炼事故预防与控制的主要技术措施

黄金冶炼事故除高温作业伤害、火灾和爆炸、机械伤害、触电、职业病、环境污染、冶金设备腐蚀等外，主要的危险源还有氢化物和汞。

氢化物和汞中毒的预防与控制的主要技术措施如下：

(1) 选用优质、耐高温、耐腐蚀的劳动防护用品。

(2) 加强职工安全素质教育和技术技能培训。

(3) 加强通风，保证工作场所的良好环境。

(4) 安装安全预警装置。

4.3　塑料行业安全生产技术

一、塑料车间安全生产通则

(1) 设备正常运转时，除注塑机前安全门、控制面板外，严禁接触设备任何其他部位。

(2) 对任何生产中的异常情况必须等待设备停止运转后方可处理。

(3) 各设备必须建立专人负责制(定人定机制)，未经设备安全培训或未取得操作资格，不得操作该设备；故障维修由车间指定人员进行，非指定人员不得进行维修操作。

(4) 按操作规程正确操作、精心维护设备，保持作业环境整洁，做好文明生产。

(5) 严格执行工艺纪律和操作纪律，做好各项记录，交接班必须交接安全情况。

(6) 各类设备安全防护装置必须齐全，如有损坏，必须及时报修，待修复后才能使用。

(7) 正确分析、判断和处理各种事故苗头，把事故消灭在萌芽状态。如发生事故，要果断、正确处理，及时如实地向上级报告，并保护好现场，做好详细记录。

(8) 上岗时必须按规定着装，长头发要扎起来，不准披发，不准穿背心、短裤或裙子，不准穿拖鞋。

(9) 使用电动工具前必须检查电线、插头、塑料外壳等有无破损。

(10) 更换气接头时关闭气源，防止接头飞出伤人。

(11) 维持通道畅通，在通道内严禁长时间作业或堆放工件。

(12) 设备使用完毕必须关闭电源(注塑机 PC 料保温时例外)。

二、注塑机安全生产须知

(1) 注塑机半自动正常生产时，只有如下动作可以进行：① 打开前安全门；② 取出产品和料杆；③ 关闭前安全门。如需要额外动作，必须经技术员确认这属于正常生产必须动作，方可作业。

(2) 除上述以外的任何动作，必须在手动状态下关停油泵后进行；涉及电气的还必须关闭电源。比如工作可能接触射嘴及熔胶筒时，必须关闭电源；清理工模或调整任何机械零件之前，必须切断电源。

(3) 设备自动报警时，作业人员必须立即从设备范围内撤出，切换到"手动"状态。

(4) 发生紧急事件(人身事故，设备、模具突然发出异常响声)时，应立即按下紧急停止按钮，并大声求援。

(5) 机器运转时，严禁将身体任何部位伸入关闭的安全门内；把手伸入模具前应先将安全门打开；检查、修理时如上半身进入两模板中间，应关掉油泵；无论什么场合，整个身体进入两模板时都应先切断电源。

(6) 机器运转时，必须关闭后安全门，使用前安全门来控制模具的开锁模。

(7) 机器运转时，除注塑机操作者外的任何人接触注塑机前，必须通知注塑机操作者调到手动状态，关停油泵。特别是多人协同作业时，任一方有异常动作前，必须通知协同人员，得到确认后方可作业。作业时需注意：

① 注塑机操作者就是操作注塑机进行生产、调试的人，可能是挡车工，顶岗人员，也可能是调试人员。

② 异常动作是指除第(1)条列出的动作之外的动作。

③ 应分别在手动、半自动状态下，检查拉开安全门后能否切断油泵和电源。

④ 应检查紧急停止按钮是否有效，按下时能否切断油泵和电源。

⑤ 应保证设备及设备周围无油、无水，保障行走安全。

⑥ 发现注塑机的异常情况(漏油、电线损坏、电气插头损坏等)应及时向班长或技术员报告。

⑦ 拆除喷嘴时必须采取防护措施，避免高温原料、气体飞溅烫伤。

⑧ 清理阻碍物或移动料斗时，请勿操作注塑机。

⑨ 对空注射时，必须关闭前后安全门，并且任何人不得站在料筒两侧，以免被胶料射出损伤身体。

⑩ 机器长期停用后再开机时，必须检查安全装置(如机械锁、安全门行程开关及液压锁等)确认其正常后才能运行该设备。

⑪ 维护作业时，应切断主电源，挂上"禁止通电"牌；运行前，应确认机械按规定连接。

⑫ 当射台向前移动时，不可用手去清除从射嘴漏出的熔胶，以免伤手。

⑬ 料斗里必须放有磁力架，防止有金属异物混入而损坏注塑设备。

⑭ 检查、修理时如上半身进入两模板中间，应关掉油泵。

⑮ 无论什么场合，整个身体进入两模板时都应先切断电源。

⑯ 任何安全设备的改动都是不允许的，安全装置损坏的状态下不得开动设备生产。

⑰ 生产高温产品(模温高于 120℃的)必须使用厚棉布手套。

三、模、油温机安全生产须知

(1) 电源必须使用规定的电压(220 V/380 V/415 V，50/60 Hz)。

(2) 不得使用状态不明的导热油。

(3) 电源线必须使用指定的规格品，防止造成过热、电压下降，发生事故或故障。

(4) 务必将本机的接地端子与接地线相连接。

(5) 凡用于连接装置的所有的软管及其他装置，必须要耐热 120℃，耐压 1000 kPa (10 kgf/cm^2)。

(6) 软管的安装务必按照软管制造商的指示进行。特别注意要绝对遵守最小弯曲半径。附属软管的连接参照所附录的软管配管要领书。

(7) 由于本机(包括外部接续的阀门类及配管类)运转时会产生高温，不得直接用手去触摸。另外，运转后由于余热仍具有很高的温度，在本机及配管温度未下降到 40℃以下时，不得触摸。

(8) 不要用湿手触摸控制箱，否则可能会引起触电事故。

(9) 在进行维修作业时，应穿着防护用品。

(10) 如有异常发生，在零件没有更换前，不得再使用本装置。

(11) 应定期更换导热油，当发现导热油呈黑稠状时必须更换。

(12) 使用中如发现排水不畅或冷却效果差，应立即清洗电磁阀或检查冷水出入口有无阻塞。

四、机械手安全生产须知

(1) 机械手在注塑机上应安装牢固。

(2) 操作人员不得进入机械手臂作业范围。

(3) 维修前应关掉电源。

五、烘箱安全生产须知

(1) 在主机周围 1 米内不得放置易燃物品。

(2) 设定温度一定要参考原料的干燥温度，配合实际经验进行设定。

(3) 烘箱高温，操作时必须佩戴防护用品，防止烫伤。

(4) 散落在烘箱内的原料必须及时清除。

(5) 清理、修理烘箱时必须关闭电源。

(6) 应每 2 小时检查 1 次烘箱是否正常运转，并记录温度。

六、粉碎机安全生产须知

(1) 在开机前确保料斗与网架关闭，安全螺丝必须拧紧。

(2) 转动刀片极锋利且能引起伤害，特别是在转动时。

(3) 在开关料斗网架时，易发生事故。

(4) 该机电盒处存在高压危险。

(5) 该机是由传动带传动的，不要让传动带碰到衣服、身体。

(6) 在机器维修保养时，必须关闭主开关和控制开关，等待刀片静止不动。

(7) 不要去掉防护装置。

(8) 如果料斗粉碎室中还有未被粉碎的物料，就不能停机，否则重开机时余料会造成马达过载。

七、行车安全生产须知

(1) 电动单梁起重机(俗称行车)须由专人操作，操作者须经培训合格后方可上岗操作。

(2) 开车前应进行试车，试车是在无载荷的情况下，检查各运转机构、控制系统和安全装置是否灵敏、准确、安全可靠；还要检查吊钩、吊索是否牢固，外观无破损。

(3) 电动单梁起重机在起吊工件时，工件的重量应在吊钩、吊索及电动单梁起重机允许的范围内。

(4) 不得沿主梁方向斜吊工件。

(5) 不得在有火灾危险、爆炸危险的介质中工作以及吊运熔化金属和有毒、易燃易爆物品。

(6) 吊装工件行走过程中，工件以稍离地面为宜。

(7) 电动单梁起重机在吊运工件行走过程中，工件下面严禁站人。

(8) 严禁将工件吊起后操作人员离开操作现场，行车无人管制。

(9) 工作完毕，电动单梁起重机应停在规定位置，升起吊钩，切断电源。

八、塑料、薄钢带切割机工安全操作规程

(1) 开车前检查各传动部位是否灵敏好用，齿轮固定是否牢固，安全防护装置是否齐全。

(2) 开车前对运转部位如齿轮、链轮、轴杠、铜瓦等进行充分润滑。

(3) 电动葫芦起吊塑料和钢带时必须严格遵守以下规定：不得超重，不得斜拉歪吊，所吊物要挂牢挂好，防止滑脱。

(4) 切下的塑料飞边与钢带飞边要及时清除掉，钢带飞边严禁用手去挑，只能用木棒去挑开。

(5) 切下的钢带盘直径不得超过 300 mm，塑带盘直径不得超过 350 mm。

(6) 切割力调整好后，应把各螺钉拧紧，才能开车。

(7) 设备运转中应注意各部位运转声响是否正常，如发生异常情况应立即停车检查排除。

(8) 设备在运转时，不准用手去试拉钢带和在设备上面传递东西。

为保证安全生产，除遵守本岗位工种安全技术操作规程外，还必须遵守下列总则。

(1) 认真执行国家有关劳动安全法规、规定及各企业的各项安全生产规章制度。

(2) 新入厂职工、调换工种的工人及来厂实习、代培和临时参加生产的人员，必须经过安全教育和操作技术培训，经考试合格后在师傅的指导下进行操作。

(3) 电气、焊接与切割、起重、锅炉、压力容器、厂内机动车辆驾驶、高处作业等特种作业人员，必须持证操作。

(4) 操作工必须熟悉产品性能、工艺规程及设备操作要求，能正确处理生产过程中出现的故障。

(5) 操作前必须按规定正确穿戴好个人防护用品。披肩发、长辫必须罩入工作帽内。进入有可能发生物体打击的场所必须戴安全帽；有可能被传动机械绞辗伤害的作业不准戴手套；不准穿戴围巾、围裙，脖子上不准佩带装饰品；生产作业场所不准赤膊；不准穿高跟鞋、拖鞋(除规定外)。

(6) 工作时应集中精力、坚守岗位，不准做与本职工作无关的事。上班前不准饮酒。

(7) 开动非本工种以外设备时，须经有关领导批准。

(8) 操作对人体有发生伤害危险的机械设备时，应检查安全防护装置是否齐全可靠，否则不准进行操作。

(9) 不准随意拆卸、挪动各种安全防护装置、安全信号装置、防护围栏、警戒标志等。

(10) 检修机械、电气设备时，必须切断电源，挂上警示牌。合闸前要仔细检查，确认无人检修后方准合闸。

(11) 操作中使用的行灯及局部照明，其电压不得超过 36 V，而在金属容器内和潮湿场所作业时，电压不得超过 12 V。

(12) 生产场所应保持整齐、清洁，原材料、半成品及成品要堆放合理，安全通道畅通，

废料应及时清除。

(13) 高空作业人员必须系好安全带，登高用的扶梯必须坚实牢固，符合安全技术要求，并采取可靠的防滑措施。

(14) 非电气作业人员严禁安装、维修电气设备和线路。

(15) 易燃、易爆等生产作业场所，严禁烟火及明火作业。

(16) 禁止在产生有毒有害物质作业场所内进餐、饮水，工作时要戴好防毒口罩或其他防护用品。

(17) 严禁攀登吊运中的物体及在吊物下通过、停留。

(18) 生产作业区禁止骑自行车、摩托车。不准在运转设备上跨越、传递物体和触动危险部位。

(19) 严格执行交接班制度。末班下班前要切断电源，汽(气)源，熄灭火种，清理场地，中途停电要关闭电源。

(20) 凡进入厂油库、锅炉房、配电间、爆炸物品仓库等要害场所，必须经技安等有关部门批准，并办理登记手续。

(21) 工房内外配置的消防器材不准挪作他用，器材周围不得堆放其他物品妨碍使用。

(22) 发生工伤事故、重大未遂事故及火灾、爆炸事故时要及时启动应急救援预案进行抢救，立即报告有关领导和部门，并保护好事故现场。

4.4　新材料行业安全生产技术

4.4.1　铸造安全生产技术

铸造生产中的安全技术主要包括安全管理、人员防护、设备安全、物料安全等方面。

一、安全管理

1. 安全教育培训

铸造企业应对员工进行岗位安全教育培训，包括掌握操作规程、安全操作流程等基本知识，提高员工的安全意识和自我保护能力。

2. 安全生产责任制

建立完善的安全责任体系，明确各级管理人员的安全责任，并对责任分明、权责明确的管理人员实行奖惩制度，增强他们的安全管理意识。

3. 安全生产标准化

建立、完善安全生产标准，并进行严格监督和检查，及时处理违反安全生产标准的行为，确保安全生产的规范运行。

4. 事故预防

对可能发生的事故进行风险评估和预测，并采取相应的措施进行事故预防，如安装安全防护设备、排除安全隐患等。

二、人员防护

1. 佩戴个人防护用品

铸造工人在生产过程中必须佩戴适当的个人防护用品，如安全帽、防护眼镜、耳塞、防尘口罩等，确保个人安全。

2. 岗位轮换和劳逸结合

应合理安排工人的工作时间和工作强度，避免长时间连续作业，定期进行岗位轮换，劳逸结合，减少对个人身体健康的损害。

3. 加强体检

铸造工人应定期进行身体健康检查，及时发现和预防职业病，提高身体素质。

三、设备安全

1. 检修维护

对铸造设备进行定期检修维护，确保设备的正常运行和安全性。

2. 设备保护措施

安装各种安全保护装置，如断电器、防护罩等，防止人员误操作或意外伤害。

3. 对设备操作者进行培训

对操作设备的工人进行培训，掌握设备的正确使用方法和安全操作规程，提高操作技能和安全意识。

四、物料安全

1. 正确使用物料

使用符合要求的原材料，并按照正确的工艺流程进行铸造，杜绝使用过期、不合格的物料。

2. 防止物料泄漏与火灾

做好物料的储存和运输管理，防止泄漏事故和火灾事故的发生，确保铸造生产的安全。

3. 废料处理

设立合理的废料处理制度，合理处理废料，并进行分类收集和处置，确保环保要求达标。

通过安全管理、人员防护、设备安全、做好物料的储存和运输管理等一系列措施，能够有效防止泄漏事故和火灾事故的发生，确保铸造生产的安全。

4.4.2　轧钢厂的安全技术

一、轧钢安全生产的主要特点

轧钢是将炼钢厂生产的钢锭或连铸钢坯轧制成钢材的生产过程。用轧制方法生产的钢材，根据其断面形状，可大致分为型材、线材、板带、钢管、特殊钢材等类。

　　轧钢的方法，按轧制温度的不同可分为热轧与冷轧；按轧制时轧件与轧辊的相对运动关系可分为纵轧和横轧；按轧制产品的成型特点可分为一般轧制和特殊轧制。旋压轧制、弯曲成型等都属于特殊轧制。轧制同其他加工一样，是使金属产生塑性变形。不同的是，轧钢工作是在旋转的轧辊间进行的。轧钢机包含两大类：轧机主要设备和轧机主列，辅机和辅助设备。凡用以使金属在旋转的轧辊中变形的设备，通常称为主要设备。主机设备排列成的作业线称为轧钢机主机列。主机列由主电机、轧机和传动机械三部分组成。

　　轧机按用途分为：初轧机和开坯机，型钢轧机(大、中、小型材和线材)，板带轧机，钢管轧机及其他特殊用途的轧机。轧机的开坯机和型钢轧机是以轧辊的直径标称的，板带轧机是以轧辊辊身长度标称的，钢管轧机是以能轧制的钢管的最大外径标称的。

二、轧钢主要安全技术

1. 原料准备的安全技术

　　轧钢厂要设有足够的原料仓库、中间仓库、成品仓库和露天堆放地，安全堆放金属材料。钢坯通常用磁盘吊和单钩吊卸车。挂吊人员在使用磁盘吊时，要检查磁盘是否牢固，以防脱落砸人。使用单钩吊卸车前要检查钢坯在车上的放置状况，钢绳和车上的安全柱是否齐全、牢固，使用是否正常。卸车时要将钢绳穿在钢坯中间位置上，两根钢绳间的跨距应保持1 m以上，使钢坯吊起后两端保持平衡，再上垛堆放。400℃以上的热钢坯不能用钢丝绳卸吊，以免烧断钢绳，造成钢坯掉落发生砸、烫伤事故。钢坯堆垛要放置平稳、整齐，垛与垛之间保持一定的距离，便于工作人员行走，避免吊放钢坯时相互碰撞。垛的高度以不影响吊车正常作业为标准，吊卸钢坯作业线附近的垛高应不影响司机的视线。工作人员不得在钢坯垛间休息或逗留。挂吊人员在上下垛时要仔细观察垛上钢坯是否处于平衡状态，防止在吊车起落时受到震动而滚动或登攀时踏翻，造成压伤或挤伤事故。

　　大型钢材的钢坯用火焰清除表面的缺陷，其优点是清理速度快。火焰清理主要用煤气和氧气的燃烧来进行工作。在工作前要仔细检查火焰枪、煤气和氧气胶管、阀门、接头等有无漏气现象，风阀、煤气阀是否灵活好用，在工作中出现临时故障要立即排除。火焰枪发生回火时，要立即拉下煤气胶管，迅速关闭风阀，以防回火爆炸伤人。火焰枪操作程序要按操作规程进行。

　　中厚板的原料堆放和管理很重要。堆放时，垛要平整、牢固，垛高不能超过4.5 m，注意火焰枪、切割器的规范操作和安全使用。

　　冷轧原料的准备：冷轧原料钢卷均在2 t以上，吊运安全是重点问题，吊具要经常检查，发现磨损应及时更换。

2. 加热与加热炉的安全技术

　　工业炉用的燃料分为固体、液体和气体。燃料与燃烧的种类不同，其安全要求也不同。气体燃料有运输方便、点火容易、易达到完全燃烧的优点，但某些气体燃料有毒，具有爆炸危险，使用时要严格遵守安全操作规程。使用液体燃料时，应注意燃油的预热温度不宜过高，点火时进入喷嘴的重油量不得多于空气量。为防止油管破裂、爆炸，要定期检验油罐和管路的腐蚀情况，储油罐和油管回路附近禁止烟火，应配有灭火装置。

工业炉发生事故，大部分是由于维护、检查不彻底和操作失误造成的。首先要检查各系统是否完好，加强维护保养工作，及时发现隐患部位，迅速整改，防止事故发生。

均热炉、加热炉、热处理炉的安全注意事项包括：各种传动装置应设有安全电源，氢气、氮气、煤气、空气和排水系统的管网、阀门、各种计量仪表系统，以及各种取样分析仪器和防火、防爆、防毒器材，必须确保齐全、完好。

3. 冷轧生产安全技术

冷轧生产的特点是加工温度低，产品表面无氧化铁皮等缺陷，光洁度高，轧制速度快。酸洗主要是为了清除表面氧化铁皮。酸洗生产时应注意：① 保持防护装置完好，以防机械伤人；② 注意穿戴要求，以防酸液溅人灼伤。

冷轧速度快，清洗轧辊时应注意站位。磨辊时须停车，处理事故时须停车，并切断总电源，将手柄恢复零位。采用 X 射线测厚时，要有可靠的防射线装置。

热处理是保证冷轧钢板性能的主要工序，存在的事故危险有：火灾、中毒、倒炉和掉卷。其防护措施有：① 在煤气区操作时必须严格遵守《煤气安全操作规程》，保持通风设备良好；② 吊具磨损时要及时更换，以防吊具伤人。

4. 轧钢生产事故预防措施及技术

检修前组织检修人员和安全管理人员做好安全准备工作，并在检修过程中加强安全监护。重视不安全因素，除个人安全防范措施外，检修现场要设置围栏、安全网、屏障和安全标志牌。高空作业必须戴安全带。

4.4.3　新型铝镁合金材料的安全生产要求

镁的粉尘、碎屑、轻薄料等也存在一定的燃烧、爆炸危害性。一般认为：当空气中镁粉尘浓度达到 20 mg/L 时就可能引起爆炸；直接对镁粉尘加热到 340～560℃也可能引起镁粉尘的燃烧。

镁合金生产在压铸行业中发生的燃烧、爆炸事故也往往是由镁的粉尘、碎屑、轻薄料等引起的。由于镁的粉尘、碎屑、轻薄料导热好，热积聚快，彼此间又不能充分散热，并且它们的表面积大，与氧接触充分(有利于镁与氧发生反应)，一旦镁粉尘遇上火星、火花、火焰就会导致迅猛的燃烧和爆炸。因此能否保证镁合金的生产安全，其关键在于对镁的粉尘、碎屑、轻薄料等能否进行有效的管理和控制。

一、对管理工作的要求

(1) 要正确树立安全责任为天、生命至高无上的"安全第一"观念，增强安全是企业效益的保障的意识。

(2) 建立相应的组织机构(公司、部门、班组)，本着谁主管、谁负责的原则，落实安全生产责任制。

(3) 企业的安全生产和管理最终表现为不折不扣地贯彻执行《中华人民共和国安全生产法》，并结合企业自身安全生产特点，制定各种安全生产的制度和操作规范，并严格执行。

二、对安全生产条件的要求

(1) 生产场地要求空间高，自然通风好，场地宽敞，有充足的避险逃生通道。

(2) 建筑设施必须是预制混凝土或砖混结构的，门窗和室内设备应具有阻燃和防火功能。

(3) 建筑设施应该分为若干个相互独立、保持有相对安全距离的区域，便于与各个作业区相互配套。

(4) 生产现场及四周不允许存放易燃易爆物品，并应设置明显的安全警示标志，安装遇险报警装置。

(5) 作业区和管理区配置的消防器材必须采用镁合金专用的"D级灭火器"，配置的其他消防器材只能是干砂、石棉布、覆盖剂等，其他消防器材不得用于镁合金火灾救灾。

(6) 消防器材的配置地点应该标志明显，取用方便，并实行专人维护和保养，不得挪作他用。

(7) 作业区必须实行严格的禁火、禁水管制，并防止产生火星、火花。

(8) 电源线路、电气设备的安装必须符合国家安全规范的规定，并安装有合适的过电流断电装置。

(9) 电线排列和接头必须符合规范要求，不得乱接乱搭，并有防雷、防静电等措施。吸尘设备、排风扇、照明灯具等必须是防爆的。

三、对操作人员的要求

(1) 操作人员的个人防护是从事镁合金压铸的基本条件。镁合金压铸人员的基本保护用品有工作服、安全帽、防护面罩、隔热石棉手套、防火衣裤(耐热 700℃以上)和安全鞋等。操作人员上岗前必须进行相应的安全培训，并经考试合格方能上岗。

(2) 操作人员在进行作业以前，必须按规定正确穿戴劳动保护用品(穿劳保鞋，戴棉质口罩、平滑手套、平滑帽子，穿无口袋、无袖口的工作服)，未穿戴防护用品的人员不能靠近作业区域，不能进行操作。

(3) 操作人员不准带病上岗和酒后上岗，作业区内禁止吸烟，不得将火种、水及其他违禁物品带入。

(4) 生产现场必须保持清洁卫生，不得留下油污水渍，对镁屑、镁渣、飞边、轻薄料必须 2 h 清理一次，并装入专用中转容器内运走和进行无害化处理。

(5) 操作人员在镁合金熔炼炉前加料、打渣时，必须穿好工作服，戴上头盔，防止汗液滴入镁液中，引起爆炸和飞溅，导致灼伤皮肤。

四、人身与设备安全操作规范

镁合金熔炼铸造过程中的安全涉及个人防护、熔炼安全和铸造安全。镁合金的熔炼是生产中的重要环节，也是镁合金生产安全的关键环节。一般应该注意以下几点：

(1) 炉体最好为双层结构设计，当内层坩埚破裂时，镁液可流到内外层之间的夹层中，同时报警并停止加热，使熔化的镁溶液不致流到外面造成危险。

(2) 要经常检查炉子有无锈蚀，如有锈蚀应及时清理；坩埚使用前必须经过煤油渗透及 X 射线检验，证明没有缺陷才能使用。

(3) 坩埚每半年至少要吊出炉外全面检查一次，当壁厚为原来一半时，应停止使用。小的孔洞及锈蚀可以清理后补焊使用，不过必须要经过检查。

(4) 镁压铸时熔炉镁液面随加料周期少量升降，液面与坩埚壁面的交界上方受到高温镁液和 SF_6 保护气体的轮番浸蚀腐蚀，易于发生腐蚀斑坑，应注意定期检查并及时清理补偿；操作中还要注意控制好 SF_6 的浓度，浓度过高会使坩埚迅速腐蚀。

(5) 镁锭在投入熔炉前，一定要预热到 150℃ 以上。熔炉旁要备一有盖的装渣箱，从熔炉里面舀出来的炉渣要放到容器内，并马上盖上密封。

(6) 熔化现场一般要始终保持有一瓶混合保护气，以备突然停电或发生其他突发事件时急用。

五、镁合金压铸生产过程的要求

(1) 镁合金压铸生产过程中，最重要的是保持现场的干燥、干净。

(2) 每次开机前应该将模具预热到 150℃ 以上，不要喷涂过多的涂料，以免型腔内积水引起危险。另外冲头和模具的冷却尽量不要用水冷。冲头的冷却可用风冷，模具的加热及冷却一般用耐高温油。

(3) 镁合金压铸冲头速度也比铝合金压铸的高，为避免飞料伤人，有时在模具上分型面部位加装飞料挡板。压铸时前后安全门一定要关闭，操作者严禁站在分型面上。

(4) 生产现场的废料必须及时清理，应装在干燥的不燃容器内。飞料(即粉尘)也要及时清理。从各国镁压铸工厂以往所发生的起火事故来看，有 50% 以上是由镁粉尘、废料的清理和存放不当造成的，一部分发生在加工环节，而在熔炼环节发生的事故约占 10%。

(5) 镁合金压铸车间除和普通压铸车间一样要求通风良好外，还对防火，防水有更严格的要求。车间建筑要使用不可燃材料，地板材料也要不吸水、热。屋顶通风机不要设置在熔化炉的上方附近，以防漏雨。

(6) 压铸现场必须清洁，不允许有任何积水、油污存在，并要有良好的通风、排气条件。

(7) 镁合金锭要存放在阴凉、干燥、通风的库房中，熔炼现场不宜存放过多的镁合金锭。

(8) 镁合金的水口料、废料应放在不燃的容器内单独存放。

(9) 压铸机主机及熔炉的电力、燃料、冷却水、气体等供给应有远端控制，以备意外发生时可以关掉。

(10) 如果打磨区设置在车间内，一般要配置湿式除尘器。车间应划出紧急通道并保持畅通。

(11) 压铸车间应配置灭火器材，用于镁合金的灭火剂有干砂、覆盖剂、D 级灭火器等。这些灭火器材应放置在醒目的地方，便于现场紧急使用。干砂及覆盖剂要存放在容器内防止潮湿，并要经常检查。

(12) 镁合金在燃烧时有耀眼的白光以及烟尘产生，看似可怕，其实镁合金的燃烧热只有汽油的一半。如果现场有少量的镁燃烧，可迅速铲起，放入集渣箱内并盖上，或者转移至空旷地带。如果镁液流散或无法铲起，则应迅速撒干沙或用覆盖剂覆盖，要均匀地撒在燃烧的镁上。当发现镁合金炉内有白烟时，可加大保护气体 SF_6 的流量，清理液面的氧化渣；如果仍不能制止，可投入几锭预热过的镁锭，以迅速降低镁液温度。当发现镁液面燃烧时，要迅速关闭加热系统，同时加大保护气体 SF_6 的流量，并在镁液面撒入覆盖剂。D级灭火器非必要时尽量不用，因为其价格昂贵且加压的气体容易把火吹散。炉外的镁合金灭火大多采用干砂覆盖扑灭的方法。

(13) 镁压铸时熔炉坩埚的腐蚀锈蚀是难以完全避免的，当发生坩埚破裂泄漏时处理方法如下：首先要迅速切断电源，然后穿戴防护用具，由泄液口的流量判断泄漏程度，做出不同的处理。如果泄液口没有镁液流出，可立即将覆盖剂大量丢入炉中及盛液皿中，然后用干燥的勺子从炉中舀出一些镁液，接着放入几锭预热过的镁锭，使坩埚内的镁液尽快凝固；如果流出的镁液不多，则立即将覆盖剂大量丢入炉中及盛液皿中，在盛液皿尚未满之前，尽快用勺子将炉内的镁液舀出一部分，然后连续丢入镁锭，同时盛液皿中也要放入大量覆盖剂。接着离开现场，从远处观察动静。不过这样的事故很少发生，关键是平时要按规定做好熔炉的定期检查及维护，防患于未然。

镁合金压铸比锌、铝合金潜在的危险大些，但只要按照正确的操作规程作业，安全问题就不是影响镁合金压铸发展的关键。镁合金压铸生产中的安全要点是保持现场的干燥、干净，严格按照正确的操作规范作业并妥善处理压铸及后加工产生的粉尘、切屑、废料等。现场作业人员应有良好的安全作业素质，并切记镁合金起火时不可用水及普通灭火器来扑灭。

六、镁合金压铸对设备的要求

由于镁合金的性质活泼，易燃易爆，镁合金压铸对设备的要求也较高，劣质的设备存在着潜在的危险。压铸作业需将熔化的镁液以 $70\sim100$ m/s 的速度(交口处)射入模腔成型。由于熔化的镁液易燃易爆，遇氧气剧烈燃烧，遇水爆炸，遇铁锈、有水分的混凝土、含硅的耐火材料等均会剧烈反应，且一旦发生火灾时难以扑灭，因此，镁合金压铸成套装备的性能、可靠性、安全性要求极高。劣质的设备极易造成灾害事故。国内外发生的一些重大安全事故，大都是因设备问题造成的。

一般情况下，镁液初始的小面积起火尚能采取一些措施补救，一旦大火蔓延、爆炸，则无法控制和补救，将会造成巨大的人员伤亡和财产损失。为了保证安全生产和长期生产使用及恶劣使用条件下的可靠性，对镁合金压铸设备的质量要求极高。一些不具备强大综合能力的厂家所生产的劣质设备，曾造成重大的灾害事故。

(1) 劣质坩埚在 650℃ 以上(外层在 700℃ 以上)高温条件下长期生产，外层易迅速氧化，内层因镁液的腐蚀和 SF_6 保护气体的腐蚀也会迅速侵蚀深入，穿孔后熔化的镁液流出起火爆炸将造成重大灾害事故。用传统方法的覆盖剂保护更会加剧腐蚀进程。而优质设备的坩埚采用特殊研制的复合材料制成，内层耐腐蚀，外层耐热、耐高温氧化，可避免严重的穿孔事故。

(2) 优质压铸设备的保护气体控制精确、稳定，气体成分、流量的稳定均有足够保障，并具备在突发停电、突发事故等情况下的特殊自动保护装置，安全性极高。而劣质设备的气体成分、流量控制不准确，极易因浓度、流量过低造成熔炉起火或因浓度、流量过高造成熔炉迅速腐蚀、镁液泄漏起火爆炸，并缺少特殊情况下的可靠自动保护措施。

(3) 优质设备采用特殊研制的耐火材料，不与镁液反应；而劣质设备往往采用普通耐火材料，当发生镁液泄漏时，就会发生剧烈反应导致起火爆炸。

(4) 优质设备采用特殊研制的热轧钢材，能耐高温镁合金的腐蚀，并能在 650～700℃高温下保持良好的高温性能，如硬度、抗拉强度、屈服强度、韧性、抗蠕变性能和回火稳定性等。而劣质设备采用普通热轧钢材，不能耐高温镁合金液的腐蚀，并难以保持良好的高温性能，其变形、破裂或泄漏后，在高压(4～80 MPa)、高速(70～100 m/s)条件下易造成高温镁合金液飞溅伤人或爆炸起火事故。

(5) 优质设备对压射系统的控制精确、可靠，而劣质设备设计不成熟，采用的元件、材料质量低，不可靠，极易发生安全及压铸产品质量事故。优质设备采用优质液压元件，工作可靠且不漏油。而劣质设备采用劣质液压元件，工作不可靠且漏油，泄漏的油污与脱模剂喷洒的水分混合形成油水积聚在机器周边，一旦与高温镁液接触极易发生爆炸。在设备的综合性能、质量方面，两者更是有着显著的差异。材质不良、保护气体成分不稳定均会影响合金的成分和性能，造成压铸件的内在质量下降，耐蚀性达不到要求等。压射系统的性能不稳定也会造成铸件内部组织疏松、压铸产品力学性能不稳定及其他各种压铸缺陷。

七、镁合金熔炼过程中的安全与保护

镁合金熔炼时的常规保护措施比其他熔融金属的要求更加严格，要求生产人员必须使用面罩和防水衣。对镁而言，水汽不论其来源如何，都会增大熔体发生爆炸和着火的危险。尤其是当水汽与镁熔体接触时，会产生潜在的爆炸源，因此必须采取以下最基本的防护措施：

(1) 所有镁碎屑必须保持干净并干燥，腐蚀产物应该预先清理干净。

(2) 所有溶剂都必须密封保存，并保持干燥，含水量应小于 3%。

(3) 避免镁熔体与铁锈接触。

(4) 工作场地应经常保持干燥、整洁、通风良好和道路畅通。

(5) 熔炼场地应常备下列灭火剂：滑石粉、RJ-1 和 RJ-3 溶剂、干石墨粉、氧化镁粉等。镁合金燃烧时，严禁用水、二氧化碳或泡沫灭火剂灭火，这些物质会催化镁的燃烧并引起爆炸。严禁用沙子灭火，因为火势相当大时，SiO_2 与 Mg 反应，会放出大量的热并促使镁剧烈燃烧。

(6) 坩埚使用前必须严格检查以防穿孔，其底部应备有安全装置以防渗漏。

(7) 炉料和锭模必须预热，熔炼和浇铸工具使用前应在洗涤溶剂中洗涤并预热后方可使用。

(8) 炉料不得超过坩埚实际容量的 90%。

(9) 由于使用钢生成的铁锈积存在炉底，若泄漏，镁熔液与铁锈接触会发生剧烈的放热反应。为了将反应控制到最小限度，必须定期清除炉底铁锈和定期检查坩埚泄漏情况并及时处理。通常，坩埚的维护应注意：

① 坩埚的检查。用水冲洗坩埚，去除挂着的铁锈，目检龟裂孔、坑等，这些缺陷处通常是漏液的地方，使用中应常检查。作为定期检查项目，需测定坩埚厚度，用卡钳、超声波测厚仪进行全面的测定。如果有比规定厚度薄的地方，整个坩埚就要报废。

② 熔液使用时漏出的情况。熔液从坩埚漏出时会产生剧烈的白烟，若溶剂大量漏出，接近火焰是很危险的。因此一旦发现白烟，应立刻将坩埚吊出炉外，放到安全地方或放入有溶剂的事故箱里，使熔液凝固不再漏出。在有火焰的情况下，因有爆炸危险，应立刻停止供给燃料，并采用铁板围挡等紧急措施，操作人员应迅速撤离。

八、压铸工序的安全要求

(1) 打开镁合金熔炉前应检查各项电器、仪表是否工作正常，气管是否连接完好，防止 N_2 和 SF_6 的泄漏。

(2) 加料前应检查各开口是否密闭，料嘴、料筒等是否配合恰当。加料后要迅速盖上加料口，防止空气过多进入熔炉而引起氧化燃烧。

(3) 熔化镁合金必须有气体保护，不得将有杂质的镁锭、镁粉、镁渣等加入。进入熔炉前的镁和清渣工具必须干燥、无油，至少预热到150℃。

九、镁合金热处理安全技术

不正确的热处理操作不但会损坏镁合金铸件，而且可能引起火灾，因此必须十分重视热处理时的安全技术。

(1) 加热前要准确地校正仪表，检查电气设备。

(2) 装炉前必须把镁合金工件表面的毛刺、碎屑、油污或其他污染物及水汽等清理干净，并保证镁合金工件和炉腔内部的干净、干燥。

(3) 镁合金工件不宜带有尖锐棱角，而且绝对禁止在硝盐浴中加热，以免发生爆炸。

(4) 生产车间必须配备防火器具。炉腔内只允许装入同种合金的铸件，并且必须严格遵守该种合金的热处理工艺规范。

(5) 由于设备故障、控制仪表失灵或操作错误导致炉内工件燃烧时，应当立即切断电源，关闭风扇并停止保护气体的供应。如果热处理炉的热量输入没有增加，但炉温迅速上升，从炉中冒出白烟，则说明炉内的镁合金工件已发生剧烈燃烧。

(6) 绝对禁止用水灭火。镁合金发生燃烧后应该立刻切断所有电、燃料和保护气体的输送，使小火焰因密封的炉腔内缺氧而熄灭；如果火焰继续燃烧，那么根据火焰特点可以采取以下几种灭火方法。

① 如果火势不大，而且燃烧的工件容易安全地从炉中移出，则应该将工件移到钢制容器中，并且覆盖上专用的镁合金灭火剂。如果燃烧的工件既不容易接近又不能安全转移，则可用泵把灭火剂喷洒到炉中，覆盖在燃烧的工件上面。

② 如果以上几种方法都不能安全地灭火，则可以使用瓶装的 BF_3 或 BCl_3 气体灭火。通过炉门或利用炉壁中的聚四氟乙烯管将高压的 BF_3 气体从气瓶通入炉内，最低含量为0.04%(体积分数)，持续通入 BF_3，直到火被扑灭并且炉温降至370℃以下再打开炉门。BCl_3 气体也通过炉门或炉壁中的管道导入炉内，含量约为 0.4%(体积分数)。为了保证足够的气体供应，最好给气瓶加热。BCl_3 可与燃烧的镁反应生成浓雾，包围在工件周围，达到灭火的目的。持续通入 BCl_3，直到火被扑灭而且炉温降至 370℃以下为止。在完全密封的炉子内，可以使用炉内风扇，使得 BF_3 或 BCl_3 气体在工件周围充分循环。BCl_3 是首选的镁合

金灭火剂，但是 BCl_3 蒸气具有刺激性，像盐酸烟雾一样，对人体健康有害。BF_3 在较低浓度下就能发挥作用，同时不需要给气瓶加热就能保证 BF_3 气体的充分供应，而且其反应产物的危害性比 BCl_3 的小。如果镁合金已燃烧了较长的时间，并且炉底上已有很多液态金属，则上述两种气体也不能完全扑灭火焰，但仍有抑制和减慢燃烧的作用，可与其他灭火剂配合使用，以达到灭火的目的。可供选择的灭火剂还有：干燥的铸铁屑、石墨粉、重碳氢化合物和熔炼镁合金用溶剂(有时)等。这些物质可以隔绝氧气，从而闷熄火焰，扑灭火灾。扑灭镁合金火灾时，除了要配备常规的人身安全保护设施外，还应该佩戴有色眼镜，以免镁合金燃烧时发出的剧烈白光伤害眼睛。

镁合金在进行热处理时应特别注意以下几点：

(1) 温度控制要严格。

(2) 处理温度在 350℃ 以上时，必须用 1% 以上的 SO_2 气体保护。

(3) 制品表面不可附着铝或锌。因这些污染物会使局部发生熔化，成为着火的原因。

(4) 若着火时，可加助溶剂，尽可能将镁合金移出炉外并放到安全场所。在无法移开的危急情况下，通入 0.04% 的 BF_3 气体可灭火。

十、镁合金材料在机械加工时的危险及对策

镁呈细微粉状，在熔点以下是不会燃烧的，但切屑粉或粉尘经局部受热而着火的危险性很大。切屑着火是由于刀具与材料的摩擦热过大，使得细粉尘的温度达到着火点以上引起的。对镁合金进行机械加工时，必须考虑切屑着火的问题。切屑被加热到接近熔点以后会燃烧。粗加工或中等精加工所产生的切屑大，机加工时不易引燃；然而火花可以引燃精加工产生的切屑，因此在进行镁合金机械加工时，要注意以下因素：

(1) 保持刀具锋利，前、后角大小合适，避免使用钝、卷边或有缺口的刀具。

(2) 采用大进给量的强力切削以形成厚切屑，避免小进刀量。

(3) 当进刀量小时，采用矿物油冷却以减少热量产生。

(4) 切削结束时应立刻退刀，否则工件继续转动会形成细小的切屑并容易着火。

(5) 尽量不使用切削液，特别是不使用水溶性切削液。

(6) 在产生细切屑的高速切削场合，可吹压缩空气或二氧化碳气。

(7) 加工机械附近的机床应保持干燥。

(8) 经常打扫切屑，并将其储存在带盖的钢桶中。

(9) 机械加工前应清除铸件黏附的砂或其他硬物。

(10) 避免因刀具撞击钢铁镶嵌件而引起火花。

(11) 烟、火不允许靠近加工区。

(12) 不允许在机床或工作服上积累切屑，灰尘和切屑应经常清除，切屑应保存在贴有标签的有盖阻燃容器中。

(13) 在操作者能达到的地方，保证有充足的灭火设施。

镁屑被引燃后，除非受到拨动，否则燃烧不起火苗。一旦镁屑发生燃烧，严禁用水、泡沫、二氧化碳扑救；应当避免粉尘飞扬，用石棉布轻轻覆盖，并用铝锹把镁砂压在石棉布上，使镁屑隔绝空气，达到扑灭火焰的目的。

十一、镁合金材料在研磨时的危险及对策

粉状物质同空气混合，其爆炸的可能性较大，镁也同样。为了防止爆炸，操作时应注意以下几点：

(1) 在干燥的状态下进行操作，必须用研磨液时，应使用不含酸的油使粉末立刻消除。

(2) 铬酸盐处理的表面不要研磨；化学处理的表面膜应去除。

(3) 在研磨镁的研磨机上，不要研磨铁制品等易发生火花的材料，应采用专用研磨机。

(4) 工作场地要保持清洁、干燥、通风。粉尘应集中装在除钢以外的材料或镀锌钢板制成的容器内，至少一周倒一次；粉尘可和至少 5 倍的沙子混合埋入地下，也可烧掉，或放入氯化铁水溶液中生成稳定的氯化镁之后埋掉。

(5) 加工机床要平稳。

(6) 操作场地严禁烟火。

(7) 要使用特殊的湿式集尘机。

十二、镁合金打磨、抛光、烤漆等工序的安全要求

(1) 应注意消除撞击火花、静电荷引起的火花和电源接头处产生的火花；生产现场不得穿有铁鞋钉的皮鞋，不得使用铁制工具(可以使用木质、铜制工具)和进行击打；严禁将火源、火种及水带入；吸尘、排风、照明设备必须是防爆的。

(2) 在作业岗位上，必须按规定正确穿戴劳动保护用品(戴棉质口罩、平滑手套、平滑帽子、穿无口袋、无袖扣的工作服)，并做到勤更换。

(3) 设置的湿式除尘器应安装在户外，让镁尘粉浸泡在水容器中(溶液中含 3%的 NaCl 和 5%的 $FeCl_3$)，并留有排气孔，以利于氢气的逸出。

(4) 油漆和稀释剂是含苯有毒的易燃品，应避免过多的皮肤接触和吸入，并注意防火。应勤打扫场地，2 小时清洁一次，保持环境清洁卫生，防止镁粉、镁屑积聚。

(5) 烤漆工序必须做到无尘化施工，涂层宜使用耐高温、耐腐蚀的氟碳树脂漆类。

十三、物资的安全存储管理要求

(1) 镁产品和镁材料仓库适宜小型化、分割化、分散化，镁锭堆垛高度不能超过 5.5 m，防止因过量存储引起镁合金火灾而造成重大损失。

(2) 镁的废料应实行专库存储，堆垛高度一般不超过 1.4 m，并适宜存储于加盖阻燃的容器内。

(3) 氧化剂、还原剂及易燃物质不能与镁产品、镁材料混存混放，并留足通道(通道宽度大于堆垛高度的 50%)。

(4) 严禁将火源、火种及水带入仓库，防止镁产品、镁材料被雨淋、水浸、受潮，并保持通风散热。

十四、消防安全措施

镁合金安全生产的中心任务是：防止镁尘、镁粉、镁屑及镁的轻薄材料发生燃烧和爆

炸。消防安全及相关内容如下。

(1) 消防安全措施的内容。

① 安全第一，排除安全隐患；防消结合，有效地扑灭初期火灾。

② 三懂四会：懂得如何报警，懂得镁及镁合金的消防知识以及镁合金燃烧、爆炸的危害性，懂得如何查找安全隐患；会设置和维护消防器材，会报警，会正确使用消防器材，会扑灭初期火灾。

(2) 火灾防护的"三用""三防"和"四危害"：① "三用"，即会用"D 灭"(D 级灭火器)、干沙、覆盖剂等；② "三防"，即防火、防水、防高温；③ "四危害"，即强光、高热、迅猛燃烧、遇水爆炸等。

(3) 火灾防护八项措施：① 尽早使用 D 级灭火器、干沙、覆盖剂等来扑灭初期火灾；② 报警；③ 断电；④ 降温；⑤ 禁水；⑥ 隔绝空气；⑦ 遇险逃生；⑧ 防止火源扩大。

安全管理的相关内容如下。

(1) 管理的模式。安全生产管理的职能结构为安全生产委员会，并实行公司、部门、班组三级管理模式。

(2) 安全管理的核心内容是安全生产委员会遵循"谁主管，谁负责"的原则。

(3) 安全生产检查制度。安全生产委员会每月月末实施安全生产检查考核。日常管理实行安全监察员巡查制度，并代表安全生产委员会深入基层巡视实施"一日四查"工作：查安全生产制度和安全生产作业规范的制定与落实；查有无违章操作的现象；查是否存在不安全的隐患；查不安全的隐患及是否得到及时、有效的整改，从而确保安全方针的贯彻实施。镁合金安全生产的中心任务是：防止镁尘、镁粉、镁屑及镁的轻薄材料发生燃烧和爆炸。

4.5　材料行业典型事故案例

材料科学与工程的发展推动着人类文明的进步，但历史上因材料失效、工艺缺陷或管理疏漏引发的重大事故，也为我们敲响了安全的警钟。本篇章选取材料行业典型事故案例，从多元维度分析事故背后的技术根源与管理教训。

材料行业典型事故案例

4.6　国内外杰出科学家简介

1. 顾真安与绿色建材

顾真安是无机非金属材料专家，中国工程院院士，中国建筑材料科学研究总院院长技术顾问、石英玻璃重点实验室首席专家，博士生导师，教授级高级工程师。

顾真安研究稀土族元素在石英玻璃和光导纤维中的光谱和非线性光学特性，获得多种元素的 D-F 电子宽带跃迁具有紫外强吸收和可见荧光转换特性，以及上转换荧光、倍频和光放大性质；研究了化学气相掺杂沉积、溶液掺杂和氢氧焰熔制-电熔成型两步法工艺技术，解决了难熔玻璃制备技术难题；研制成功超低膨胀石英玻璃和稀土石英光纤等一批新材料；参与中国矿产资源战略咨询研究，负责"建材非金属矿产资源战略研究"，以及"中国绿色建材发展战略研究"等课题。

2. 刘铁民与应急体系和应急预案的建设

刘铁民曾任中国安全生产科学研究院院长，研究员，博士生导师。

他长期从事安全生产科技工作，负责完成了安全科技领域国家七五、八五、九五和十五科技攻关以及多项国际合作项目；参与国家组织的安全科技发展战略和重大项目规划制定；是国务院应急专家组成员和国家安全生产专家组成员；承担国家"十五"科技攻关和国家自然科学基金资助等重大项目。

他获省部级以上科技成果奖 13 项，编著了《应急体系建设和应急预案编制》等 11 部学术专著。组织完成了南水北调和长江三峡水电工程等国家重点工程项目的安全咨询、评估或认证工作，主持编制和执笔起草了大量重大工程技术报告，在国内外发表学术论文 100 多篇。2006 年 3 月 27 日，中共中央政治局进行第三十次集体学习中，刘铁民同志是《国外安全生产的制度措施和加强我国安全生产的制度建设》的主讲人之一，在国务院、总参等举办的学习会上也做了相关讲座。

3. 颜渊巍与高铁列车火安全性

颜渊巍，现任中车时代新材研究院有机硅材料研究室主任，致力于火安全高分子材料技术攻关及产业孵化，主持国家重点研发计划课题等国家、省部级项目 8 项，发表国家发明专利 30 余项，授权 12 项，相关成果获湖南省科技进步一等奖、中车科技进步奖等奖励。

颜渊巍研究的火安全高分子材料虽然在阻燃上不如金属，但其整体火安全性要大大优于金属，例如他正在研究的耐高温有机硅泡沫，能够在 1300℃的火焰下保持 30 分钟以上不被烧穿；他研究的连续纤维增强酚醛材料能够大幅提升轨道车辆地板等结构部件的耐火时间并隔绝热量传递。

思 考 题

1. 简述建材行业安全生产的难题。
2. 简述冶金行业中，炼铁与炼钢生产安全技术特点。
3. 简述铸造行业中，浇铸工种在操作过程中需要注意的安全事项。
4. 简述轧钢厂的生产安全技术主要内容。

第三篇 环境保护

第 5 章　大气污染及其防治技术

5.1　大气污染及危害

大气是地球自然环境的核心组成部分，是各类生物得以生存繁衍的必备物质。从地理角度来讲，由于地心引力作用而随地球旋转的大气层称为大气圈，其厚度达 10 000 km；从污染气象学研究的角度来讲，大气圈是指从地球表面到 1000～1400 km 高度的范围。大气圈的总质量大约为 6×10^{15} t，约为地球质量的百万分之一。

大气的密度、温度和组成随高度的不同而不同，呈现层状结构。根据气温在垂直方向的变化情况，将大气圈分为对流层、平流层、中间层、暖层和散逸层五层。大气是多种成分的混合物，其中氮、氧、氩及微量氖、氦、氪、氙、氢等稀有气体的含量在地球表面几乎是不变的，为恒定组分，氮、氧两种气体所占的比例达到 99.83%。大气中的二氧化碳和水蒸气由于受到地区、季节、气象以及人们生活、生产活动的影响而发生变化，为可变组分。通常，二氧化碳的含量为 0.02%～0.04%，水蒸气的含量小于 4%。此外，火山爆发、森林火灾等自然灾害和人为因素也会造成大气某种成分(不定组分)的增加或减少。

大气污染是指由于人类活动而排放到空气中的有害气体和颗粒物质，累积到超过大气自净化过程(稀释、转化、洗净、沉降等作用)所能降低的程度，在一定的持续时间内有害于生物及非生物的现象。国际标准组织(ISO)将大气污染定义为：由于人类活动或自然过程，某种物质进入大气中，随着时间的推移而达到足够的浓度，从而形成了危害人体舒适、健康和福利或环境污染的现象。

大气污染的来源主要有两方面。一方面是自然界的自然现象引起的，此类污染一般依靠大气自净作用，最终可形成平衡；另一方面是由于人类的生产、生活活动引起的，此类污染的特点是集中、持续、排放量大，常超过了环境的自净作用，有时甚至是不可逆转的。大气污染按影响范围分为局域性污染、地区性污染、广域性污染和全球性污染；按污染物特征分为煤烟型污染、石油型污染、混合型污染和特殊性污染；按放射性特性分为放射性污染和物理化学污染。

大气污染物按其存在状态一般分为气态污染物和颗粒物。颗粒物与气体行为类似，所以又称为气溶胶。大气污染物粗略估计有百余种，在我国《大气污染物综合排放标准》中列入的有 33 项：二氧化硫、氮氧化物、颗粒物、氯化氢、铬酸雾、硫酸雾、氟化物、氯气、铅及其化合物、汞及其化合物、镉及其化合物、铍及其化合物、镍及其化合物、锡及其化合物、苯、甲苯、二甲苯、酚类、甲醛、乙醛、丙烯腈、丙烯醛、氰化氢、甲醇、苯胺类、氯苯类、硝基苯类、氯乙烯、苯并[a]芘、光气、沥青烟、石棉尘、非甲烷总烃等。气态污染物又可分为一次污染物和二次污染物。若大气污染物是从污染源直接排放的原始物质，则称为一次污染物。若是由一次污染物与大气中原有成分或几种一次污染物之间经过一系列化学或光化学反应而生成的与一次污染物性质不同的新污染物，称为二次污染物。在大气污染中，受到普遍重视的二次污染物主要有硫酸烟雾和光化学烟雾等。硫酸烟雾是由大气中的二氧化硫等硫化物，在有水雾、含有重金属的飘尘或氮氧化物存在时，发生一系列化学或光化学反应而生成的硫酸雾或硫酸盐气溶胶。光化学烟雾是由大气中氮氧化物、碳氢化合物与氧化剂在阳光照射下发生一系列光化学反应所生成的蓝色烟雾(有时带紫色或黄褐色)，其主要成分有臭氧、过氧乙酰基硝酸酯(PAN)、酮类及醛类。

近几年来，我国的大气污染仍然以煤烟型为主，主要污染物为总悬浮颗粒物和二氧化硫。少数特大城市属煤烟与汽车尾气污染并重类型。

主要的大气污染物类型如下。

1. 硫氧化物

硫氧化物主要是指二氧化硫(SO_2)和三氧化硫(SO_3)。SO_2来自燃料中硫的氧化及使用含硫化合物的工业生产。硫氧化物主要以 SO_2 的形式排放，少量以气态硫酸盐 SO_3 和 H_2SO_4 的形式排放。以 SO_2 形式排放的硫氧化物占 90%以上，其余占 10%。SO_2 参与硫酸烟雾和酸雨的形成，腐蚀性较大，致使许多材料受到破坏，缩短其使用寿命；还会损害植物叶片，影响植物生长，刺激人的呼吸系统，是引起肺气肿和支气管炎发病的病因之一。SO_2 排量的持续增加使全球酸雨发展迅速，在北欧、美国东北部和我国南部雨水酸化变得尤为突出。我国酸性降水中硫酸根与硝酸根的当量浓度比大约为 64：1,这种硫酸型酸雨表明大量 SO_2 排放是降水酸化的主要原因。2023 年，全国酸雨区面积约为 44.3 万平方千米，占陆域面积的 4.6%。酸雨是当今世界所面临的亟待解决的重要环境问题之一。

2. 总悬浮颗粒物

总悬浮颗粒物是指能悬浮在空气中，空气动力学当量直径 $d \leqslant 100 \ \mu m$ 的颗粒物。空气中的颗粒物是由有机物和无机物构成的复杂混合物，包括天然海盐、土壤颗粒以及燃烧生成的烟尘，空气中二次转化生成的硫酸盐、硝酸盐等。颗粒物主要来源于燃料的燃烧和工业过程。颗粒物的主要工业产生源包括冶金和矿物加工、石油和化工等。冶金工业包括钢铁、铜、铅、锌以及铝的生产等。钢铁加工是冶金工业中最重要的排放源，包括炼焦、炼钢和炼铁。硫在加工过程中少量转化为颗粒态的硫酸盐。矿物加工过程中产生的颗粒物主要来自水泥、沥青、石灰、玻璃、石膏、制砖工业等。PM2.5 的浓度即使相对较低也能引起肺功能的改变，导致心血管和呼吸系统疾病(哮喘)增加。原因在于细颗粒物空气动力学直径较小，可以一直进入人体的下呼吸道和肺泡，并直接与血液接触。

3. 氮氧化物

氮氧化物(NO_x)是 NO、NO_2、N_2O、NO_3、N_2O_3、N_2O_4、N_2O_5 等的总称。造成大气污染的 NO_x 主要是指 NO 和 NO_2。NO 是燃烧过程的主要副产物，主要来源于煤、油等燃料

中 N 的氧化，以及燃烧时高温下空气中的 N_2 和 O_2 的反应。其主要反应过程如下：

$$N_2 + \frac{1}{2}O_2 \rightarrow NO+N$$

$$N+O_2 \rightarrow NO+O$$

大气中的 NO 几乎一半以上来自化石燃料的燃烧过程和硝酸及使用硝酸等的生产过程。一般城市大气中 NO_x 有三分之二来自汽车等流动源的排放，三分之一来自固定源的排放。燃烧产生的 NO_x 主要是 NO，只有很少一部分被氧化成 NO_2。

一般空气中的 NO 对人体是无害的，但当它转变为 NO_2 时，就具有腐蚀性和生理刺激作用。NO_2 还能降低远方物体的亮度，并且还是形成光化学烟雾的主要因素之一。具体来说，NO_2 能毁坏棉花、尼龙等织物，使染料褪色、腐蚀镍青铜材料，使植物受到损害，引起急性呼吸道病变。

4．碳氧化物

碳氧化物主要是指 CO 和 CO_2。CO 是低层大气中最重要的污染物之一。CO 的来源有天然源和人为源。理论上，来自天然源的 CO 排放量约为人为源的 25 倍。天然源主要有火山爆发、天然气、森林火灾、森林中放出的萜烯的氧化物、海洋生物的作用、叶绿素的分解、上层大气中甲烷的光催化氧化和 CO_2 的光解等。人为源主要指化石燃料的不完全燃烧，冶金、建材、化工等生产过程，汽车、拖拉机、飞机及船舶等移动源。全世界人为源 CO 排放量约为 3.6×10^8 t，其中移动源的 CO 排放量占 70%。汽车是最大排放源，估计为 1.99×10^8 t，占人为源的 55%。CO 在大气中的滞留时间平均为 2～3 年。

一般城市大气中的 CO 水平对植物及有关微生物均无害，但对人类有害，因为 CO 与血红素的结合能力较 O_2 与血红素的结合能力大 200～300 倍，故将使血液携氧能力降低而引起缺氧，症状有头痛、晕眩等，同时使人心脏过度疲劳，心血管工作困难，终至死亡。

CO_2 是动植物生命循环的基本要素。在自然界它主要来自海洋的释放、动物的呼吸、植物体的燃烧和生物体腐烂分解等。燃料燃烧是最主要的人为污染源。CO_2 在大气中的平均滞留时间为 5～10 年。就整个大气而言，长期以来 CO_2 浓度是保持平衡的，但近几十年，由于人类使用矿物燃料数量激增，自然森林遭到大量破坏，全球 CO_2 浓度平均每年增高 0.2%。产业革命初期，大气中 CO_2 含量为 280 mL/m^3，2022 年青海瓦里关站 CO_2 含量为 419 mL/m^3，增加了 49.6%。CO_2 增加虽然对人的生理没有危害，但其对人类环境的影响，尤其对气候的影响不容低估，最主要的是产生了"温室效应"。大气中的 CO_2 和水蒸气能允许太阳辐射通过而被地球吸收，但是它们却能大量吸收从地面向大气逆辐射的红外线能量，使能量不能向太空散发，从而保持地球表面空气有较高的温度，造成"温室效应"。温室效应将使南北两极的冰山加快融化，海平面上升，气候变迁，许多生物消失，这一切将带来严重的环境问题。20 世纪 70 年代以来，全球气温平均增加了 0.7℃。到 21 世纪中叶，如果不加控制的话，按现在 CO_2 的增长速度，大气中 CO_2 的含量将达到 560 mL/m^3，全球气温将上升 1.5～3℃，后果不堪设想。因此，"温室效应"已成为全球关注的三大环境问题之一。除 CO_2 外，导致"温室效应"的还有 NO、CH_4、氯氟烃等 15～30 种气体，它们对温室效应的贡献率估计为二氧化碳 50%、氯氟烃 20%、甲烷 16%、对流层臭氧 8%、氮气 6%。

5. 光化学烟雾

光化学烟雾是典型的二次污染物，主要成分是臭氧、醛类、酮类、有机酸类、过氧乙酰硝酸酯(PAN)和过氧苯酰硝酸酯(PBN)。其表现是在城市的上空笼罩着蓝色烟雾(有时带有紫色或黄褐色)，严重影响大气的能见度。其危害性要比一次污染物更为严重，它们具有特殊的呛人气味，强烈刺激人的眼睛和喉黏膜，会造成人体呼吸困难，并且对植物产生严重的危害，使得植物生长受阻，叶子变黄甚至枯萎死亡。光化学烟雾形成的机制很复杂，一般来讲是在阳光紫外线照射下，由大气中的氮氧化物、碳氢化合物等一次污染物和氧化剂之间发生的一系列光化学反应而生成的。

6. 硫酸烟雾

硫酸烟雾属于二次污染物，是大气中的 SO_2 等含硫化合物在有水雾、含有重金属的颗粒气溶胶以及氮氧化物存在时，在一定的气象条件下，发生一系列化学或光化学反应而形成的硫酸雾或硫酸盐气溶胶。硫酸烟雾造成的生态环境污染和危害要比单一的气体大得多，它对皮肤、眼结膜、鼻黏膜、咽喉等均有强烈的刺激和损害。

5.2　气态污染物的治理

大气污染综合防治的基本点是防、治结合，以防为主，是立足于环境问题的区域性、系统性和整体性之上的综合防治。基本思想是采取法律、行政、经济和工程技术相结合的措施，合理利用资源减少污染物的产生和排放，充分利用环境的自净能力，实现发展经济和保护环境相结合。

1. 制度保障

建立环境管理的法律、法令和条例是国家控制环境质量的基本方针和依据。由于环境污染的区域性、综合性强，各地区各部门还可以有自己的法令和规定。近 20 年来，我国相继制定或修订了一系列环境法律，如《中华人民共和国环境保护法》(1989 年颁布，2014年修订)、《中华人民共和国大气污染防治法》(1987 年 9 月公布，2015 年最新修订)及各种保护环境的条例、规定和标准等。修订后的《中华人民共和国大气污染防治法》将我国的大气污染控制从浓度控制转变到总量控制，并明确了总量控制制度、排污许可证制度和按排污总量收费制度。为保证环境法规的实施，我国建立了完整的环境监测系统并采用各种先进手段监测大气污染，为科学的环境管理积累了大量的数据和经验。为保证国家环境保护法令和条例的执行，我国已建立起从中央到地方的各级环境管理机构，加强了对环境污染的控制管理和组织领导。

2. 实施清洁能源战略

实施可持续发展的能源战略包括：① 改善能源供应结构，提高清洁能源和低污染能源的供应比例；② 提高能源利用率，节约能源；③ 对燃料进行预处理，推广清洁煤技术；④ 积极开发新能源和可再生能源，如水电、核电、太阳能、风能等；⑤ 大力推广使用新能源汽车(如电动汽车、液化石油气汽车、压缩天然气汽车等)。

3. 控制污染源

(1) 实行清洁生产，推广循环经济。包括改革生产工艺，优先采用无污染或少污染的工艺路线、原料和设备；加强企业管理，减少污染物的排放；开展综合利用，企业内部或各企业间相互利用原材料和废弃物，实现废物资源化、产品化，减少污染物排放总量。

(2) 控制汽车尾气污染排放。对排放水平不能达到国家标准的汽车产品禁止生产、销售和使用，严格控制在用车尾气的排放。建立在用车的排污检测体系，实施在用车的检查、维护制度，对经修理、调整或采用排气控制技术后，排污仍超过国家排放标准的在用车坚决予以淘汰。

5.3 材料行业大气污染物及其治理技术

材料是现代工业发展的基石，已成为国民经济建设、国防建设和国民衣食住行的重要组成部分。材料行业(包括钢铁、水泥、陶瓷、塑料等相关行业)属于工业产业链的上游行业，其中大多数材料需从源头矿石中加工提炼出来，生产工序繁多，工艺复杂，需要大型高炉、窑炉、热处理炉等热力设备才能制得最终产品，在采用煤炭、天然气等化石能源提供热量的同时会产生大量的粉尘、烟尘等污染物，且生产环节也会排放大量废气，严重威胁大气安全。在国民经济中占据关键地位的材料行业，如钢铁、水泥、陶瓷、塑料等行业，由于各自材料生产工艺的独特性，所排放的大气污染物不尽相同，对应的治理技术也有所区别。

5.3.1 钢铁行业大气污染物及其治理技术

钢铁工业是一个国家重工业的基础，体现了一个国家的综合国力和工业化水平。钢铁是人类使用最多的金属材料，在国民经济建设、军事、科技、交通及能源等各个领域都有着广泛的应用，是不可或缺的基础工业品，被称为工业的粮食。改革开放以来，我国钢铁行业蓬勃发展，粗钢产量由 1978 年的 3178 万吨增长至 2023 年的 102 886 万吨，已连续 25 年居世界第一位。目前，我国有联合钢铁企业 650 余家，独立轧钢企业 700 余家，已成为全球最大的钢铁生产国和消费国，为地方经济建设、解决就业、维护社会稳定起到了重要作用。

钢铁行业属于资源密集型工业，主要是大规模地对各种块状金属物、非金属物以及粉状金属物进行加工生产。而钢铁行业所排放的废气主要来源于以下几方面：第一，原材料装卸以及运输的过程中所产生的扬尘；第二，生产钢铁的过程中燃烧煤或其他能源时所产生的二氧化碳、二氧化硫等；第三，生产钢铁的过程中所产生的废气，如炼钢、炼焦、炼铁等工艺中都会产生氮氧化物、烟粉尘等。这些废气会不同程度地对环境造成影响。由于钢铁在生产的过程中具有工艺复杂的特点，因此还会产生其他副产品以及废气，如二噁英、含硫化合物以及颗粒物等。

钢铁行业是大气污染物排放大户，与其他行业相比，钢铁行业在生产的过程中由于工艺流程复杂且工艺流程众多，需要的场地也大，所以对大气环境的污染范围也会比较广，污染物的类型也会比较多并且大多数以间歇性的形式进行排放。现将钢铁加工过程中烧结及球团工序、焦化工序、高炉炼铁工序以及炼钢工序的大气污染物及治理技术总结如下。

一、烧结及球团工序大气污染物及其治理技术

烧结(球团)废气温度偏低、废气量大、污染物含量高且成分复杂，是钢铁行业低温余

热利用和废气治理的难点和重点。据统计，烧结工序能耗约占整个钢铁生产总能耗的 12%，SO_2、NO_x、CO_2 和粉尘排放分别约占钢企总排放量的 40%～60%、50%～55%、12%～15% 和 15%～20%。

烧结工序废气污染源主要有料场废气、白灰料仓废气、白云石料仓废气、燃料破碎及上料转运废气、配料系统废气、辅底料系统废气、烧结机机头烟气、烧结机冷却段烟气、烧结机机尾烟气、筛分及成品转运废气。除烧结过程产生 SO_2、NO_x 烟气以外，其他污染源所产生的废气主要为颗粒粉尘污染物。

球团工序废气污染源主要有原料堆场废气、煤粉制备废气、膨润土卸料废气、物料干燥废气、焙烧及烘干废气、球团矿卸料及转运废气。除物料干燥、焙烧及烘干废气的污染物为烟尘、SO_2、NO_x、HF、铅及其化合物、二噁英等之外，其余均为颗粒物与粉尘污染物。

烧结(球团)工序大气污染物通常采用烧结烟气再循环技术、富氧烧结技术、烟气脱硫脱硝技术和高效除尘技术等进行治理排放。

1. 烧结烟气再循环技术

烧结烟气循环技术是选择性地将部分烧结烟气返回到点火器后的烧结机台车上部的循环烟气罩中循环使用的一种烟气余热利用技术，通过回收烧结烟气中的显热和潜热，提高二氧化硫、氮氧化物及粉尘的处理浓度，减少脱硫脱硝系统的烟气处理量，降低净化系统的固定投资和运行成本，最终实现节能减排。根据烧结机烟气取风位置的不同，烧结烟气再循环可以分为内循环工艺和外循环工艺。内循环工艺在烧结机风箱支管取风，外循环工艺在主抽风机后烟道取风。研究表明，内循环工艺操作灵活，可避免循环气流短路，更适合新建项目。

2. 富氧烧结技术

富氧烧结通过提高点火助燃空气和抽入料层空气的含氧量来改善燃料燃烧条件，增强燃烧带的氧化气氛。富氧烧结可使烧结液相生成量增加，保温时间延长，使烧结矿成品率及转鼓指数都随之升高，并使烧结料层中的固体燃料得到充分燃烧，从而降低燃耗，减少 CO_2 排放。富氧燃烧可以使烟气中的 CO_2 浓度高达 85%以上，可回收再利用，减少温室气体的排放；富氧燃烧中氮气的含量相对减少，减少了 NO_x 等污染物的排放。

3. 烟气脱硫脱硝技术

目前烟气脱硫脱硝技术分为干法、半干法和湿法。干法烟气脱硫脱硝技术包括固相吸附法、气/固催化同时脱硫脱硝技术、吸收剂喷射法以及高能电子活化氧化法四种；半干法脱硫技术应用较多的有旋转喷雾半干法、循环流化床法、MEROS 等；湿法以石灰石-石膏法、氨法为主。

现将湿法中的高效脱硫除尘除雾(尘硫一体化)技术作简单介绍。

高效脱硫除尘除雾(尘硫一体化)技术采用双气旋脱硫增效器+多级气旋除尘除雾器，在空塔喷淋吸收塔内加装双气旋脱硫增效气液耦合器，使浆液液滴与烟气充分混合碰撞，迅速降低烟气温度，为上层喷淋层浆液吸收二氧化硫提供最佳反应温度，从而扩大了有效的吸收空间，有效降低了液气比，减少了喷淋层加装量，降低了改造投入费用和运行成本，有效解决了烟气偏流和烟气降温的问题，使整个吸收系统运行更加稳定、可靠，避免出现液滴二次破碎和雾化产生气液夹带造成浆液二次污染的问题。

经喷淋处理后的脱硫净烟气含有大量的雾滴，雾滴由浆液液滴、凝结液滴和尘颗粒组成。当这部分烟气进入多级气旋高效除尘除雾器时，气旋板使脱硫净烟气在气旋筒内高速旋转，在气旋器上方形成气液两相的剧烈旋转和扰动，从而使得净烟气中的细小液滴、细微粉尘颗粒、气溶胶等微小颗粒物互相碰撞团聚成大液滴。在气旋板的作用下，脱硫净烟气向外做离心运动，聚合形成的大液滴与气旋筒壁碰撞，被气旋筒壁表面液膜捕获，从而达到去除微小颗粒物和高效除尘除雾的目的。该技术对烟气污染物含量和负荷波动适应性强，负荷为30%～100%时均可稳定运行。系统整体工程量小，简单易行，可靠性高。到目前为止，采用该技术运行的脱硫装置稳定脱硫效率达99%以上，除尘效率超过70%，完全实现了烟尘和SO_2超净排放，彻底消除了"石膏雨""酸雨"现象。

4. 高效除尘技术

静电除尘器技术以其安全、可靠、除尘效率高的特点，成为各行业烟气治理技术的首选。湿式电除尘器(WESP)作为烟气治理工艺的终端设备，布置在湿法脱硫装置后。它可以有效收集微细颗粒物(PM2.5、SO_3酸雾、气溶胶)、重金属(Hg、As、Se、Pb、Cr)、有机污染物(多环芳烃、二噁英等)，除尘效率可达70%～85%，可有效控制脱硫塔后细颗粒物、硫酸雾滴和石膏浆液等污染物的排放，缓解下游烟道烟囱腐蚀的情况，节约防腐成本。在湿法脱硫后设置湿式电除尘器，完全可以作为烟囱前的最后一道技术把关措施，在实现超低排放，全面解决烟尘、PM2.5、石膏雨、SO_3、汞、多种重金属、二噁英和多环芳烃(PAHs)等多种污染物问题方面发挥重要作用，为治理雾霾做出贡献。因此，钢铁企业湿法脱硫系统后加装WESP是达到环保超低排放的必要措施，应用前景非常广阔。

二、焦化工序大气污染物及其治理技术

焦化工序污染源主要为装煤烟尘、推焦烟气、筛焦废气、熄焦废气、焦炉烟囱废气、硫铵废气、管式炉排放烟气。主要污染物为颗粒物、BaP、BSO、SO_2、NO_x、CO、NH_3、H_2S 等。焦化工序大气污染物主要通过装煤烟尘处理、推焦烟气处理以及焦炉烟气脱硫脱硝等组合工艺进行治理排放。

1. 装煤烟尘处理技术

煤料装入炭化室后，大量空气被置换排出，同时部分煤粉接触高温空气不完全燃烧形成黑烟；煤料接触炉墙产生荒煤气以及大量水蒸气；装煤过程中产生的烟尘排放量约占焦炉烟尘排放量的60%。燃烧法独立地面站除尘系统是较为先进的装煤烟尘处理技术之一。此技术的特点是装煤烟气采用燃烧法，燃烧后的烟气经集气管道引至地面站除尘系统处理。其过程是：首先，侧装煤车行走至待装煤的炭化室定位，炉顶烟尘收集车待排气孔盖打开后，将导烟口集气罩与炭化室中心对正，同时向地面除尘系统发出电信号，风机开始高速运行；之后，车载煤气燃烧系统与炉顶煤气管道连接，装煤烟气从机侧车载碰口和导烟口集气罩被吸入、缓冲、配风、燃烧、冷却后，经车载碰口进入炉顶管道，再由炉顶管道送至地面站除尘系统净化，之后由风机经烟囱排至大气。

2. 推焦烟尘处理技术

出焦过程排放的污染物主要有粉尘及部分荒煤气，即焦炭接触空气燃烧产生的废气以及逸散的荒煤气、熄焦车粉尘等。焦侧设置一套集气干管，管道对应每个炭化室的位置设

有翻板阀及碰口装置一套,同时拦焦车集气大罩顶部也设有碰口装置和推杆装置。推焦开始前,拦焦车对位,集气大罩顶部推杆装置将集气干管上的翻板阀推开,碰口装置对位,推焦开始后产生的大量烟尘由热浮力上升至集气大罩顶部,经由碰口装置进入集气干管并最终被引至地面站处理。

3．焦炉烟气脱硫脱硝技术

活性炭/焦脱硫脱硝工艺是较为常用的焦炉烟气处理技术。利用该工艺,焦炉烟气在烟道总翻板阀前被引风机抽取进入余热锅炉,烟气温度从180℃降低至140℃,然后进入活性炭脱硫脱硝塔,在塔内先脱硫、后脱硝,烟气从塔顶出来经引风机送回烟囱排放。从塔底部出来的饱和活性炭进入解析塔,SO_2 等气体出来后送化工专业处理,再生后的活性炭重新送入反应塔循环使用。

工艺特点:

① SO_2 脱除效率可达 98%以上,NO_x 脱除效率可达 80%以上,同时粉尘含量小于 15 mg/m³;

② 实现脱除 SO_2、NO_x 和粉尘一体化,脱硫脱硝共用一套装置;

③ 烟气脱硫反应在120～180℃进行,脱硫后烟气排放温度在120℃以上,不需增加烟气再热系统;

④ 运行费用低,维护方便,系统能耗低;

⑤ 工况适应性强,基本不消耗水,适用于水资源缺乏地区;

⑥ 能适应负荷和煤种的变化,活性焦来源广泛;

⑦ 无废水、废渣、废气等二次污染产生;

⑧ 资源可回收,副产品便于综合利用。

三、高炉炼铁工序大气污染物及其治理技术

高炉炼铁工序污染源主要为高炉矿槽、热风炉、高炉出铁场、煤粉制备、原料转运系统等。主要污染物为颗粒物、烟尘、SO_2 与 NO_x。高炉炼铁工序的污染物可通过高炉炉料结构优化技术、高炉煤气全干法袋式除尘技术等进行分段治理。

1．高炉炉料结构优化技术

随着国家对钢铁企业烧结、球团工序环保要求的逐步提高,提高块矿在高炉中的使用比例成为钢铁企业降低生铁成本的最有效途径。从环境保护角度来看,球团矿生产过程存在不同类型、不同程度的环境污染,而块矿则不存在高温加工工序的环境污染。高炉炉料结构主要取决于原料资源情况、配套生产工艺、操作技术水平、操作习惯和理念、生产成本、环保要求等多方面因素。日本、韩国高炉以烧结矿为主,北美高炉以球团矿为主。欧盟由于环保要求,烧结矿的生产和建设受到了严格的限制,以球团矿为主。欧美高炉球团矿使用比例一般都较高,个别的高炉达100%,其中一部分高炉使用熔剂性球团矿,另一部分高炉以酸性球团矿为主。

该技术的特点在于:

(1) 提高球团矿中 MgO 的含量,改善球团矿的高温性能;

(2) 调整黏结剂结构,以改善生球的落下强度和爆裂温度;

(3) 生产熔剂性球团矿时，调整链箅机工艺参数，减轻球团矿的热爆裂程度；

(4) 对部分含铁原料进行细磨处理；

(5) 调整高炉含铁料的装料顺序，稳定炉墙的热负荷；

(6) 系统降低入炉各种原燃料中 SiO_2 的含量，减少熔剂料的加入量。

2. 高炉煤气全干法袋式除尘技术

高炉煤气全干法袋式除尘技术将高炉煤气经重力除尘和旋风除尘后，由荒煤气主管分配到布袋除尘器各箱体中，并进入荒煤气室。颗粒较大的粉尘由于重力作用自然沉降而进入灰斗，颗粒较小的粉尘随煤气上升。经过滤袋时，粉尘被阻留在滤袋的外表面，煤气得到净化。净化后的煤气进入净煤气室，由净煤气总管输入煤气管网。高炉煤气全干法袋式除尘技术包括荒煤气参数调制技术、荒煤气预除尘技术、大直径除尘器箱体技术、滤袋及滤料技术、大直径除尘器低压长袋脉冲喷吹技术、气流组织分布技术及气力卸、输灰技术。该技术具有投资低且占地少、节约水电、缩短高炉休风时间、节约检修人力成本并实现除尘灰综合利用的特点。

四、炼钢工序大气污染物及其治理技术

炼钢是利用不同来源的氧(如空气、氧气等)来氧化炉料(主要是生铁)中所含杂质的金属提纯过程。主要工艺包括氧化去除硅、磷、碳，脱硫，脱氧和合金化等步骤。任务就是根据所炼钢种的要求，把生铁中的含碳量降到规定范围，并使其他元素的含量减少或增加到规定范围，最终达到钢材所要求的金属成分。炼钢过程基本上是一个氧化过程。这些元素氧化以后，有的在高温下与石灰石、石灰等熔剂起反应，形成炉渣；有的变成气体逸出；留下的金属熔体就是钢水。炼钢生产方法目前主要有转炉炼钢和电炉炼钢两大类。

转炉炼钢的废气污染物主要产生在高炉铁水兑入、辅料加入、吹氧、出渣、出钢过程中，主要以含尘烟气形式释放，还有 CO 等污染物；另外，散状料上料系统有粉尘产生，而且精炼炉冶炼、铁水预处理过程均有含尘烟气产生。转炉炼钢的烟尘废气主要通过袋式除尘器治理，在转炉炼钢一次烟气的处理中需要煤气净化回收设施专门处理。

电炉炼钢污染物主要为电炉和精炼装置在加料、出钢、吹氧和冶炼过程中产生的颗粒物，以及原料、辅料在装卸、运输过程中产生的颗粒物等。电炉及精炼装置在加料、出钢、吹氧和冶炼过程中有大量含 CO、CO_2 的高温含尘烟气产生，烟气中还含有少量的氟化物(其成分为 CaF_2)及二噁英；原、辅料系统的上料等也有含尘废气产生。电炉炼钢的烟尘废气主要通过袋式除尘器治理。

5.3.2 水泥行业大气污染物及其治理技术

水泥工业是对矿物原料进行加工处理的工业，采用的生产设备多为大型、重型设备，是污染大气环境最为严重的行业之一。国家统计局数据显示，2022 年全国水泥产量为 21.3 亿吨，产能位居世界前列。水泥生产企业排放污染物的种类按其存在的状态可分为气溶胶污染物和气态污染物。水泥生产过程中排出的气溶胶污染物主要是各种含尘气体，包括原料粉尘、生料粉尘、水泥窑粉尘(窑灰)、熟料粉尘、煤粉尘、水泥粉尘等，其主要成分为碳酸盐、硅酸盐、硫酸盐和氯化物等；气态污染物则是各种有害气体，如硫氧化物、氮氧化物、碳氧化物和碳氢化合物等。这些污染物对人体、动植物、气象和工农业产品等都会造成很大的危害，其中以粉尘污染最为严重。水泥在生产过程中，从矿石开采、原料和燃料的破碎和粉磨、熟料的煅烧、原材料的运输和储存以及水泥产品的包装发运等环节，都不可避免会产生大量粉尘。在水泥生产工序中，烧成系统是最大的粉尘污染源，包括窑的喂料系统，煤粉制备系统，熟料煅烧、熟料冷却和输送系统等。烧成系统所产生的粉尘量约占到总含尘气体的 1/3～1/2。

　　粉尘可随呼吸进入人体的呼吸道，进入呼吸道的粉尘并不全部进入肺泡，可以沉积在从鼻腔到肺泡的呼吸道内。粒径大于 10 μm 的尘粒大部分沉积在鼻咽部，粒径小于 10 μm 的尘粒可进入呼吸道的深部。沉积在肺泡内的大部分是粒径小于 5 μm 的尘粒，特别是粒径小于 2 μm 的尘粒。粉尘对人体健康的危害主要是引起尘肺病。据卫生部门统计，我国有可能吸尘的工人超过 600 万，每年新发生尘肺病 1.5 万～2.0 万例，占我国职业病总病例的79.6%。但由于粉尘的种类和性质不同，吸入后引起的肺组织病理改变也有很大的差异：常见的尘肺病有硅尘肺病、硅酸盐尘肺病、碳素系尘肺病和金属尘肺病等，由于含二氧化硅的原料多种多样，所以又有各种不同的硅酸盐尘肺病。

　　水泥厂是尘肺病高发企业之一，因为水泥是人工合成的硅酸盐，在生产过程中的各个环节均有粉尘产生。生料粉尘中含有一定量的游离二氧化硅，因此其含量的多少与原料的来源有关。熟料粉尘和水泥粉尘中游离二氧化硅的含量较少，主要是硅酸盐。水泥厂工人长期吸入含有二氧化硅的粉尘，就可能引起硅酸盐尘肺病，病变的轻重与粉尘中游离二氧化硅的含量多少有关。水泥厂的尘肺病也属于硅酸盐尘肺病类型，因此也叫水泥尘肺病。水泥尘肺病发病时间较长，一般多在 15 年以上。长期吸入水泥成品粉尘是否会引发尘肺病，过去有不同的看法，但目前多数研究认为它是可以引发水泥尘肺病的。

　　含尘气体运动时与设备的壁面相冲撞，会产生切削和摩擦而引起机械设备的磨损。含尘气体的磨损性与气流速度的 2～3 次方成正比，气流速度越高，粉尘对壁面的磨损越严重。气流中的粉尘浓度越高，磨损性也越强。如不同用途的风机对进入空气的含尘浓度都有相应的规定。又如旋风收尘器用于捕集水泥熟料粉尘时，高速气流强烈地冲击收尘器的内壁，壳体很快就被磨损。特别是旋风收尘器的涡壳，如不采取抗磨措施，几毫米的钢板在很短的时间内就会被磨穿。现代水泥厂的自动化程度越来越高，必须相应地配备许多精密仪器和仪表，粒径大于 1 μm 的尘粒就能影响精密仪器和仪表的精确度。

　　水泥生产车间粉尘浓度较大时会显著降低能见度，工人在作业场所进行操作时，不能通过视觉观察外界的情况，做出行动的判断。由于工作场所的能见度低，不仅会使工作目标不清晰，影响操作质量，而且很容易在工作时发生操作错误，严重时还会出现人身事故。此外，长时间在粉尘作业场所工作，由于能见度的降低还会产生视力疲劳，造成眼疾。因此，为保证生产的正常进行，保障工作人员的人身安全，要特别重视作业环境的通风和照明，大力改善能见度较低的工作环境。

　　水泥厂的主要粉尘污染源有回转窑、磨机(生料磨、煤磨、水泥磨、烘干兼粉碎磨)、烘干机、熟料冷却机等。其中根据窑型的不同，水泥窑可分为带余热锅炉的干法窑、旋风预热器窑、湿法长窑、带过滤器的湿法窑、立波尔窑、立窑等。生产过程中所产生的粉尘颗粒粒径多小于 15 μm，化学成分以 CaO、SiO_2、SO_3、Al_2O_3、Fe_2O_3、K_2O 等为主。

　　不论采用何种窑型，其窑尾的收尘多采用袋收尘器或电收尘器。现针对典型的回转窑窑尾收尘技术作简要介绍。

1．湿法回转窑

为了减少湿法回转窑的粉尘飞损量，首先应减少直接由窑内带出的粉尘量。故在湿法生产时，根据具体条件可以采取以下有效措施。

(1) 在热工制度稳定的条件下，窑内气流流速正常，所需的过剩空气量最小时，所选择链条的结构和尺寸以及原始料浆水分，应使经链条出来的不是干粉物料，而是含水量为8%～10%的粒状生料。经验证明：在这种情况下不会降低窑的产量和熟料质量，而出窑的飞灰损失可减少40%～60%。

(2) 窑的蒸发带装设热交换器，不仅能部分降低废气中的含尘浓度，还可降低废气温度。装有热交换器的窑，飞灰损失可小于1%～1.5%，而废气温度可降至120～130℃。

(3) 对于湿法回转窑的温度和湿含量，采用电收尘器不存在任何困难。因为在整个温度范围内，粉尘的比电阻都低于临界值，所以现在大中型厂的湿法回转窑几乎均采用电收尘器。但是如果料浆水分过低，也就是说在气体露点低于60℃、温度高于250℃的条件下运行时，采用电收尘器可能出现困难。因为在这种情况下，粉尘的比电阻有可能升至临界值以上。

(4) 因湿法窑入窑料浆水分较高，如果窑尾密封圈和烟室的密封不良，会使气体温度降至露点以下。特别是料浆中加有如萤石之类的矿化剂或采用特殊材料作水泥主要原料，如利用生产乙炔的矿渣作原料时，窑的废气中会含有较强的腐蚀气体。在这种情况下，电收尘器中就会出现腐蚀现象。如有的电收尘器，极板使用不到两年就出现严重腐蚀。所以对于含有腐蚀性气体的废气，电收尘器的防腐蚀措施应特别加以注意，特别是极板和极线要采用抗腐蚀的材料。

2．立波尔窑

立波尔窑喂料是将生料粉先加水成球，经加热机预热后再进窑。为减少废气中的含尘量，保证料球的质量至关重要。料球的主要工艺要求如下：① 料球大小应在6～14 mm范围内；② 生料矿物质组成应固定，而且要含有足够量的塑性组分；③ 物料在成球盘前温度不得高于40～60℃；④ 料球中水分含量波动幅度应为±1%；⑤ 料球容重不大于0.9 t/m³。

根据立波尔窑烟气的条件，采用电收尘器进行收尘也不存在任何困难。但是根据一些工厂的经验，立波尔窑的烟气容易出现水腐现象，所以电收尘器的外壳最好是混凝土的，内部构件的材质最好也采用铝合金或不锈钢。虽然一次费用较高，但是使用寿命长，总的来说是比较经济的。如果烟气温度低于80℃，附在钢筋上的混凝土也会剥落(由于钢筋生锈后，其铁锈体积是铁的25倍，所以能使混凝土剥落)。如果出现这种情况，外壳的修理工作量将很大。所以国外腐蚀严重的水泥厂，有的用熟料冷却机的气体加热立波尔窑的烟气。

3．干法回转窑

干法回转窑包括干法长窑、余热发电窑、立筒预热器窑和新型干法窑(SP窑和NSP窑)等。干法回转窑通常具有烟气温度高、湿含量低、粉尘颗粒细、含尘浓度高和比电阻高的特点。新型干法窑的烟气温度虽然比普通干法窑的烟气温度低得多，但是一般也在320～360℃内，无论收尘系统是采用袋收尘器还是电收尘器，都要对烟气采取降温或增湿的措施。特别是采用电收尘器，由于粉尘比电阻高达10^{12} Ω·cm以上，如果不对烟气进行调质处理，直接通入电收尘器，其收尘效果会很差，严重时收尘效率会低于 70%。

在我国未制定环境保护法规之前，水泥工业和其他工业部门一样，选择收尘器的主要准则是收尘器的一次投资和日常的运行维护费。但是随着国家工业的发展，对环境保护的要求日益严格，环境保护法规也日益完善和齐全，所以收尘器的选择就成为相当复杂的问题。至少要考虑以下几方面的问题：

(1) 国家统一的环境保护法规；

(2) 地方政府根据特殊情况制定的地区性环境保护法规；

(3) 一次投资总额；

(4) 日常运行维修的费用；

(5) 收尘器能否满足未来可能更高限制粉尘排放的要求；

(6) 收尘器对工艺生产设备的影响，如收尘器检修时生产设备是否必须停车。

水泥厂许多风量比较小的尘源点，绝大多数选用各种不同型式的小型袋收尘器。因为其一次投资和日常费用都比较经济。但是处理风量大于 100 000 m³/h 时，如回转窑和箅式冷却机的收尘，选择何种收尘器比较合理和经济就无明确的界线了。可是，有的环保部门强调水泥厂窑尾废气处理一定要选用袋收尘器或是电收尘器，这两种主张都未免失之偏颇。以下从技术和经济两方面总结窑尾收尘系统采用这两种高效收尘器的主要优缺点。

1) 当进口风量不变，进口含尘浓度发生变化时

当进口风量不变而含尘浓度增大时，袋收尘器要保持收尘器的阻力恒定不变，就要缩短清灰周期，即增加清灰的频率，这对滤袋的寿命有一定的影响；但是排放浓度不变，即收尘效率不降低。而电收尘器则不然，当进口含尘浓度增大时，想要保持原设计的收尘效率，除非增大极板面积，否则收尘效率要降低，即排放浓度要增大。所以说进口含尘浓度发生变化对电收尘器的影响远大于袋收尘器。

2) 对气体湿含量的适应性

当气体的湿含量增大时，气体的露点增高，容易出现冷凝现象。此时袋收尘器阻力会增大，严重时会堵塞滤袋，甚至使袋收尘器处于瘫痪状态。相反，湿含量增大，一般对电收尘器运行有利，因为露点升高，可使粉尘比电阻降低。但是湿含量过大，也会出现冷凝现象，如湿法窑和烘干机的收尘。当然气体的露点除与湿含量有关外，还与气体的成分和温度有关。一般为维持收尘器的正常运行，气体温度应高于露点 20℃。但往往由于种种难以预计的因素，特别是管道和收尘器气体漏风严重时，这一数值难以保证不出现冷凝现象。所以为可靠起见，建议气体温度应大于露点 30℃以上。

3) 对气体温度的适应性

对袋收尘器而言，如果温度超过滤袋的允许使用温度就会使滤袋损坏。一般常用的聚酯纤维和玻璃纤维滤料，其长期使用温度分别不要超过 130℃和 260℃。相反，温度过低，接近露点甚至低于露点，会使滤袋发生堵塞和影响滤袋表面的光滑度，使滤袋清灰困难。但就电收尘器而言，只要气体温度小于 300℃，一般不会影响电收尘器的正常运行。气体温度低，对电收尘器的运行比较有利。如干法窑电收尘器的进口温度小于 130℃，对保证电收尘器的性能极为有利，因为在这一温度下，粉尘的比电阻处于低值区。当然如果温度低于露点温度，也会增加粉尘对极板和极线的黏附性，使振打清灰产生困难，严重时也会

使电收尘器的内部构件和壳体产生腐蚀。

4) 风量变化超过设计值的适应性

如果风量超过设计值，袋收尘器的过滤风速会增大，因此压力损失相应增大，滤袋清灰的周期也要相应缩短，但对收尘效率影响不大，甚至无影响。如果电收尘器的处理风量超过设计值，则意味着比收尘面积减少，此时要想达到设计的收尘效率，就必须增加收尘极板的面积，否则收尘效率要降低。

5) 气流分布的影响

要保持电收尘器的高效率，气流分布装置是必不可少的。由于气流分布不均，电场风速低的通道难以补偿电场风速高的通道，所以总的收尘效率会降低。一般认为袋收尘器不需要设置气流分布装置，其本身的阻力变化会自行调节各个室的风量。这种看法在理论上应该说是成立的，但是实际的运行情况并非如此，所以袋收尘器也应设置气流分布装置。气流分布不均，可能导致某一室的过滤风速偏高，使压降升高和滤袋的局部过早磨损。所以说这两种收尘器都要考虑设置气流均布的分布装置。

6) 粉尘物理性的影响

粉尘颗粒的分散度和粉尘的比电阻对袋收尘器的收尘效率无大影响，但是对电收尘器的影响却很大，特别是粉尘的比电阻值，这也是电收尘器的应用受到限制的主要原因之一。

(1) 系统总的收尘效率。

袋收尘器在连续运行的基础上，保证系统总的收尘效率是最为可靠的。如果风量和含尘浓度增大，只要阀门关闭严密没有破袋，总的收尘效率就不会降低。虽然压降有所增加，但可通过缩短清灰周期使之正常。

如果电收尘器的规格确定得合适和运行正常，也可保证总的收尘效率。但是当进口浓度超过设计值时，收尘效率即使保持不变，但总的排放量也会增大。另外当出口浓度要求很低时，振打时粉尘二次飞扬是个大问题，所以电收尘器总的收尘效率会有波动。

(2) 从经济层面进行对比。

不论是一次投资还是日常运行维护费用，似乎电收尘器都占有较大优势。袋收尘器的投资高，主要是覆膜滤料费用过高，约占总投资的二分之一以上。目前这种情况将会逐渐改变，现在覆膜滤料的价位前几年已有较大的下降。当前采用电收尘器能达标的，当然选用电收尘器比较经济。所以这两种高效的收尘器，两者至少在若干年内还要并存，共同发展、共同提高。随着国家对粉尘排放要求的日益严格，如排放标准进一步提高到不大于 30 mg/m^3(标)，采用电收尘器可能需要四个电场甚至更多，这样造价将大幅度增加。而采用袋收尘器则比较容易使排放浓度不大于 30 mg/m^3(标)，不需要增加更多的投资，所以预计袋收尘器有较大的发展前途。

除窑尾收尘处理之外，在水泥生产过程中还需要对篦冷却机、烘干机、生料磨机、水泥磨机等设备进行收尘处理，其中对各自收尘器的设计和选型需要根据处理气体量、气体温度、气体的含尘浓度、要求净化气体的含尘浓度、气体的露点或含湿量、气体的压力、海拔高度和气象条件等技术参数来确定。

7) 水泥窑 SO_2 和 NO_x 废气的处理

水泥窑除了产生大量粉尘污染，还会在煤燃烧阶段产生大量 SO_2 和 NO_x。

(1) SO_2 的处理。

水泥窑的 SO_2 是由于燃料中的硫化物和水泥原料中的硫铁矿等物质,在顶部两级预热器的温度处于 300～600℃时分解而生成的。还有一部分 SO_2 是在燃烧时,由于硫的氧化和硫化物分解生成的。但是在窑系统的各个部位有部分 SO_2 被吸收,如 Fe_2S 在顶部两级旋风筒中燃烧产生的部分 SO_2 会立刻被生料中的 CaO 所吸收,形成 SO_2 的循环。如果废气用于烘干原料,则 SO_2 可被进一步吸收。生成的亚硫酸钙与气体中的氧反应而生成硫酸钙。这种反应在 400℃以上发生,并与气体中的含氧量有很大关系。在窑入口处,气体温度达800℃以上,亚硫酸钙完全氧化成硫酸钙,并随生料从窑尾一直进到烧成带。在行进过程中,当物料温度超过 1000℃时,硫酸钙开始缓慢分解,至 1300℃时分解较快,形成 SO_2 和 CaO。SO_2 又返回窑尾,再与气相中的碱和生料中的钙或硫化合。尤其在最低一级旋风筒中,气温为 800～850℃,SO_2 与活性很大的 CaO 反应速度最快。实际上,来自窑气流中的 SO_2 大部分被最低一级的旋风筒截留下来。所以说水泥窑系统生成 SO_2,而水泥熟料煅烧工艺本身也是效率很高的脱硫过程。实验结果表明:在 800～1000℃的温度内,CaO 显著吸收SO_2,出现吸收率的峰值点;由于原料中存在水分,以及燃料中氢燃烧生成的水蒸气使$CaO + SO_2 \rightarrow CaSO_3$ 的反应加快,而还原性气氛出现较迟,而且反应是在固相和气相之间进行的接触反应,所以,脱硫效果随不同的窑型,即随热交换方式的不同而有差异。旋风预热器窑和新型干法窑的脱硫效果最好,脱硫率可达 95%以上。

窑尾的 SO_2 可通过生料吸收法、石灰吸收法、气体悬浮吸收塔等来脱硫处理,已达到排放要求。

① 生料吸收法。用窑尾废气作为生料烘干兼粉磨的热源时,其中一部分 SO_2 被生料粉末所吸收,最后又返回到窑的烧成带,以 $CaSO_4$ 和 R_2SO_4 的形式固定在水泥熟料中,绝大多数的新型干法窑都是这样操作的。这是一种很经济的脱硫方式,其 SO_2 的吸收率随单位生料 SO_2 含量的增大而减少,一般为 40%～50%。

② 石灰吸收法。将生石灰 CaO 用压缩空气喷入浓度较高的部位(通常在上部预热器及其连接管道处),使 CaO 和 SO_2 作用,形成 $CaSO_4$ 固定在熟料中。这一方法对 SO_2 的吸收率为 50%～60%。

③ 气体悬浮吸收塔。气体悬浮吸收塔专用于窑尾废气旁路系统的脱硫处理。它用石灰溶液作吸收剂,将 $Ca(OH)_2$ 溶液经喷嘴喷成雾状,悬浮于吸收塔中吸收废气中的 SO_2。这一方法的吸收率很高。

(2) NO_x 的处理。

在回转窑火焰的高温部分,空气中的氮被氧化,生成大量 NO_x(NO 和 NO_2),其中 NO_2比 NO 毒性更大。水泥窑废气中的 NO_x,其中约 95%为 NO,5%为 NO_2。NO_x 的产生来自两个方面,即在燃烧过程中,一部分是燃烧空气中的 N_2 与氧反应而形成,称之为热力 NO_x;另一部分则由于燃料中的氮化合物被氧化而形成,称之为燃料 NO_x。当温度低于 1200℃时,仅生成燃料 NO_x,超过 1200℃则产生热力 NO_x。总之,火焰温度越高,过剩空气越多,则生成的 NO_x 也越多。

NO_x 的处理一般采用氨还原脱氮法。

氨还原脱氮法还可进一步分为选择性非接触剂型脱氮法、选择性接触剂型脱氮法和阶段燃烧脱氮法。

①　选择性非接触剂型脱氨法通常是将含 25% NH_3 的溶液喷入废气温度为 900～1100℃ 的窑尾管道中，NO 被还原为 N_2 和 H_2O。这种方法采用的装置较简单，一般可以将废气中的 NO_x 含量降低 80%左右，NH_3 的有效利用率约为 70%，多余的 NH_3 则被烧掉、分解，不致形成 NH_3 的排放污染，其唯一的副作用是可能使废气中的 CO 含量略有增高。

②　选择性接触剂型脱氨法是在气温 350℃下使 NH_3(气体或液体)在接触剂表面与 NO_x 发生化学作用。这样不仅能消除 NO_x，同时还能削减废气中的碳氢化合物，如二氧杂环己烷和二氧己烷等。此方法的废气净化效果很好，但装备较复杂，费用也高，在热电厂的废气脱氨中应用较多。对水泥厂来说，恐怕目前在经济上难以承受。

③　阶段燃烧脱氨法通过分解炉的发明问世被广泛应用于 NO_x 的减排。分解炉的温度为 850～900℃，远比回转窑的火焰温度低，大幅度减少了热力 NO_x 的生成。以日本石川岛型分解炉为例，约 60%的燃料是在温度低于 920℃时燃烧的，所以此时几乎不产生热力 NO_x。于是从窑尾出来含有 NO_x 的废气被分解炉的气体所稀释而降低到 40%～50%。在此基础上，再适当地调整分解炉的燃烧空气，则从窑尾进入分解炉废气中的 NO_x 含量从分解炉出口排出时就更低了。这是由于导入分解炉的窑尾废气和冷却机废气混合后，含氧量约为 13%，在较低的氧气分压下，以燃烧生成的 CO 为还原剂，以高浓度气体中生料的 CaO 作为脱氨催化剂，可将 NO_x 还原分解。

5.3.3　陶瓷行业大气污染物及其治理技术

中国是因陶瓷而闻名世界的国家，灿烂的陶瓷文化在中国延续了数千年。改革开放三十年来，陶瓷行业发生了巨大的变化，取得了令人瞩目的进步，特别是建筑卫生陶瓷行业，截至目前其工业总产值已接近万亿元人民币，成为中国工业经济中不可或缺的组成部分。陶瓷企业生产产品的同时，也产生和排放了大量废气、废水、粉尘、废渣、二氧化碳等，给周边环境带来严重污染，大量引起农作物减产、树木凋死等情况，并使当地大气中的 PM2.5 严重超标，给区域生态和人民健康带来严重威胁。

一、陶瓷行业大气污染物特征

陶瓷生产厂家生产工艺过程大致是：坯用原料配料、球磨、制浆、泥浆过筛除铁、喷雾制粉(干压法)、压滤(可塑法)、练泥(可塑法)、粉料(干压法)、陈腐、成型、装饰(施釉)、干燥、烧成、深加工等。废气污染工序是喷雾塔制粉过程和辊道窑烧成过程。喷雾塔制粉过程产生的主要大气污染物为燃料燃烧产物 SO_2、氮氧化物、氟离子、氯离子、颗粒物等；而辊道窑烧成过程产生的主要大气污染物为燃料燃烧产物 SO_2、氮氧化物、重金属粉尘等。这些物质如果不经过处理和控制直接排放，则会对大气环境造成污染和危害。

(1) SO_2。硫的来源有两方面：一是燃料，如煤、煤气、重油等；二是坯料中的黄铁矿 (FeS_2)、硫酸盐等含硫原料。燃料及原料中的硫在陶瓷高温烧成过程中氧化生成了 SO_2。如果燃料为不含硫的天然气，则烟气排放中只有坯料中黄铁矿、硫酸盐等烧成过程产生的 SO_2。如果只是烧成窑炉用天然气做燃料，而喷雾制粉用水煤浆、煤气、重油或煤，则烧成窑炉烟气排放中仍含有由粉料夹带的硫化氢经过烧成过程而析出的 SO_2，因此单纯的窑炉用天然气而喷雾塔不用天然气，烟气中的 SO_2 仍将不能达标排放。

(2) NO_x。NO_x的来源也有两方面：一是燃料，如煤、煤气本身含有氮；二是燃烧过程中空气中的氮和氧在高温下生成的 NO_x。NO_x的生成速度与燃烧过程中的最高温度及氮、氧浓度有关，温度越高，NO_x浓度越大。目前的处理方法大多采用的是非催化还原法及催化还原法，原理是在可供 NO_x还原的温度区域加入还原剂使其还原为氮和水。正在研究探索的低温催化还原法是在低于 200℃的温度下采用催化剂把 NO_x还原为氮和水。

(3) 氟离子、氯离子。F、Cl 的来源有两个：一是坯料中的含氟、氯矿物在高温下分解为气态的氟离子、氯离子；二是釉料中添加的部分化工原料在高温下分解以气体的形态排放。目前的处理方法也多为湿法脱硫一并去除，原理是烟气中氟离子、氯离子与吸收剂反应生成氟化物和氯化物而被除去。

(4) 粉尘(颗粒物)。在陶瓷生产工艺中，喷雾干燥排放的废气及烧成窑炉排放的烟气中都含有大量的粉尘。喷雾干燥废气中粉尘的来源主要是干燥的细粉被携带，以及燃料不完全燃烧产生的炭黑。烧成窑炉烟气中粉尘的来源有燃料(如煤、煤气等)本身携带的粉尘及不完全燃烧产生的炭黑；坯料表面以及窑炉内表面被冲刷携带；烟气处理过程如脱硫过程中产生的二次微尘。目前的处理方法采用的是过滤、电除尘或水洗涤的方法。过滤的方法通常采用布袋过滤，水洗涤的方法采用水雾喷淋而使烟尘沉降。

(5) 重金属(铅、镉、汞等)。重金属的主要来源是坯釉料中的矿物质在高温下分解以离子状态析出，随着废气(烟气)被排放出来。目前的处理方法采用的是过滤和水洗涤的方法除去，过滤通常采用布袋过滤，水洗涤通常采用水雾喷淋而使重金属离子沉降。

二、陶瓷行业大气污染物的治理技术

因 5.3.2 节中已介绍了除尘、脱硫、脱硝技术，此处不再赘述。以下介绍用于陶瓷烧成过程中辊道窑烟气末端治理的相关技术。

1．湿法：碱液喷淋

由于 SO_x、HCl、HF 均属于水溶性的酸性气体，因此可使烟气流过碱性水溶液喷淋塔，通过酸碱中和作用将酸性气体从烟气中吸收脱除。同时，部分固体颗粒物也将被吸收液的水雾吸附捕获，从烟气中脱除。此外，烟气中水溶性较好的 NO₂也被一同脱除。碱性吸收液可使用碱液，如 CaCO₃、NaOH、Na₂CO₃、Ca(OH)₂、NaHCO₃、氨水、海水等。

碱液喷淋法对酸性气体脱除效果很好，但除尘效果稍差，且存在吸收废液的处置问题。此外，烟气与吸收液发生热交换后温度明显降低，需额外加大抽风力度，才能将处理后的烟气排出。同时，经过脱硫除尘之后的烟气带水和由此而引起的风机带水、积灰、振动、磨损及尾部烟道腐蚀，也一直是困扰设备运行的问题。

2．干法：CDSI+布袋除尘器或 CDSI+静电除尘器

CDSI(荷电干式吸收剂喷射法)将碱性固体吸收剂(如 Ca(OH)₂、NaHCO₃粉末)附加电荷后，喷入烟气输送管道中，使吸收剂粉末在电荷的排斥作用下彼此远离，高度分散于烟气中，从而与酸性气体(SO_x、HCl、HF)充分反应，将其吸收并固化成为固体颗粒物(CaSO_x、CaCl₂、CaF₂)。因此，辊道窑烟气经 CDSI 处理后，绝大部分气体污染物都转变成了悬浮固体颗粒物，可利用除尘器，将 CaSO_x、CaCl₂、CaF₂以及烟气中原有的悬浮固体颗粒物一

并收集去除。

由于辊道窑烟气的湿度较低,除尘器除了可选用布袋除尘器,还可选用静电除尘器。静电除尘器的除尘室内平行布置着多对电极板,每对电极板由接有高压直流电源的阴极板和接地的阳极板构成,两板之间形成了高压电场。当烟气从两板之间通过时,阴极板发生电晕放电将气体电离,此时,带负电的气体离子在电场力的作用下向阳极板运动,在运动中与悬浮固体颗粒物相碰,使颗粒带上负电荷。带负电荷颗粒也在电场力的作用下向阳极运动,到达阳极后,放出所带电子,颗粒则沉积于阳极板上,而净化后的气体则排出除尘室外。

干法治理工艺的酸性气体脱除效果以及除尘效果很好,且无废水污染产生,最终收集的固体废物也易于处置(如水泥固化、卫生填埋等),非常适用于辊道窑烟气的治理,在建筑陶瓷行业得到了广泛应用。比较而言,静电除尘器的气流阻力小,烟气排出的抽风力度要求较低,且使用温度范围宽,无需对辊道窑烟气预先进行温度调节,不过,其造价较高,安装及管理技术水平也较高,且运行耗电量较大;而布袋除尘器的除尘效率更高,尤其对严重影响人体健康的重金属粒子及亚微米级颗粒的捕集更为有效,且其运行耗电量少。不过,布袋对气流的阻力大,抽风电耗较高;同时,为保证布袋除尘器的正常稳定运行,需及时清理、更换布袋,并选用合适材质的布袋或预先降低烟气温度,使布袋能够承受烟气的温度。

5.4 化工行业大气污染物及其治理技术

化工行业在国民经济中占有重要地位,是国家工业发展的基础和支柱产业。化工行业的发展速度和规模对社会经济的各个部门有直接的影响。由于化学工业门类繁多、工艺复杂、产品多样,生产中排放的污染物种类多、数量大、毒性高,因此成为环境污染大户。同时,化工产品在加工、贮存、使用和废弃物处理等各个环节,都有可能产生大量有毒物质而影响生态环境、危及人类健康。

5.4.1 化工行业大气污染物的特征

化工行业一般可分为无机化工、有机化工、精细化工及燃料化工四大类,产生的主要气态污染物包括二氧化硫、氮氧化物、碳氧化物、挥发性有机化合物(VOCs)等。二氧化硫、氮氧化物、碳氧化物大多是在化石燃料燃烧时产生的,而VOCs主要来源于化工原料和有机溶剂在使用与加工过程中的释放,以及某些有机物的不完全燃烧。VOCs最早由国际室内空气科学学会(International Academy of Indoor Air Science)于20世纪70年代提出,到目前为止,其存在着多种定义。普遍认为的VOCs是指室温下饱和蒸汽压超过133.322 Pa,沸点介于50℃(或100℃)到240℃(或260℃)之间的易挥发性化合物,它的主要成分包括烃类(含氧烃类、氮烃类、硫烃类等多环芳香烃类)、烷类、烯类、醇类、酮类、胺类、有机酸类等。苯系物是挥发性有机物的重要成分之一,是VOCs的典型代表,也是苯及其衍生物的总称。它来源广泛、毒性大、易挥发、难降解、治理周期较长。

5.4.2 化工行业大气污染物的治理技术

二氧化硫与氮氧化物的治理在 5.3.2 节中已有介绍，此处不再赘述。以下将主要介绍 VOCs 与 CO_2 的治理技术。

一、VOCs 的治理技术

治理 VOCs 的根本途径是采用无污染的工艺，少用或不用有害原料，控制废气排放，对各种有机化合物进行回收利用或无害化处理。目前有机废气净化和回收的方法主要分为两类：一类是将有机废气转化为 CO_2 和 H_2O，如燃烧法、等离子体氧化法等；另一类是将有机废气净化并回收，如吸附法、冷凝法和光催化氧化法等。

1. 燃烧法

燃烧法是利用烃类等可燃有机废气在高温时易于氧化燃烧的特性，生成 CO_2 和 H_2O，从而达到净化废气的一种方法，亦称为焚烧法。其反应通式可用式(5-1)表示。由于最终产物为 CO_2 和 H_2O，因而此法不能回收到有用的物质，但由于有机物在剧烈燃烧氧化过程中会释放大量的热量，故可回收热量。

$$C_zH_y + \left(z + \frac{y}{4}\right)O_2 \rightarrow zCO_2 + \frac{y}{4}H_2O + 热量 \qquad (5\text{-}1)$$

燃烧法是目前应用比较广泛，也是研究较多的有机废气治理方法，常用于处理可燃的在高温下可分解的有机废气，具有效率高、处理彻底等优点。有机废气的燃烧净化方法可分为直接燃烧、热力燃烧和催化燃烧。

2. 等离子体法

等离子体法利用的原理是：气体放电产生具有高度反应活性的粒子，这些粒子与各种有机、无机污染物分子发生反应，从而使污染物分子分解成小分子化合物或氧化成容易处理的化合物。等离子法与其他传统方法相比有许多优点：可在常温常压下操作；无中间副产物，降低了有机废气的毒性，同时避免了其他方法中的后期处理问题；去除率高,对 VOCs 适应性强；运行管理比较方便。目前，电晕放电是较为简单和有效的低温等离子体放电方式，具有较好的应用前景。电晕放电是指在非均匀电场中，在较高的电场强度下，气体产生"电子雪崩"，出现大量的自由电子，这些电子在电场力的作用下做加速运动并获得能量。当这些电子具有的能量与 C—H、C=C 或 C—C 键的键能相同或相近时，就可以打破这些键，从而破坏有机物的结构。电晕放电可以产生以臭氧为代表的具有强氧化能力的物质，可以氧化有机物。所以电晕法处理 VOCs 理论上是上述两种机理共同作用的结果。电晕放电技术对 VOCs 的处理效率很高，应用范围广，基本上对各类 VOCs 都能有效处理，对低浓度 VOCs 的处理效果显著。

3. 吸附法

含 VOCs 的气态混合物与多孔性固体接触时，利用固体表面存在的未平衡的分子吸引力或化学键力，把混合气体中 VOCs 组分吸附在固体表面，这种分离过程称为吸附法。吸附法已广泛应用于石油化工的生产部门的 VOCs 处理，它利用吸附剂不断吸附、脱附的循环，使吸附净化装置长期运转。吸附法不仅可以较彻底地净化有机废气，而且在不使用高温、高压等手段时可以有效地回收有价值的有机物组分。对吸附剂的基本要求是：具有较大的比表面积；对被吸附的吸附质具有良好的选择性；具有良好的再生性能；吸附容量大；具有良好的机械强度、热稳定性和化学稳定性；易获得，价格便宜。可作为工业上净化含 VOCs 废气的吸附剂有活性炭、硅胶、分子筛等，其中活性炭应用最为广泛，效果也最好。其原因在于其他吸附剂(如硅胶)具有极性，在水蒸气共存条件下，水分子将和吸附剂极性分子结合，降低吸附剂的吸附量，而活性炭分子不易与极性分子结合。但是，也有部分 VOCs(如丙酸、丙烯酸及丙烯酸类酯、丁二胺、苯酚等)被活性炭吸附后难以再从活性炭中除去，对于此类 VOCs 应选用其他吸附剂。

4．冷凝法

冷凝法的原理是利用不同温度下气态污染物蒸气压的不同，通过降低温度、提高系统压力或既降低温度又提高系统压力的方法使目标气态污染物过饱和而产生冷凝作用，从而实现净化和回收。该法特别适用于处理废气体积分数在 10^{-6} 以上的有机蒸气。冷凝法在理论上可达到很高的净化程度，但是当体积分数低于 10^{-6} 时，需进一步采取冷冻措施，使运行成本大大提高。所以冷凝法不适用于处理低浓度的有机废气，而常作为其他方法净化高浓度有机废气的前处理技术，以降低有机负荷，回收有机物。

5．光催化氧化法

光催化技术的基本原理是利用催化剂的光催化氧化性，在光照条件下，使催化剂中产生光致空穴和电子，光致空穴和电子分别具有极强的氧化性和还原性，使吸附于催化剂表面的原本不吸光且无法被氧化的 VOCs 被氧化，催化剂表面的电子受体被还原。光催化氧化技术对废水具有很好的处理能力，已被广泛应用，而利用光催化氧化技术处理 VOCs 废气则属于新型技术。

二、CO_2 的治理技术

工业革命后，人类大量使用煤炭等化石燃料，排放的大量 CO_2 使大气层中温室气体浓度大幅度上升，大气层的温室效应进一步强化，导致地表平均温度不断攀升。这就是全球气候变化的根本原因。CO_2 是最重要的温室气体，其温室效应占所有温室气体的 77%。但同时 CO_2 也是一种重要的碳资源，在国民经济各部门，二氧化碳均有十分广泛的用途。如固态二氧化碳(干冰)在食品卫生、工业、人工降雨中有大量应用，二氧化碳也可用于制碱工业和制糖工业，可当作焊接的保护气体和塑料行业的发泡剂，因此研究化工行业中 CO_2 的分离技术具有重要意义。

根据分离的原理、动力和载体等进行分类，工业上应用较为成熟的 CO_2 分离技术主要可分为 6 类：吸收分离技术、吸附分离技术、膜分离技术、化学循环燃烧分离技术、水合物分离技术和低温分离技术。

1．吸收分离技术

吸收分离技术是利用吸收剂溶液对含有 CO_2 的混合气体进行洗涤，从而达到分离 CO_2 的目的。按照吸收途径的不同，吸收分离 CO_2 的方法可分为物理吸收法和化学吸收法两种。

物理吸收法采用特定的有机溶剂，在特定条件下(如加压、降温等)对混合气体中的 CO_2 进行溶解和吸收，然后改变条件(如降压、升温)使吸收溶剂再生。溶剂的选择非常重要，一般要求所选的吸收剂必须对 CO_2 的溶解度大、沸点高、无腐蚀、无毒性、性能稳定。常用的吸收剂有甲醇、碳酸丙烯酯、N-甲基吡咯烷酮、聚乙二醇二甲醚、N-甲酰吗啉等。其优点是吸收效果好、能耗低、分离回收率高，适合 CO_2 含量较高的烟气；缺点是选择性较低，处理成本较高。

化学吸收法主要采用碱性溶液等能与 CO_2 快速反应的物质，化学溶解 CO_2 生成一种联结性较弱的中间化合物，然后通过改变条件(如加热)，分解释放气体使吸收剂再生。该方法适用于大流量低浓度 CO_2 的分离回收。典型的化学吸收溶剂主要是碳酸钾(再加上部分铵盐或钒、砷的氧化物)溶液和乙醇胺类溶液(乙醇胺、二乙醇胺、三乙醇胺、氨水、二甘醇胺、甲基二乙醇胺和二异丙醇胺等)。此法对 CO_2 的捕获效果好，技术较为成熟，已在化工行业中普遍应用，但由于吸收溶剂再生能耗大，存在成本昂贵的问题。

2．吸附分离技术

吸附分离技术是利用固态吸附剂对原料混合气中的 CO_2 选择性可逆吸附作用来分离捕集 CO_2 的。吸附剂在高温(或高压)时吸附 CO_2，降温(或降压)后将 CO_2 解析出来，通过周期性的温度(或压力)变化，使 CO_2 分离出来。按照吸附和解吸过程的变换条件，吸附法主要又分为变温吸附法(TSA)和变压吸附法(PSA)。常用的吸附剂有天然沸石、分子筛、活性氧化铝、硅胶和活性炭等。由于温度的变化速度慢、调节控制周期长，在工业上较少采用变温吸附法。而变压吸附法由于操作比较简单，因而在化工行业中应用较多。吸附分离技术主要是利用吸附剂和被吸附物质之间的范德华力，其吸附能力主要取决于吸附剂的表面积及操作的压(温)差。由于范德华力很弱，吸附效率较低，需要大量的吸附剂和吸附表面积，故投资较高。

3．膜分离技术

膜分离技术利用膜对不同气体的选择透过性，将 CO_2 从混合气体中分离出来。其原理主要是使 CO_2 气体能快速溶解于吸收液中并通过分离膜或吸收膜快速传递，从而达到吸收气体在膜的一侧浓度降低，而在另一侧富集的目的。

4．化学循环燃烧分离技术

化学循环燃烧分离技术最早是在 20 世纪 80 年代初期提出的，该技术以燃烧过程中循环流动的颗粒为氧载体，让烃类燃料与金属氧化物中的晶格氧在燃烧反应器中发生燃烧反应生成 CO_2 和 H_2O，金属氧化物被还原成低价的金属氧化物或者金属单质，然后通过冷却即可将 CO_2 简单分离出来。被还原的金属氧化物与空气中的氧气在空气反应器中发生强放热的氧化反应，金属氧化物得以再生。

与传统的技术相比，该技术的主要优点是改变了传统的燃料与空气中氧气直接反应的燃烧过程，引入金属氧化物作为氧的载体，为燃料提供氧原子，避免了生成的 CO_2 气体被空气中大量的氮气所稀释，减少了分离 CO_2 所需的能耗，同时也避免了燃料气体与氧气直接混合带来的爆炸危险。由于燃烧过程中没有空气的直接参与，因此没有生成氮氧化物气体。但是，化学循环燃烧技术也存在能量系统和氧载体反应活性等方面的优化问题。在氧载体反应活性方面，金属氧化物颗粒作为氧的载体在燃料反应器与空气反应器之间循环使用，是实现系统运转的核心要素之一。为了增强循环颗粒的整体力学性能和反应活性，金属氧化物需要用一种惰性物质作为载体。目前，国内外主要选择 NiO、Fe_2O_3、CuO 和 CoO 等作为金属氧化物制备氧载体。

5．水合物分离技术

气体水合物是指在一定温度和压力条件下，小分子气体和水形成的一种冰晶状的晶体物质。因为在相同的温度下，不同的气体形成水合物的平衡压力不尽相同，故可以通过调节压力使那些平衡压力较低的气体形成气体水合物，进而达到分离的目的。

首先，将经过预处理的酸性混合气体通入水合物反应器中，接着调节压力，使容易生成气体水合物的 CO_2 气体与其他气体分离开，最后将生成的 CO_2 气体水合物的一部分通入固液分离器中，进行固液分离，脱水后可直接利用。另一部分可通入分解器中，分解后的 CO_2 气体水合物可以贮藏，以提高回收率。最后将分解后的水和添加剂混合物重新回流至水合物反应器中循环使用。

水合物分离技术如今较多运用于燃烧烟气中 CO_2 的分离捕集。该技术与其他分离技术相比，具有工艺流程简单、可连续生产的优点，并且该技术对 CO_2 的分离效果较好，对压力的损失也较少；缺点是容易腐蚀装置，对装置的选材要求较高。

6．低温分离技术

低温分离技术是通过低温冷凝分离 CO_2 的一种物理过程。CO_2 在常温常压下以气态形式存在。其临界压力为 7.43 MPa，临界温度为 31.1℃。因此，只要将压力增加到 7.43 MPa，温度低于 31.1℃，就可使 CO_2 变为液态，从而得到有效的分离。该技术的优点是与其他技术联合使用具有较好的分离效果，能够分离出高纯度的 CO_2，缺点是能耗较高、设备投资大、工艺复杂。

5.5　大气污染典型案例分析

大气污染典型案例分析

5.6　国内外杰出科学家简介

1．任阵海与大气污染治理

任阵海，大气环境科学专家，1995 年当选为中国工程院院士。他在 20 世纪 50 年代参加战略作物防害工程时发现致害诱因，此后从事云雾催化工程，筛选催化剂，实施最早的云中催化。他还受命组织军事环境科学研究，负责核试验场边界层污染实验，在我国三线建设时期，负责十余个山区及临海基地的选址及环境规划实验，与团队撰写了最早的山区空气污染专著等。他组织发展探测实验技术，研发多普勒超声雷达(批量生产)、等容气球及其甚高频多普勒多目标跟踪系统；最早组织大气颗粒物沉降速度测量和 SO_2 转化率实验，填补了当时该领域的空白；最早利用辐射监测资料反演大气颗粒物时空分布特征，建立大气环境容量理论，解决了环境规划控制的难点，并应用于多个区域性经济与环境的调控对策；首次揭示我国与跨国大气输送宏观规律，为应对国际争端提供科学依据；创立了大气环境资源背景场。

2. 唐孝炎与大气环境研究

唐孝炎，环境科学专家，1995 年当选为中国工程院院士。他于 1972 年起开创了我国大气环境化学领域的系统研究和教学，在国内首次设计组织了光化学烟雾大规模综合观测研究，证实光化学烟雾在我国存在并发现不同于国外的成因，由此制定的防治措施，使兰州夏季严重的光化学污染显著缓解。经过 10 多年系统研究，在酸雨输送成因和致酸氧化剂方面取得的成果，为确定我国酸雨研究和防治方向起了主导作用。他针对我国城市大气污染的特点，在大气细颗粒物的来源、形成及对城市大气污染的作用方面有深入研究。他还积极参与全球关注的臭氧层保护工作，主持编写的《中国消耗臭氧层物质逐步淘汰国家方案》获得国际组织的高度评价。曾获国家科技进步一等奖、二等奖；"何梁何利"科学技术进步奖；国家环保总局臭氧层保护个人特别金奖；美国国家环境保护局平流层臭氧保护奖；并作为全球十六位专家之一获得联合国环境署和世界气象组织维也纳公约 20 周年纪念奖。

3. 李俊华与大气污染治理

李俊华，大气污染防治专家，清华大学环境学院教授、大气污染物与温室气体协同控制国家工程研究中心主任，20 多年来一直工作在科研和教学一线，从事大气污染物与温室气体协同控制技术教学与科研工作，致力于工业炉窑烟气深度治理、有机废气净化与资源化、燃煤锅炉烟气减污降碳等研究，提出了中低温脱硝反应机理和多污染物协同控制理论，攻克了除尘脱硝一体化多功能材料和挥发性有机物高效吸附催化净化技术难题，研发了烟气低成本清洁高效碳捕集技术并开展工程示范。他的主要成果在燃煤锅炉、冶金、建材、石油化工等行业大气污染治理中的应用，推动了重点行业烟气多污染物超低排放和工业烟气碳捕集利用，引领重点行业大气污染物深度减排。他发表 SCI 论文 400 余篇，出版学术专著 3 部，授权国家发明专利 66 项；荣获国家卓越工程师团队奖(团队负责人)和国家科技进步一等奖(第一完成人)、国家技术发明二等奖(第一完成人)、教育部和中国环境保护产业协会特等奖各 1 项(第一完成人)、省部级或行业一等奖 6 项、光华工程科技青年奖及 2024 年度何梁何利基金"科学与技术创新奖"。

4. 迈克尔·霍夫曼与大气污染治理

迈克尔·霍夫曼现为加州理工学院 Theodore Y. Wu 教授。2011 年，霍夫曼被评为美国国家工程院院士。霍夫曼四十多年的学术生涯研究涉及大气化学、化学动力学、催化氧化与还原、光化学、光催化、纳米技术、超声化学、光电化学、脉冲等离子体化学、环境水化学和微生物学等领域，发表的研究论文多从机理上揭示了重要环境问题或污染防治技术的原理，得到了同行的高度认可并被广泛引用，被 SCI 引用总计约 54 000 次，H 指数高达104。科学索引(Web of Science)将他列为世界上工程领域被引用次数最多的学者之一。霍夫曼于 1991 年和 2005 年两次获得德国洪堡基金会洪堡研究奖；2001 年，获得美国化学学会 Creative Advances 奖；2003 年获美国水环境基金会 Jack E. McKee 奖章。2010 年，霍夫曼被台湾大学聘为大气科学、化学及环境工程学科杰出首席教授。2012 年，霍夫曼课题组发明由太阳能驱动的电化学废水处理技术，该技术被用于处理厕所废水以改善欠发达地区卫生状况，获得梅琳达·比尔盖茨基金会嘉奖。2015 年，该技术获得 Vodafone 基金会嘉奖。2012 年，霍夫曼被评为英国皇家工程院杰出访问学者。

思 考 题

1. 近年来我国大气中的主要污染物有哪些？分别有什么特点？

2. 钢铁作为我国工业的基础材料之一，在冶炼过程中涉及哪些废气的排放？可以通过哪些手段进行治理？

3. 陶瓷烧成过程中辊道窑烟气末端治理中干法与湿法技术的特点是什么？各自的优势分别是什么？

4. VOCs 是化工行业废气污染物中的典型成分之一，其治理方法都有哪些？

第6章 水污染及其防治技术

6.1 水资源、水体污染与自净

6.1.1 水资源

地球上的总水量约为 13.6×10^8 km^3，其中 97%以上为海洋的咸水，地球淡水总量为 3.8×10^7 km^3，只占全球总水量的 3%，且 3/4 是在南北极的冰帽和冰川中，目前还极少被利用。与人类生活和生产活动关系密切而比较容易被开发利用的淡水储量约为 400 万立方千米，仅占地球总水量的 0.3%，而且这部分淡水在陆地上的分布也很不均匀。我国水资源总量约为 2.8 亿立方米，居世界第 6 位，但人均占有量只有 2300 m^3，约为世界人均水平的 1/4，列世界第 121 位。我国是世界上 13 个贫水国家之一。

我国的水资源存在着严重的时空分布不均衡性。在空间(地区)分布上，总的来说东南多西北少，南方长江流域和珠江流域水量丰富，而北方则少雨干旱，大约 90%的地面径流量和 70%以上的地下渗流量分布在不到全国面积 50%的南方。在时间分布上，由于我国大部分地区的降水量主要受季风气候的影响，汛期四个月左右的降水，南方各省占全年降水量一半，北方及西南各省占 70%～80%。这就导致了降水量年内分配不均，年际变化很大。总的来说冬春少雨、夏季多雨，有时还连续出现枯水年和丰水年的现象，更给水资源的合理利用增加了困难。据对全国 669 个城市调查，有 400 个城市常年供水不足，其中 110 个城市严重缺水，日缺水量达 1600 万立方米。因此合理用水，节约用水，防治水污染，保护水资源是我国实现社会、经济可持续发展的重要战略任务。

6.1.2 水体污染

水体污染是指污染物进入河流、湖泊、海洋或地下水等水体，使水体的水质和沉积物的物理性质、化学性质或生物群落组成发生变化，从而降低了水体的使用价值和使用功能的现象。污染物进入水体的主要途径为人口集中区域的生活污水排放，工业生产过程中产生的废水排放，使用农药或化肥的农田排水，大气中的污染物随降水进入地表水体，固体废弃物堆放场地因雨水冲刷、渗漏等所造成的污染，其中废水排放是造成水污染的主要原因。

废水的分类有多种方法。根据废水的来源分为生活污水和工业废水两大类，又将城镇生活污水、工业废水和雨水的混合废水称为城市污水，它是城市通过下水管道收集到的所有排水；按照污染物的化学类别，分为无机废水和有机废水；也可以根据毒物的种类分类，以表明主要毒物；还可以按照工业行业或生产工艺名称来分类。

6.1.3　水体自净

污染物随污水排入水体后，经过物理、化学与生物化学的作用，污染物的浓度降低或总量减少，受污染的水体部分或完全地恢复原状，这种现象称为水体自净。水体自净过程非常复杂，按其机理可分为三类：

(1) 物理净化作用：水体中的污染物质由于稀释、扩散、挥发、沉淀等作用而浓度降低的过程。其中稀释作用是一项重要的物理净化过程。

(2) 化学净化作用：水体中污染物由于氧化、还原、分解、合成、吸附、凝聚、中和等反应而浓度降低的过程。

(3) 生物净化作用：水体中污染物由于水生生物，特别是微生物的生命活动，浓度降低的过程。

6.2　水体污染物及水体污染的危害

6.2.1　水体污染物

水体污染物种类繁多，可以用不同的方法、标准或从不同的角度进行分类。从环境工程的角度，水体污染物可以分为固体污染物、需氧污染物、有毒污染物、营养性污染物、生物污染物、酸碱污染物、感官污染物、油类污染物和热污染物等。

6.2.2　水体污染的危害

水体污染造成的危害极大，包括对人类健康、公共事业、工业生产、农业生产、生态系统、水资源、旅游资源等诸多方面。水体污染对人类的危害主要表现在以下三个方面：

(1) 对人类健康的危害。水体污染对人类健康的危害最严重，特别是重金属、有毒有害有机污染物和病原微生物等。目前，已知疾病中约 80% 与水污染有关，一方面许多疾病通过水体媒介传播；另一方面，许多化学药品、重金属污染人类饮用水水源，引发人们罹患癌症、心血管疾病等多种疾病。

(2) 对工业和农业生产的危害。电子工业、食品工业等行业对水质的要求比较高，水中污染物会影响产品质量；此外，废水中的有毒有害物质不仅污染土壤，恶化土质，而且会造成农作物、森林等受损或死亡。

(3) 对生态系统的危害。水体污染会严重干扰自然界的生态系统，水中的有害有毒有机物、重金属、石油、农药等会使水生生物(如鱼类等)大量死亡；水中的环境激素(又称为内分泌干扰物)对水生动物的生殖系统产生影响，会造成有些物种灭绝，又因其迁移转化和生物富集等对人类产生潜在危害。

6.3　水污染防治技术

针对不同污染物质的特征，发展了各种不同的废水处理方法，特别是对化工废水的处理。这些处理方法按其作用原理可划分为四大类，即物理处理法、化学处理法、物理化学法和生化处理法。

(1) 物理处理法：通过物理作用，以分离回收废水中不溶解的呈悬浮状态的污染物质。根据物理作用的不同，又可分为重力分离法、离心分离法和筛滤截流法等。属于重力分离法的处理单元有沉淀、上浮(气浮、浮选)等，相应使用的处理设备是沉沙池、沉淀池、除油池、气浮池及其附属装置等。离心分离法本身就是一种处理单元，使用的处理装置有离心分离机和水旋液分离器等。筛滤截流法分截留和过滤两种处理单元，前者使用的处理设备是隔栅、筛网，而后者使用的是砂滤池和微孔滤池等。

(2) 化学处理法：通过化学反应去除废水中呈溶解、胶体状态的污染物质或将其转化为无害物质。如以投加药剂进行化学反应为基础的处理方法——混凝、中和、氧化还原等。化学处理法各处理单元使用的处理设备，除相应的池、罐、塔外，还有一些附属装置。

(3) 物理化学处理法：以传质作用为基础的处理单元既具有化学作用，又具有与之相关的物理作用，即通过物理化学的作用使污水得到净化的方法，如萃取、汽提、吹脱、吸附、离子交换及电渗析和反渗透等。后两种处理单元又统称为膜处理技术。采用本法前，废水一般均需预处理，先除去水中的悬浮物、油渍、有害气体等，有时还需调整 pH，以便提高处理效果。

(4) 生化处理法：通过微生物的代谢作用，废水中呈溶液、胶体及微细悬浮状态的有机污染物质转化为稳定、无害的无机物的废水处理方法。根据起作用的微生物不同，生化处理法又可分为好氧生化处理法和厌氧生化处理法。

下文分别针对上述四种处理方法进行详细介绍。

6.3.1　物理处理法

在废水的处理中，物理处理法占有重要的地位。与其他方法相比，物理处理法具有设备简单、成本低、管理方便、效果稳定等优点。它主要用于去除废水中的漂浮物、固体悬浮物、沙和油类等物质。物理处理法一般用作其他处理方法的预处理或补充处理。物理处理法包括重力分离法、离心分离法、过滤法等。

一、重力分离法

重力分离法是利用污水中呈悬浮状的污染物与水密度不同的原理，借重力沉降(或上浮)作用使其从水中分离出来。此法常常被用作其他处理方法之预处理或再处理。本节以悬浮物沉淀为例，讨论重力分离法相关理论和技术。

沉淀是使水中悬浮物质(主要是可沉固体)在重力作用下下沉，从而与水分离，使水质得到澄清。这种方法简单易行，分离效果良好，是水处理的重要工艺，在每种水处理过程中几乎都不可缺少。

按照水中悬浮颗粒的浓度、性质及其絮凝性能的不同，沉淀现象可分为以下几种类型。

(1) 自由沉淀：悬浮颗粒的浓度低，在沉淀过程中互不黏合，不改变颗粒的形状、尺寸及密度，如沉砂池中颗粒的沉淀。

(2) 絮凝沉淀：在沉淀过程中能发生凝聚或絮凝作用、浓度低的悬浮颗粒的沉淀。絮凝沉淀作用使颗粒质量增加，沉降速度加快，且随深度而增加。废水化学混凝过程中颗粒的沉淀即属絮凝沉淀。

(3) 拥挤沉淀(成层沉淀)：水中悬浮颗粒的浓度比较高，在沉降过程中，产生颗粒互相干扰的现象，在清水与浑水之间形成明显的交界面，并逐渐向下移动，因此又称成层沉淀。活性污泥法后的二次沉淀池以及污泥浓缩池中的初期情况均属这种沉淀类型。

(4) 压缩沉淀。压缩沉淀一般发生在高浓度的悬浮颗粒的沉降过程中，颗粒相互接触并部分地受到压缩物支撑，下层颗粒间隙中的液体被挤出界面，固体颗粒群被浓缩。浓缩池中污泥的浓缩过程属此类型。

生产上用来对污水进行沉淀处理的设备称为沉淀池。根据池内水流方向的不同，沉淀池的形式大致可以分为四种，即平流式沉淀池、竖流式沉淀池、辐流式沉淀池及斜板式沉淀池等。沉淀池的操作区域可以大致分为沉淀部分和集泥部分。

(1) 沉淀部分：废水在这部分区域内流动，悬浮固体颗粒也在这部分区域内进行沉降。为了使水流均匀地通过各个过水断面，一般均在污水池的入口处设置挡板，并且要使进水的入口置于池内的水面以下。另外在沉淀池的出水口前设置浮渣挡板，用以防止漂浮在水面上的浮渣及油污等随水流出沉淀池。

(2) 集泥部分：沉降物在此部分集中和排放。排放方法与池底形式有关。采用机械排泥的沉淀池池底是平底。也可以采用泥浆泵或利用水的压力将污泥排出，此时池底应为锥形。另外还可以两种排泥方式同时采用。

沉淀池的特点和适用条件如表 6-1 所示。

表 6-1　沉淀池的特点和适用条件

池　型	优　点	缺　点	适用条件
平流式沉淀池	对冲击负荷和温度变化的适应能力较强；施工简单，造价低	采用多斗排泥，每个泥斗需单独设排泥管各自排泥，操作工作量大；采用机械排泥，机件设备和驱动件均浸于水中，易锈蚀	适用于地下水位较高及地质条件较差的地区；适用于大、中、小型污水处理厂
竖流式沉淀池	排泥方便，管理简单；占地面积较小	池深度大，施工困难；对冲击负荷和温度变化的适应能力较差；造价较高；池径不宜太大	适用于处理水量不大的小型污水处理厂
辐流式沉淀池	采用机械排泥，运行较好，管理较简单；排泥设备已有定型产品	池水水流速度不稳定；机械排泥设备复杂，对施工质量要求较高	适用于地下水位较高的地区；适用于大、中型污水处理厂
斜板式沉淀池	沉淀效果好,占地面积较小，排泥方便	易堵塞；造价高	适用于原有沉淀池挖潜，化学污泥沉淀等

二、离心分离法

物体作高速旋转时会产生离心力，利用离心力分离废水中杂质的处理方法，称为离心分离法。当废水作高速旋转时，由于悬浮固体与水的质量不同，因而所受的离心力也不相同。质量大的悬浮固体被抛向外侧，质量小的水被推向内层，从而使悬浮固体和水从各自出口排出，达到净化废水的目的。

根据产生离心力的方式，离心分离设备可分成水力旋流器和离心分离机两种类型。前者是设备本身不动，由水流在设备中作旋转运动而产生离心力；后者则是靠设备本身旋转带动液体旋转而产生离心力。

1. 水力旋流器

水力旋流器的基本分离原理为离心沉降，即悬浮颗粒靠回转流所产生的离心力而进行分离沉降。这种离心分离设备本身没有运动部件，其离心力由流体的旋流运动产生。水力旋流器又分为压力式和重力式两种。

1) 压力式水力旋流器

压力式水力旋流器的主体由空心的圆形筒体和圆锥体两部分连接组成。进水口设在圆形筒体上，圆锥体下部为底流排出口，器顶为出水溢流管。含有悬浮物的废水由进水口沿切线方向流入(进水流速度可达 6～10 m/s)，并沿筒壁作高速旋转流动，废水中粒度较大的悬浮颗粒受惯性离心力作用被甩向筒壁，并随外旋流沿筒壁向下作螺旋运动，最终由底流出口排出；而粒度较小的颗粒所受惯性离心力较小，向筒壁迁移的速度也较慢，当该速度小到随水流向下运动至锥体顶部时仍未到达筒壁，就会在反转向上的内旋流的携带下，进入溢流管而随出流排出。如此，含悬浮物的废水在流经水力旋流器的过程中，直接完成固液分离操作。

压力式水力旋流器具有结构简单、体积小、单位处理能力高等优点，但设备磨损严重，动力消耗比较大。由于水力旋流器单体直径较小，一般不超过 500 mm，通常采用多个旋流器分组并联方式。

2) 重力式水力旋流器

重力式水力旋流器，也可称为水力旋流沉淀池。

废水沿切线方向由进水管进入沉淀池底部，借助于进、出水的压差，在分离器内作旋转升流运动，在离心力和重力的作用下，水中的重质悬浮颗粒被甩向器壁并下滑至底部，由抓斗定期排出；分离处理后的出水经溢流堰进入吸水井中，由水泵排出；分离出的浮油通过油泵抽入集油槽。重力式水力旋流器的表面负荷一般为 25～30 m³/(m²·h)，作用水头一般为 5～6 kPa。与压力式水力旋流器相比，重力式水力旋流器能耗低，且可避免水泵及设备的严重磨损；但设备容积大，池体下部深度较大，施工困难。

2. 离心分离机

离心分离机按分离因数 Z 的大小可分为高速离心机($Z>3000$ r/min)、中速离心机($Z = 1500～3000$ r/min)、低速离心机($Z = 1000～1500$ r/min)；按离心机形状可分为过滤离心机、转筒式离心机、管式离心机、盘式离心机和板式离心机等。

1) 常速离心机

中低速离心机统称为常速离心机，在废水处理中多用于污泥脱水和化学沉渣的分离。其分离效果主要取决于离心机的转速及悬浮颗粒的性质，如密度和粒度等。转速一定的条件下，离心机的分离效果随颗粒密度和粒度的增加而提高，而对于悬浮物性质一定的废水和泥渣，则离心机的转速越高，分离效果越好。因此，使用时要求悬浮物与水之间有较大的密度差。常速离心机按原理可分为离心过滤式和离心沉降式两种。

(1) 间歇式过滤离心机。间歇式过滤离心机属离心过滤式，将要处理的废水加入绕垂直轴旋转的多孔转鼓内，转鼓壁上有很多圆孔，壁内衬有滤布，在离心力的作用下，悬浮颗粒在转鼓壁上形成滤渣层；而水则透过滤渣层和转鼓滤布的孔隙排出，从而实现了固液的分离；待停机后将滤渣取出，可进行下一批次废水的处理。这种离心机适于小量废水处理。

(2) 转筒式过滤离心机。转筒式过滤离心机属离心沉降式，废水从旋转筒壁的一端进入并随筒壁旋转，离心力作用使固体颗粒沉积在筒壁上，固体颗粒中的水分受离心力挤压进入离心液，过滤分离后的澄清水由另一侧排出，所形成的筒壁沉渣由安装在旋转筒壁内的螺旋刮刀进行刮卸，从而实现悬浮物与水的分离。由于是依靠离心沉降作用进行分离，因此适用的废水浓度范围较宽，分离效率可达 60%～70%，并且能连续稳定工作，适应性强，分离性能好。

离心分离效率的提高，可以通过提高离心机的转速或者增大离心机的直径来实现。但由于转速过高设备会产生振动，而直径过大设备的动平衡不易维持，因而通常根据实际情况将两种方法结合使用。例如，小型离心机通常采用小直径、高转速；而大型离心机则通常采用大直径、低转速。

2) 高速离心机

高速离心机转速一般大于 3000 r/min，有管式和盘式两种，主要用于废水中乳化油脂类、细微悬浮物以及有机分散相类物质(如羊毛脂、玉米蛋白质等)的分离。

三、过滤法

废水中含有悬浮物和漂浮物时，常采用机械过滤的方法加以去除。过滤法常作为废水处理的预处理方法，用以防止水中的微粒物质及胶状物质破坏水泵，堵塞管道及阀门等。过滤法也常用在废水的最终处理中，使滤出的水可以进行循环使用。

1. 隔栅过滤

隔栅通常被斜置在废水进口处用以截留较粗悬浮物和漂浮物。栅条间净距 10～25 mm，它本身的水流阻力并不大，只有几厘米，阻力主要产生于筛余物堵塞栅条。一般当隔栅的水头损失达到 10～15 cm 时就应该清洗。现在一般采用机械甚至自动清除设备。

2. 筛网过滤

选择不同尺寸的筛网(网丝净距 1～10 mm)，能去除水中不同类型和大小的悬浮物，如纤维、纸浆、藻类等，相当于一个初沉池的作用。筛网过滤装置很多，有振动筛网、水力筛网、转鼓式筛网、转盘式筛网、微滤机等。

3. 颗粒介质过滤

颗粒介质过滤适用于去除废水中的微粒物质和胶状物质，常用作离子交换和活性炭处理前的预处理，也能用作废水的三级处理。

颗粒介质过滤器可以是圆形池或方形池。无盖的过滤器称为敞开式过滤器，一般废水自上流入，清水由下流出。有盖而且密闭的过滤器称为压力过滤器，废水用泵加压送入，以增加过滤速度。

过滤介质的粒度及材料取决于所需滤出的微粒物质颗粒的大小、废水性质、过滤速度等因素。在废水处理中常用的滤料有石英砂、无烟煤粒、石榴子石粒、磁铁矿粒、白云石粒、花岗岩粒及聚苯乙烯发泡塑料球等。其中以石英砂使用最广。石英砂的机械强度大，相对密度在 2.65 左右，在 pH 为 2.1～6.5 的酸性废水环境中化学稳定性好。但废水呈碱性时，石英砂有溶出现象，此时一般用大理石和石灰石。无烟煤的化学稳定性较石英砂好，在酸性、中性及碱性环境中都不溶出，但机械强度稍差，其相对密度因产地不同而有所不同，一般为 1.4～1.9。大密度滤料常用于多层滤料滤池，其中石榴子石和磁铁矿的相对密度大于 4.2，莫氏硬度大于 6。对含胶状物质废水则可用粗粒骨炭、焦炭、木炭、无烟煤等过滤。在此情况下，过滤介质兼有吸附作用。

快滤池是常用的颗粒介质过滤设备，一般用钢筋混凝土建造，池内有排水槽、过滤层、承托层和排水系统；池外有集中管廊，配有进水管、排水管、排水管冲洗水管等管道及附件。在废水的三级处理中，往往采用综合滤料过滤器，滤床采用不同的过滤介质，一般是以隔栅或筛网及滤布等作为底层的介质，然后在其上再堆积颗粒介质。常用的一种综合滤料的组成是：无烟煤(相对密度为 1.55)占 55%～60%，硅砂(相对密度为 2.6)占 25%～30%，钛铁矿石榴子石(相对密度为 4 以上)占 10%～15% 以上。滤床上层是相对密度较小的无烟煤粒，一般粒径为 2 mm；底层是相对密度较大的细粒材料，粒径为 0.25 mm；最下面是砾石承托层。三种滤料之间适当的粒径和相对密度的比例是决定因素，而两种相对密度较大的滤料中应包括严格控制的各种细粒径滤料，这样，在反冲洗后，滤床每一水平断面都有各种滤料形成混合滤料而无明显的交界面。综合滤料滤池接近理想滤池，沿水流方向有由粗至细的级配滤料的逐渐均匀减小的空隙，以提供最大截污能力，从而延长过滤周期，增加滤速，接受较大的进水负荷。这种综合滤料滤池的滤速可达 15～30 m/h，为普通滤池的 3～6 倍。

6.3.2　化学处理法

化学处理法是废水处理的基本方法之一。它是利用化学作用来处理废水中的溶解物质或胶体物质，可用来去除废水中的金属离子、细小的胶体有机物和无机物、植物营养素(氮、磷)、乳化油、色度、酸、碱等，对于废水的深度处理有着重要作用。常用的化学处理法有中和法、混凝法、氧化还原法等。

一、中和法

污水的中和就是通过向污水中投加化学药剂，使其与污染物发生化学反应，调节污水的酸碱度(pH)，使污水呈中性或接近中性，pH 范围适宜下一步处理或排放。中和法因污水的酸碱性不同而不同。

酸性污水常采用碱性污水与其相互中和，也可采用加入药剂中和或用碱性滤料过滤中和的方法，使酸性污水呈中性。

而对碱性污水，采用酸性污水与其相互中和或加入药剂中和的方法，使碱性污水呈中性。酸性污水的数量和危害都比碱性污水大得多。

酸碱污水以 pH 值表示可分为：

强酸性污水：pH<4.5　　　　　　　弱碱性污水：pH 8.5～10.0

弱酸性污水：pH 4.5～6.5　　　　　强碱性污水：pH>10

中性污水：pH 6.5～8.5

我国《污水综合排放标准》规定排放污水的 pH 值应在 6～9。如将 pH 值由中性或酸性调至碱性，称为碱化；如将 pH 值由中性或碱性调至酸性，称为酸化。

1. 酸性废水的中和处理

对酸性废水进行中和时，可采用以下一些方法：① 使酸性废水通过石灰石滤床；② 将酸性废水与石灰乳混合；③ 向酸性废水中投加烧碱或纯烧碱溶液；④ 将酸性废水与碱性废水混合，使废水 pH 近于中性；⑤ 向酸性废水中投加碱性废渣，如电石渣、碳酸钙、碱渣等。通常，尽量选用碱性废水或废渣来中和酸性废水，以达到以废治废的目的。

2. 碱性废水的中和处理

对碱性废水，一般可以采用以下途径进行中和：① 向碱性废水中鼓入烟道废气；② 向碱性废水中注入压缩的二氧化碳气体；③ 向碱性废水中投入酸或酸性废水等。

对碱性废水进行中和时，首先考虑采用酸性废水进行中和处理。若附近没有酸性废水时可采用投加酸进行中和。工业硫酸是在碱性废水中和时应用比较多的中和物。用烟道气中和碱性废水，主要是利用烟道气中的 CO_2 和 SO_2 两种酸性气体对碱性废水进行中和。这是一种以废治废、开展综合利用的好办法，既可以降低废水的 pH，又可以去除烟道气中的灰尘，并使烟道气中的 CO_2 及 SO_2 气体从烟道气中分离出去，防止烟道气污染大气。

二、混凝法

混凝法是向污水中投入某种化学药剂(常称之为混凝剂)，使在水中难以沉淀的胶体状悬浮颗粒或乳状污染物失去稳定后，由于互相碰撞而聚集或聚合、搭接而形成较大的颗粒或絮状物，从而使污染物更易于自然下沉或上浮而被除去。混凝剂可降低污水的浊度、色度，除去多种高分子物质、有机物、某些重金属毒物和放射性物质。粒度在 1 nm～100 μm之间的部分悬浮液和胶体溶液均可采用混凝法处理。

混凝法是污水处理中常采用的方法，混凝法能改善污泥的脱水性能。混凝法与其他处理法比较，其优点是设备简单，维护操作易于掌握，处理效果好，间歇或连续运行均可以。缺点是不断向污水中投药，导致运行费用较高，沉渣量大，且脱水较困难。

1. 混凝法的基本原理

废水中投入混凝剂后，胶体因吸附层表面与溶液主体之间的电位差(ζ 电位)降低或消除，破坏了颗粒的稳定状态(称脱稳)。脱稳的颗粒因范德华力相互聚集为较大颗粒的过程称为凝聚。未经脱稳的胶体也可形成大的颗粒，这种现象称为絮凝。不同的化学药剂能使胶体以不同的方式脱稳、凝聚或絮凝。按机理，混凝可分为压缩双电层、吸附电中和、吸附架桥、沉淀物网捕四种。

1) 压缩双电层

由胶体颗粒的双电层结构可知，反离子的浓度在胶粒表面最大，并沿着胶粒表面向外距离呈递减分布，最终与溶液中离子浓度相等。当向溶液中投加电解质时，使溶液中离子浓度增高，则扩散层的厚度将减小。该过程的实质是加入的反离子与扩散层原有反离子之间的静电斥力把原有部分反离子挤压到吸附层中，从而使扩散层厚度减小。由于扩散层厚度的减小，ζ 电位相应降低，因此胶粒间的相互排斥力也减小。另一方面，由于扩散层减薄，它们相撞的距离也减小，因此相互间的吸引力也相应变大。从而其排斥力与吸引力的合力由斥力为主变成以引力为主，胶粒得以迅速凝聚。

2) 吸附电中和

胶粒表面对异号离子、异号胶粒、链状离子或分子带异号电荷的部位有强烈的吸附作用，由于这种吸附作用中和了电位离子所带电荷，减少了静电斥力，降低了 ζ 电位，使胶体的脱稳和凝聚易于发生。此时静电引力常是这些作用的主要方面。三价铝盐或铁盐混凝剂投量过多，混凝效果反而下降的现象，可以用本机理解释。因为胶粒吸附了过多的反离子，使原来的电荷变号，排斥力变大，从而发生了再稳现象。

3) 吸附架桥

吸附架桥作用主要是指链状高分子聚合物在静电引力、范德华力和氢键等作用下，通过活性部位与胶粒和细微悬浮物等发生吸附桥联形成较大聚集体的过程。当三价铝盐或铁盐及其他高分子混凝剂溶于水后，经水解、缩聚反应形成高分子聚合物，具有线性结构。这类高分子物质可被胶粒强烈吸附。聚合物在胶粒表面的吸附来源于各种物理化学作用，如范德华力、静电引力、氢键、配位键等，取决于聚合物和胶粒表面二者化学结构的特点。因其线性长度较大，当它的一端吸附某一胶粒后，另一端又吸附另一胶粒，在相距较远的两胶粒间进行吸附架桥，使颗粒逐渐变大，形成粗大絮凝体。

4) 沉淀物网捕

当采用硫酸铝石灰或氯化铁等高价金属盐类作混凝剂时，当投加量大得足以迅速沉淀金属氢氧化物(如 $Al(OH)_3$、$Fe(OH)_3$)或金属碳酸盐(如 $CaCO_3$)时，水中的胶粒和细微悬浮物可被这些沉淀物在形成时作为晶核或吸附质所网捕团聚成絮凝体。

2. 混凝剂

混凝剂的种类很多，按其化学成分可分为无机和有机两大类。

无机混凝剂主要利用强水解基团水解形成的微絮粒使胶粒脱稳，主要有铝系和铁系金属盐。铝盐如硫酸铝、铝酸钠等；铁盐如硫酸亚铁、硫酸铁、三氯化铁等，其他还有碳酸镁、活性硅酸、高岭土、膨润土等。这些药剂均可取得良好的混凝效果，可根据水质情况选用。只是在混凝过程中，大多数会产生比较多的污泥。此外，还有一种无机高分子混凝剂，如聚合氯化铝、聚合硫酸铁，目前应用最为广泛，混凝效果也更好。

有机混凝剂分为天然有机混凝剂与人工合成有机高分子混凝剂。天然有机混凝剂的使用量远少于人工合成的。人工合成有机高分子混凝剂都是水溶性聚合物，重复单元中常包含带电基团，因而也被称为聚电解质。包含带正电荷基团的为阳离子型混凝剂，包含带负电荷基团的为阴离子型混凝剂，既包含带正电荷基团又包含带负电荷基团的为两性混凝剂。有些人工合成有机高分子混凝剂在制备中并没有人为地引进带电基团，称为非离子型混凝剂。

三、氧化还原法

氧化还原法是指加入氧化剂或还原剂将污水中有害物质氧化或还原为无害物质的方法。利用氧化剂能把污水中的有机物降解为无机物，或者把溶于水的污染物氧化为不溶于水的非污染物质，从而达到处理的目的。

投加化学氧化剂可以处理废水中的 CN^-、S^{2-}、Fe^{2+}、Mn^{2+} 等离子。采用的氧化剂包括下列几类：

(1) 在接受电子后还原成负离子的中性分子，如 Cl_2、O_2、O_3 等。

(2) 带正电荷的离子，接受电子后还原成负离子，如漂白粉中的次氯酸根中的 Cl^+ 变为 Cl^-。

(3) 带正电荷的离子，接受电子后还原成带较低正电荷的离子，如 MnO_4^- 中的 Mn^{7+} 变为 Mn^{2+}，Fe^{3+} 变为 Fe^{2+} 等。

目前工业上常用的氧化剂为氧气和氯气等。

1. 空气氧化法

空气氧化是将空气通入污水中，利用空气中的氧来氧化污水中可被氧化的有害物质。空气因氧化能力较弱，主要用于含有还原性较强物质的污水处理。

空气氧化法常用于处理含硫废水，石油化工厂、皮革厂、制药厂等都排出大量含硫废水。废水中的硫化物一般都以钠盐或铵盐形式存在于污水中，如 Na_2S、$NaHS$、$(NH_4)_2S$、NH_4HS。当废水含硫量不是很大，无回收价值时，可采用空气氧化脱硫。向废水中注入空气和蒸气，硫化物转化为无毒的硫代硫酸盐或硫酸盐。空气中的氧与水中的硫化物的反应如下：

$$2HS^- + 2O_2 \rightarrow S_2O_3^{2-} + H_2O$$
$$2S^{2-} + 2O_2 + H_2O \rightarrow S_2O_3^{2-} + 2OH-$$
$$S_2O_3^{2-} + 2O_2 + 2OH^- \rightarrow 2SO_4^{2-} + H_2O$$

2. 氯氧化法

氯气是普遍使用的氧化剂，既用于给水消毒，又用于废水氧化，主要起消毒杀菌的作用。通常的含氯药剂有液氯、漂白粉、次氯酸钠、二氧化氯等。各药剂的氧化能力用有效氯含量表示。氧化价大于 -1 的那部分氯具有氧化能力，称为有效氯。作为比较基准，取液氯(两个作用氯的氧化价均比 -1 大 1)的有效氯含量为 100%(质量分数)。

氯氧化法目前主要用在对含酚、含氰、含硫化物废水的治理方面。

(1) 处理含酚废水。向含酚废水中加入氯、次氯酸盐或二氧化氯等，可将酚破坏。根据理论计算，投加的氯量与水中的含酚量之比为 6∶1 时，即可使酚完全破坏；但由于废水中存在的其他化合物也与氯发生反应，实际上氯的需要量要超过理论量许多倍，一般要超出 10 倍左右。如果投氯量不够，酚不能被完全破坏，而且生成具有强烈臭味的氯酚。二氧化氯的氧化能力为氯的 2.5 倍左右，而且在氧化过程中不会生成氯酚。但由于二氧化氯的价格昂贵，故仅用于除去低浓度酚的废水处理。

(2) 处理含氰废水。用氯氧化法处理含氰废水时，将次氯酸钠直接投入废水中，也可以将氢氧化钠和氯气同时加入废水中，氢氧化钠与氯气反应生成次氯酸钠。由于这种氯氧化法是在碱性条件下进行的，故又称为碱性氯化法。

废水中含氰量与完成两个阶段反应所需的总氯及氢氧化钠的物质的量之比，理论上为 $n(CN)：n(Cl_2)：n(NaOH) = 1：6.8：6.2$。实际上，为使氰化物完全氧化，一般投入氯的量为废水中所含氰量的八倍左右。

6.3.3 物理化学处理法

物理化学处理法是利用物理化学反应的原理来除去污水中溶解的有害物质，回收有用组分并使污水得到深度净化的方法。其过程通常是污染物从一相转移到另一相，即进行传质过程。常用的物理化学处理法有吸附、浮选、萃取、电解等。当需要从污水中回收某种特定的物质时，或者当工业废水有毒、有害，且不易被微生物降解时，采用物理化学处理法最为合适。

采用物理化学处理法治理工业废水，通常都需先进行预处理，尽量除去废水中的悬浮物、油类、有害气体等杂质，或调整污水的 pH 值，以提高回收率并尽可能地减少损耗。

一、吸附法

在污水处理中，吸附是利用多孔性固体吸附剂的表面吸附污水中的一种或多种污染物，达到污水净化的过程。这种方法主要用于低浓度工业废水的处理。

1. 吸附原理

吸附过程是一种界面现象，其作用过程在两个相的界面上。例如活性炭与污水相接触，污水中的污染物会从水中转移到活性炭的表面上，这就是吸附作用。具有吸附能力的多孔性固体物质称为吸附剂，而污水中被吸附的物质称为吸附质。吸附剂与吸附质之间的作用力有分子引力(范德华力)、化学键力和静电引力。根据固体表面吸附力的不同，吸附可以分为三种基本类型。

1) 物理吸附

物理吸附是吸附质与吸附剂之间的分子引力所产生的吸附，这是最常见的一种吸附现象。物理吸附的特点是吸附质的分子不是附着在吸附剂表面固定点上，而是稍能在界面上作自由移动。物理吸附是放热反应，吸附热较小，约 42 kJ/mol 或更少，在低温下就可以进行。物理吸附可以形成单分子层或多分子层吸附。因为分子引力普遍存在，一种吸附剂可以吸附多种物质；但吸附剂性质不同，某一种吸附剂对吸附质的吸附量也有所差别，所以可以认为物理吸附没有选择性。

2) 化学吸附

化学吸附是指吸附质与吸附剂之间发生化学反应，形成牢固的吸附化学键和表面配合物，吸附质分子不能在表面自由移动。吸附时放热量较大，与化学反应的反应热相近，约

$84\sim420$ kJ/mol。由于化学反应需要大量的活化能，因而反应一般需在较高的温度下进行。它是一种选择性吸附，一种吸附剂只对某种或特定几种吸附质有吸附作用，因此化学吸附具有选择性，且只能是单分子层吸附。这种吸附较稳定，不易解吸，且与吸附剂表面化学性质有关，也与吸附质的化学性质有关。

3) 离子交换吸附

离子交换吸附即通常所说的离子交换。吸附质中的离子由于静电引力聚集到吸附剂表面的带电点上，并转换出原先固定在这些带电点上的其他离子。离子的电荷是交换吸附的决定因素，离子所带电荷越多，它在吸附剂表面上的反电荷点上的吸附力越强。

2. 吸附剂

吸附剂的选择应考虑以下要求：① 吸附能力强；② 吸附选择性好；③ 吸附平衡浓度低；④ 容易再生和再利用；⑤ 机械强度好；⑥ 化学性质稳定；⑦ 来源容易；⑧ 价格便宜。一般工业吸附剂难以同时满足这八个方面的要求，因此，应根据不同的场合选用。目前常用的吸附剂很多，除人们熟悉的活性炭和硅胶外，还有白土、硅藻土、活性氧化铝、焦炭、树脂吸附剂、腐殖酸，甚至那些弃之为废物的炉渣、木屑、煤灰及煤粉等。吸附剂的吸附能力常用静活性来表示，即在一定的温度及平衡浓度的静态吸附条件下，单位质量或单位体积吸附剂所能吸附的最大吸附质的量。

吸附过程的物料系统包括废水(溶媒)、污染物质(溶质)及吸附剂，因此吸附是属于不同相间的传质过程，机理比较复杂。影响吸附过程的因素比较多，主要可以归纳为三方面，即吸附剂的性质、污染物的性质以及吸附过程的条件。

吸附剂的物理及化学性质对吸附效果有决定性的影响，而吸附剂的性质又与其制造时所使用的原料与加工方法及活性化的条件有关。活性炭作为处理废水中常用的吸附剂，其吸附效果决定于吸附性、比表面积、孔隙结构及孔径分布等。

二、浮选法

浮选法就是利用高度分散的微小气泡作为载体去黏附废水中的污染物，利用气泡密度小于水而上浮到水面，实现固液或液液分离的过程。在废水处理中，浮选法的应用如下：

(1) 分离地表水中的细小悬浮物、藻类及微絮粒等；

(2) 回收工业废水中的有用物质，如造纸厂废水中的纸浆纤维及填料等；

(3) 代替二次沉淀池，分离和浓缩剩余活性污泥，特别适用于那些易于产生污泥膨胀的生化处理工艺中；

(4) 分离回收油废水中的悬浮油和乳化油；

(5) 分离回收以分子或离子状态存在的目的物，如表面活性剂和金属离子等。

浮选法主要是根据液体表面张力的作用原理，使污水中固体污染物黏附在小气泡上。当空气通入废水产生气泡时，与废水中的细小颗粒物共同组成三相体系。细小颗粒黏附到气泡上时，使气泡界面发生变化，引起界面能的变化。颗粒能否黏附于气泡上与颗粒和液体的表面性质有关。亲水性颗粒易被水润湿，水对它有较大的附着力，气泡不易把水推开取而代之，这种颗粒不易黏附于气泡上而除去。而疏水性颗粒则容易附着于气泡而被除去。

若要用浮选法分离亲水性颗粒(如纸浆纤维、煤粒、重金属离子等)，就必须投加合适的药剂——浮选剂，以改变颗粒表面性质，使其改为疏水性，易于黏附于气泡上；同时浮选剂还有促进气泡形成的作用，可使废水中的空气形成稳定的小气泡。浮选剂的种类很多，如松香油、石油及煤油产品，脂肪酸及其盐类，表面活性剂等。

6.3.4　生化处理法

生化处理法是利用生物的新陈代谢作用，对废水中的污染物质进行转化和稳定，使之无害化的处理方法。对污染物进行转化和稳定的主体是微生物。微生物是肉眼看不见或看不清楚的微小生物的总称，常常需要利用显微镜才能观察到。废水处理的微生物包括真细菌、古细菌、放线菌、真菌等，还包括藻类、原生动物和后生动物。由于微生物分布广、种类多、生长旺、繁殖快、易变异和对环境的适应性强等特点，在特定的条件下对微生物进行驯化，使之适应工业废水的水质条件，通过新陈代谢，使有机物无机化，有害物质无害化。加之微生物的生长条件温和，用生化法促使污染物的转化与一般化学法相比优越得多，其处理费用低廉，运行管理方便。所以生化处理是废水处理系统中最重要的过程之一，目前广泛用于生活污水及工业有机废水的二级处理。

从微生物的代谢形式出发，生化处理法可分为好氧处理和厌氧处理两大类型。其中好氧处理的活性污泥法和生物膜法比较成熟，应用较多，而厌氧处理仍处于发展阶段。

一、活性污泥法

活性污泥法是处理工业废水最常用的生化处理方法。在称为曝气池的废水处理池中，不断注入空气(即曝气)，利用池中悬浮生长的微生物絮体处理有机废水。这种微生物絮体被称为活性污泥。它由好氧微生物(包括细菌、真菌、原生动物及后生动物)及其代谢和吸附的有机物、无机物组成，具有降解废水中有机污染物(也有些可部分分解无机物)的能力。目前，工业中活性污泥法常用的工艺包括 SBR 法(序批式活性污泥法)、MBR 法(膜生物反应器法)、AO 法(厌氧-好氧工艺法)、AAO 法(厌氧-缺氧-好氧生物法)、氧化沟法等。

活性污泥法处理的关键在于具有足够数量的性能良好的污泥。污泥是大量微生物富集的地方，即生物反应的中心。在处理废水过程中，活性污泥对废水中的有机物具有很强的吸附和氧化分解能力，所以活性污泥中还含有分解的有机物和无机物等。污泥中的微生物在废水处理中起主要作用的是细菌和原生动物。

1. 活性污泥法处理系统的组成

活性污泥工艺主要由曝气池、曝气装置、二次沉淀池、污泥回流系统和剩余污泥排放系统组成。

1) 曝气池

曝气池是由微生物组成的活性污泥与污水中的有机污染物质充分混合接触，进而将污染物吸收并分解的场所，它是活性污泥工艺的核心。曝气池有推流式和完全混合式两种类型。推流式是指在长方形的池内，污水和回流污泥从一端流入，水平推进，经另一端流出。完全混合式是指污水和回流污泥一进入曝气池就立即与池内其他混合液均匀混合，使有机污染物浓度因稀释而立即降至最低值。

2) 曝气装置

曝气装置的作用是向曝气池供给微生物增长及分解有机污染物所必需的氧气，同时进行混合搅拌，使活性污泥与有机污染物质充分接触。曝气装置总体上可分为鼓风曝气和机械曝气两大类。

3) 二次沉淀池

二次沉淀池(简称二沉池)的作用是使活性污泥与处理完的污水分离并使污泥得到一定程度的浓缩。二沉池内的沉淀形式较复杂：沉淀初期为絮凝沉淀，中期为成层沉淀，而后期则为压缩沉淀，即污泥浓缩。二沉池的结构形式同初沉池一样，可分为平流沉淀池、竖流沉淀池和辐流沉淀池。国内现有城市污水处理厂二沉池绝大多数都采用辐流式，有些中小处理厂也采用平流式，而竖流式二沉池尚不多见。

4) 回流污泥系统

回流污泥系统把二沉池中沉淀下来的绝大部分活性污泥再回流到曝气池，以保证曝气池有足够的微生物浓度。回流污泥系统包括回流污泥泵和回流污泥管道或渠道。回流污泥泵的形式有多种，有一般的离心泵、潜水泵，也有螺旋泵。螺旋泵的优点是转速较低，不易打碎活性污泥絮体，但效率较低。回流污泥泵的选择应充分考虑大流量、低扬程的特点，同时转速不能太快，以免破坏絮体。近年来出现的潜水式螺旋桨泵是较好的一种选择。回流污泥渠道中一般应设置回流量的计量及调节装置，以准确控制及调节污泥回流量。

5) 剩余污泥排放系统

随着有机污染物质被分解，曝气池每天都净增一部分活性污泥，这部分活性污泥称为剩余活性污泥，应通过剩余污泥排放系统排出。有的污水处理厂用泵排放剩余污泥，有的则直接用阀门排放。可以从回流污泥系统中排放剩余污泥，也可以从曝气池直接排放。从曝气池直接排放剩余污泥可减轻二沉池的部分负荷，但增大了浓缩池的负荷。在剩余污泥管线上应设置计量及调节装置，以便准确控制排泥量。

2. 活性污泥法处理废水的过程

活性污泥去除废水中的有机物主要经历三个阶段。

1) 吸附阶段

废水与活性污泥接触后的很短时间内，水中有机物(BOD)迅速降低，这主要是吸附作用引起的。由于絮状的活性污泥表面积很大(2000～10 000 m^2/m^3 混合液)，表面具有多糖类黏液层，废水中悬浮和胶体的物质被絮凝吸附迅速去除往往在 10～40 min 内，BOD 可下降 80%～90%，其后下降速率显著减缓，活性污泥的初期吸附性能取决于污泥的活性。

2) 氧化及合成阶段

在有氧的条件下，微生物将吸附的有机物一部分氧化分解以获取能量，一部分则合成新的细胞。从废水处理的角度看，不论是氧化还是合成都能从水中去除有机物，而合成的细胞必须易于絮凝沉淀而能从水中分离出来。这一阶段比吸附阶段慢得多。

3) 絮凝体形成与凝聚沉淀阶段

氧化阶段合成的菌体有机物絮凝形成絮凝体，通过重力沉淀从废水中分离出来，使水得到净化。

二、生物膜法

生物膜法是利用固着生长在载体上的微生物来降解水中有机污染物的一种生物处理方法。根据微生物对有机物降解过程的基本原理分析，生物膜法与活性污泥法是相同的，两者的主要不同在于，活性污泥法是依靠曝气池中悬浮流动着的活性污泥来分解有机物的，而生物膜法则主要依靠固着于载体表面的微生物膜来净化有机物。与活性污泥法相比，生物膜法具有以下特点：

(1) 固着于固体表面上的生物膜对污水水质的变化有较强的适应性，操作稳定性好。

(2) 不会发生污泥膨胀，运转管理较方便。

(3) 由于微生物固着于固体表面，即使增殖速度慢的微生物也能生长繁殖。而在活性污泥法中，世代时间比停留时间长的微生物被排出曝气池，因此，生物膜中的生物相更为丰富，且膜中生物种群沿水流方向具有一定分布。

(4) 因高营养的微生物存在，有机物代谢时较多地转移为能量，合成新细胞，即剩余污泥量较少。

(5) 采用自然通风供氧。

(6) 活性生物难以人为控制，因而在运行方面灵活性较差。

(7) 由于载体材料的比表面积小，故设备容积负荷有限，空间效率较低。

国外的运行经验表明，在处理城市污水时，生物滤池处理厂的处理效率比活性污泥法处理厂略低。50%的活性污泥法处理厂 BOD 去除率高于 91%，50%的生物滤池处理厂 BOD 去除率为 83%，相应的出水 BOD 分别为 14 mg/L 和 28 mg/L。

利用生物膜法净化污水的装置统称为生物膜反应器。根据污水与生物膜接触形式的不同，生物膜反应器可分为生物滤池、生物转盘和生物接触氧化池等。

1. 生物膜

污水通过滤池时，滤料截留了污水中的悬浮物质，并把污水中的胶体物质吸附在自己的表面上，它们中的有机物使微生物很快繁殖起来，这些微生物又进一步吸附了污水中呈悬浮、胶体和溶解状态的物质，填料表面逐渐形成了一层生物膜。生物膜主要由细菌的菌胶团和大量的真菌丝组成，其中还有许多原生动物和较高等动物。在生物滤池表面的滤料中，常常存在着一些褐色及其他颜色的菌胶团。也有的滤池表层有大量的真菌丝存在，因此形成一层灰白色的黏膜。下层滤料生物膜呈黑色。生物膜不仅具有很大的比表面积，能够大量吸附污水中的有机物，而且具有很强的降解有机物的能力。当滤池通风良好，滤料空隙中有足够的氧时，生物膜就能分解氧化所吸附的有机物。在有机物被降解的同时，微生物不断进行自身的繁殖，即生物膜的厚度和数量不断增加。生物膜的厚度达到一定值时，由于氧传递不到较厚的生物膜中，使好氧菌死亡并发生厌氧作用，厌氧微生物开始生长。当厌氧层不断加厚时，由于水力冲刷和生物膜自重的作用，再加上滤池中某些动物的活动，生物膜会从滤料表面脱落下来随着污水流出池外，这种脱落现象既可以间歇地也可以连续地发生，这取决于滤池的水力负荷率的大小。由此可见，生物膜的形成是不断发展变化、新陈代谢的。去除有机物的活性生物膜主要是表面的一层好氧膜，其厚度一般为 0.5~2.0 m，视充氧条件而定。

2. 生物膜法处理废水的过程

生物膜法处理废水主要在一种气液固多相生化反应器中进行。常用的有生物滤池、塔式滤池、生物转盘、生物接触氧化床和生物流化床等。以下简单介绍生物滤池法。

生物滤池一般由钢筋混凝土或砖石砌筑而成，池平面有矩形、圆形或多边形，其中以圆形为多，主要组成部分是滤料、池壁、排水系统和布水系统。

滤料作为生物膜的载体，对生物滤池的工作影响比较大。常用的滤料有卵石、碎石、炉渣、焦炭、陶粒等，颗粒较均匀，粒径为 25～100 mm，滤层厚度为 0.9～2.5 m，平均为 1.8～2.0 m。近年来，生物滤池多采用塑料滤料，主要由聚氯乙烯、聚乙烯、聚苯乙烯、聚酰胺等加工成波纹板、蜂窝管、环状及中空圆柱等复合式滤料。这些滤料的特点是比表面积大，孔隙率高(可达 90%以上)，从而显著改善膜生长及通风条件，使废水处理效果大为提高。生物滤池法的基本流程与活性污泥法相似，由初次沉淀、生物滤池、二次沉淀三部分组成。在生物滤池中，为了防止滤层堵塞，需设置初次沉淀池，预先去除废水中的悬浮颗粒和胶状颗粒。二次沉淀池用以分离脱落的生物膜。由于生物膜的含水率比活性污泥小，因此，污泥沉淀速度较大，二次沉淀池容积较小。

生物滤池法处理废水过程：含有有机物的工业废水由滤池顶部通入，自上而下地穿过滤料层，进入池底的集水沟，然后排出池外。当废水由布水系统均匀地分布在滤料的表面，并沿着滤料的间隙向下流动时，滤料截留了废水中的悬浮物质及微生物，在滤料表面逐渐形成一层黏膜。由于膜内生长有大量的微生物，微生物吸附滤料表面的有机物作为营养，很快繁殖，并进一步吸附废水中的有机物，使生物膜厚度逐渐增加；增厚到一定程度时，氧气难以进入生物膜深层，导致生物膜深层供氧不足，会造成厌氧微生物繁殖，从而产生厌氧分解，产生氨、硫化氢和有机酸，有恶臭气味，影响出水的水质。另外，如果生物膜太厚，会使滤料间隙变小而造成堵塞，使处理水量减少。一般认为生物膜厚度以 2 mm 左右为宜。在工作过程中，生物膜不断生长、脱落和更新，从而保持其活性。

6.4　化工行业废水治理技术

化工行业废水根据其所含污染物的化学种类可分为含酚废水、含油废水、含汞废水、重金属废水、含氰废水和酸碱废水等。

6.4.1　含酚废水的处理技术

含酚废水主要来自焦化厂、煤气厂、石油化工厂、绝缘材料厂等工业部门以及石油裂解制乙烯、合成苯酚、聚酰胺纤维、合成染料、有机农药和酚醛树酯生产过程。含酚废水中主要含有酚基化合物，如苯酚、甲酚、二甲酚和硝基甲酚等。酚基化合物是一种原生质毒物，可使蛋白质凝固。水中酚的质量浓度达到 0.1～0.2 mg/L 时，鱼肉即有异味不能食用；酚的质量浓度增加到 1 mg/L 时，会影响鱼类产卵；含酚达到 5～10 mg/L 时，鱼类就会大量死亡。饮用水中含酚能影响人体健康，即使水中含酚质量浓度只有 0.002 mg/L，用氯消毒时也会产生氯酚恶臭。

通常将酚质量浓度大于 1000 mg/L 的含酚废水称为高浓度含酚废水，这种废水须回收酚后再进行处理。酚质量浓度小于 1000 mg/L 的含酚废水，称为低浓度含酚废水。通常将这类废水循环使用，将酚浓缩回收后处理。回收酚的方法有溶剂萃取法、蒸汽吹脱法、吸附法、封闭循环法等。含酚质量浓度在 300 mg/L 以下的废水可用生物氧化、化学氧化以及物理化学氧化等方法进行处理后排放或回收。

6.4.2　含油废水处理

含油废水主要来源于石油、石油化工、钢铁、焦化、煤气发生站以及机械加工等工业部门。废水中的油类污染物质，除重焦油的相对密度为 1.1 以上外，其余的相对密度都小于 1。

油类物质在废水中通常以三种状态存在：

(1) 浮油：油滴粒径大于 100 nm，易于从废水中分离出来。

(2) 分散油：油滴粒径为 10～100 nm，悬浮于水中。

(3) 乳化油：油滴粒径小于 10 nm，不易从废水中分离出来。

由于不同工业部门排出的废水中含油浓度差异很大，如炼油过程中产生的废水含油量约为 150～1000 mg/L，焦化废水中焦油含量约为 500～800 mg/L，煤气发生站排出废水中的焦油含量可达 2000～3000 mg/L，因此，含油废水的治理应首先利用隔油池回收浮油，处理效率为 60%～80%，出水中含油量约为 100～200 mg/L；废水中的乳化油和分散油较难处理，故应防止或减轻乳化现象。处理方式之一，在生产过程中注意减轻废水中油的乳化程度；其二，在处理过程中，尽量减少用泵提升废水的次数，以免增加乳化程度。常用处理方法为气浮法和破乳法。

6.4.3　含汞废水处理

含汞废水主要来源于化工厂、有色金属冶炼厂、农药厂、造纸厂、染料厂及热工仪器仪表厂等。从废水中去除无机汞的方法有硫化物沉淀法、化学凝聚法、活性炭吸附法、金属热还原法、离子交换法和微生物法等。一般偏碱性含汞废水通常采用化学凝聚法或硫化物沉淀法处理，偏酸性的含汞废水可用金属热还原法处理。低浓度的含汞废水可用活性炭吸附法、化学凝聚法或活性污泥法处理。有机汞废水较难处理，通常先将有机汞氧化为无机汞，而后进行处理。各种汞化合物的毒性差别很大。元素汞基本无毒，无机汞是剧毒物质，有机汞中的苯基汞分解较快，毒性不大；甲基汞进入人体很容易被吸收，不易降解，排泄很慢，特别是容易在脑中积累，毒性最大，如水俣病就是由甲基汞中毒造成的。

6.4.4　酸碱废水处理

酸性废水主要来自化工厂、染料厂、钢铁厂、电镀厂和矿山等，其中含有各种有害物质或重金属盐类。酸的质量分数差别很大，低的小于 1%，高的大于 10%。碱性废水主要来自印染厂、皮革厂、造纸厂和炼油厂等。其中有的含有机碱有的含无机碱。碱的质量分数有的高于 5%，有的低于 1%。酸碱废水中，除含有酸碱外，常含有酸式盐、碱式盐以及其他无机物和有机物。酸碱废水具有较强的腐蚀性，需经适当治理方可外排。

治理酸碱废水的一般原则是：

(1) 高浓度酸碱废水，应优先考虑回收利用，根据水质、水量和不同工艺要求，进行厂区或地区性调度，尽量重复使用；如重复使用有困难，或浓度偏低，水量较大，可采用浓缩的方法回收酸碱废水。

(2) 低浓度酸碱废水，如酸洗槽的清洗水，碱洗槽的清洗水，应进行中和处理。对于中和处理，应首先考虑以废治废的原则。如酸、碱废水相互中和或利用废碱(渣)中和酸性废水，利用废酸中和碱性废水。在没有这些条件时，可采用中和剂处理。

6.5　材料行业废水治理技术

6.5.1　金属冶炼与加工废水处理

重金属废水是金属冶炼与加工行业一种重要的工业废水。重金属废水中常见的几种重金属有汞、镉、铅、砷、铜、锌、镍、钴、锰、锑及钒等。由于重金属不能被分解破坏，对于重金属废水的处理只能转移它们的存在位置和转变它们的物理和化学形态。例如，经化学沉淀处理后，废水中的重金属从溶解的离子形态转变成难溶性化合物而沉淀下来，从水中转移到污泥中；经离子交换处理后，废水中的重金属离子转移到离子交换树脂上，经再生后又从离子交换树脂上转移到再生废液中。因此，重金属废水处理原则是：首先，最根本的是改革生产工艺，不用或少用毒性大的重金属；其次是采用合理的工艺流程、科学的管理和操作，减少重金属用量和随废水流失量，尽量减少外排废水量。重金属废水应当在产生地点就地处理，不与其他废水混合，以免使处理复杂化。更不应当不经处理直接排入城市下水道，以免扩大重金属污染。

重金属废水处理方法很多，对不同的重金属使用不同的方法。

(1) 氢氧化物沉淀法：利用重金属离子与碱性溶液中的 OH^- 反应生成难溶的金属氧化物沉淀而将重金属分离的方法。氢氧化物沉淀法有分步沉淀和一次沉淀两种。前者分段加石灰乳，利用不同金属氢氧化物在不同 pH 值下沉淀析出的特性，依次沉淀回收各种金属氢氧化物。一次沉淀为一次投加石灰乳达到额定 pH 值，使污水中的各种金属离子同时以氢氧化物沉淀析出。

氢氧化物沉淀法处理重金属废水具有流程简单，处理效果好，操作管理方便，处理成本低等优点，但渣量大，含水率高，脱水困难。

(2) 硫化物沉淀法：通过向废水中投加 Na_2S、H_2S 等硫化物，使重金属生成难溶的金属硫化物沉淀而将重金属分离的方法。根据重金属硫化物溶度积的大小，沉淀次序为：$Hg^{2+} \rightarrow Ag^+ \rightarrow As^{3+} \rightarrow Bi^{3+} \rightarrow Cu^{2+} \rightarrow Pb^{2+} \rightarrow Cd^{2+} \rightarrow Sn^{2+} \rightarrow Zn^{2+} \rightarrow Co^+ \rightarrow Ni^{2+} \rightarrow Fe^{2+} \rightarrow Mn^{2+}$，位置越靠前的金属硫化物，其溶度积越小，处理越容易。石灰沉淀难以达到排放标准的含汞污水，用硫化物沉淀更为合理。

(3) 还原法：用还原剂使废水中的金属离子还原为金属或价态较低的金属离子，再加石灰以氢氧化物形式沉淀的方法。可用于铜和汞等的回收，但常用于含铬废水的处理。常使用的还原剂有硫酸亚铁、亚硫酸氢钠、二氧化硫、铁粉等。

(4) 电解法：常用来处理含 Cr^{6+} ($Cr_2O_7^{2-}$ 及 $Cr_2O_4^{2-}$) 的废水，铁板阳极上还原为 Cr^{3+}，铁板阴极上氧化为 Fe^{3+}。该法运行可靠，操作简单，劳动条件好，但消耗大量的钢材。

(5) 离子交换法：常用来处理电镀含铬废水，废水通过氢型阳离子交换柱，去除水中三价铬及其他金属离子。

(6) 铁氧体法：处理重金属废水的效果好，投资省，设备简单，可减少二次污染，节省能源，但上清液中的 Na_2SO_4 含量高，沉渣需加曝气。

(7) 重金属废水浓缩产品的无害化处理。重金属废水经处理形成的浓缩产物，因技术、经济等原因不能回收利用或经回收利用后仍有金属残余物，对此不能任意弃置，否则会造成对环境的二次污染。对其应进行无害化处理。常用的方法是不熔化或固化处理，就是将污泥等容易熔出重金属的废物同一些重金属的不熔化剂、固定剂混合，在一定条件下，使其中的重金属变成难溶解的化合物，并且加入如水泥和沥青等胶结剂，将废水制成形状规则的、有一定强度的、重金属浸出率很低的固体。还可用烧结法将重金属污泥制成不溶性固体。

6.5.2　电镀废水处理

电镀工艺是材料表面处理最为常用的工艺之一。电镀工艺中较为常见的工业废水有含氰废水、重金属废水等。重金属废水在 6.5.1 节中已有叙述，此处不再赘述。以下主要介绍含氰废水的处理技术。

含氰废水属于毒性较大的工业废水，在水中不稳定，较易于分解。含氰废水分为含无机氰废水和含有机氰废水，无机氰化物和有机氰化物皆为剧毒性物质。常见的无机氰化物有氢氰酸、氰化钠、氰化钾和卤族氰化物等，有机氰化物有乙腈、丁腈和丙烯腈等。人食用氰化物可引起急性中毒。氰化物对人体致死量为 0.18 g，氰化钾为 0.12 g，水体中氰化物对鱼致死的质量浓度为 0.04～0.1 mg/L。

含氰废水的治理主要有如下几项措施：

(1) 改革工艺，减少或消除外排含氰废水，如采用无氰电镀法可消除电镀车间工业废水。

(2) 含氰量高的废水，应采用回收利用；含氰量低的废水应净化处理方可排放。

一、高浓度含氰废水的回收利用

1. 曝气回收氢氰酸

利用酸性条件下容易挥发出氢氰酸的特性，高浓度的含氰废水经调节、加热和酸化，由发生塔的顶部淋下，经过来自风机和吸收塔的空气，或直接用蒸汽蒸馏，吹脱出氰化氢 (HCN)。冷却后，经气—水分离，返回发生釜循环使用；或者由风机鼓入吸收塔底部，与塔顶淋下的碱液接触，生成 NaCN 溶液，汇集至碱液贮池。碱液不断循环吸收，直至达到所需的浓度。

2. 解吸法制取黄血盐

用蒸汽将废水中的 HCN 蒸出，引入到吸收塔，与 Na_2CO_3、铁屑接触反应，生成黄血盐钠。

二、低浓度含氰废水的治理

(1) 碱性氯化法：向含氰废水中投加氯系氧化物，使氰化物在第一阶段被氧化成氰酸盐(称不完全氧化),其毒性仅为氰化物的千分之一。在氧化剂足够的条件下,氰酸盐进一步氧化成 CO_2 和 H_2O(称完全氧化)。

该方法处理效果可靠,设备简单,投资也少,应用较为普遍,特别适用于治理中等以下浓度的污水,但药剂(氯系氧化物)贮存和使用较为不便。

(2) 电解氧化法:在以石墨为阳极、铁板为阴极的电解槽内,投加一定量的 NaCl(隔膜电解或无膜电解),阳极产生的 Cl_2 可将废水中的 CN^- 和配合物氧化成氰酸盐、N_2 及 CO_2。据资料报道,含有硫酸盐的含氰废水电解氧化的处理效果均不好。

(3) 生化处理法:已发现多种摄取氰作为碳源和氮源的细菌和霉菌,这种菌胶中的微生物,可将无机氰、有机氰、有机酸、羰基化合物等分解为二氧化碳、水等。常选用塔式生物滤池、生物转盘、表面加速曝气池等。

(4) 加压水解法:将含氰废水置于密闭容器(水解器)中加碱、加温、加压,使氰化物水解,生成无毒的有机酸盐和氨。该法不仅可以处理游离氰化物,还可处理含氰的配合物,对废水中含氰浓度适应的范围广,操作简单,运行稳定。然而工艺较为复杂,成本亦高。

(5) 配位盐法:该法利用 $FeSO_4$ 与 CN^- 形成配位盐,再使配位盐沉淀而加以除去。

此外,电渗析法、离子交换法、活性炭吸附法等,国内外均处在生产试验过程中。由于各自方法的独特优点,均有逐步大规模推广应用的可能性。

6.6　废水污染环境典型案例分析

工业化和城市化的快速发展带来了经济繁荣,但也伴随着严峻的水环境污染问题。废水排放不当导致的生态破坏、健康危害和社会经济损失,已成为全球可持续发展的重大挑战。本部分聚焦国内外典型的废水污染案例,通过系统分析事故成因、污染扩散机制及治理修复措施,揭示废水管理中的技术短板与监管漏洞。

废水污染环境典型案例分析

6.7　国内外杰出科学家简介

1. 顾夏声与升流式厌氧污泥层反应器

顾夏声,出生于江苏省无锡市,环境工程专家,1995 年当选为中国工程院院士,中国市政工程与环境工程教育事业的主要开创者和奠基人。他发展了处理高浓度有机废水的理论,提出升流式厌氧污泥层(UASB)反应器处理啤酒等废水的新工艺,达到国际先进水平。他进行了难降解有机污染物可生化性和处理工艺研究,将焦化废水生物处理推向一个新高度。他在国内外首次提出 UASB 反应器内厌氧颗粒污泥的结构模型和颗粒污泥形成机理的晶核生长学说，由此找出了培养颗粒污泥的优化条件和关键技术。他提出的升流式厌氧污泥层(UASB)反应器处理啤酒等废水的新工艺，研究成果被列入"国家科技成果重点推广计划"和"国家环境保护最佳实用技术"。他的升流式厌氧污泥层(UASB)反应器的理论与实践及其微生物学特性和工程应用的系统研究，先后获国家科学技术委员会三等奖、国家教委科技进步一等奖、北京市科技成果奖、全国环保科技成果奖等。曾兼任国家教委环境工程教材委员会主任委员、城乡建设生态环境部给水排水与环境工程教材编审委员会主任、北京市政府给水排水顾问、北京土建学会给水排水专业委员会名誉委员、中国环境科学学会理事会顾问、建设部《土木建筑大辞典》常务编委及《城镇基础设施及环境保护卷》主编、《环境工程手册》编委会主任、英国国际技术开发季刊编委等。他曾获北京市高教系统"教书育人"先进工作者、全国环境教育先进个人等称号。

2. 李圭白与高锰酸钾助凝技术

李圭白，1995 年当选中国工程院院士，哈尔滨工业大学教授，中国高浊度水处理技术的奠基人之一。主要研究方向为给排水处理技术，包括地下水除铁除锰技术、高浊度水处理技术、高锰酸盐饮用水除污染技术、流动电流混凝控制技术等。1960 年李圭白开始地下水除铁、除锰方法研究，成功开发接触催化除铁工艺，提出了新理论，于 1978 年获全国科学大会奖；他成功开发地下水曝气接触氧化法除锰工艺，于 1985 年获国家级科技进步二等奖。李圭白在高浊度水处理工艺方面做了大量工作，他研究成功的高浊度水透光脉动单因子絮凝自动控制技术在国际上处于领先地位，于 1996 年获国家发明三等奖；他参与水上一体化水厂的研究工作，使水厂建造工厂化，取得很大经济效益，该成果于 1984 年获国家发明二等奖。他研究成功的高锰酸盐饮用水除污染技术、流动电流混凝控制技术等，都是具有国际领先水平的成果。高锰酸钾助凝技术于 1995 年获国家级科技进步三等奖；他提出第三代城市饮用水净化工艺的概念，倡导将超滤膜用于城市水厂等，不仅获得重大经济效益和社会效益，也推动了中国给水处理技术的发展。1990 年，国家教委和国家科委联合授予他"全国高校先进科技工作者"称号。在国内外刊物上发表学术论文 400 余篇，撰写学术专著 10 部，参编教材 3 部，许多成果已列入设计规范、设计手册和高校教材，并在多项工程中被采用。

3. 彭永臻与污水处理技术

彭永臻，山东省莱州市人，中国工程院院士，污水处理领域知名专家，工学博士，现任北京工业大学环境科学与工程学科首席教授，"城镇污水深度处理与资源化利用技术——国家工程实验室"主任，国家"111 计划"京津冀区域环境污染控制创新引智基地主任。先后获得"全国模范教师""国家教学名师""全国优秀科技工作者""全国劳动模范""北京市人民教师奖"等称号，入选首批"国家高层次人才特殊支持计划"，2021 年获何梁何利科学与技术进步奖。

多年来，彭永臻教授一直工作在污水处理领域的教学科研第一线，在解决污水脱氮除磷难题、新工艺技术研发和推广应用等方面取得了多项突破性成果。获国家科技进步二等奖 3 项、国家技术发明二等奖 1 项、省部级一等奖 8 项。以第一作者或通讯作者发表 SCI 论文 300 余篇，其中 IF > 9.0 的有 200 余篇。以第一发明人身份获授权发明专利 220 余项并转让 100 余项；出版专著 9 本，3 本是独立作者或第一作者，也是本领域第一本专著。

培养工学博士 89 人，有 2 人获"全国百篇优秀博士学位论文"，4 人获"全国优秀博士学位论文提名奖"。

4. 马克·梵·洛斯德莱特与污水处理技术

马克·梵·洛斯德雷赫特是荷兰代尔夫特理工大学环境生物技术教授，是国际水协(IWA)杰出会员。梵·洛斯德雷赫特教授是荷兰皇家科学院及工程院双院士、美国国家工程院外籍院士和中国工程院外籍院士。他擅长将复杂生物工程系统的基础科学研究与新技术、新工艺的研发相结合。他的研究领域涉及生物膜污水处理技术和工艺，生物脱氮、除磷理论和工艺，以及微生物胞内聚合物在生态学中的作用。尤其重要的是，马克在国际上引领着很多污水处理新工艺的研发和资源可持续回收新理念的建立。他作为主要推动者实现了短程硝化、厌氧氨氧化、颗粒污泥等新工艺在全球范围内的工程化应用，开创性地实现了以污水和污泥为资源回收细菌胞外聚合物和蓝铁矿等高附加值产品，完成技术中试或工程化应用。梵·洛斯德雷赫特教授已发表论文 800 多篇(H 因子 151，Google Scholar 2020 年 5 月数据)，获国际发明专利授权 20 余项，培养博士生 65 名。先后获得了水研究领域的多项世界大奖：新加坡李光耀水奖，国际水协杰出成就奖以及被业界誉为水业诺贝尔的斯德哥尔摩水奖。

思 考 题

1. 简述水体污染对人类以及生存环境的危害。

2. 水体污染的处理方法中物理化学法与物理法、化学法有什么区别？

3. 活性污泥法是工业废水处理技术中非常重要的生化处理方法之一，简述其处理过程的基本原理。

4. 重金属废水是金属冶炼与加工行业一种重要的工业废水，请介绍此类废水处理方法的特点。

第 7 章　固体废物的综合利用和处理

固体废物是固态或半固态废弃物的总称，包括城市生活垃圾(亦称城市固体废物)、工业垃圾等。1975 年颁布的欧洲共同体理事会《关于废物的指令(75/442/EEC)》中对废物(固体废物)的定义为："废物是指那些被所有者丢弃或者准备丢弃或者被要求丢弃的材料或者物品。"在修订后的《中华人民共和国固体废物污染环境防治法》中明确提出：固体废物，是指在生产、生活和其他活动中产生的丧失原有利用价值或者虽未丧失利用价值但被抛弃或者放弃的固态、半固态和置于容器中的气态物品、物质以及法律、行政法规规定纳入固体废物管理的物品、物质。

固体废物一般具有如下特性：

(1) 危害性。由于固体废物成分的多样性和复杂性，环境自我消化(解)的过程是长期、复杂和难以控制的，因此对人们的生产和生活产生极大的不便，危害人体健康。

(2) 无主性。废物被丢弃后不再属于谁，找不到具体的负责者，特别是城市固体废物。

(3) 错位性。一个时空领域的废物在另一个时空领域可能是宝贵的资源。废物丢弃不用，只反映人们在特定的时空条件下对所弃物质的主观认识的态度，并不能反映所弃物质客观上有无实用价值；从资源再生利用的角度看，固体废物又称"放错地方的原料"。

(4) 分散性。固体废物被丢弃、分散在各处，需要收集。固体废物的任意排放会严重污染和破坏环境，其处理与处置一直受到各级政府、科技界、产业界和环境保护企业界的重视。

7.1　固体废物的种类和危害

7.1.1　固体废物的种类

固体废物可按固体废物的来源、性质与危害、处理处置方法等，从不同角度进行分类。如按化学成分分类，可分为有机垃圾和无机垃圾；按热值分类，可分为高热值垃圾和低热值垃圾；按处理处置方法分类，可分为可资源化垃圾、可堆肥垃圾、可燃垃圾和无机垃圾等。以下按来源和危害特性进行分类。

1) 按来源分类

按来源，固体废物可分为城市生活垃圾和工业固体废物。

(1) 城市生活垃圾，又称为城市固体废物。它是指在城市居民日常生活中或为城市日常生活提供服务的活动中产生的固体废物，其主要成分包括厨余物、废纸、废塑料、废织物、废金属、废玻璃、陶瓷碎片、砖瓦渣土、废旧电池、废旧家用电器等。城市生活垃圾主要来自城市居民家庭、城市商业、餐饮业、旅馆业、旅游业、服务业、市政环卫业、交通运输业、街道打扫垃圾、建筑遗留垃圾、文教卫生业和行政事业单位、工业企业单位、水处理污泥和其他零散垃圾等。城市生活垃圾具有无主性、分散性、难收集、成分复杂、有机物含量高等特点。影响城市生活垃圾成分的主要因素有居民的生活水平、生活质量和生活习惯以及季节、气候等。

(2) 工业固体废物。工业固体废物主要来自各个工业部门的生产环节和生产废弃物。由于工业废弃物常常具有毒性，破坏整个生态系统并对人体健康产生危害，因而越来越引起人们的重视，其中很多废物被划入危险废物一类进行谨慎处理。按行业工业固体废物可分为以下几类：冶金工业固体废物、能源工业固体废物、石油化学工业固体废物、矿业固体废物、轻工业固体废物和其他工业固体废物。

2) 按危害特性分类

按危害特性，固体废物可分为有毒有害固体废物和无毒无害固体废物两类。

(1) 有毒有害废物，又称为危险废物。它包括医院垃圾、废树脂、药渣、含重金属的污泥、酸碱废物等。我国危险固体废物是指列入国家危险废物名录或是根据国家规定的危险废物鉴别标准和鉴别方法，认定具有危险特性的废物。由于危险废物常具有毒性、爆炸性、易燃性、腐蚀性、化学反应性、传染性、放射性等一种或几种危害特性，对人体和环境产生极大危害，因而国内外均将其作为废物管理的重点，采取一切措施保证其妥善处理。危险废物的主要来源是工业固体废物，如废电池、废日光灯、废日用化工产品等。据估计，我国工业危险废物的产生量约占工业固体废物产生量的 3%～5%，主要分布在化学原料和化学制造业、采掘业、黑色金属冶炼及压延加工业、有色金属冶炼及压延加工业、石油加工业及炼焦业、造纸及纸品制造业等工业部门。城市生活垃圾中有害废物主要是医院临床废物及其他等。农业固体废物中有害废物主要是喷洒的残余农药。含放射性的固体废物一般单独列为一类，有专门的处理处置方法和措施。

(2) 无毒无害废物，一般指粉煤灰、建筑垃圾等。目前我国对建筑垃圾没有明确的定义，简而言之，建筑垃圾就是建设施工过程中产生的垃圾。按照来源分类，建筑垃圾可分为土地开挖垃圾、道路开挖垃圾、旧建筑物拆除垃圾、建筑施工垃圾和建材生产垃圾五类，主要由渣土、砂石块、废砂浆、砖瓦碎块、混凝土砌块、沥青块、废塑料、废金属料等组成。与其他生活垃圾相比，建筑垃圾具有量大、无毒无害和可资源化率高的特点。

7.1.2　固体废物的危害

任何固体废物，其量在一定数值以下，不会对环境产生危害，这个数值与固体废物的种类和性质有关。当固体废物的量达到一定程度时，就可能产生环境污染，且固体废物对环境的污染随着固体废物排放量的增加而加剧；除了量的因素以外，固体废物的性质也决定了固体废物的危害性。建筑垃圾属于无毒无害废物，量再大，也不会造成严重环境污染。废电池、废日光灯等，量可能不大，但任意丢弃在环境中，就会对环境造成严重污染和危害。

固体废物对人类环境的危害，表现在以下几个方面。

1. 对土壤环境的影响

固体废物任意露天存放或置于处置场，必然占用大量的土地，堆积量越大占地越多。

据估算，每堆积 1×10^4 t 废渣约占地 1 亩，而被侵占的土地大多是良田。随着工农业生产的发展以及人们消费水平的增长，固体废物占地的矛盾日益尖锐。而固体废物露天堆放不仅侵占土地资源，同时还会污染土壤。

土壤是许多细菌、真菌等微生物聚集的场所，这些微生物与周围环境组成整个生物系统。如果直接利用来自医院、肉类联合加工厂、生物制品厂的废渣作为肥料施入农田，其中的病菌、寄生虫等进入土壤，会渗入水体，从而对人体的健康造成严重危害；持久性有机污染物和重金属元素在土壤里难以挥发降解，不断积累，毒害土壤中的微生物，对土壤生态环境也会造成长期的不可低估的影响；残留在土壤中的有毒有害物质因难以消解，会杀死土壤中的微生物，破坏土壤生物系统的平衡，降低土壤的自净能力，改变土壤的性质和结构，阻碍植物根系的发育和生长，并在植物体内积蓄，破坏生态环境，而且会通过食物链进入人体并在人体中积存，诱发癌症甚至致使胎儿畸形。

2．对大气环境的污染

固体废物中的有机物质在适宜的温度和湿度下，经某些有机微生物的分解和降解，释放出有害气体，这些气体会进入大气并污染空气，从而危害人体健康。露天堆放的固体废物以及运输和处理固体废物的过程中的细粒、粉末等受到风吹日晒，会加重大气的粉尘污染，如粉煤灰堆遇到四级以上风力，可被剥离 $1\sim1.5$ cm，灰尘飞扬可高达 $20\sim50$ m；在大风季节，平均视程可降低 30%～70%。此外，采用焚烧法处理固体废物时，如果不采取严格的尾气处理措施，其排放的废气会使空气严重污染，有的露天焚烧炉排出的粉尘在接近地面处的含量达到 0.56 g/m^3。

3．对水体环境的污染

固体废物随天然降水径流进入河流、湖泊，或因较小颗粒随风飘迁，落入河流、湖泊，污染地面水，造成水资源短缺；同时固体废物产生的渗滤液会渗透到土壤中，进入地下水，使地下水污染，影响水资源的安全利用；废渣直接排入河流、湖泊或海洋，也会造成污染。

即使无害的固体废物，排入河流、湖泊，也容易造成河床淤塞、水面减小、水体污染，甚至导致水利工程设施的效益减少，甚至废弃。我国沿河流、湖泊、海岸建立的许多企业每年向附近水域排放大量灰渣，仅燃煤电厂每年向长江、黄河等水系排放灰渣就达 500 万吨以上。有的电厂排污口外的灰渣已延伸到河道中心，灰渣在河道中大量淤积，从长远看，对其下游的大型水利工程是一种潜在的威胁。

7.2　固体废物的利用和处理、处置

固体废物处理技术总体分为废物处置和废物利用两类，前者就是"无害化"和"减量化"技术，后者即为"资源化"技术。具体处理方法主要有卫生填埋法、焚烧法、热解法和微生物分解法。

7.2.1　预处理技术

固体废物的成分十分复杂，其形状、大小、物理性质的差别也十分大。为了提高固体

废物处理和处置过程的工作效率，并改善其处理和处置效果，在对固体废物进行处理与处置之前，一般需对固体废物进行预处理。固体废物预处理是指用物理、化学方法，将废渣转变成便于运输、贮存、回收利用和处置的形态。预处理过程常涉及废渣中某些组分的分离与浓集，因此又是回收材料的过程。预处理技术主要以机械处理为主，有压实、破碎、分选和固化等。对固体废物进行预处理后可以达到如下目的：

(1) 使废物运输、焚烧、热解、熔化、压缩等操作更易于进行，更经济有效。

(2) 提供合适的废物粒度，有利于综合利用。

(3) 增大废物颗粒比表面积，提高焚烧、热解、堆肥等处理的效果。

(4) 减小废物面积，便于运输和高密度填埋。

1. 压实

压实也称压缩，是用物理方法(压实器)减少松散状态废渣的体积的过程。当固体废物受到外界压力时，各颗粒间会相互挤压、变形或破碎从而达到重新组合的效果。经压实处理后固体废物的体积减小，更便于装卸、运输和填埋。另外，还可采取压实技术利用某些固体废物制取高密度的惰性材料或建筑材料，便于贮存和填埋。

适于压实减容处理的固体废物有垃圾、松散废物、纸带及某些纤维制品等。大块的木材、金属、玻璃以及塑料不适宜采取压实处理，因为这些物质可能损坏压实设备；压实处理也不适用于刚性、含易燃易爆成分或水的废物；某些可能引起操作问题的废物，如焦油、污泥或液体物料，也不宜进行压实处理。

2. 破碎

破碎是指用机械方法将废物破碎，减小颗粒尺寸，使之适合于进一步加工或再处理的过程。破碎技术在固体废物的处理和处置过程中应用广泛，技术亦已相当成熟。按破碎的机械方法不同分为剪切破碎、冲击破碎、低温破碎、湿式破碎和半湿式破碎等。

固体废物经破碎后，可达到下述目的：

(1) 将组成复杂的废物混合，以提高燃烧、热解等处理的效率及稳定性。

(2) 防止粗大锋利的废物损坏分选、燃烧、热解等设备。

(3) 固体废物破碎后有助于将连合在一起的不同组分的物料进行分离，有利于提取有用成分和提高其用作原材料的价值。

(4) 减少废物容积，降低运输费用，便于贮存和填埋，有利于加速土地还原利用。

(5) 经过破碎的废物，由于消除了较大的空隙，不仅尺寸均匀，而且质地均匀，在填埋过程中更容易压实，其有效容重(容重等于废物质量/废物与覆盖土体积)较未破碎废物可增加 25%～60%，这显然可延长填埋场的使用年限。近期的研究表明，城市固体废物在破碎填埋时，由于消除了臭味、不利于老鼠和昆虫的繁殖以及不会助长火势等原因，因此可以不用覆盖土层。

3. 分选

分选主要是依据各种废物物理性能的不同进行分拣处理的过程。废物在回收利用时分选是一道重要操作工序，分选效率直接影响回收物质的价值或进一步处理工艺。分选的方法主要有筛分、重力分选、磁力分选、电力分选等。

1) 筛分

筛分过程可分为两个阶段：第一阶段是物料分层，细颗粒透过粗颗粒向筛面运动；第二阶段是细粒透筛。要实现筛分过程，要求入选废物在筛面上有适当的运动，一方面筛面上的物料处于松散状态并按粒度分层，大颗粒在上，小颗粒在下。另一方面物料和筛子的相对运动能使堵在筛孔上的颗粒脱离筛面，利于颗粒过筛。粒度小于筛孔尺寸 3/4 的颗粒，容易通过粗颗粒形成的间隙到达筛面而透筛，成为"易筛粒"；粒度大于筛孔尺寸 3/4 的颗粒，较难通过粗颗粒形成的间隙，而且粒度越接近筛孔尺寸就越难透筛，这种颗粒称为"难筛粒"。

2) 重力分选

不同粒度和密度的固体颗粒组成的物料在流动介质中运动时，由于它们的性质差异和介质流动方式不同，其沉降速度也不同。重力分选就是根据固体颗粒间的密度差异，在运动介质中利用重力、介质动力和机械力的作用，使颗粒群产生松散分层和迁移分离，从而得到不同密度产品的分选过程。重力分选的介质有空气、水、重液(密度比水大的液体)等。影响重力分选的因素主要是物料颗粒的尺寸、颗粒与介质的密度差以及介质的黏度。

3) 磁力分选

磁力分选简称磁选。磁选是利用固体的磁性差异进行分选的方法，所使用的设备是磁选机。固体废物中的各组分按磁性可分为强磁性组分、中磁性组分、弱磁性组分和非磁性组分。这些不同磁性的组分通过磁场时，磁性较强的颗粒会被吸在磁选设备上，并随设备运动被带到一个非磁性区域而脱落；而弱磁性和非磁性颗粒，由于所受磁场作用太小而在自身重力或离心力的作用下掉落到预定区域，从而完成磁选过程。

4) 电力分选

电力分选简称电选，是利用垃圾中各种组分在高压电场中电性的差异而实现分选的方法。一般物质大致可分为电的良导体、半导体和绝缘体，它们在高压电场中有着不同的运动轨迹，再加上机械力的共同作用，即可将它们互相分开。电力分选对于塑料、橡胶、纤维、废纸、合成皮革、树脂等与某些物料的分离，各种导体、半导体和绝缘体的分离等都十分简便有效。

电选分离过程是在电晕-静电复合电场电选设备中进行的，分离过程如图 7-1 所示。废物颗粒由进料斗均匀地给入辊筒上，随着辊筒的旋转，废物颗粒进入电晕电场区，由于空间带有电荷，导体和非导体颗粒都获得负电荷(与电晕电极电性相同)，导体颗粒一面荷电，一面又把电荷传给辊筒(接地电极)，其放电速度快，因此，当废物颗粒随辊筒旋转离开电晕电场区而进入静电场区时，导体颗粒的剩余电荷少，而非导体颗粒则因放电速度慢致使剩余电荷多。导体颗粒进入静电场后不再继续获得负电荷，但仍继续放电，直至放完全部负电荷，并

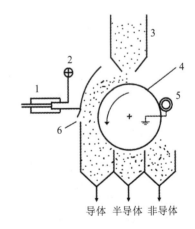

1—高压绝缘子；2—偏向电极；3—进料斗；
4—辊筒电极；5—毛刷；6—电晕电极。

图 7-1　电子分选过程示意

从辊筒上得到正电荷而被辊筒排斥，在电力、离心力和重力分力的综合作用下，导体颗粒运动轨迹偏离辊筒，而在辊筒前方落下。偏向电极的静电引力作用更增大了导体颗粒的偏离程度。非导体颗粒由于有较多的剩余负电荷，将被吸附在辊筒上，带到辊筒后方，被毛刷强制刷下；半导体颗粒的运动轨迹则介于导体与非导体颗粒之间，成为半导体产品落下，从而完成电选分离过程。

4. 固化

固化是指通过物理或化学法，将废物固定或包含在坚固的固体中，以降低或消除有害成分的逸出，是一种无害化处理，亦称稳定化。固化后的产物具有良好的机械性能，抗渗透、抗浸出、抗干裂、抗冻裂等特性。目前，根据废物的性质、形态和处理目的，可供选择的固化技术有以下五种，即水泥基固化法、石灰基固化法、热塑性材料固化法、高分子有机物聚合稳定法和玻璃基固化法。固化技术主要用于以下方面：

(1) 处理具有毒性或强反应性等危险性质的废物，使其满足填埋处置的要求。如在处置液态或污泥态的危险废物时，由于液态物质的迁移性，在填埋处置之前，必须先要经过稳定化过程，以免当填埋场处于一定负荷时这些液态物质重新释放出来，从而形成新的污染。

(2) 处理其他处理过程产生的残渣。例如在有的冶炼过程中会产生含有相当高浓度砷的废渣，这些废渣的大量堆积必然造成地下水的严重污染，此时对废渣进行稳定化处理是非常必要的。

(3) 大量土壤被有机或无机废物所污染时，也需要借助稳定化技术进行去污使土壤得以恢复。对于大量土地遭受较低程度的污染时，稳定化尤其有效。因为在大多数情况下，使用诸如填埋、焚烧等方法所必需的开挖、运输、装卸等操作，会引起污染土壤的飞扬和增加污染物的挥发而导致二次污染。而且通常开挖、运输和填埋、焚烧等均需要投入高昂的费用。此时利用稳定化技术，通过减少污染物传输表面积或降低其溶解度的方法防止污染物的扩散，或者利用化学方法将污染物改变为低毒或无毒的形式。另外与其他方法(例如封闭与隔离)相比，稳定化相对具有永久性。

7.2.2 卫生土地填埋法

卫生土地填埋法是利用工程手段，将被处置的固体废物在密封型屏障隔离的条件下进行土地填埋，并采取有效技术措施将垃圾压实减容，防止渗滤液及有害气体对水体及大气的污染，做到在整个处置过程中对公共卫生及环境安全均无危害。

卫生土地填埋法始于20世纪60年代，并首先在工业发达国家得到推广应用，随后在实际应用过程中不断发展和完善。由于卫生土地填埋法具有工艺简单、操作方便、处置量大、费用较低等优点，已逐步成为广泛采用的固废处置方法。目前主要用于城市生活垃圾的填埋。

7.2.3 焚烧法

焚烧法是一种高温热处理技术，即以一定的过剩空气与被处理的有机废物在焚烧炉内进行氧化燃烧反应，废物中的有害有毒物质在800～1200℃的高温下氧化、热解而被破坏，是一种可同时实现废物无害化、减量化和资源化的处理技术。焚烧法不但可以处理固体废物，还可以处理液体废物和气体废物；不但可以处理生活垃圾和一般工业废物，而且可以用于处理危险废物。在焚烧处理生活垃圾时，也常常将垃圾在焚烧处理前暂时贮存过程中产生的渗滤液和臭气引入焚烧炉进行焚烧处理。

焚烧法适宜处理有机成分多、热值高的废物。当处理可燃有机组分很少的废物时，需补加大量的燃料，这样就增加了运行费用。如果有条件辅以适当的废热回收装置，则可弥补上述缺点，降低废物焚烧成本，从而使焚烧法获得较好的经济效益。

7.2.4　热解法

热解法是利用有机物的热不稳定性，在无氧或缺氧条件下对其进行加热蒸馏，使有机物产生热裂解，经冷凝后形成各种新的气体、液体和固体，从中提取燃料油、油脂和燃料气的过程。热解产物的产率取决于原料的化学结构、物理形态和热解的温度和速率。

热解过程一般在 400～800℃的条件下进行，通过加热使固体物质挥发、液化或分解。热解产物通常包括气体、液体和固体焦类物质，其含量根据热解工艺和反应参数(如温度、压力等)的不同而有所差异。低温通常会产生较多的液体产物，高温则会使气态物质增多。慢速热解(炭化)需要在较低温度下以较慢的反应速度进行，能使固体焦类物质的产量达到最大。快速或者闪式热解是为了使气体和液体产物的产量最大化。这样得到的气体产物通常具有适中的热值(13～21 MJ/m^3(标准状态))，而液体产物通常称为"热解油"或"生物油"，是混有许多碳水化合物的复杂物质，这些物质可以转化成为各种化学产品或者电能及热能。

热解法和焚烧法是两个完全不同的过程。首先，焚烧的产物主要是二氧化碳和水，而热解的产物主要是可燃的低分子化合物，气态的有氢气、甲烷、一氧化碳等，液态的有甲醇、丙酮、醋酸、乙醛等有机物及焦油、溶剂油等，固态的主要是焦炭或炭黑。其次，焚烧是一个放热过程，而热解需要吸收大量热量。另外，焚烧产生的热能，量大的可用于发电，量小的只可供加热水或产生蒸气，适于就近利用；而热解的产物是燃料油及燃料气，便于贮藏和远距离输送。

7.2.5　微生物分解法

微生物分解法是指依靠自然界广泛分布的微生物的作用，通过生物转化，将固体废物中易于生物降解的有机组分转化为腐殖质肥料、沼气或其他产品(如饲料蛋白、乙醇或糖类)，从而达到固体废弃物无害化或综合利用的一种处理方法。

微生物具有复杂而丰富的酶系，而环境污染物往往含有大量的生物组分的大分子有机物及其中间代谢物和碳水化合物、蛋白质、脂肪、氨基酸、脂肪酸等，这些物质一般都较容易被微生物降解。因此，利用微生物分解固体废弃物中的有机物从而实现其无害化和资源化，是处理固体废弃物有效而经济的技术方法。

根据处理过程中起作用的微生物对氧气需求的不同，生物处理可分为好氧生物处理和厌氧生物处理两类。好氧生物处理是一种在提供游离氧的条件下，以好氧微生物为主使有机物降解并稳定化的生物处理方法。厌氧生物处理是在没有游离氧的条件下，以厌氧微生物为主对有机物进行降解并稳定化的一种生物处理方法。目前，对于可生物降解的有机固体废物的处理，世界各国主要采用好氧堆肥处理、高温好氧发酵处理、厌氧堆肥处理、厌氧产沼气处理和生物转化处理等技术。

7.3　城镇垃圾的处理、处置和利用

城镇垃圾种类繁多，成分复杂，但可根据垃圾组成、物化性质、产生及收集来源等进行不同的分类。

1．根据垃圾的组成分类

根据垃圾的组成可简易分为有机物、无机物、可回收废品三大类。有机物包括动物、植物性废弃物两小类，包含厨房废物、庭院废物和农贸市场废物等，均为可堆腐物，是生产有机肥料的上好原料；属于无机物的垃圾主要为炉灰、庭院灰土、碎砖瓦等，一般作为填埋废物处理；可回收废品主要为金属、橡胶、塑料、废纸、玻璃等，可直接回收使用。目前，垃圾资源化是解决城市生活垃圾污染的一条重要途径。

2．根据垃圾的物化性质分类

根据垃圾的物化性质分类，即根据城市生活垃圾的化学成分、可燃性、燃烧热值、堆腐性等指标来进行分类。按垃圾的化学成分可分为有机垃圾和无机垃圾；按可燃性可分为可燃性垃圾和不可燃性垃圾；按燃烧热值可分为高热值垃圾和低热值垃圾；按堆腐性分可分为可堆腐垃圾和不可堆腐垃圾。通常，化学成分和堆腐性是选择垃圾处理方式的重要指标，特别是选择堆肥化及其他生物处理方法的主要依据；可燃性、燃烧热值的高低可作为垃圾是否进行处理的参考指标。

3．按垃圾产生及收集来源分类

按垃圾产生及收集来源分类，可分为食品垃圾、庭院垃圾、普通垃圾、建筑垃圾、清扫垃圾、商业垃圾、危险垃圾和其他垃圾等。

食品垃圾和普通垃圾统称为家庭垃圾，是城市生活垃圾中可回收利用的主要对象。食品垃圾也称厨房垃圾，是居民住户排出的主要部分；普通垃圾也称零散垃圾，指纸类、废旧塑料、玻璃、陶瓷、木片等日用废品；庭院垃圾包括植物残余、树叶及庭院其他清扫物；清扫垃圾指城市道路、桥梁、广场、公园及其他露天公共场所由环卫系统清扫收集的垃圾；商业垃圾指城市商业、各类商业性服务网点或专业性营业场所如菜市场、饮食店等产生的垃圾；建筑垃圾指城市建筑物、构筑物进行维修或兴建的施工现场产生的垃圾；危险垃圾包括医院传染病房、放射治疗系统、核试验室等场所排放的各种废物；其他垃圾是指除以上各类产生源以外所排放的垃圾。

7.3.1　城镇生活垃圾的处理、处置和利用

一、城镇生活垃圾的处理

城镇生活垃圾的处理一般采用卫生填埋技术和焚烧技术。

1．生活垃圾卫生填埋技术

当一座城市在考虑生活垃圾处理技术时，首先应该考虑的是卫生填埋。卫生填埋场的选址、建设周期较短，总投资和运行费用相对较低。通过卫生填埋场的建设和运营，可以

迅速解决生活垃圾的处理问题，改变城市卫生面貌。填埋技术作为生活垃圾的最终处置方法，目前仍然是中国大多数城市解决生活垃圾出路的主要方法。

　　卫生填埋主要分厌氧填埋、好氧填埋和准好氧填埋三种。厌氧填埋是将生活垃圾填埋体与周围环境隔离，通过厌氧发酵使垃圾实现最终稳定化、无害化。厌氧填埋优点是具有投资省、处理成本低、工艺简单、管理方便、处理量大、结构简单，对垃圾成分无严格要求，好氧填埋实际上类似高温堆肥，其主要优点是能够减少填埋过程中垃圾降解所产生的垃圾渗滤液的数量；同时分解速度快，能够产生高温(可达 60℃)，有利于消灭大肠杆菌等致病细菌。但由于好氧填埋存在结构设计复杂、施工困难、投资和运行费用高等问题，在大中型卫生填埋场中推广应用很少。准好氧填埋介于厌氧填埋和好氧填埋之间，也同样存在类似问题。但准好氧填埋的造价比好氧填埋低，在实际中应用也较少。厌氧填埋具有结构简单、操作方便、施工相对简单、投资和费用低、可回收甲烷气体等优点，目前在世界上得到广泛的采用。

　　为了防止对地下水的污染，目前卫生土地填埋已经普遍采用密封型结构，所谓密封型结构就是利用足够的天然地质屏障隔离条件或在填埋场的底部和四周设置人工衬里(人工屏障隔离条件)，使垃圾同环境完全屏蔽隔离，防止地下水的浸入和垃圾渗滤液的释出。典型的填埋工艺为：垃圾运输进入填埋场，经称重计量，再按规定的速度、线路运至填埋作业单元；在管理人员的指挥下，工人进行卸料、推铺、压实并覆盖，最终完成填埋作业。其中推铺由推土机操作，压实由垃圾压实机完成。每天垃圾压实作业完成后，应及时进行覆盖操作；填埋场单元操作结束后应及时进行终场覆盖，以利于填埋场地的生态恢复和终场利用。此外，根据填埋场的具体情况，有时还需要对垃圾进行破碎和喷洒药液。卫生填埋技术工艺流程如图 7-2 所示。

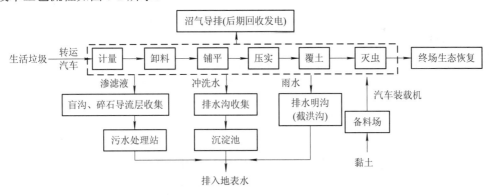

图 7-2　卫生填埋技术工艺流程图

2. 生活垃圾焚烧技术

　　垃圾焚烧技术作为一种以燃烧为手段的固体废物处理方法，作为一种处理生活垃圾的专用技术，截至目前大约经历了一百多年的发展历程，已日臻完善并得到了广泛的应用。目前通用的垃圾焚烧炉主要有炉排式、流化床式和旋转窑式。对于生活垃圾而言，机械炉排式焚烧炉与流化床式焚烧炉均具有较好的适应性；而对于危险废物，回转窑式焚烧炉适应性更强。

　　1) 焚烧法的优缺点

　　焚烧法具有许多独特的优点：

(1) 无害化。垃圾经焚烧处理后，垃圾中的病原体被彻底消灭，燃烧过程中产生的有害气体和烟尘经处理后达到排放要求。

(2) 减量化。经过焚烧，垃圾中的可燃成分被高温分解后，一般可减重80%、减容90%以上，可节约大量填埋场占地。

(3) 资源化。垃圾焚烧所产生的高温烟气，其热能被废热锅炉转变为蒸气，可用来供热或发电。

(4) 经济性。垃圾焚烧厂占地面积小，尾气经净化处理后污染较小，可以靠近市区建厂，既节约用地又缩短了垃圾的运输距离。随着对垃圾填埋的环境措施要求的提高，焚烧法的实施费用有望低于填埋法。

(5) 实用性。焚烧处理可全天候操作，不易受天气影响。

但垃圾焚烧技术远非完善，主要表现在以下方面：

(1) 目前焚烧炉渣的热灼减率一般为3%～5%，尚有潜力可挖；

(2) 气相中残留有少量以CO为代表的可燃组分；

(3) 气相不完全燃烧为高毒性有机物(以二恶英为代表)的再合成提供了潜在的条件；

(4) 燃尽的有机质和不均匀的品相条件使灰渣中有害物质的再溶出不能完全避免；

(5) 垃圾焚烧的经济性和资源化仍有改善的空间。

2) 焚烧过程

垃圾焚烧过程包括了三个阶段：物料的干燥加热阶段、焚烧阶段和燃尽阶段。焚烧阶段是焚烧过程的主要阶段，燃尽阶段是生成固体残渣的阶段。

(1) 干燥加热阶段。城市生活垃圾含水率通常较高，如我国城市生活混合垃圾中一般含水率都高于30%。因此，焚烧时的加热干燥阶段很重要。从物料送入焚烧炉到物料开始析出挥发组分着火这一阶段，都认为是干燥阶段。在干燥阶段，物料的水分以水蒸气的形式析出，水在汽化过程中需要吸收大量的热量。

(2) 焚烧阶段。物料经干燥过程后，当炉内温度足够高又有足够的氧化剂时，物料就会很顺利地进入完全焚烧阶段。焚烧阶段有三种化学反应同时发生。

① 强氧化反应。燃烧是产热和发光的强氧化反应。

② 热解反应。热解反应是在无氧或近乎无氧条件下，用热能破坏含碳高分子化合物元素间的化学键，使含碳化合物破坏或者进行化学重组的过程。

③ 原子基团碰撞反应。焚烧过程出现的火焰，实质上是高温下富含原子基团的气流，气流包括原子态H、O、Cl等元素，双原子CH、CN、OH等，以及多原子的基团HCO、NH_2、CH_3等和极其复杂的原子基团气流。焚烧火焰的性状取决于温度和气流的组成，通常温度在1000℃左右就能形成火焰；在火焰中，最重要的连续光谱是由高温碳微粒发射的。

(3) 燃尽阶段。物料在主焚烧阶段进行的强烈的发热发光氧化反应之后，参与反应的物质浓度就自然减少。反应生成CO_2、H_2O和固态的灰渣等惰性物质。由于灰层的形成和惰性气体的比例增加，剩余的氧化剂要穿透灰层进入物料的深部与可燃成分反应也就愈加困难。整个反应的减弱使物料周围的温度也逐渐降低，对整个反应不利。因此，要使物料中未燃的可燃成分燃尽，就必须保证足够的燃尽时间，延长整个焚烧过程。

可燃的固体废物基本是有机物，由大量的碳、氢、氧等元素组成，有些还含有氮、硫和卤素等元素。这些元素在焚烧过程中完全燃烧时，与空气中的氧反应，生成各种氧化物或部分元素的氢化物，具体为：① 有机碳焚烧产物是二氧化碳气体。② 有机物中氢的焚烧产物是水；若有氟或氯存在，也可能生成它们的氢化物。③ 固体废物中的有机硫和有机磷，在焚烧过程中生成二氧化硫或三氧化硫以及五氧化二磷。④ 有机氮化物的焚烧产物主要是气态的氮，也有少量的氮氧化物。⑤ 有机氟化物的焚烧产物是氟化氢。⑥ 有机氯化物的焚烧产物是氯化氢。⑦ 有机溴化物和碘化物焚烧后生成溴化氢及少量溴气，以及元素碘。⑧ 根据焚烧元素的种类和焚烧温度，金属在焚烧以后可生成卤化物、硫酸盐、碳酸盐、氢氧化物和氧化物等。

二、城镇生活垃圾的再生利用

1. 废旧轮胎的再生利用

废旧轮胎的再生利用方法可分为原形利用、焚烧转能、热解回收、制造再生胶、生产胶粉和掩埋储能六大类。

1) 原形利用

原形利用最主要的方式就是轮胎翻新(修)。轮胎翻修是指旧轮胎经局部修补、加工、重新贴覆胎面胶之后，进行硫化处理，恢复其使用价值的一种工艺流程。翻新一条旧胎的费用一般只相当于新胎生产的 30%，而使用寿命可达新胎的 60%～70%。一般载重轮胎能翻新 2 次以上，航空轮胎可翻新 10 次。因此，轮胎翻新得到世界各国的普遍重视。

2) 焚烧转能

美国、欧洲及日本的不少水泥厂、发电厂、造纸厂、钢铁厂及冶炼厂等采用废旧橡胶作为燃料。由于其燃烧值较高(比煤高约 5%～10%)，成本低，故能消耗大量的废旧轮胎。因此，这种利用方式目前大量存在。但由于燃烧会造成一定程度的大气污染，限制了此种方式的利用。

3) 热解回收

废轮胎经热解可产生液态、气态碳氢化合物和炭残渣，这些产品经进一步加工处理能转化成具有各种用途的高价值产品，如炭黑转化为活性炭，液态产品转化为高价值的燃料油和重要化工产品，气态产品直接作为燃料等。

4) 制造再生胶

再生橡胶是指废旧橡胶经过粉碎、加热、机械分选等物理化学过程，其弹性状态变成具有塑性和黏性的，能够再硫化的橡胶。生产再生胶的关键步骤为硫化胶的再生，习惯上称为"脱硫"，是一个与硫化相反的过程。生产工艺主要有油法(直接蒸汽静态法)、水油法(蒸煮法)、高温动态脱硫法、压出法、化学处理法和微波法等。

5) 生产胶粉

目前研究较多的是用废旧轮胎生产胶粉。胶粉是将废旧轮胎整体粉碎后得到的橡胶粉粒，可广泛应用于化工、轻工、建材、交通等领域，是废旧轮胎回收利用的发展方向。常用的粉碎方法有低温冷冻法和常温法。

由废旧轮胎生产的胶粉可直接掺入原料中生产轮胎或其他橡胶制品，也可生产用于铺设高速公路的改性沥青，也可生产彩色弹性地板砖、塑胶跑道、新型建筑土、防水卷材、防水片材、防水涂料和复合式铁路枕木等，还可制成高分子改性复合材料，如改性聚氨酯材料、改性聚乙烯材料、改性水泥材料等。

6) 掩埋储能

掩埋储能是将废旧轮胎储存于地下，期望后续外部环境将其转变为可利用能源的一种方式，是废旧轮胎最初回收利用的一种形式。但随着可供掩埋场地数量的不断减少，相应的掩埋成本急剧升高，欧共体国家已经在2006年立法禁止掩埋处理废旧轮胎。

2. 废旧塑料的再生利用

废旧塑料的利用主要有以下几个方面。

1) 加工成塑料原料

把收集到的较为单一的废旧塑料通过分选、破碎、清洗、熔融、混炼，最后加工成粒状塑料原料，这是最广泛采用的塑料再生利用技术。这种方法主要用于热塑性树脂。用再生的塑料原料可作为包装、建筑、农用及工业器具等的原料。

2) 再生利用

废旧塑料的直接利用是指不需进行各类改性，将废旧塑料经过分选、清洗、破碎、塑化，直接加工成型，或与其他物质经简单加工制成有用制品。

3) 燃料化利用

废旧塑料热值高，是一种理想的燃料，可制成热量均匀的固体燃料。普遍的方法是将废旧塑料粉碎成细粉或微粉，再调合成浆液或造粒后作为燃料，但要求含氯量应控制在0.4%以下，并要有废气处理装置。无氯废旧塑料燃料化的典型应用是用于水泥窑、热电联产和作为代替传统的焦炭炼铁原料。当利用废旧塑料焚烧回收热能和电能时，系统必须形成规模才能取得经济效益。

4) 热解制油

塑料热分解技术的基本原理是将废旧塑料制品中原树脂高聚物进行较彻底的大分子链分解，使其回到低分子量状态，从而获得使用价值高的产品。废旧塑料热解制得的油可作燃料或粗原料。

5) 改性后生产各种材料

为了改善废旧塑料再生料的基本力学性能，采取了改性方法对废旧塑料进行改性，以达到或超过原塑料制品的性能，以满足专用制品的质量需求。常用的改性方法有物理改性和化学改性。物理改性方法主要有活化无机粒子的填充改性、废旧塑料增韧改性和增强改性。化学改性是指通过接枝、共聚等方法在分子链中引入其他链节和功能基团，或者通过交联剂等进行交联，或者通过成核剂、发泡剂等进行改性，使废旧塑料被赋予较高的抗冲击性能、优良的耐热性和抗老化性等，以便进行再生利用。

3. 废纸的再生利用

从废纸制得白色纸浆，须除去废纸中的印刷油墨和其他填料、涂料、化学药品以及细小纤维等杂质，除杂过程主要包括碎解、筛选、除渣、浮选、洗涤和浓缩、分散和揉搓、漂白、脱墨等几个阶段。

1) 碎解

废纸碎解是废纸制浆流程的第一步。在废纸中加化学药剂经制浆或纤维分离后，用水力碎浆机或鼓式碎浆机搅拌。该搅拌力很大，使纸片很快破碎成纸浆。

2) 筛选

筛选是为了将大于纤维的杂质除去。废纸浆中包括的杂质主要有薄片、塑料、胶黏物及其他颗粒，通常选用压力筛来进行筛选。

3) 除渣

除渣用于去除浆料中的轻、重杂质。除渣器一般可分为正向除渣器、逆向除渣器和通流式除渣器。一个除渣系统需要配置的段数视其生产量、所要求的制浆清洁程度以及允许的纤维流失量而定。通常采用四段至五段。

4) 浮选

浮选是一种选矿方法，后来逐渐被用于废纸的脱墨流程中。其基本原理是根据物质表面疏水性的不同，在一定的作业条件下，使疏水的物质附着于气泡而上浮、分离。

5) 洗涤与浓缩

洗涤是从有用的纤维中将悬浮固形物和废杂质除去的一种处理方法，故其滤液中的固形物含量一般都比较高；在洗涤的同时，也实现了浓缩的功能。洗涤是为了去除灰分、细小纤维以及小的油墨颗粒；浓缩则是使出口纸浆浓度比进浆浓度提高的一种措施。

6) 分散与搓揉

分散和搓揉是废纸处理过程中的一道工序，是同一目的的两种处理方式，即用机械方法使油墨和废纸分离或分离后将油墨和其他杂质进一步碎解成肉眼看不见的颗粒，并使其均匀地分布于废纸浆中，从而改善纸成品外观质量。

7) 漂白

经除杂、浮选、洗涤等工序去除油墨后的废纸浆，色泽一般会发黄发暗。为了进一步提高白度，生产出符合市场需求的再生纸，必须进行漂白。

8) 脱墨

脱墨是废纸再生过程中贯穿始终的工序。在破碎、制浆、浮选、漂白等工序中加入适当的化学药剂，对于油墨的有效脱除具有明显的作用。

除将废纸加工成新的纸产品之外，还可将废纸用于生产土木建筑材料、模制产品、纸质家具、日用或工艺专用品、除油材料等，另外还可以用来发电，以及用于化学工业领域。

7.3.2　城镇建筑垃圾的处理、处置和利用

建筑垃圾即为在建筑装修场所产生的城市垃圾，实际工作中建筑垃圾通常与工程渣归为一类。根据建设部 2003 年 6 月颁布的《城市建筑垃圾和工程渣土管理规定(修订稿)》，建筑垃圾、工程渣土，是指建设施工单位或个人对各类建筑物、构筑物等进行建设、拆迁、修缮，及居民装修房屋过程中所产生的余泥、余渣、弃土、弃料及其他废弃物。

对于建筑垃圾的分选，一般分为现场分选和处理厂分选。现场分选主要是在旧建筑物拆毁之前或拆毁过程中，先卸掉门窗、瓦片等易拆除部件。一般情况下，可再利用出售的

会流入二级建筑材料市场；不能出售利用的会通过人工分选回收碎玻璃、废木料等。

处理厂分选是把建筑垃圾运至处理厂后再进行分类与处理。由于建筑垃圾的经济价值不高，对其回收率和再利用率的要求不能过高。因此建筑垃圾处理厂宜建在填埋场附近或有充足接纳剩余垃圾容量的区域。

常见的建筑垃圾有废旧混凝土和废旧砖瓦。

一、废旧混凝土的资源化利用

废旧混凝土块经过破碎分级并按一定的比例混合后形成的骨料称为再生骨料。再生骨料按粒径大小可分为再生粗骨料(粒径为 5～40 mm)和再生细骨料(粒径为 0.15～25 mm)，按来源可分为道路再生骨料和建筑再生骨料。将再生混凝土骨料部分或全部代替天然骨料配制成的新混凝土，称为再生混凝土。相对于再生混凝土而言，把用来生产再生骨料的原始混凝土称为基体混凝土或原生混凝土。

1. 再生骨料的制造过程

用废旧混凝土砌块制造再生骨料的过程和制造天然碎石骨料的过程基本相似，都是把不同的破碎设备、筛分设备、传送设备合理地组合在一起的生产工艺过程，其生产工艺流程如图 7-3 所示。实际的废旧混凝土块中不可避免地存在钢筋、木块、塑料、玻璃、建筑石膏等各种杂质。为确保再生混凝土的品质，必须采取一定的措施将这些杂质除去。

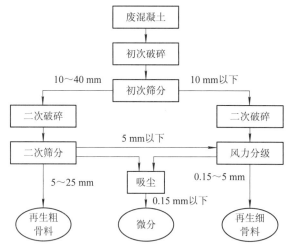

图 7-3　再生骨料的生产工艺流程

2. 再生骨料的特性

同天然砂石骨料相比，再生骨料表面粗糙、棱角较多，并且骨料表面还包裹着相当数量的水泥砂浆(水泥砂浆孔隙率大、吸水率高)，再加上混凝土砌块在解体、破碎过程中的损伤积累，使再生骨料内部存在大量微裂纹，这些因素都会使再生骨料的吸水率增大，这对配制再生混凝土是不利的。

用再生骨料配制再生混凝土是以废旧混凝土粒作粗骨料，废旧混凝土砂或普通砂作细骨料，水泥胶结而成的一种利废建筑材料。再生混凝土生产工艺与普通混凝土基本相同，所配制的再生混凝土具有需水量大、流动性差、强度与弹性模量低、收缩率高、抗冻性差等不足，但同时也具有拌和物的黏聚性、保水性易于满足，体积密度变小、韧性较好等优点。研究表明，随着再生骨料掺量的增加，新拌混凝土的流动性与硬化混凝土的强度和弹性模量均有所下降；但通过掺加粉煤灰与高效减水剂可以得到极大改善，甚至各项指标均可优于普通混凝土。因此，只要配比适当，或使用一些特殊的改性材料，用再生骨料生产再生混凝土在技术上是完全可以实现的。在经济上，如果考虑废旧混凝土的运输、填埋和环境损害以及保护地质景观、节约矿产资源等综合因素，其整体效益是合理的。

二、废旧砖瓦的资源化利用

建筑物拆除的废砖，如果块型还比较完整，且黏附砂浆比较容易剥离，通常可作为砖块回收重新利用。但倘若块型已不完整，或与砂浆难以剥离，就要考虑其综合利用问题。

废砖的综合利用主要有以下两种方法：

① 将砖适当碎制成轻料，用于制作轻骨料混凝土制品。

② 将废砖破碎至最大粒度小于 5 mm，其中小于 0.1 mm 的颗粒不少于 30%；然后，与石灰粉拌和，压力成型，蒸汽养护，生产蒸养砖。

另外，用普通砂石、耐火骨料等作粗骨料制成的耐火混凝土试件，经高温灼烧后，表面均有较多的龟裂纹；而用砸碎废红砖作粗骨料制成的试件经高温灼烧后，表面并无裂纹出现。这可能与粗骨料的弹性模量及热胀性有关，碎红砖的弹性模量较小，胀缩性也接近于水泥石，所以后者表面不产生龟裂。

7.4　工矿业垃圾的处理、处置和利用

7.4.1　冶金工业废渣的处理与利用

冶金工业废渣是指从金属冶炼到加工制造所产生的冶金渣、粉尘、泥和废屑等。其中排放量较大而且资源化利用率较高的主要是冶金渣。冶金渣包括高炉渣、钢渣、有色金属渣、铁合金渣等。

现以高炉渣为例介绍其处理技术。

一、高炉渣的种类

高炉渣是冶炼生铁时从高炉中排出的冶炼渣。炼铁的原料主要是铁矿石、焦炭和助熔剂(石灰石或白云石)。当炉温达到 1400～1600℃时，炉料熔融，矿中的脉石、焦炭中的灰分和助熔剂，以及其他不能进入生铁中的杂质形成以硅酸盐和铝酸盐为主浮在铁水上面的熔渣，称为高炉渣。每生产 1 t 生铁时，高炉渣的产生量随着矿石品位和冶炼方法不同而变化。通常采用贫铁矿炼铁时，每生产 1 t 生铁产生 1.0～1.2 t 高炉渣；用富铁矿炼铁时，每生产 1 t 生铁只产生 0.25 t 高炉渣。由于近代选矿和炼铁技术的提高，高炉渣量已大大下降。

高炉渣主要有两种分类方法：

(1) 按照冶炼生铁的品种分类，分为铸造生铁矿渣(冶炼铸造生铁时排出的矿渣)、炼钢生铁矿渣(冶炼供炼钢用生铁时排出的矿渣)和特种生铁矿渣(用含有其他金属的铁矿石熔炼

生铁时排出的矿渣)等。

(2) 按照矿渣的碱度分类,这是高炉渣最常用的一种分类方法。高炉渣化学成分中的碱性氧化物之和与酸性氧化物之和的比值称为高炉渣的碱度或碱性率(以 M_0 表示),即 $M_0 = (CaO + MgO)/(SiO_2 + Al_2O_3)$。碱性率比较直观地反映了矿渣中碱性氧化物和酸性氧化物含量的关系。因此高炉渣可分为碱性矿渣($M_0 > 1$)、中性矿渣($M_0 = 1$)和酸性矿渣($M_0 < 1$)。

二、高炉渣的组成与特性

高炉渣中的主要化学成分是 SiO_2、Al_2O_3、CaO、MgO、MnO、Fe_2O_3 和 S 等。此外有些矿渣还含有微量的氧化钴、氧化钒、氧化钠、氧化钡、五氧化二磷、三氧化二铬等。在高炉渣中 SiO_2、Al_2O_3、CaO 占其总质量的 90%以上。我国大部分钢铁厂高炉渣的化学成分如表 7-1 所示。

表 7-1　高炉渣的化学成分 (质量分数%)

名　称	CaO	SiO2	Al2O3	MgO	MnO	Fe2O3	TiO2	V2O5	S	F
普通渣	38~49	26~42	6~17	1~13	0.1~1	0.15~2	/	/	0.2~1.5	/
高钛渣	23~46	20~35	9~15	2~10	<1	/	20~29	0.1~0.6	<1	/
锰铁渣	28~47	21~37	11~24	2~8	5~23	0.1~0.7	/	/	0.3~3	/
含氟渣	35~45	22~29	6~8	3~7.8	0.1~0.8	0.15~0.19	/	/	/	7~8

由于炼铁原料品种和成分的变化,冶炼生铁的种类不同以及操作等工艺因素的影响,高炉渣的组成和性质也不同。当冶炼炉料固定和冶炼正常时,高炉渣化学成分的波动是很小的,对资源化利用是有利的。高炉渣的矿物组成与生产原料和冷却方式有关。高炉渣中的各种氧化物成分以各种形式的硅酸盐矿物形式存在。碱性高炉渣的主要矿物是黄长石,它是由钙铝黄长石和钙镁黄长石组成的复杂固溶体,其次是硅酸二钙,最后是少量的假硅灰石、钙长石、钙镁橄榄石、镁蔷薇辉石以及镁方柱石等。酸性高炉渣由于其冷却速度的不同,形成的矿物也不一样。当快速冷却时全部冷凝成玻璃体,当缓慢冷却时(特别是弱酸性的高炉渣)往往出现结晶的矿物相,如黄长石、假硅灰石、辉石和斜长石等。高钛渣主要矿物成分是钙钛矿、钛辉石和尖晶石等;锰铁高炉渣中的主要矿物成为是锰橄榄石。根据高炉渣的化学成分和矿物组成,高炉渣属于硅酸盐材料范畴,适于加工制作水泥、碎石、骨料等建筑材料。

三、高炉渣的资源化

在资源化利用高炉渣之前,需要对其进行加工处理。高炉渣的用途不同,加工处理的方法也不同。通常把高炉渣加工成水淬渣、矿渣碎石、膨胀矿渣和膨胀矿渣珠等形式加以利用。

1．水淬渣的应用

1) 生产水泥

我国约有 75%的水泥中有水淬渣。由于水淬渣具有潜在的水硬胶凝性能,在水泥熟料、石灰、石膏等激发剂作用下，可显示出水硬胶凝性能，是优质的水泥原料。目前水淬渣主要用于生产矿渣硅酸盐水泥、石膏矿渣水泥和石灰矿渣水泥。矿渣硅酸盐水泥简称矿渣水泥，是用硅酸盐水泥熟料和粒化高炉渣加 3%～5%的石膏混合磨细制成的水硬性胶凝材料。水淬渣加入量视所生产的水泥标号而定，一般为 20%～70%，该种水泥在我国产量最多，是吃渣量较大的品种。目前，我国大多数水泥厂用水淬渣生产 400 号以上的矿渣水泥，适用于水上工程、海港及地下工程等，但不宜用于水位时常变动的水利工程混凝土建筑中。

石膏矿渣水泥是由 80%左右的水淬渣加 15%左右的石膏和少量硅酸盐水泥熟料或石灰混合磨细制得的水硬性胶凝材料。其中石膏的作用在于提供水化时所需要的硫酸钙成分，属于硫酸盐激发剂；少量硅酸盐水泥熟料或石灰的作用是对矿渣起碱性活化作用，能促进铝酸钙和硅酸钙的水化，属于碱性激发剂。一般情况下，石灰加入量为 5%以下，硅酸盐水泥熟料加入量在 8%以下。这种石膏矿渣水泥成本较低，具有较好的抗硫酸盐侵蚀和抗渗透性，适用于混凝土的水利工程建筑物和各种预制砌块。

石灰矿渣水泥是将干燥的粒化高炉矿渣、生石灰或消石灰以及 5%以下的天然石膏，按适当的比例配合磨细而成的一种水硬性胶凝材料。石灰的掺入量一般为 10%～30%，它的作用是激发矿渣中的活性成分，生成水化铝酸钙和水化硅酸钙。若石灰的掺入量太少，矿渣中的活性成分难以充分激发；若掺入量太多，则会使水泥凝结不正常、强度下降和安定性不良。石灰的掺入量往往随原料中氧化铝含量的不同而变化，氧化铝含量高或氧化钙含量低时应多掺入石灰，通常在 12%～20%配制。该水泥适用于蒸汽养护的各种混凝土预制品、水中地下路面等的无筋混凝土和工业与民用建筑砂浆。

2) 生产矿砖

水淬渣中加入一定量的水泥等胶凝材料，经过搅拌、成型和蒸汽养护而制成矿砖。其生产工艺流程为：原料过筛→搅拌→混料→配料→入窑→出坯→蒸汽养护→成品。矿砖所用水淬渣粒度一般不超过 8 mm，入窑蒸汽温度约 80～100℃，养护时间 12 h，出窑后即可使用。用 87%～92%粒化高炉矿渣，5%～8%水泥，加入 3%～5%的水混合，所生产的矿砖强度可达 10 MPa 左右，能用于普通房屋建筑和地下建筑。此外，将高炉矿渣磨成矿渣粉，按质量比加入 40%矿渣粉和 60%的粒化高炉矿渣，再加水混合成型，最后再在 1.0～1.1 MPa 的蒸汽压力下蒸压 6 h，也可得到抗压强度较高的砖。

3) 配制矿渣混凝土

配制矿渣混凝土是以水淬渣为原料，配入激发剂(水泥熟料、石灰、石膏)，放入轮碾机中加水碾磨，再与骨料拌和而成，一般用于生产 150～400 号矿渣混凝土。矿渣混凝土适宜在小型混凝土预制厂生产混凝土构件，但不适宜在施工现场浇筑使用。

2. 矿渣碎石的应用

矿渣碎石的物理性能与天然岩石相近，其稳定性、坚固性、撞击强度以及耐磨性、韧度均满足工程要求。矿渣碎石的用途很广，用量也很大，在我国可代替天然石料用于公路、机场、地基工程、铁路道碴、混凝土骨料和沥青路面等。

1) 配制矿渣碎石混凝土

矿渣碎石混凝土是利用矿渣碎石作为骨料配制的混凝土。矿渣混凝土的使用在我国已有五十多年的历史，在许多重大建筑工程中都采用了矿渣混凝土，实际效果良好。

矿渣混凝土的配制方法与普通混凝土相似，但用水量稍高，其增加的用水量一般按重矿渣质量的 1%～2%计算。矿渣碎石混凝土不仅具有与普通混凝土相近的物理力学性能，而且还有良好的保温、隔热、耐热和耐久性能。矿渣碎石混凝土的抗压强度会随矿渣容重的增加而增高。一般用矿渣碎石配制的混凝土与天然骨料配制的混凝土强度相同时，其混凝土密度减轻 20%。

2) 用于地基工程

矿渣碎石的强度与天然岩石的强度大体相同，其块体强度一般都超过 50 MPa，因此矿渣碎石的颗粒强度完全能够满足地基的要求。矿渣碎石用于处理软弱地基在我国已有几十年的历史，一些大型设备的混凝土，如高炉基础、轧钢机基础、桩基础等，都可用矿渣碎石作骨料。

3) 用于道路工程

矿渣碎石具有缓慢的水硬性，对光线的漫射性能好，摩擦系数大，非常宜于修筑道路。用矿渣碎石作基料铺成的沥青路面既明亮，防滑性能又好，还具有良好的耐磨性能，缩短制动距离。矿渣碎石还比普通碎石具有更高的耐热性能，更适用于喷气式飞机的跑道上。

4) 用于铁路道砟

矿渣碎石可用来铺设铁路道砟，并可适当吸收列车行走时产生的振动和噪声。目前矿渣道砟在我国钢铁企业专用铁路线上已得到广泛应用。

7.4.2　矿业固体废物的处理与利用

我国是一个煤炭资源丰富的国家，在可燃矿产资源中，煤炭占 96%。目前我国一次能源消费中 76%以上是煤炭，煤炭年产量超过 10 亿吨，居世界第一位。粉煤灰是煤在燃烧使用过程中排出的主要固体废物之一。粉煤灰等固体废物的资源化利用逐渐引起人们的广泛重视。

一、粉煤灰的特征

粉煤灰实际上是煤的非挥发物残渣，是煤粉经高温燃烧后形成的一种似火山灰质的混合物，主要是燃煤电厂、冶炼、化工等行业排放的固体废物。燃煤电厂燃烧产生的高温烟气经收尘装置捕集而得到粉煤灰(或称飞灰)。少数煤粉燃烧时因碰撞而凝结成块并沉积于炉底成为底灰。粉煤灰约占灰渣总量的 80%～90%，底灰约占总量的 10%～20%。粉煤灰收集包括烟气除尘和底灰除渣，排放方式分干法和湿法。干法排放是将收集到的飞灰直接输入灰仓；湿法排放是通过管道和砂浆泵，利用高压水力把粉煤灰输送到贮灰场或填埋场。目前我国大多数电厂都采用湿法排放。

1. 粉煤灰的化学组成

粉煤灰的化学成分与原煤的矿物成分、煤粉细度和燃烧方式有关，性能差异也很大，主要成分为氧化硅(SiO_2)、氧化铝(Al_2O_3)、氧化铁(Fe_2O_3)，总量约占煤灰的 85%；氧化钙(CaO)、氧化镁(MgO)、氧化硫(SO_3)含量较低。粉煤灰的活性取决于 SiO_2 和 Al_2O_3 的含量；CaO 含量对粉煤灰的活性有利，但一般含量不高。表 7-2 所示为我国一般低钙粉煤灰的化学成分，与黏土成分类似。

表 7-2　我国一般低钙粉煤灰的化学成分

成分	SiO_2	Al_2O_3	Fe_2O_3	CaO	MgO	SO_3	Na_2O 及 K_2O	烧失量
含量(%)	40～60	17～35	2～15	1～10	0.5～2.0	0.1～2	0.5～4	1～26

工程实践证明，应根据不同的目的选择符合要求的粉煤灰。粉煤灰的性能指标有：SiO_2、Al_2O_3 和 Fe_2O_3 的总含量；烧失量；细度。根据粉煤灰中 CaO 含量的高低，一般将其分为高钙灰和低钙灰。高钙灰(CaO 不小于 20%)质量优于低钙灰。粉煤灰中 SiO_2、Al_2O_3、Fe_2O_3 三者的含量关系到用它作为建材原料的性能好坏。

2．矿物组成

粉煤灰中的矿物组分十分复杂，主要分为无定形相和结晶相两大类。无定形相主要为玻璃体以及未燃烧尽的煤粉，其约占粉煤灰总量的 50%～80%。玻璃体能在常温下与石灰或水泥水化时产生的氢氧化钙发生火山灰反应，此反应产物具有一定的胶凝性，使胶凝材料产生一定的力学性能，这也是粉煤灰具有胶结性能的原因。玻璃体含量越多，活性越高。结晶相主要有石英、莫来石、赤铁矿、磁铁矿及无水石膏等，这些结晶相大多是在燃烧区形成的，又往往被玻璃相包裹。因此，粉煤灰中单独存在的结晶体极为少见，单独从粉煤灰中提纯结晶相极为困难。

3．物理性质

粉煤灰是灰色或灰白色的粉状物，含碳量越高颜色越深，粒度越粗质量越差。粉煤灰的密度与化学成分密切相关。低钙灰密度一般为 1800～2800 kg/m^3，高钙灰密度可达 2500～2800 kg/m^3。粉煤灰的松散密度为 600～1000 kg/m^3，其压实密度为 1300～1600 kg/m^3，湿粉煤灰的压实密度随含水率增大而增加。粉煤灰粒径范围为 0.5～300 μm，80%～90%的细度小于 45 μm，其比表面积为 2000～4000 cm^2/g。

4．化学性质

粉煤灰是一种人工火山灰质混合材料，它本身略有或没有水硬胶凝性能，但当以粉状及有水存在时，能在常温，特别是水热处理条件下，与氢氧化钙或其他碱土金属氢氧化物发生化学反应，生成具有水硬胶凝性能的化合物，成为一种增加强度和耐久性的材料。这也正是粉煤灰能够用来生产各种建筑材料的原因。

二、粉煤灰处理与资源化利用

粉煤灰具有颗粒小、孔隙率高、比表面积大、活性大和吸附能力强、耐磨强度高、压缩系数和渗透系数小等优点。粉煤灰中的 C、Fe、Al 及稀有金属可以回收；CaO、SiO2 等活性物质可广泛用作建材和工业原料；Si、P、K、S 等组分可用于制作农业肥料与土壤改良剂，其良好的物化性能可用于环境保护。因此，粉煤灰资源化利用具有广阔的应用和开发前景。

1．粉煤用作建筑材料

粉煤灰用作建筑材料，是其资源化利用的最主要途径之一。它包括生产水泥、混凝土、烧结砖、蒸养砖、砌块与陶粒等。

(1) 生产水泥。粉煤灰中含有大量活性 Al_2O_3、SiO_2 和 CaO，当其中掺入少量生石灰和石膏时可生产无熟料水泥，也可掺入不同比例熟料生产各种规格的水泥。其生产工艺有粉煤灰与水泥熟料共同磨细制成水泥、粉煤灰与磨细的水泥均匀混合制成水泥两种方法。在磨制水泥时，可以加入不同比例的粉煤灰，用于生产普通硅酸盐水泥、矿渣硅酸盐水泥、粉煤灰硅酸盐水泥、砌块水泥和无熟料水泥。

(2) 配制混凝土。粉煤灰在混凝土中的应用是近几年来发展最快的技术之一。粉煤灰采用球磨机磨细，可使粉煤灰需水量下降，活性提高，质量均匀。粉煤灰作为混凝土的矿物掺和料，在混凝土中的作用主要为火山灰"活性效应""形态效应""微集料效应""降低水化热效应""限制温度裂缝效应"和"吸附效应"六个方面。将细度大、活性高、含碳量低的高质量粉煤灰用于取代水泥作混凝土掺和料，不仅可减少水泥等材料用量，改善混凝土性能，而且在一些特殊混凝土中已成为必需的重要掺和材料。

(3) 生产建材制品。粉煤灰建材制品较多，目前常用制品主要是粉煤灰烧结砖、粉煤灰蒸养砖、粉煤灰硅酸盐大型砌块和板材等。

(4) 粉煤灰外加剂。用于砂浆和混凝土中的粉煤灰掺和料，改善并提高了混凝土的各项技术性能，起到减水、缓凝、抗渗、泵送等外加剂的作用。主要有粉煤灰减水剂、粉煤灰泵送剂等。

2. 粉煤灰用于地基工程

粉煤灰成分及其结构与黏土相似，能代替砂石、黏土用于公路路基，修筑堤坝和房屋建筑地基。粉煤灰可与适量石灰混合，加水拌匀，碾压成二灰土。目前我国公路常采用粉煤灰、黏土、石灰掺和等作公路路基材料。掺入粉煤灰后路面隔热性能好，防水性和板体性好，利于处理软弱地基。

3. 粉煤灰用作充填材料

粉煤灰可用于工程回填、围海造地、矿井回填等方面。粉煤灰颗粒均匀细腻，易凝固，回填夯实后能达到一定强度，使回填工程的性能如承载力、变形等都比较好。粉煤灰无需加工处理即可直接用于工程。

4. 粉煤灰用作环保材料

粉煤灰因其特殊的理化性能而被广泛应用于环保产业。如：用于垃圾卫生填埋填料，用于制造人造沸石和分子筛，用于制备絮凝剂，用作吸附剂等。

(1) 用于环保材料开发。可利用粉煤灰制造人造沸石和分子筛、铝铁复合混凝水处理剂等，粉煤灰还可用于制备絮凝剂。

(2) 用于废水治理。粉煤灰作为吸附剂直接处理含油废水、含氟废水、电镀废水与含重金属离子废水、含磷废水等。此外，粉煤灰具有脱色、除臭功能，能较好地去除废水中的化学需氧量(COD)、生化需氧量(BOD)，可广泛用于有机废水、制药废水、造纸废水的处理。粉煤灰用于活性污泥法处理印染废水时，不仅能提高脱色率，还能显著改善活性污泥的沉降性能，克服污泥膨胀。

7.5　固体废弃物污染环境典型案例分析

随着工业化和城市化进程的加速，固体废弃物的产生量持续攀升，不当处置导致的土壤污染、水体渗滤、大气排放及生态破坏等问题日益凸显。从电子垃圾非法倾倒、塑料污染蔓延，到工业危废违规堆存、生活垃圾填埋场渗漏，固体废弃物的环境风险已成为全球可持续发展的重大挑战。

固体废弃物污染环境典型案例分析

7.6　国内外杰出科学家简介

1. 陈勇与有机固体废物资源化

陈勇，毕业于名古屋大学，能源与环境工程技术专家，国际欧亚科学院院士，中国工程院院士，中国科学院广州能源研究所研究员，首席科学家，博士生导师。1996 年进入中国科学院广州能源研究所工作；1998 年担任中国科学院广州能源研究所所长(任期至 2006年)；2001 年担任中国科学院广州分院院长(任期至 2012 年)；2003 年担任中国科学院华南植物园主任(任期至 2006 年)；2006 年当选国际欧亚科学院院士；2012 年获得何梁何利基金科学与技术进步奖；2013 年当选中国工程院院士；2018 年担任广东省科学技术协会主席。主要从事有机固体废物资源化与能源化利用技术、生物质能利用技术研究与开发，利用热化学转化、物理转化、化学转化、生化转化的系列技术和集成技术，实现生活垃圾、畜禽粪便、农业废物的能源化与资源化高值利用。在长期的研究积累基础上，提出了"城乡矿山"和"城乡矿山云"的理念，建立了"农村代谢共生产业"新模式，创建了"副产物控制的清洁生产机制"和"基于能量流、物质流、环境流、经济流的全生命周期分析方法"。

2. 柴立元与重金属污染防治

柴立元，中国工程院院士，冶金环境工程专家。1997 年毕业于中南大学，获博士学位。现任中南大学副校长，冶金与环境学院教授，国家重金属污染防治工程技术研究中心主任，兼任中国有色金属学会有色冶金资源综合利用专业委员会主任，东亚资源再生技术国际会议中方主席。长期致力于有色冶金环境工程领域的研究。发明了含砷多金属物料清洁冶金、冶炼废酸资源化治理、重金属废水净化回用等有色冶炼污染控制与资源化技术。研究成果在我国大中型涉重金属企业推广应用于 200 多项工程，推动了我国有色行业产业转型升级与绿色发展。作为第一完成人获国家技术发明二等奖 2 项，国家科技进步二等奖 1 项，省部级科技一等奖 8 项，及何梁何利产业创新奖。发表 SCI 论文 300 余篇，授权国家发明专利 130 项，编制国家标准、政策及规范 9 项。获"全国先进工作者"等荣誉称号。

3. 程芳琴与工业固废处理

程芳琴，国家卓越工程师，国家环境保护煤炭废弃物资源化高效利用技术重点实验室、CO_2 减排与资源化利用教育部工程研究中心主任；国家"新世纪百千万人才工程"入选者，何梁何利基金科学与技术创新奖获得者，享受国务院政府特殊津贴专家。长期致力于工业固废处理与处置的关键技术研发与工程化应用。先后承担并完成国家重点研发计划、国家"863"计划课题、国家自然科学基金重点项目及省部级重大科研项目。以第一或通讯作者发表 SCI 论文 160 余篇；授权专利 90 余项；出版专著 5 部；以第一完成人获得省部级科技奖项 10 余项，其中国家科技进步二等奖 2 项，高等教育(研究生)国家级教学成果二等奖 1 项，山西省科技进步特等奖 1 项，山西省科技进步一等奖 4 项。获得"全国五一巾帼标兵""全国三八红旗手"等荣誉称号。领导的团队获得转型跨越"山西青年五四奖状""山西省模范集体"等称号。

4. 托马斯·克里斯滕森(Thomas H. Christensen)与废弃物处理技术

托马斯·克里斯滕森，丹麦科学院院士，丹麦科技大学教授。研究方向为废弃物处理技术，涉及使用生命周期评估工具，并侧重于废弃物管理系统的整体管理，重点是废弃物处理技术。重点发展 EASETECH/EASEWASTE 模式，并将其应用于世界许多地区的废物管理问题。在废物表征、废物收集、回收利用、废物生物处理、焚烧、废物在土地上的使用、废物的填埋、骨灰处理、建筑和拆卸废物以及特殊废物(油漆废物、废旧电子电气设备)的处理方面具有重要的研究经验。曾在各委员会任职，并与各种组织(如丹麦废物管理中心等)和研究机构(丹麦研究理事会/战略研究理事会、能源技术发展计划)合作。参与国家研究计划评估和丹麦及国外研究机构评估。国际期刊《废物管理与研究》的联合创始人和副主编(1983—1994)。出版国际教材《固体废物技术与管理》(Wiley，2011)。

思 考 题

1. 固体废物对人类环境的危害体现在哪些方面？
2. 固体废物的处理为什么要先进行预处理？预处理都需要经过哪些工序？
3. 城镇生活垃圾的处理一般采用卫生土地填埋法和焚烧法，各自有什么优势？
4. 粉煤灰是燃煤电厂、冶炼、化工等行业排放的主要固体废物之一，简述粉煤灰资源化的途径。

第8章 噪声污染与防治

8.1 噪声污染的来源及危害

8.1.1 噪声的特征及其来源

《噪声法》所称噪声是指人类活动产生的声音。噪声是在工业生产、建筑施工、交通运输和社会生活中因为人的活动和行为而产生的声音，如工厂机器的轰鸣声、建筑施工的夯土打桩声、机动车疾驶的轰鸣声、广场舞音响的喇叭声等，不包括自然界产生的声音，如蛙鸣鸟叫、刮风下雨、黄河咆哮、惊涛拍岸等声音。自然界产生声音的现象难以直接规范，因此不宜纳入噪声的范围。噪声是人类活动产生的对周围生活环境造成干扰，影响他人生活、工作和学习的声音，在旷野大漠、深山老林等场所产生的声音，如对周围生活环境没有干扰，就不属于噪声。

从物理学的观点讲，和谐的声音叫做乐音，不和谐的声音则叫做噪声。噪声就是各种不同频率和强度的声音无规则的杂乱组合，它给人以烦躁的感觉。与乐音相比，它的波形曲线是无规则的。几乎在任何地方都存在噪声，噪声可来自远近的很多声源，经过许多物体的反射后，部分噪声成为无定向的。某一环境中所有这些噪声的组合，统称为环境噪声。随着工业的发展，噪声污染已经成为一个世界性问题。它与空气污染及水污染一起被列为当今世界三大主要污染源。噪声污染是一种物理污染，它具有以下特点：

(1) 污染面积大，到处都有，高低不等；

(2) 噪声没有污染物，不会积累，它的能量最后转变为热能；

(3) 噪声源振动停止，噪声污染就随之消失。

城市环境噪声的来源，主要有交通噪声、工业噪声、建筑噪声和社会噪声四个方面，其中以交通噪声最为严重。

1. 交通噪声

交通噪声主要指的是机动车辆、火车、飞机和船舶产生的噪声。

机动车辆噪声主要与车速有关，车速增加一倍，噪声级大约增加 9 dB(A)。噪声级的高低还与车型、车流量、路面条件、路旁设施等多种因素有关。经测量统计，城市机动车辆噪声大多数集中在 70～75 dB(A) 的范围内。

火车噪声主要由信号噪声、机车噪声和轮轨噪声组成。信号噪声又有汽笛噪声和风笛噪声之分。汽笛噪声一般在 130 dB(A)左右，而风笛噪声较之汽笛噪声约低 30~40 dB(A)。轮轨噪声是连续性的，当车厢及轮轴数目较多时尤为突出。实测表明，当运行速度为 60 公里/小时时，距离轨道 5 米的轮轨噪声约为 102 dB(A)，若速度加倍，则噪声级提高 6~10 dB(A)。

飞机噪声主要指的是飞机在起飞、航行和着陆时产生的噪声。它随飞机的机种和载重量变化很大。当飞机在 300 米以上高空飞过时，地面的飞机噪声大约为 85 dB(A)。当飞机以超声速飞行时，在飞机头部空气中形成船首波，同时在飞机尾部形成船尾波。当这种波传到地面时，由于其波阵面薄而陡，形成空气压力波，这种波常称为轰声。由于轰声具有突然性，常使人受到震惊。

船舶通常都存在噪声与振动问题。噪声与振动主要来源于发动机、传动系统、螺旋桨、锅炉、通风及空调设备和货物装卸设备。持续的振动与噪声常使乘客和船员感到烦恼和疲劳；还会影响船舶设备和仪表的正常工作，降低其使用精度，缩短其使用寿命。

2．工业噪声

工业噪声直接给生产工人带来危害，同时也给附近居民带来严重干扰，特别是地处居民区没有声学防护设施或防护设施不好的工厂辐射的噪声，对居民的干扰十分严重。如机械工厂的鼓风机、空气锤、冲床，建筑材料厂的球磨机，发电厂的燃气轮机，纺织厂的织布机等，常常在居民区产生 60~80 dB(A)的噪声，甚至高达 90 dB(A)。机器昼夜不停，噪声严重影响居民的休息。

3．建筑噪声

随着城市现代化的建设，城市建筑施工噪声越来越严重。尽管建筑施工噪声具有暂时性，但是由于城市人口骤增，建筑任务繁重，施工面广，且工期又长，因此噪声污染相当严重。据有关部门测定统计，距离建筑施工机械设备 10 米处，打桩机噪声为 105 dB(A)，铺路机噪声为 88 dB(A)，推土机噪声为 91 dB(A)等，这些噪声不但会给操作工人带来危害，而且严重影响居民的生活和休息。

4．社会噪声

社会噪声主要指社会人群活动产生的噪声。例如人们的喧闹声、沿街的吆喝声，以及家用电器的声音，都属于社会噪声。

8.1.2　噪声污染的危害

噪声强度超过人们生活和生产活动所能允许的程度时就成为噪声污染。噪声对人体的危害与影响是多方面的。近年来，随着工业的迅速发展，这种危害和影响日趋严重。概括起来，噪声会损伤人的听力，诱发多种疾病，影响人们的休息和工作，降低劳动生产率，干扰语言交谈和通信联络，较强的噪声还会影响设备的正常运转甚至损坏建筑结构。

一、噪声对人听力的损伤

噪声对人耳的损伤早期主要表现在高频范围，如果做听力检查，多发现在 4000 Hz 或 4000 Hz 附近听力下降，在听力曲线图上呈现 4000 Hz V 型凹陷，这是噪声引起听力损伤的一个突出特点。如果人们长期在这种高噪声环境中工作，日积月累，内耳器官会发生器质性病变，听觉疲劳不能恢复原状，就会导致永久性听阈偏移，这就是噪声性耳聋。噪声性耳聋与噪声的强度、频率以及噪声作用时间的长短有关。强度愈大，频率愈高，作用时间愈长，噪声性耳聋的发病率就愈高。

噪声性耳聋一般分为两种情况：一是机械传导性耳聋，二是神经感觉性耳聋，一些听力损伤者可能两种情况兼有。机械传导性听力损伤是由外耳道阻塞、耳鼓或听骨系统的损坏或功能降低引起。而神经感觉性听力损伤则是由于耳蜗中听觉神经功能衰退引起的。此外，传导神经和大脑听觉中枢功能的降低和障碍也会引起听力损伤。机械传导性听力损失一般不超过 50～55 dB(A)，因为即使外耳和中耳机械传导全部损坏，通过颅骨振动的传导还可以引起内耳液体的运动。神经感觉性损失则可以从几分贝直至全聋。

噪声性耳聋具有两个特征：第一，除高强噪声外，一般的噪声性耳聋都会有一个持续积累的过程。对于 3000～4000 Hz 的高频噪声，在噪声暴露的最初几年，人的听力损失增长很快，经过 10～15 年后基本趋于稳定，听力损失大体维持不变。而对于 2000 Hz 以下的较低频率的噪声，听力损失一般是随暴露年限的增加而增加。噪声对人耳早期的损伤主要表现在 4000 Hz 附近的高频范围，而后逐渐延伸到 2000、1000 和 500 Hz 这些重要的语言听力范围，这时耳聋的危害才开始显现，这就是噪声性耳聋常常被人们所忽视的重要原因。第二，噪声性耳聋是不能治愈的，一旦患聋，便无法康复。

一般认为 85 dB(A)以上的噪声足以引起噪声性耳聋，但这绝不意味着低于 85 dB(A)的噪声就不会引起噪声性耳聋。也有认为 90 dB(A)是开始引起噪声性耳聋的标志，连续的脉冲声，尤其会引起耳聋后果。如果短时间暴露在高达 120 dB(A)以上的噪声环境中，就必须考虑人耳遭受到的永久性听力损伤。当噪声级超过 140 dB(A)时，听觉器官易发生急性创伤，致使鼓膜破裂出血，螺旋器从基底膜急性剥离，双耳突然失听，这是一种一次性使人耳聋的恶性噪声性耳聋。

二、噪声对人体健康的影响

噪声通过听觉器官作用于大脑中枢神经系统，以致影响到全身各个器官。噪声作用于人的中枢神经系统，使人们的基本生理过程和大脑皮层的兴奋与抑制的平衡失调，导致条件反射异常，使脑血管张力遭到损害，神经细胞边缘出现染色质的溶解，严重的可以引起渗出性出血。这种噪声引起的生理上的变化，在早期能够恢复原状，如果长期得不到恢复，久而久之，在中枢神经形成固定的兴奋灶，波及植物性神经系统，会导致病理上的变化，因而产生头痛、脑胀、耳鸣、失眠以及全身疲乏无力等临床症状，这些症状统称为神经官能症。

噪声还会引起人体肠胃机能阻滞，消化液分泌异常，胃酸度下降，其结果导致消化不良，食欲不振，恶心呕吐等症状，从而升高肠胃病和溃疡病发病率。

噪声对心血管系统也会产生不良影响。噪声会使交感神经紧张，从而造成心跳加快、心律不齐、血管痉挛、血压升高等症状。长期在高噪声环境下工作的人们与低噪声环境下的情况相比，高血压、动脉硬化和冠心病的发病率要高出 2～3 倍。

噪声对视觉器官也会造成不良影响。据调查，在高噪声环境下工作的工人常主诉眼痛、视力减退、眼花等。噪声与振动还能引起眼睛对运动物体的对称平衡反应失灵，原因是中枢神经系统在噪声刺激下产生了抑制作用。一般来说，噪声强度愈大，视力清晰度和稳定性愈差。

在高噪声环境中工作和生活的人们，一般健康水平逐年下降，对疾病的抵抗力减弱，导致一些疾病的发病率增高。噪声对人体内分泌机能方面也有影响。噪声还会影响胎儿的正常发育，特别是会对胎儿的听觉器官造成先天性损害。

三、噪声对正常生活和工作的干扰

人的耳朵不能像眼睛那样可以闭起来，即使在睡梦中，听觉也要承受噪声的刺激。噪声影响人的睡眠是人所共知的。但噪声是如何影响睡眠的，关涉人睡眠的过程。

人的睡眠一般分为四个阶段：第一阶段是朦胧阶段，眼睛视物刚有些模糊，进而眼球转动处于半睡眠状态；第二阶段是入睡阶段；第三阶段是浅睡阶段；第四阶段是熟睡阶段，脑电波活动逐渐减少，人得到了休息。对于青年人第一阶段大约 25 分钟，其中半睡状态约占 20 分钟，第二阶段约 45 分钟，第三阶段、第四阶段共约 20 分钟。以后又回到第一阶段，周而复始每一个周期大约 90 分钟。噪声对睡眠的影响有两个方面。一是缩短第三、第四阶段，加快回到第一阶段，有时甚至进入不了第四阶段，总是在前三个阶段循环，或者即使进入第四阶段，时间也很短，因此睡眠质量下降，易做梦，处于半睡眠状态。另一方面是易惊醒，特别在噪声有变化时更易惊醒。试验表明，理想入睡的声学环境应在 35 dB(A) 以下。大量的实验还表明，在 40～45 dB(A) 的噪声刺激下，睡着的人脑电波开始出现了觉醒信号。

噪声对语言交谈和通讯联络的影响是广泛而重要的。一个或几个发话人所说的语言单位(如基本语言、音节或单词等)经过通信系统传递后能被一个或几个受话者确认的百分数叫作语言清晰度。能确认的语言单位所占比例愈大，言语清晰度愈高，即语言、通信愈清晰。在噪声干扰下，语言、通信系统输入或输出的信噪比会降低，从而使得言语清晰度降低，特别是对于那些强度较弱的辅音，噪声对其干扰最为严重。当噪声级低于谈话声级时，谈话能正常进行；当噪声级与谈话声级相接近时，正常交谈会受到干扰；噪声级高于谈话声级 10 dB(A) 以上时，谈话声就会完全被掩蔽。

除了对睡眠和语言、通信的干扰外，噪声还能分散人的注意力，使人容易疲劳，反应迟钝，不仅会影响工作效率，还会使工作的差错率增高。试验表明，一个人只要受到突然而来的噪声一次干扰，就会丧失四秒钟的思想集中。噪声还会掩蔽安全信号，特别是在强噪声中，行车信号和危险警报信号常被掩蔽，很容易发生人身伤亡事故和设备事故。

四、特强噪声能损害仪器设备和建筑物

特强的噪声会使仪器设备失效甚至使仪器设备损坏。对于小型设备或元件，噪声往往通过壳体直接作用于内部零部件，而对于体积较大的仪器设备，噪声除了直接通过壳体作用，还会使仪器设备的外部结构振动，传输到内部的框架，使装置在框架上的零部件受激振动。仪器设备受损的程度与噪声的强度、噪声的频谱以及仪器设备自身的结构、安装方式等因素有关。经研究统计，当噪声级超过 135 dB(A) 时，对于电子仪器，由于连接部位的错动，引出线的抖动，微调电位器或电容的移位，会使仪器发生故障而失效。当噪声级超

过 150 dB(A)时，一些电阻、电容、晶体管等元器件有可能失效或损坏。对于机械结构如火箭、宇航器等，在特强噪声作用下，由于声频交变负载的反复作用，会使材料或结构产生疲劳现象而断裂，出现声疲劳现象。

一般强噪声只能损坏人的听觉器官和机体健康，对建筑物并不会造成多大影响；当噪声超过 140 dB(A)时，对轻型建筑物开始有破坏作用；当超声速飞机在低空掠过时，在飞机头部和尾部形成空气压力和密度的跃变，在地面反射后形成 N 形冲击波而产生轰声，这种特殊的轰声会使建筑物遭受门窗损坏、墙面开裂及屋顶掀起等破坏。

8.2　噪声污染的控制技术

在噪声控制问题中，需要考虑由噪声源、噪声传声途径和噪声接受者三个基本环节所组成的整个声学系统。噪声污染的控制技术一般也是从这三个方面考虑的。

(1) 从声源上降低噪声。从声源上控制噪声，具体可通过选用内阻尼大、内摩擦大的低噪声材料；采用低噪声结构形式；提高加工精度和装配精度以及调整机器的结构参数，抑制共振等方式。

(2) 从传播途径上降低噪声。针对传播途径的降噪措施有隔声、吸声、阻尼、隔振、消声器等。

(3) 在噪声接受点进行防护。在上述方法都无法实现而噪声又很强，或者在某些只需要少数人在噪声环境工作的情况下，可以对接受噪声的个人进行防护，最简单的办法就是戴个人防护耳具。由于噪声一方面影响人耳听力，另一方面通过人耳将信息传递给神经中枢系统并对人体全身产生影响，因而，在耳朵上戴防声用具，不仅保护了听力，也保护了人体的各个器官免受噪声危害。常用的防声用具有耳塞、防声棉、耳罩及防声头盔等。这些防护用具主要是利用隔声原理，使强烈的噪声传不进耳内，从而达到保护人体不受噪声危害的目的。

8.2.1　降低声源噪声

降低声源噪声是控制噪声最有效和最直接的措施。通过研制与选择低噪声设备，改进生产加工工艺，提高机械设备的加工精度和装配质量，使发声体变为不发声体，或者大大降低发声体的辐射声功率，这是控制噪声的根本途径。

1. 改进机械设计来降低噪声

一般金属材料，如钢、铜、铝等的内阻较小，消耗振动能量的本领较弱，因此，凡用这些材料做成的机械零件，在振动力的作用下，机件表面会产生较强的噪声。而采用材料内耗大的高分子材料或高阻尼合金(亦称减振合金)就不同了。减振合金(如锰-铜-锌合金)在合金晶体内部存在一定的可动区，当它受到作用力时，合金内摩擦将引起振动滞后损耗效应，使振动能转化为热能而散掉。因而，在同样作用力的激发下，减振合金要比一般金属辐射的噪声小得多。因此，在制造机械各部件或一些工具时，若采用减振合金代替一般的钢、铜等金属材料，就可以获得降低噪声的效果。

2. 提高加工精度和装配质量来降低噪声

机器运转时，由于部件间的撞击和摩擦，或由于动平衡不完善，会造成机器振动而辐射噪声。如果提高机械加工及装配的精度，平时注意检修，减少撞击和摩擦，正确地校准中心，做好动平衡，适当地提高机壳的刚度，采取阻尼减振等措施来减弱机器表面的振动，这样对于降低噪声的辐射都会有良好的效果。

8.2.2　在传播途径上降低噪声

吸声降噪、隔声降噪、消声降噪是较为常用的在噪声传播途径上控制噪声的技术。

一、吸声降噪

多孔吸声材料的吸声原理是声波进入材料空隙后，引起空隙中空气和材料的细小纤维振动，通过摩擦和黏滞阻力，将声能转变成热能而被吸收。简而言之，就是利用能量转化使部分声能转化成其他能量，进而减少噪声。

材料的声吸收效率由其声吸收系数决定，声吸收系数是入射声音和反射声音能量的比值。当材料的声吸收系数超过 0.4 时，为有效吸声材料；当材料的声吸收系数达到 0.8 或更大时，为高效吸声材料。多孔材料是一种很好的吸声材料。多孔材料越厚，声吸收系数也就越大。

多孔吸声材料主要有无机纤维吸声材料、泡沫塑料、有机纤维材料和建筑吸声材料及其制品。

(1) 无机纤维材料。无机纤维材料主要有超细玻璃棉、玻璃丝、矿渣棉、岩棉等。其中超细玻璃棉的优点是质轻、柔软、密度小、耐热、耐腐蚀等，因此使用较普遍。但它也存在一些缺点，比如吸水率高、弹性差、填充不易均匀等。矿渣棉的优点是质轻、防蛀、防火、耐高温、耐腐蚀及吸声性能好；其缺点是杂质多、性脆易断，因此对于风速大，要求洁净的场合不宜使用。岩棉的优点是隔热、耐高温、价格低廉。

(2) 泡沫塑料。泡沫塑料吸声材料主要有聚氨酯、聚醚乙烯、聚氯乙烯及酚醛等。这类材料具有弹性好，容易填充均匀等优点。缺点是不防火、易燃烧、易老化。

(3) 有机纤维材料。有机纤维材料有棉麻、甘蔗、木丝、稻草等，这些材料价廉、取材方便。其缺点是易潮湿、易变质、腐烂，从而降低吸声性能。

(4) 建筑吸声材料。建筑上采用的吸声材料有加气混凝土、膨胀珍珠岩、微孔吸声砖等。

在选择吸声材料时，为保证有良好的吸声性能，应该注意以下三点：一是要多孔；二是孔与孔之间要相互贯通；三是这些贯通孔要与外界连通。多孔材料不一定是吸声材料，只有孔洞互相贯通的开孔材料，才有良好的吸声性能，适合做吸声材料；而各孔孤立互不通气的闭孔材料没有吸声作用，因此不能作为吸声材料使用。

多孔吸声材料由于生产简单，成本低，吸声系数高，因而一直是传统的吸声材料。但它也存在一些缺点，例如对低频声的吸声效果较差。而共振吸声结构正是针对低频声吸声发展起来的。

共振吸声结构是在声波刺激下，振动着的结构由于自身的内摩擦和与空气的摩擦，将一部分振动能量转变成热能消耗掉。常见的共振吸声结构(材料)有薄板共振吸声结构、薄膜共振吸声结构、穿孔板共振吸声结构、微穿孔板共振吸声结构、复合珍珠岩共振吸声板、金属纤维和泡沫金属共振吸声材料等。

二、隔声降噪

用构件将噪声源和接收者分隔开，阻断噪声在空气中的传播，从而达到降低噪声目的的措施称为隔声。采用隔声措施控制噪声，工程上称为隔声技术。隔声技术是噪声控制中常用的技术之一。常见的隔声处理方式有隔声墙、隔声间、隔声罩等。

1. 隔声墙

在隔声技术中，常把板状或墙状的隔声构件称为隔板或隔墙，简称墙。仅有一层隔板的称单层墙，有两层或多层隔板且层间有空气或其他材料的，称为双层墙或多层墙。其中，双层墙即是把单层墙一分为二，中间留有空气层，但墙的总重量没有变，却可以使隔声量提高。依此类推，就可以理解多层墙的结构了。隔声墙的隔声效果与其质量密切相关，单层墙越重隔声性能越好，单位面积的质量提高一倍，隔声量提高 6 dB(A)。

一般情况下，双层墙比相同面密度的单层墙隔声量要增加 5～10 dB(A)，如果设计相同的隔声量，双层墙的总重量可以比单层墙减少 2/3～3/4。双层墙之所以会明显优异于单层墙，主要是由于空气层的作用。当声波通过第一道墙进入空气层时，由于墙体和空气特性阻抗存在显著差异，出现两次反射，形成衰减。空气层的弹性和空气的附加吸收作用也增加了隔声量。

当声波入射角度造成的声波作用与隔墙中弯曲波传播速度相吻合时，隔墙的隔声量会降低，应尽量避免这种情况的发生。因此为了减轻双层墙这种吻合效应对隔声性能的影响，一般使双层墙的厚度或面密度不相等，这样双层墙具有不同的吻合频率，互相错开，吻合效应的影响明显降低。

2. 隔声间

隔声间可以分为两类。

一类是针对体积较大的高噪声机器，采用一个大的房间把机器围护起来，并设置门、窗和通风管道。此类隔声间类似一个大的隔声罩，只是人能进入其中。隔声间的内表面应覆以吸声系数高的材料作为吸声饰面，这样隔声、吸声作用相结合可以增强对噪声的控制。常用的吸声材料是 10 cm 厚超细玻璃棉或矿棉，外面包上 0.1 mm 厚稀疏的薄玻璃布或 0.035 mm 厚塑料薄膜，用穿孔率 20%～30%的薄金属板或薄塑料板覆面，也可用双层塑料窗纱覆面。

另一类隔声间则是在噪声源数量多而且复杂的强噪声环境(如空压机站、水泵站、汽轮机车间等)中隔出一个安静的环境，按实际需要设置门、窗和通风管道，以供工人观察控制机器转动或休息用。这种情况下，若对每台机械设备都采取噪声控制措施，不仅工作量大，技术要求高，而且投资大，那么建造隔声间是一种简单易行的噪声控制措施。隔声间的位置应该能使身处其中的工作人员看到整个车间的生产情况。为此，可将隔声间设置在车间的角落或紧靠车间的一面墙，也可以安排在车间的中部。隔声间应满足通风、采光、供电、通行等方面的要求。

以上两类隔声间都设有门、窗、穿墙管道等，因而会使隔声间出现孔洞及缝隙。这些孔洞、缝隙等必须加以密封，否则会大大影响隔声间的隔声性能。密封材料可以采用橡皮条、毡条等。隔声间的大小以能符合工作需要的最小空间为宜。隔声间的墙体和顶棚材料可采用木板、砖料、混凝土预制板或薄金属板等。

3. 隔声罩

在工矿企业，常见一些噪声源比较集中或仅有个别噪声源，如空压机、柴油机、电动机及风机等，此情况下，可将噪声源封闭在一个罩子里，使噪声很少传播出去，消除或减轻噪声对环境的干扰。这种噪声控制装置称为隔声罩。隔声罩的优点较多，如技术措施简单，体积小，用料少，投资少，而且隔声量可控，能使工作所在的位置噪声降低到所需要的程度。但是，将噪声封闭在隔声罩内，需要考虑机电设备运转时的通风、散热问题；同时，安装隔声罩可能给检修、操作、监视等带来不便。

隔声罩外壳由一层不透气的具有一定重量的刚性金属材料制成，一般用 2～3 mm 厚的钢板铺上一层阻尼层。阻尼层常用沥青阻尼胶浸透的纤维织物或纤维材料(麻袋布、玻璃布、毡类或石棉绒等)，有的用特制的阻尼浆。其中有一种水性阻尼浆，是将云母粉、氢氧化铝、苯丙乳液、硅丙乳液、弹性乳液及阻燃剂、乳化剂、丙二醇、二甲基乙醇胺、增稠剂等原料，按照一定比例与中性水混合均匀后，依次经过混料、搅拌、pH 值检测、放料、研磨和包装而制成。外壳也可以用木板或塑料板制作，轻型隔声结构可用铝板制作。要求高的隔声罩可做成双层壳，内层较外层薄一些，内外层的间距一般是 6～10 cm，填以多孔吸声材料。罩的内侧附加吸声材料，再在内层吸声材料上覆一层穿孔护面板，其穿孔面积约占护面面积的 20%～30%。

在罩和机器、罩和基体之间，通常填以合适的橡皮垫，以防止振动的传输。另外，可以开启的活门和观察孔要密封好。对于需要散热的设备，应在隔声罩上留有必要的通风管道。这种管道要有消声结构或者装消声器。在设计隔声罩时，要注意满足工艺和维修的要求，有时要采取防治油污、粉尘和腐蚀等措施。

三、消声降噪

消声器是一种既能使气流通过又能有效地降低噪声的设备。通常可用消声器降低各种空气动力设备的进出口和沿管道传递的噪声。例如在内燃机、通风机、鼓风机、压缩机、燃气轮机以及各种高压、高气流排放的噪声控制中都广泛使用消声器。一个性能好的消声器可使气流噪声降低 20～40 dB(A)。但是，消声器不能降低空气动力设备的机壳、管壁等辐射的噪声。

一个好的消声器应满足以下五项基本要求：

(1) 声学性能：应该具备较好的消声特性。消声器在一定的流速、温度、湿度及压力等工作环境中以及在所要求的频率范围内都应有足够大的消声量，或在较宽的频率范围内能满足所需要的消声量要求。

(2) 空气动力性能：消声器要有良好的空气动力性能，对气流的阻力要小。阻力损失和功率损失都要控制在允许的范围内，不影响气动设备的正常工作，气流通过消声器时所产生的再生噪声要低。

(3) 结构性能：消声器的空间位置要合理，体积小，重量轻，结构简单，便于加工、安装和维修，材质坚固耐用。应注意耐高温、耐腐蚀、耐潮湿等特殊要求。

(4) 外形及装饰：消声器的外形应美观大方，体积和外形应满足设备总体布局的限制要求，表面装饰应与设备总体布局相协调，体现环保产品的特点。

(5) 价格费用：消声器要价格便宜，经久耐用。条件允许的情况下，应尽可能减少消声器的材料消耗，以降低费用。

按消声器的降噪原理可将消声器分为阻性消声器、抗性消声器、排气放空消声器等。在噪声控制工程上，常综合采用上述原理制成复合型消声器，以增强消声效果。

8.2.3　在接收点进行防护

在接收点进行防护是控制噪声污染的最后一关。常用的防声用具有耳塞、防声棉、耳罩、头盔等，其主要利用隔声原理来阻挡噪声传入人耳。

1. 耳塞

耳塞是插入外耳道的护耳器。按其制作方法和使用材料可分成如下三类：

(1) 预模式耳塞：用模具制造，具有一定的几何形状，通常使用软塑料或软橡胶作为材质。

(2) 泡沫塑料耳塞：用具有回弹性的特殊泡沫塑料制成。佩戴前用手捏细，放入耳道中可自行膨胀，将耳道充满。

(3) 人耳模耳塞：把在常温条件下能固化的硅橡胶之类的物质注入外耳道，凝固后成型。

良好的耳塞应具有隔声性能好，佩戴舒适方便以及无毒性，不影响通话和经济耐用等方面的性能。其中以隔声性能和舒适性尤为重要。

2. 防声棉

防声棉是用直径 $1\sim3$ μm 的超细玻璃棉经过化学方法做软化处理后制成的。防声棉的隔声值随着频率的增加而提高，也就是说，它对隔绝那些对人体危害很大的高频声更为有效。在强烈的高频噪声车间使用这种防声棉，发现它对语言通信联系不但无妨碍，而且还使语言清晰度有所提高。其原因在于：人的语言声能主要分布在 1 kHz 以下的频率上，而防声棉对人的语言声频隔声值较低。因此，原来不使用防声棉在车间里听到尖叫刺耳的高频噪声，使用防声棉后这种高频声被隔掉，互相交谈的语言声便更为清晰了。

防声棉的缺点是纤维短、耐揉性不够、易碎等，因此，使用时最好用纸或薄纱布裹成适当的圆形状塞入耳道中，这样便于取放。

3. 防声耳罩和头盔

耳罩是将整个耳廓封闭起来的护耳装置，其利用隔声原理，隔绝或降低外界噪声传递到耳内。好的耳罩可隔声 30 dB(A)左右。

防声头盔是将整个头部罩起来的防声用具。头盔的优点是隔声量大，不但能隔绝噪声通过气体传导对人造成的危害，而且可以减弱骨传导对内耳的损伤。其隔声量最高可达 50 dB(A)以上。

8.3　振动的危害及其防治

振动是物体的一种特殊运动形式。在这种运动形式中，物体总是围绕某一平衡位置作往返重复运动。该运动必须具备两个条件：第一，物体在运动过程中，存在一个平衡位置；第二，当物体离开平衡位置时，它受到一个指向平衡位置的力的作用，这个力称为恢复力。

只有具备这两个条件，物体才能在恢复力的作用下，围绕平衡位置作往复运动即振动。

振动可分为周期振动与非周期振动。周期振动即为每隔一定时间 T 振动就完全重复一次，也称作简谐振动；而非周期振动表示振动不随时间呈周期性变化。

振动在固体介质中的传播基本可以分为三种形式，即纵波、横波和表面波。纵波是由于介质的压缩弹性形变引起的，所以也称为压缩波。纵波的特点是介质质点的振动方向与波的传播方向平行(空气中的声波就是纵波)。纵波的传播速度在三种波中最快，在地震测量中它第一个被测量出，所以又称初至波或 P 波。横波是由弹性介质的剪切形变产生的，横波的特点是介质质点的振动方向与波的传播方向垂直。横波的传播速度仅次于纵波，是地震测量当中第二个记录到的波，也被称作次至波或 S 波。表面波是当固体介质表面受到交替变化的表面张力作用时，质点作相应的纵横向复合振动而产生的沿界面传播的一种波。质点振幅随着深度增加呈现指数衰减，所以表面波的传播速度最慢。

8.3.1　振动的危害

在振动环境中劳动和工作的人身心健康会受到损害。振动使人的视觉受到干扰，手的动作受妨碍和精力难以集中等，造成了操作速度下降、生产效率降低的情况，并且可能出现质量事故。

振动能够沿介质传播到居民的住房内，使居民感受到这一现象。一般来说，传播到居民室内的振动强度不是很大，但由于居民需要较好的环境睡眠、休息、学习和娱乐等，因而环境振动也会使居民的正常生活受到干扰——心理上感到压抑，精神上烦躁不安等。久而久之，居民的身体健康会受到影响。

另外，振动能够产生噪声，而且振动在传播过程中，传播介质也会再次辐射噪声，即振动往往伴随噪声。这样，振动和噪声的双重作用，则会加剧振动对人的影响和危害。和噪声影响相比，振动除了危害人体健康，还会危及建筑物的安全，影响精密设备和仪器的正常运行，甚至使它们遭受破坏。机械设备等振源的振动会影响自身的结构安全、加工精度及正常运行。在连续振动负荷作用下，构成振源的材料会产生疲劳破坏现象，这是近代断裂力学的重要内容。此外，大幅度的振动还会导致机械碰撞等破坏作用。

一、振动对人体身心健康的危害

振动对人体健康造成的危害分两类，一类是全身振动，另一类是局部振动。全身振动的影响面广，而局部振动的危害程度大。

1. 全身振动对人体健康的损害

全身振动对人体健康的损害是多方面的。

(1) 机械损伤。强烈的振动能造成骨骼、肌肉、关节及韧带等较严重的损伤。当振动频率和人体内脏的固有频率接近时，会直接造成内脏的损害。

(2) 足部、腿部损害。足部长期接触振动，即使振动强度不是非常高，但由于长期作用，也会造成脚痛、麻木或过敏，小腿及脚部肌肉有触痛，足背动脉搏动减弱，趾甲床毛细血管痉挛等。

(3) 循环器官受危害。接触全身振动会使血压改变，心率加快，心肌收缩输出的血量减少等。

(4) 消化系统受影响。全身振动会使胃肠蠕动增加，收缩加强，胃下垂，胃液分泌和消化能力下降，肝脏的解毒功能和代谢机能发生障碍等。

(5) 神经系统受影响。全身振动对神经系统的影响主要表现在使交感神经兴奋、腱反射减退或消失，如手指颤动，失眠等。

(6) 血液系统受影响。全身振动会使血液系统发生变化，如血球比容值增加，白细胞增加，好酸球增加或减少，血清中钾、钙、钠增加，血清转氨酶增加等。

(7) 对代谢的影响。全身振动对代谢产生的影响为耗氧量增加、能量代谢率增加等。

(8) 对呼吸系统的影响。全身振动会使呼吸加快。

(9) 对妇女的特殊影响。经常接触全身振动的女工，会发生阴道壁与子宫脱垂，生殖器官充血和炎症，自然流产，早产，月经失常及异常分娩等。

(10) 其他。振动加速度能为前庭器官所感受，引起前庭器官的壶腹脊纤维细胞和耳膜的退行性改变，致使前庭器官功能兴奋性异常。随着时间的加长，兴奋性降低，临床表现为协调障碍，可见眼球浮动等。在全身振动作用下，前庭和内脏的反射可引起植物性神经症状，如脸色苍白、出冷汗、唾液分泌增加、恶心、呕吐、头痛、头晕、食欲不振及呼吸表浅而频繁，并可能出现体温降低等。

2. 局部振动对人体健康的危害

局部振动的来源主要是振动工具。当手直接接触冲击性、转动性或冲击-转动性工具时，振动则由手、手腕向肘关节及肩关节传递。局部振动对机体的影响是全身性的。由全身振动和局部振动引起的疾患可统称为振动病，但目前一般主要指局部振动所致的以末梢循环障碍为主的全身性疾病。局部振动对人体健康的影响一般首先表现为末梢神经功能障碍，而后逐渐出现末梢循环功能、末梢运动、中枢神经系统及骨关节系统的障碍。

1) 末梢神经、末梢循环、末梢运动机能障碍

(1) 发作性白指、白手(也称为雷诺现象)。末梢机能障碍中最典型的症状是发作性白指的出现。变白部分一般由指尖开始，进而波及全指，界限分明，形如白蜡，或出现苍白、灰白和紫绀，故又称"白蜡病""死指"。严重者可扩展至手掌、手背等，故又称"死手"。一般中指的发病率最高，其次为无名指和食指，最低为小指和拇指。双手白指病可对称出现，也可在受振动作用较大的一侧先出现。一般右手发病率略大于左手。在天气寒冷时更易于发生白指。白指发作时常伴有手麻木、发僵等症状，加热可缓解。再次发作时间不等，轻者 5~10 分钟，重者 20~30 分钟。发作次数也随病情的加重而增多。轻者一年发作数次，重者每日发作数次。此种振动性白指恢复起来比较缓慢，少数病人即使脱离振动作业岗位，病情仍会有所发展，但一般尚不至于引起肢端的溃烂和坏死。

(2) 手麻、手痛。手部除出现白指外，还呈现"手套"型、"袜套"型感觉障碍，手麻，手痛以及手冷等症状，而且在出现白指前上述症状就已出现。手麻、手痛常常影响整个上肢，尤其是夜晚更加明显。疼痛可呈钝痛或刺痛。此外，还常见手胀、手僵、手抽筋、手无力、手多汗、手颤、手持物易掉以及手腕关节、肘关节和肩关节酸痛等症状。

2) 中枢神经系统机能障碍

(1) 中枢神经系统机能障碍导致神经衰弱综合征。振动病患者比较常见的神经精神症

状为头重感、头晕、头痛、记忆力衰退、睡眠障碍、易疲劳、全身乏力、耳鸣、抑郁感以及性欲减退等。

头痛发作常为肌肉挛缩性头痛和血管性头痛。睡眠障碍表现为入睡困难和熟睡困难，这可能与大脑边缘系统睡眠中枢的机能异常有关。当然，头痛、心理烦恼等也是影响正常睡眠的原因。

耳鸣往往在夜间更加明显，还常伴有听力损失。其原因尚不清楚，可能与血管运动性障碍，神经末梢的刺激有关。

(2) 手掌多汗。手掌发汗增多是振动病的突出症状之一，也是振动病的早期症状。手掌及足底等部位多汗，反映交感神经机能亢进。这与外界的气温无关。

3) 骨关节肌肉系统症状

振动对骨关节的影响主要表现在骨刺的形成、变形性骨节病、骨质破坏，以及颈椎、腰椎等部位骨质增生等。因而振动病患者常主诉腰背痛，手、腕、肘、肩等关节疼痛。

由于肘关节骨质的改变，骨刺的形成，会压迫和刺激尺神经，使神经纤维发生肥厚和变性，引起尺神经麻痹。此外，由于振动工具对作业姿势的影响以及关节受到的冲击，可引起上肢肌肉的硬度增加，血流量减少，营养异常，肌肉疲劳，肌力及持久力低下。在前臂、肩胛部位可发生肌肉的索条状硬结，还会引起肌膜炎、腱鞘炎、关节囊炎及蜂窝织炎等病变，有自发疼痛和运动疼痛等表现。

4) 其他系统症状。

局部振动还会引起心血管、消化等系统功能失调和病变。如振动病患者常有心慌、胸闷、心律不齐、脉搏过缓及血压升高等症状，还有上腹痛、消化不良及食欲欠佳等症状。

二、振动对建筑物的危害

振动施于建筑物，即机械能施于建筑物结构，将造成建筑物结构变形。振动不断地施于建筑物，建筑结构变形将不断增大，直到由此产生的摩擦作用将加入的能量全部吸收掉；或者造成建筑结构破坏。常见的破坏现象表现为基础和墙壁龟裂、墙皮剥落、石块滑动、地板裂缝、地基变形和下沉等，重者可使建筑物倒塌。

三、振动对精密设备和仪器的影响

振动能够影响精密机电设备和仪器的正常运行，强烈的振动还能损伤精密设备和仪器。对于精密车床、磨床之类设备，振动会使工件的加工面光洁度和精度下降，并且还会降低刀具使用寿命。对于精密仪器仪表，振动则会影响仪器仪表的正常运行；振动过大时会使仪器仪表受到损害和破坏；还会影响仪器仪表刻度阅读的准确性和阅读速度，甚至根本无法读数。另外对于某些精密和灵敏的电器，如灵敏继电器，振动能使其自保持触头断开，从而引起主电路断路等连锁反应，造成机器停转等重大事故。

8.3.2　振动的防治技术

振动污染对环境、人身、设备及产品质量等都有严重影响。在长期的生产实践中，人们积累了丰富的防治振动污染经验，掌握了不少行之有效的减少和控制振动危害的方法与途径。这些方法与途径可以归纳为如下三大类别。

一、减少振动源的扰动

振动的主要来源是振动源本身的不平衡力引起的对设备的激励。减少或消除振动源本身的不平衡力(即激励力)，从振动源本身来控制，改进振动设备的设计和提高制造加工装配精度，使其振动最小，是最有效的控制方法。

对于由曲柄连杆机构所组成的往复运动机械，如柴油机、压缩空气机、曲柄压力机等，可以附加质量平衡装置(平衡质量块)，使其在运转过程中产生反向作用力以抵消惯性力，从而减少振动。

对于旋转机械，如鼓风机、离心水泵、蒸汽轮机、燃气轮机等，应尽可能地调好其静、动平衡，提高其制造质量，严格控制其对中要求和安装间隙，以减少其离心偏心惯力的产生。

对于传动轴类的机械，通常应使其受力均匀，传动扭矩平衡，并应有足够的刚度等，以改善其振动情况。

工业用各种管道愈来愈多，随着传递输送的介质(气、液、粉等)的不同而产生的管道振动也不一样。通常在管道内流动的介质，其压力、速度、温度和密度等往往是随时间而变化的，这种变化又常是周期性的，因此产生了管道的机械振动。剧烈的管道机械振动常使管路附件、连接部位及支承固定处等发生松动或破裂，轻则造成泄漏，重则引起爆炸，还伴随着强烈的噪声。为此，在管道设计时，一是应注意适当配置各管道元件，以改善介质流动特性，避免气流共振和降低脉冲压力；二是采用橡胶、金属波纹软管，设置缓冲器、降压及稳压装置，有目的地控制气流脉动，从而改善和减少管道机械振动；三是正确选择支承架间距和支承方式，隔振悬吊，以改善管道结构动力特性及隔离振动传递，必要时还可以对进、排气口采取消声装置。

二、防止共振

共振作为振动的一种特殊状态有它的特性。振动机械的扰动激励力的振动频率，若与设备的固有频率一致，就会引起响应，使设备振动得更厉害，这起了放大作用，其放大倍数可有几倍到几十倍，此现象谓之共振。

共振不仅是一种能量的传递形式，而且是具有放大性传递、长距离传递特性的特殊能量传递形式。只要某物体处于共振状态，即使在微小的外力作用下，也可得到足够大的响应力。共振如一个放大器，小的位移作用可得大的振幅值。共振像一个储能器，它以特有的势能与弹性位能的同步转换与吸收，使能量越来越大。由于共振的放大作用，共振带来的破坏与灾害也极为严重，可通过以下几个方面来防止和减少共振。

1. 改变机械结构的固有频率

改变设施(可以是物体、设备、建筑设施等)的结构和总体尺寸，采用局部加强法(如加筋、加支承节点)等，可以改变设施的固有频率。比如工矿企业的生产设备，通常在壳体上采用刚性大的加强筋或增加质量块来改变固有频率，可以取得良好的减振效果。

2. 改变振动源的扰动频率

改变机器、设备的转速，更换机型(如柴油机缸数的变更)等，可以改变振动源的扰动频率。

3. 将振动源安装在非刚性基础上

非刚性基础通过引入弹性元件(如橡胶隔振器、弹簧等)大幅度降低了整体结构的固有频率，使其远低于振动设备的主要激振频率，从而规避了共振的发生。这种方法不仅能有效抑制振动传递，保护基础和周围精密设备，还能降低噪声并延长设备服役寿命，因而广泛应用于各类动力机械、精密设备等的基础隔振设计。

4. 采用黏弹性高阻尼材料

对于一些薄壳机体或仪器仪表柜等结构，宜采用黏弹性高阻尼结构材料(阻尼漆、阻尼板、沥青、石棉泥等)增加其阻尼，以增加能量逸散，降低其振幅。

三、采用隔振技术

1. 大型基础

采用大型基础来减少振动影响是动力设备人员最常用的方法，也是人们司空见惯的刚性固定法。机器基础和其他建筑物基础的区别，主要在于机器基础上作用有振动机械的扰力(即动力)，这种扰力一般是随时间变化的力，就环境来讲即所谓振动或冲击。根据工程振动学原则合理地设计机器的基础，可以尽量减少基础(和机器)的振动和振动向周围的传递。在带有冲击作用时，为了保护基座和减少振动冲击的传递，采用大的基础质量块更为理想。

利用设备的基础来达到控制振动的目的并不是十分经济有效的。大基础仅仅是增加了大质量块 M，而力的传递并没有变化。由牛顿第二定律($F = Ma$)可知，大质量改变了加速度 a 和位移振幅，所以减少了振动和振动的传递。当然，机器基础应能保证可靠地支承机器，应按机器的静力和动力同时考虑设计。基础应同时满足强度和刚度要求，不使机器变形，以保证其精度和工作的可靠性。

2. 防振沟

在振动机械基础的四周开设一定宽度和深度的沟槽，里面充填松软物质(如木屑等)或不填物质，用来隔离振动的传递，这就是经常采取的防振沟。

但防振沟的不足之处在于：第一，防振沟对于高频振动隔离效果好，对低频振动隔离效果差。虽然其四周起到隔离作用，但振动可通过底部传递，所以对于波长较长的低频振动的隔离就无能为力。第二，时间长久后，防振沟内难免会积聚油污、水及杂物等，一旦填实就会失去防振作用。往往防振沟在开始使用时起作用，日后效果越来越差，原因就在于此。

3. 采用隔振元件

在设备下安装隔振元件(隔振器)是目前工程上应用最为广泛的控制振动的有效措施。安装隔振元件后，它会真正起到减少力(即振动与冲击的力)传递的作用。只要选择和安装隔振元件得当，隔振效果可在 85%～90%以上；而且可以不必采用上面讲到的大型基础。安装隔振元件来控制振动，防治振动污染，是最省事、经济且收效好的办法。它已被国内外工程界广泛采用。

8.4　噪声污染环境典型案例分析

　　在城市化与工业化快速推进的背景下，噪声污染已成为继大气、水、固体废物污染之后的第四大环境公害。本小节通过系统分析案例中的噪声源特征、传播规律、影响范围及治理措施，深入剖析当前噪声污染防治工作中的技术难点与管理挑战。

噪声污染环境典型案例分析

8.5　国内外杰出科学家简介

1. 马大猷与现代声学理论

　　马大猷，国际著名声学家，中国著名物理学家和教育家，中国现代声学的重要开创者和奠基人，享誉世界的声学泰斗。1936 年毕业于北京大学物理系，获学士学位，1939 年获哈佛大学硕士学位，1940 年获哈佛大学哲学博士学位，1951 年加入中国民主同盟，1955年被选聘为中国科学院学部委员(院士)，1958 年至 1985 年，为中国科学技术大学教授。1978年起，担任《声学学报》主编，中国声学学会副理事长，中国环境科学会副理事长，中国标准化协会副理事长，美国声学学会会士。1979 年加入中国共产党，1987 年至 1993 年，任国际声学委员会委员。1997 年 10 月被推举为第八届中央委员会名誉副主席，1998 年被评为资深院士。马大猷毕生致力于声学应用基础研究，取得了两项重要的开创性贡献：创立了声学中的简正波理论，并将其发展到实用阶段；提出微穿孔板理论并应用于建筑声学和噪声控制领域，在气流噪声研究中取得独创性成果。出版有《马大猷科学论文选》《现代声学理论基础》《声学手册》《语言声学和语言信息》等专著十余部，完成研究论文 160 篇。

　　2008 年，经中国声学学会六届三次常务理事会研究决定，设立马大猷声学奖。马大猷声学奖每两年评选和颁发一次。

2. 方丹群与噪声控制标准

　　20 世纪 70 年代起，方丹群教授组建了包括声学家、生理学家和医生的科研团队，研究噪声对听力、心血管、神经系统的影响。这一研究结果为中国制定了第一个国家噪声标准《工业企业噪声卫生标准》，1980 年由卫生部和国家劳动总局颁布试行。方丹群教授受国家建委委托，经过五年的努力，研究和编制了《工业企业噪声控制设计规范》。1985 年，国家计划委员会正式批准和颁布了这个规范。与此同时，他向国务院有关部委提出建议，并亲自参与组织全国十三个省(市)40 个工厂噪声控制综合治理试点。他首次提出和组织城市区域环境噪声综合治理，从而使中国的噪声治理工作从单机单项进入整个工厂和区域环境综合治理的新阶段，由少数科研设计单位自发研究进入政府管理有章可循有法可依的新阶段。而这十年的深入研究工作也使中国在噪声生理效应和噪声控制工程学领域进入国际先进行列。1982 年，方丹群教授任中国声学学会理事，1983 年为首届北京声学学会副理事长兼秘书长，中国劳动保护科学技术学会理事，组建噪声与振动专业委员会，任主任委员。40 余年以来，方丹群教授带领他的团队，取得 30 项重要科研成果和发明，得到 15 项专利和版权，获得 20 项国际级、国家级、省(市)、部级科技成果奖和发明奖，其中国际大奖 5 项，一等奖 4 项，二等奖 4 项，学术成果奖、三等奖和科学大会奖 8 项。1988 年国家科委授予方丹群教授"国家级有突出贡献的科技专家"称号。

3. 田静与噪声控制研究

田静长期从事声学、信息技术及相关学科研究与科技管理工作，在有源噪声与振动控制、声学微机电器件与传感网、声学材料、交通噪声预测及其传播模型、高声强及其工业应用、信息技术等方向，先后承担或参加完成了国家自然科学基金、国家 863 计划、973 计划、中国科学院重点和重大项目、国际交流以及其他的企业横向研究课题等 40 余项，在学术期刊和重要学术会议发表论文 200 余篇，授权专利 30 多项。曾获得国家级科技奖励 1 项、省部级奖励 5 项以及马大猷声学奖、国际声学与振动学会(IIAV)荣誉会士、中国科学院杰出科技贡献奖等奖励。主持完成的重大和重点项目包括人民大会堂万人大礼堂改造工程音质设计(1999—2001)、我国第一艘大型小水线面双体科学考察船"实验 1"号的建设(2002—2008)、中国科学院先导科技专项"面向感知中国的新一代信息技术研究"(2012—2015)等。

4. David Thompson 与轨道交通系统振动——噪声控制

David Thompson，英国南安普顿大学声学与振动研究所(ISVR)教授，动力学专业主任，轨道交通系统振动与噪声领域国际权威专家，轮轨噪声 TWINS 程序的主要作者，该程序是全世界最为广泛使用的轮轨噪声预测模型。David 分别于剑桥大学数学系与南安普顿大学 ISVR 获得学士与博士学位，在 ISVR 任教之前曾分别工作于英国铁路研究中心与荷兰国家应用科学研究院(TNO)。他的研究涉及轨道交通系统引起的噪声和振动的各个方面，发表学术论文 500 余篇，主持众多欧盟及英国轨道交通领域科研项目(共承担 EPSRC 项目 13 项，欧盟项目 10 项等)，并承担多项英国及海外各国家地区轨道交通领域技术顾问工作。其关于铁路噪声和振动的著作《Railway noise and vibration, Mechanisms, Modelling and Means of Control》于 2008 年由 Elsevier 出版社出版，并被译成中文，第二版于 2024 年出版。2018 年，其因在声学方面的杰出贡献，被声学学会授予 Rayleigh 奖章。

思 考 题

1. 简述噪声污染对人类健康与相关设备设施的影响。

2. 在噪声污染的控制技术中，从声源、传播途径、接收点这三方面考虑，哪种方法最为直接有效？试分析其原因。

3. 振动是人类生产、生活中常见的一种现象，其对人体健康的危害体现在哪些方面？

4. 现代工业中常采用什么方法治理振动污染？

第四篇　事故应急技术与管理

第9章 生产安全事故应急技术与管理

9.1 生产安全事故

9.1.1 事故的概述

生产安全事故，是指生产经营单位在生产经营活动及生产经营有关的活动中突然发生的，伤害人身安全和健康或者损坏设备设施或者造成经济损失的，导致原生产经营活动暂时中止或永远终止的意外事件。

生产事故按事故发生的原因可分为责任事故和非责任事故。责任事故，指可以预见、抵御或避免的，但由于人为原因没有采取有效预防措施而造成的事故。非责任事故，指不可预见(如自然灾害)或因技术水平限制而造成的事故。生产事故按事故造成的后果可分为人身伤亡事故和非人身伤亡事故。人身伤亡事故又称因工伤亡事故或工伤事故，是指生产经营单位的从业人员在突发生产事故中造成人体组织受到损伤或人体的某些器官失去正常机能，导致负伤肌体暂时或长期地丧失劳动能力，甚至终止生命的事故。工伤事故按伤害的严重程度可分为轻伤事故、重伤事故、死亡事故。其中重伤是指使人损失 105 个以上工作日的失能伤害。

国务院第 493 号令《生产安全事故报告和调查处理条例》第三条，把事故分为如下四个等级：

一级：特别重大事故，是指造成 30 人以上死亡或者 100 人以上重伤(包括急性工业中毒，下同)，或者 1 亿元以上直接经济损失的事故；

二级：重大事故，是指造成 10 人以上 30 人以下死亡，或者 50 人以上 100 人以下重伤，或者 5000 万元以上 1 亿元以下直接经济损失的事故；

三级：较大事故，是指造成 3 人以上 10 人以下死亡，或者 10 人以上 50 人以下重伤，或者 1000 万元以上 5000 万元以下直接经济损失的事故；

四级：一般事故，是指造成 3 人以下死亡，或者 10 人以下重伤，或者 1000 万元以下直接经济损失的事故。

所称的"以上"包括本数，所称的"以下"不包括本数。

事故发生后，事故现场有关人员应立即向本单位负责人报告，单位负责人接报后则应于 1 h 内向当地县级以上政府安全生产监督管理部门报告。政府安监部门接到报告后，应当依照下列规定上报事故情况：① 特别重大事故、重大事故逐级上报至国务院安监部门；

② 较大事故逐级上报至省级安监部门；③ 一般事故上报至设区的市级安监部门。

每级上报的时间不得超过 2 h。事故报告应当及时、准确、完整，任何单位和个人对事故不得迟报、漏报、谎报或者瞒报。

9.1.2　事故的特征

事故表现是千变万化的，并且渗透到人们的生活和每一个生产领域；可以说，事故是无所不在的，同时事故结果又各不相同，所以说事故是复杂的。另外，事故会导致人员伤亡、财产损失，且不同类型事故的表现形式千差万别。大量的事故统计结果表明，事故具有普遍性、偶然性、必然性、因果性、潜伏性、不可逆性、关联性、危害性、低频性、可预防性和突发性的特征。

一、普遍性

各类事故的发生具有普遍性，从更广泛的意义上讲，世界上没有绝对的安全。从事故统计资料可以知道，各类事故的发生从时间上看是基本均匀的，也就是说，事故可能在任何一个时间发生；从地点分布看，每个地方或企业都会发生事故，不存在什么事故的禁区或者安全生产的福地；从事故类型看，《企业职工伤亡事故分类》(GB 6441—1986)中列举的事故类型的背后都有血的教训。这说明安全生产工作必须时刻面对事故的挑战，任何时间、任何场合都不能放松对安全生产的要求，而且针对那些事故发生较少的地区和单位更要明确事故的普遍性这一特点，避免麻痹大意的思想，争取从源头上降低事故的发生率。

二、偶然性

偶然性是指事物发展过程中呈现出来的某种摇摆或偏离，是可以出现或不出现、可以这样出现或那样出现的不确定的趋势。

由于对事故的认识还不是很透彻，特别是针对人的不安全行为的对策措施比较有限，所以针对有的事故，人们还不能完全解释其发生、发展的规律，且难以控制事故的发展变化，这就显得事故的发生具有偶然性，即呈现在人们面前的各类事故是一种随机的事件。其实，这只是表面的现象，因为事故发生的偶然性是寓于事故必然性之中的。不能悲观失望，放弃对事故的研究，更不能想当然地处理事故。正确的方法是努力寻找隐藏在表面之下的真正原因，最终掌握事故发生发展的基本规律。

三、必然性

必然性是客观事物联系和发展的合乎规律、确定的趋势，是在一定条件下的不可避免性。虽然事故的发生具有一定的偶然性，但从统计的角度看，事故的发生和变化是有其自身规律的。从人的角度看，虽然偶尔的违章行为可能不会造成事故，但多次反复出现不安全的行为终究会导致事故的发生。同样，从物的不安全状态看，由于设施、设备不可能在任何情况下都保证安全稳定地运转，当设备、设施出现故障时，就容易发生事故。事故的发生从个别案例上看服从随机性规律，但从总体上看具有必然性。事故的预防工作也正是针对事故的必然性开展的。

四、因果性

因果性是指某一现象作为另一现象发生的根据的关联性。事故的起因是它和其他事物相联系的一种形式。事故是相互联系的诸原因的结果。事故这一现象和其他现象有直接或间接的联系。因果关系有继承性，或称非单一性，也就是多层次的，即第一阶段的结果往往是第二阶段的原因。因此，在制定预防措施时，应尽最大努力掌握造成事故的直接和间接原因，深入剖析其根源，防止同类事故重演。

五、潜伏性

事故的潜伏性是指事故在尚未发生或还未造成后果之时是不会显现出来的，好像一切还处在"正常"和"平静"的状态。但是，生产中的危险因素是客观存在的，只要这些危险因素未被消除，事故就会发生，只是时间早晚而已。事故的这一特征要求人们消除盲目性和麻痹思想，要常备不懈、居安思危，在任何时候、任何情况下都要把安全放在第一位。

六、不可逆性

事故本身具有一定的规律，不会因为人们的努力而改变其发展变化特性，这也可以称为事故的"单向性"。各类事故都遵循一定的规律，在预防各类事故的过程中必须首先认识、了解事故的发生、发展变化规律，从根本上消除事故发生的各种基本条件。这个特征强调人们对事故本身规律的认识，坚决反对不顾事故规律的蛮干；蛮干不仅不会对事故的处理有任何帮助，还会给事故的处理增加不必要的麻烦和困难。

七、关联性

事故的发生需要很多互相关联的因素共同作用。最常见的因素就是人的不安全行为、物的不安全状态以及安全管理的缺陷。这些因素共同作用导致了事故的发生，这是事故发生和发展的重要特征。从事故的角度看，不同事故之间也有内在的联系，"城门失火，殃及池鱼"就是这个道理。

八、危害性

事故的危害一般是比较大的。事故不仅对人员造成伤害，还会导致重大的经济损失。特别是一些重大伤亡事故会在相当长的时间内对相关企业和有关当事人造成沉重的打击，给企业的正常生产和企业员工的正常生活带来严重影响。

九、低频性

一般情况下，事故(特别是重特大事故)发生的频率比较低。事故的低频性有好的方面，为企业和个人留出了宝贵的时间进行事故的预防和事故隐患的排查。只要能在事故发生前解决安全生产中存在的问题，事故终究是不会发生的。但是，长期不发生事故也会让人产生麻痹思想，这是事故低频性不利的一面。

十、可预防性

事故的发生、发展都是有规律的，只要按照科学的方法和严谨的态度进行分析并积极做好有关预防工作，事故是完全可以预防的。人们对事故预防措施的研究一直没有停止过，而且随着人类认识水平的不断提升，对于各种类型的事故都已经找到了比较有效的预防方法。人们已经基本掌握了绝大多数事故发生、发展的规律。这些规律如何在企业和普通劳动者中推广，是目前解决安全生产技术问题的关键所在。人们在生产、生活过程中已经积累了相当多的安全知识和安全技能，只要积极学习并运用这些现成的知识和技能，就基本上能够确保生产的安全。通过有关职能部门有力的监管，人们完全能有效防止各类事故的发生。

十一、突发性

事故的发生往往具有突发性。因为事故是一种意外事件，是一种紧急情况，常常使人措手不及。由于事故发生很突然，人们一般不会有太多的时间仔细考虑如何处理事故，因此往往会忙中出乱，不能有效控制事故。应对事故的突发性，只能加强事故应急救援预案的制定工作，搞好事故应急救援的训练，提高作业人员的应急反应能力和救援水平，这对减少人员伤亡和财产损失尤其重要。

9.2　安全生产应急技术与管理

9.2.1　安全生产应急管理概述

一、安全生产应急管理的内涵

根据风险控制原理，风险大小是由事故发生的可能性及其后果的严重程度决定的。事故发生的可能性越大，后果越严重，则该事故的风险就越大。因此，控制事故风险的根本途径有两条：一是事故预防，防止事故的发生或降低事故发生的可能性，从而达到降低事故风险的目的。然而，由于受技术发展水平及自然客观条件等因素影响，要将事故发生的可能性降至零，即做到绝对安全，是不现实的。事实上，无论事故发生的频率降至多低，事故发生的可能性依然存在，而且有些事故一旦发生，后果将是灾难性的，如中石化东黄输油管道泄漏爆炸特大事故、佛山市顺德区"12·13"气体爆炸事故等。二是应急管理。要从安全生产应急管理的角度，着重做好事故预警、加强预防性安全检查、搞好隐患排查整改等工作。

(1) 加强风险管理、重大危险源管理和事故隐患的排查整改工作。通过建立预警制度，加强事故灾难预测预警工作，对重大危险源和重点部位定期进行分析和评估，研究可能导致生产安全事故发生的信息，并及时进行预警。

(2) 坚持"险时搞救援，平时搞防范"的原则，建立应急救援队伍参与事故预防和隐患排查的工作机制，尤其要加强组织矿山救援队伍、危险化学品救援队伍和其他救援队伍参与企业的安全检查、隐患排查、事故调查、危险源监控以及应急知识培训等工作。

(3) 解决事故发生后迟报、漏报、瞒报等问题。对重特大事故灾难信息、可能导致重特大事故的险情，或者其他自然灾害和灾难可能导致重特大安全生产事故灾难的重要信息，要及时掌握、及时上报并密切关注事态的发展，做好应对、防范和处置工作。

(4) 强化现场救援工作。发生事故单位要立即启动应急预案，组织现场抢救，控制险情，减少损失。

(5) 做好善后处置和评估工作。通过评估，及时总结经验，吸取教训，改进工作，以提高应急管理和应急救援工作水平。

二、安全生产应急管理的特点

与自然灾害、公共卫生事件和社会安全事件相比，安全生产应急管理具有复杂性、长期性和艰巨性等特点，是一项长期而艰巨的工作。

首先，安全生产应急管理本身是一个复杂的系统工程。从时间序列角度，安全生产应急管理在事前、事发、事中及事后四个过程中都有明确的目标和内涵，贯穿于预防、准备、响应和恢复的各个过程；从涉及的部门角度，安全生产应急管理涉及安全生产监督管理、消防、卫生、交通、物资、市政和财政等政府的各个部门，以及诸多社会团体或机构；从应急管理涉及的领域角度，安全生产应急管理涉及工业、交通、通信、信息、管理、心理、行为、法律等；从应急对象角度，安全生产应急管理涉及各种类型的事故灾难；从管理体系构成角度，安全生产应急管理涉及应急法制、体制、机制和保障系统；从层次角度，安全生产应急管理可划分为国家省、市、县及生产经营单位应急管理。

其次，重大事故发生所表现出的偶然性和不确定性，往往给安全生产应急管理工作带来消极的负面影响：一是存在侥幸心理。主观认为或寄希望于这样的安全生产事故不会发生，对应急管理工作淡漠，而应急管理工作在事故灾难发生前又不能带来看得见、摸得着的实际效益，这也使得安全生产应急管理工作难以得到应有的重视。二是存在麻痹心理。经过长时间的应急准备，而重大事故却一直没有发生，易滋生麻痹心理而放松应急工作要求和警惕性，若此时突然发生重大事故，则往往导致应急管理工作前功尽弃。重大安全生产事故的偶然性和不确定性要求安全生产应急管理必须常抓不懈。

三、安全生产应急管理的意义

安全生产应急管理是安全生产工作的重要组成部分。全面做好安全生产应急管理工作，提高事故防范和应急处置能力，尽可能避免和减少事故造成的伤亡和损失，是坚持"以人为本"，贯彻落实科学发展观的必然要求，也是维护广大人民群众的根本利益、构建和谐社会的具体体现。目前我国安全生产形势呈现总体趋于好转的态势，但是生产安全事故总量大，安全生产基层基础薄弱，安全生产投入不足，安全生产形势依然严峻。

(1) 加强安全生产应急管理，是加强安全生产工作的重要举措。随着安全生产应急管理各项工作的逐步落实，安全生产工作势必得到进一步的加强。

(2) 工业化进程中存在的重大事故灾难风险迫切需要加强安全生产应急管理。面对依然严峻的安全生产形势和重特大事故多发的现实，迫切需要加强安全生产应急管理工作，有效防范事故发生，最大限度地减少事故给人民群众生命财产造成的损失。

(3) 加强安全生产应急管理，提高防范、应对重特大事故的能力，是坚持"以人为本"价值观的重要体现，也是全面履行政府职能，进一步提高行政能力的重要方面。

总之，加强安全生产应急管理，是加强安全生产、促进安全生产形势进一步稳定好转的得力举措，既是当前一项紧迫的工作，也是一项需要付出长期努力的艰巨任务。

四、安全生产应急管理的目标和任务

安全生产应急管理的核心任务是：应急管理体制、机制、法制和预案体系建设，应急管理队伍、装备、物资等保障体系建设，应急管理信息化建设，应急管理宣教培训等。

《关于全面加强安全生产应急管理工作的意见》及安全生产"十三五"规划都提出了要求，全国安全生产应急救援体系总体规划方案对应急救援体系建设提出了明确的目标和建设内容。归结起来，安全生产应急管理目标任务是：通过各级政府、企业和全社会的共同努力，建立起覆盖各地区、各部门、各生产经营单位"横向到边、纵向到底"的预案体系；建立起国家、省(区、市)、市(地)三级安全生产应急管理机构及区域、骨干、专业应急救援队伍体系；建立安全生产应急管理的法律法规和标准体系；建立起安全生产应急信息系统和应急救援支撑保障体系；形成统一协调指挥、结构完整、功能齐全、反应灵敏、运转高效、资源共享、保障有力、符合国情的安全生产应急管理体系和运行机制，能够有效防范和应对各类安全生产事故灾难，并为应对其他灾害提供有力的支持。

《关于全面加强安全生产应急管理工作的意见》指出了安全生产应急管理的主要任务，包括如下八项：

(1) 完善安全生产应急预案体系；
(2) 健全和完善安全生产应急管理体制和机制；
(3) 加强安全生产应急管理队伍和能力建设；
(4) 建立健全安全生产应急管理法律法规及标准体系；
(5) 坚持预防为主、防救结合，做好事故防范工作；
(6) 做好安全生产事故救援工作；
(7) 加强安全生产应急管理培训和宣传教育工作；
(8) 加强安全生产应急管理支撑保障体系建设。

9.2.2 安全生产应急管理法律体系

安全生产应急管理法律体系是规范应急管理工作的法制基础，在开展应急管理工作中配置协调应急权力，调动整合应急资源，建立完善应急机制，规范应急管理过程，约束限制行政权力，保障公民合法权益等方面发挥着重要作用。

我国安全生产应急管理法律法规体系层级主要由以下五个层次构成。

一、法律层面

《中华人民共和国宪法》(后简称《宪法》)是我国安全生产法律的最高层级。《宪法》提出的"加强劳动保护，改善劳动条件"的规定，是我国安全生产方面最高法律效力的规

定。

《中华人民共和国突发事件应对法》对于进一步建立和完善我国的突发事件应急管理体制、机制和法制，预防、控制和消除突发事件的社会危害，提高政府应对突发事件的能力，落实执政为民的要求，促进经济和社会的协调发展，构建社会主义和谐社会，都具有重要意义。《中华人民共和国安全生产法》(后简称《安全生产法》)第二十一条规定，生产经营单位的主要负责人负有组织制定并实施本单位的生产安全事故应急救援预案的职责。第四十条规定，生产经营单位对重大危险源应当登记建档，进行定期检测、评估、监控，并制定应急预案，告知从业人员和相关人员在紧急情况下应当采取的应急措施。《中华人民共和国消防法》(简称《消防法》)规定，机关、团体、企业、事业等单位应当制定灭火和应急疏散预案，组织进行有针对性的消防演练。

二、行政法规层面

国务院出台了《生产安全事故报告和调查处理条例》《烟花爆竹安全管理条例》《民用爆炸物品安全管理条例》等行政法规。《生产安全事故应急条例》及《危险化学品安全管理条例》修订草案均由国务院公布。

三、地方性法规层面

地方政府应根据潜在事故灾难的风险性质与种类，结合应急资源的实际情况，制定相应的地方法规，对突发性事故应急预防、准备、响应和恢复等各阶段的制度和措施提出针对性的规定与具体要求，如《广东省突发事件应对条例》《广东省安全生产条例》等。

四、行政规章层面

行政规章包括部门规章和地方政府规章。有关部门应根据有关法律和行政法规在各自权限范围内制定有关事故灾难应急管理的规范性文件，内容应是对具体管理制度和措施的进一步细化，说明详细的实施办法。各省(区、市)人民政府、省(区)人民政府所在地的市人民政府及国务院批准的计划单列市应根据有关法律、行政法规、地方性法规和本地实际情况，制定本地区关于事故灾难应急管理制度和措施的详细实施办法，如《广东省突发事件现场指挥官制度实施办法(试行)》《广东省突发事件应急补偿管理暂行办法》和《广东省突发公共卫生事件应急办法》等。

五、标准层面

涉及专业应急救援的相关管理部门应制定有关事故灾难应急的标准，内容应覆盖事故应急管理的各阶段与过程，主要包括：应急救援体系建设、应急预案基本格式与核心要素、应急功能程序、应急救援预案管理与评审、应急救援人员培训考核、应急演习与评价、危险分析和应急能力评估、应急装备配备、应急信息交流与通信网络建设、应急恢复等标准规范。

应急管理标准体系主要分为强制性标准和推荐性标准两种。目前主要在应急预案、演练、应急物资配备、培训考核、矿山救护、矿山救护队质量标准化、应急平台等方面制定了标准，分别是《危险化学品单位应急救援物资配备要求》(GB 30077—2013)、《安全生产应急管理人员培训及考核规范》(AQ/T 9008—2012)、《生产经营单位安全生产事故应急预案编制导则》(AQ/T 9002—2006)、《生产安全事故应急演练基本规范》(AQ/T 9007—2019)、《矿山救援防护服装》(AQ/T 1105—2014)、《矿山救护规程》(AQ 1008—2007)、《矿山救护队质量标准化考核规范》(AQ 1009—2007)、《国家安全生产应急平台体系建设指导意见》。

9.2.3　安全生产应急管理体系

安全生产应急体系是指应对突发安全生产事故所需的组织、人力、财力、物力、智力等各种要素及其相互关系的总和。通常所说的"一案三制"(应急预案和应急体制、机制、法制)，是构成应急体系的基本框架，而应急队伍、应急物资、应急平台、应急通信、紧急运输、科技支撑等是构成应急体系的能力基础。应急体系的建立和完善是一项系统工程，没有固定的模式，需要以各级政府及有关部门为主，以各地情况和行业情况为依据，以科学发展观为指导，以专项公共资源的配置、整合为手段，以社会力量为依托，以提高应急处置的能力和效率为目标，坚持常抓不懈、稳步推进。安全生产应急体系与公共卫生、自然灾害、社会安全应急体系共同构成我国突发安全生产事故应急体系，是我国应急管理的重要支撑和组成部分。

一、安全生产应急体系结构

安全生产工作包括事故预防、应急救援和事故调查处理三个主要方面。其中，应急救援承上启下，与事故防范和事故调查处理密切联系。各种事故灾难种类繁多，情况复杂，突发性强，覆盖面大，应急救援活动又涉及从高层管理到基层人员各个层次，从公安、医疗到环保、运输等不同领域，给应急救援日常管理和应急救援指挥带来了许多困难。解决这些问题的唯一途径是建立起科学、完善的应急体系和实施规范有序的运作程序。

1. 安全生产应急体系建设原则

安全生产应急体系建设应遵循以下原则。

1) 统一领导，分级管理

国务院安委会统一领导全国安全生产应急管理和事故灾难应急救援协调指挥工作，地方各级人民政府统一领导本行政区域内的安全生产应急管理和事故灾难应急救援协调指挥工作。国务院安委会办公室、应急管理部管理的国家安全生产应急管理指挥中心负责全国安全生产应急管理工作和事故灾难应急救援协调指挥的具体工作，国务院有关部门所属各级应急救援指挥机构、地方各级安全生产应急管理指挥机构分别负责职责范围内的安全生产应急管理工作和事故灾难应急救援协调指挥的具体工作。

2) 条块结合，以块为主

安全生产应急救援坚持属地为主的原则，重大事件的应急救援在当地政府的领导下进行。各地结合实际建立完善的生产安全事故应急体系，保证应急救援工作的需要。政府依托行业、地方和企业的骨干救援力量在一些危险性大的特殊行业或领域建立专业应急体系，对专业性较强、地方难以有效应对的特别重大事故(事件)应急救援提供支持和增援。

3) 统筹规划，合理布局

根据产业分布、危险源分布和有关交通地理条件，对应急救援的指挥机构、队伍和应急救援的培训演练、物资储备等保障系统的布局、规模和功能等进行统筹规划，使各地各领域以及我国生产安全应急体系的布局能够适应社会经济发展的要求。在一些危险性大、事故发生频率高的地区建立重点区域救援队伍。

4) 依托现有，整合资源

深入调查研究，摸清各级政府、部门和企事业单位现有的各种应急救援队伍、装备等资源状况；在盘活、整合现有资源的基础上补充和完善，建立有效的机制，做到资源共享，避免浪费资源、重复建设。

5) "一专多能"，平战结合

要尽可能以现有的专业救援队伍为基础补充装备、扩展技能，建设"一专多能"的应急救援队伍；加强对企业的专职和兼职救援力量的培训，使其在紧急状态下能够及时有效地实施救援，做到平战结合。

6) 功能实用，技术先进

以能够及时、快速、高效地开展应急救援为出发点和落脚点，根据应急救援工作的现实和发展的需要设定应急救援信息网络系统的功能，采用国内外成熟、先进的技术和特种装备，保证生产安全应急体系的先进性和适用性。

7) 整体设计，分步实施

根据规划和布局对生产安全应急体系的指挥机构、主要救援队伍、主要保障系统进行一次性总体设计，按轻重缓急排定建设顺序，有计划地分步实施，突出重点、注重实效。

2. 安全生产应急体系结构

根据有关应急体系基本框架结构理论，并针对我国目前安全生产应急救援方面存在的主要问题，通过各级政府、企业和全社会的共同努力，建设一个统一协调指挥、结构完整、功能齐全、反应灵敏、运转高效、资源共享、保障有力、符合国情的安全生产应急体系，以有效应对各类安全生产事故灾难，并为应对其他灾害提供有力的支持。

我国安全生产应急体系主要由组织体系、运行机制、支持保障系统以及法律法规体系等部分构成。组织体系是我国安全生产应急体系的基础，主要包括应急救援的领导与决策层、管理与协调指挥系统和应急救援队伍及力量。运行机制是我国安全生产应急体系的重要保障，目标是实现统一领导、分级管理，条块结合、以块为主、分级响应、统一指挥，资源共享、协同作战，"一专多能"、专兼结合、防救结合、平战结合，以及动员公众参与，以切实加强安全生产应急体系内部的应急管理，明确和规范响应程序，保证应急体系运转高效，应急反应灵敏，取得良好的抢救效果。支持保障系统是安全生产应急体系的有机组成部分，是体系运转的物质条件和手段，主要包括通信信息系统、培训演练系统、技术支持保障系统、物质与装备保障系统等。

法律法规体系是应急体系的法制基础和保障，也是开展各项应急活动的依据。与应急体系有关的法律法规主要包括由立法机关通过的法律，政府和有关部门颁布的规章、规定以及与应急救援活动直接有关的标准或管理办法等。

同时，应急体系还包括与其建设相关的资金、政策支持等，以保障应急体系建设和体系正常运行。

二、安全生产应急组织体系

组织体系是应急体系的基础之一。通过建立和完善应急救援的领导决策层、管理与协调指挥系统以及应急救援队伍，形成完整的安全生产应急组织体系。

根据我国的机构设置情况，应急组织管理体系的构建除应遵循"分级负责，属地管理"的基本原则外，更应该注重从组织体系的完备性，以及从本地区、外组织的协调性两个方面考虑。从而形成"纵向一条线，横向一个面"的组织格局，即从纵、横两个角度分别构建应急管理组织体系的等级协调机制和无等级协调机制运作模式。前者主要是指以明确的上下级关系为核心，以行政机构为特点的解决方式；后者主要是指以信息沟通为核心的解决方式，部门平等相待，无明确的上下级关系。

1. 领导机构

按照统一领导、分级管理的原则，我国安全生产应急救援领导决策层由国务院安全生产委员会及其办公室、国务院有关部门、地方各级人民政府组成。

1) 国务院安全生产委员会

国务院安全生产委员会统一领导我国安全生产应急救援工作，负责研究部署、指导协调我国安全生产应急救援工作；研究提出我国安全生产应急救援工作的重大方针政策；负责应急救援重大事项的决策，对涉及多个部门或领域、跨多个地区的影响特别恶劣事故灾难的应急救援实施协调指挥；必要时协调解放军总参谋部和武警总部调集部队参加安全生产事故应急救援；建立和协调与自然灾害、公共卫生和社会安全突发安全生产事故应急救援机构之间的联系，并相互配合。

2) 国务院安全生产委员会办公室

国务院安全生产委会办公室承办国务院安全生产委员会(以下简称"安委会")的具体事务，负责研究提出安全生产应急管理和应急救援工作的重大方针政策和措施；负责我国安全生产应急管理工作，统一规划我国安全生产应急体系建设，监督检查、指导协调国务院有关部门和各省(区、市)人民政府安全生产应急管理和应急救援工作，协调指挥安全生产事故灾难应急救援；督促、检查安委会决定事项的贯彻落实情况。

3) 国务院有关部门

国务院有关部门在各自的职责范围内领导有关行业或领域的安全生产应急管理和应急救援工作，监督检查、指导协调有关行业或领域的安全生产应急救援工作，负责本部门所属的安全生产应急救援协调指挥机构、队伍的行政和业务管理，协调指挥本行业或领域应急救援队伍和资源参加重特大安全生产事故应急救援。

4) 地方各级人民政府

地方各级人民政府统一领导本地区安全生产应急救援工作，按照分级管理的原则统一指挥本地区安全生产事故应急救援。

2. 管理部门

我国安全生产应急管理与协调指挥系统由国家安全生产应急救援指挥中心、有关专业安全生产应急管理与协调指挥机构以及地方各级安全生产应急管理与协调指挥机构组成。

根据中央机构编制委员会的有关文件规定，国家安全生产应急救援指挥中心为国务院安全生产委员会办公室领导，是应急管理部管理的事业单位，履行我国安全生产应急救援综合监督管理的行政职能，按照国家突发安全生产事故应急救援的规定，协调、指挥安全生产事故灾难应急救援工作。

各省(自治区、直辖市)建立安全生产应急救援指挥中心，在本省(自治区、直辖市)人民政府及其安全生产委员会领导下负责本地安全生产应急管理和事故灾难应急救援协调指挥工作。

各省(自治区、直辖市)根据本地实际情况和安全生产应急救援工作的需要，建立有关专业安全生产应急管理与协调指挥机构，或依托国务院有关部门设立在本地的区域性专业应急管理与协调指挥机构，负责本地相关行业或领域的安全生产应急管理与协调指挥工作。

在我国各市(地)规划建立市(地)级安全生产应急管理与协调指挥机构，在当地政府的领导下负责本地安全生产应急救援工作，并与省级专业应急救援指挥机构和区域级专业应急救援指挥机构相协调，组织指挥本地安全生产事故的应急救援。

市(地)级专业安全生产应急管理与协调指挥机构的设立，以及县级地方政府安全生产应急管理与协调指挥机构的设立，由各地根据实际情况确定。

三、安全生产应急体系的运行机制

根据国家应急管理体系建设的指导思想，救援体系主要包括应急预案和应急体制、机制、法制(简称"一案三制")。其中，运行机制始终贯穿于应急准备、初级反应、扩大应急和应急恢复等应急活动中，包括日常管理机制、预警机制、应急响应机制、信息发布机制以及经费保障机制。

1. 日常管理机制

1) 行政管理

国家安全生产应急救援指挥中心在国务院安委会及国务院安委会办公室的领导下，负责综合监督管理我国安全生产应急救援工作。各地安全生产应急管理与协调指挥机构在当地政府的领导下，负责综合监督管理本地安全生产应急救援工作。各专业安全生产应急管理与协调指挥机构在所属部门领导下，负责监督管理本行业或领域的安全生产应急救援工作，各级、各专业安全生产应急管理与协调指挥机构的应急准备、预案制定、培训和演练等救援工作，接受上级应急管理与协调指挥机构的监督检查和指导，应急救援时必须服从上级应急管理与协调指挥机构的协调指挥。

2) 信息管理

为实现资源共享和及时有效的监督管理，国家安全生产应急救援指挥中心建立我国安全生产应急救援通信、信息网络，统一信息标准和数据平台，各级安全生产应急管理与协调指挥机构以及安全生产应急救援队伍以规范的信息格式、内容、时间、渠道进行信息传递。

3) 预案管理

生产经营单位应当结合实际制定本单位的安全生产应急预案，各级人民政府及有关部门应针对本地、本部门的实际编制安全生产应急预案。生产经营单位的安全生产应急预案报当地的安全生产应急管理与协调指挥机构备案；各级政府所属部门制定的安全生产应急预案报同级政府安全生产应急管理与协调指挥机构备案，同时报上一级专业安全生产应急管理与协调指挥机构备案；各级地方政府的安全生产应急预案报上一级政府安全生产应急管理与协调指挥机构备案；各级、各专业安全生产应急管理与协调指挥机构对备案的安全生产应急预案进行审查，对预案的实施条件、可操作性、与相关预案的衔接、执行情况、维护和更新等情况进行监督检查，建立应急预案数据库，上级安全生产应急管理与协调指挥机构可以通过通信信息系统查阅。各级安全生产应急管理与协调指挥机构负责按照有关应急预案组织实施应急救援。

4) 队伍管理

国家安全生产应急救援指挥中心和国务院有关部门的专业安全生产应急救援指挥中心制定行业或领域各类企业安全生产应急救援队伍配备标准，对危险行业或领域的专业应急救援队伍实行资质管理，确保应急救援安全有效地进行。有关企业应当依法按照标准建立应急救援队伍，按标准配备装备，并负责所属应急救援队伍的行政、业务管理，接受当地政府安全生产应急管理与协调指挥机构的检查和指导。省级安全生产应急救援骨干队伍应接受省级政府安全生产应急管理与协调指挥机构的检查和指导。国家级区域安全生产应急救援基地接受国家安全生产应急救援指挥中心和国务院有关部门的专业安全生产应急管理与协调指挥机构的检查和指导。

2. 预警机制

预警机制是指根据有关事故的预测信息和风险评估结果，依据事故可能造成的危害程度、紧急程度和发展态势，确定相应预警级别，标示预警颜色，并向社会发布相关信息的机制。预警机制是在突发安全生产事故实际发生之前对事件的预报、预测及提供预先处理操作的重要机制，主要包括以下内容：① 预警范围的确定。需要严格规定监控的时间范围、空间范围以及监控对象范围。② 预警级别的设定及表达方法的规定。按照突发事件发生的紧急程度、发展势态和可能造成的危害程度分为一级、二级、三级、四级，一级为最高级别，分别用红色、橙色、黄色、蓝色标示。③ 紧急通报的次序、范围和方式。一旦发生安全生产事故，第一时间以及之后应该按顺序通知哪些机构和人，以何种方式通知。④ 突发安全生产事故范畴与领域预判。对突发安全生产事故涉及的范畴和领域进行预判，初步对突发安全生产事故给出一个类别和级别，以匹配应对预案。

3. 应急响应机制

根据安全生产事故灾难的可控性、严重程度和影响范围，实行分级响应。

1) 报警与接警

重大以上安全生产事故发生后，企业首先要组织实施救援，并按照分级响应的原则报企业上级单位、企业主管部门、当地政府有关部门以及当地安全生产应急救援指挥中心。企业上级单位接到事故报警后，应利用企业内部应急资源开展应急救援工作，同时向企业主管部门、政府部门报告事故情况。

当地(市、区、县)政府有关部门接到报警后，应立即组织当地应急救援队伍开展事故救援工作，并立即向省级政府部门报告。省级政府部门接到特大安全生产事故的险情报告后，立即组织救援并上报国务院安委会办公室。

当地安全生产应急救援指挥中心(应急管理与协调指挥机构)接到报警后，应立即组织应急救援队伍开展事故救援工作，并立即向省级安全生产应急救援指挥中心报告。省级安全生产应急救援指挥中心接到特大安全生产事故的险情报告后，立即组织救援并上报国家安全生产应急救援指挥中心和有关国家级专业应急救援指挥中心。国家安全生产应急救援指挥中心和国家级专业应急救援指挥中心接到事故险情报告后，智能接警系统立即响应，根据事故的性质、地点和规模，按照相关预案，通知相关的国家级专业应急救援指挥中心、相关专家和区域救援基地进入应急待命状态，开通信息网络系统，随时响应省级应急中心发出的支援请求，建立并开通与事故现场的通信联络与图像实时传送。在报警与接警过程中，各级政府部门与各级安全生产应急救援指挥中心之间要及时进行沟通联系，共同参与事故应急救援活动，确保能够快速、高效、有序地控制事态，减少事故损失。事故险情和支援请求的报告原则上按照分级响应的原则逐级上报；必要时，在逐级上报的同时可以越级上报。

2) 协调与指挥

应急救援指挥坚持条块结合、属地为主的原则，由地方政府负责。根据事故灾难的可控性、严重程度和影响范围，按照预案由相应的地方政府组成现场应急救援指挥部，由地方政府负责人担任总指挥，统一指挥应急救援行动。

对于某一地区或某一专业领域可以独立完成的应急救援任务，由地方或专业应急救援指挥机构负责组织；对于发生的专业性较强的事故，由国家级专业应急救援指挥中心协同地方政府指挥，国家安全生产应急救援指挥中心跟踪事故的发展，协调有关资源配合救援；对于跨地区、跨领域的事故，国家安全生产应急救援指挥中心协调调度相关专业和地方应急管理与协调指挥机构，调集相关专业应急救援队伍增援，现场的救援指挥仍由地方政府负责，由有关专业应急救援指挥中心配合。

4. 信息发布机制

信息发布是指政府向社会公众传播公共信息的行为。突发安全生产事故的信息发布是指由法定的行政机关依照法定程序将其在行使应急管理职能的过程中获得或拥有的突发安全生产事故信息，以便于知晓的形式主动向社会公众公开的活动。信息发布的主体是法定行政机关，具体是指由有关信息发布的法律、法规所规定的行政部门；信息发布的客体是广大的社会公众；信息发布的内容是有关突发安全生产事故的信息，主要是指公共信息，涉及国家秘密、商业秘密和个人隐私的政府信息不在发布的内容之列；信息发布的形式是行政机关主动地向社会公众公开，并且以便于公众知晓的方式主动公开。

5. 经费保障机制

安全生产应急救援工作是重要的社会管理职能，属于公益性事业，关系到国家财产和人民生命安全，有关应急救援的经费按事权划分应由中央政府、地方政府、企业和社会保险共同承担。各级财政部门要按照现行事权、财权划分原则，分级负担预防与处置突发事件中需由政府负担的经费，并纳入本级财政年度预算，健全应急资金拨付制度，对规划布局的重大建设项目给予重点支持，建立健全国家、地方、企业、社会相结合的应急保障资金投入机制，适应应急队伍、装备、交通、通信、物资储备等方面建设与更新维护资金的要求。

9.2.4　安全生产应急预案

生产经营单位安全生产应急预案是国家安全生产应急预案体系的重要组成部分。制定生产经营单位安全生产应急预案是贯彻落实"安全第一、预防为主、综合治理"方针，规范生产经营单位应急管理工作，提高应对风险和防范事故的能力，保证职工安全健康和公众生命安全，最大限度地减少财产损失、环境损害和社会影响的重要措施。

一、应急预案概述

1. 应急预案的概念

应急预案，又称"应急计划"或"应急救援预案"，是针对可能发生的事故灾难，为最大限度地控制或降低其可能造成的后果和影响，预先制定的明确救援责任、行动和程序的方案。应急预案主要包括三方面的内容：事故预防、应急处置、抢险救援。

2. 应急预案的作用

应急预案是应急救援体系的主要组成部分，其目的是进一步规范生产安全事故应急响应程序，提高生产安全事故防范、应对能力，最大限度地减少人员伤亡和财产损失，为平安社会建设提供保障。

应急预案的作用体现在以下几个方面：

(1) 应急预案明确了应急救援的范围和体系，使应急准备和应急管理，尤其是培训和演练工作的开展有据可依、有章可循。

(2) 应急预案有利于做出及时的应急响应，降低事故后果严重程度。

(3) 应急预案是应对各类突发事故的应急基础。

(4) 应急预案建立了与上级单位和部门应急救援体系的衔接机制。

(5) 应急预案有利于提高风险防范意识。

3. 应急预案的基本要求

《生产安全事故应急预案管理办法》在"第二应急预案的编制"中给出了编制的基本要求。编制应急预案是进行应急准备的重要工作内容之一，编制应急预案要遵循一定的编制程序，同时应急预案的内容应满足针对性、科学性、可操作性、完整性、符合性、可读性和相互衔接八项基本要求。

4. 应急预案的法律法规要求

我国政府相继颁布的一系列法律法规和文件，如《中华人民共和国安全生产法》《危险化学品安全管理条例》《国务院关于特大安全事故行政责任追究的规定》《特种设备安全监察条例》《中华人民共和国突发事件应对法》《生产安全事故报告和调查处理条例》《生产安全事故应急预案管理办法》《生产经营单位生产安全事故应急预案评审指南(试行)》和《国务院关于进一步加强企业安全生产工作的通知》等，对危险化学品、特大安全事故、重大危险源等应急救援工作提出了相应的规定和要求。

二、应急预案编制

1. 应急预案编制的基本要求

《生产安全事故应急预案管理办法》第八条规定，应急预案的编制应当符合下列基本要求：

(1) 符合有关法律、法规、规章和标准的规定。

(2) 结合本地区、本部门、本单位的安全生产实际情况。

(3) 结合本地区、本部门、本单位的危险性分析情况。

(4) 应急组织和人员的职责分工明确，并有具体的落实措施。

(5) 有明确、具体的事故预防措施和应急程序，并与其应急能力相适应。

(6) 有明确的应急保障措施，并能满足本地区、本部门、本单位的应急工作要求。

(7) 预案基本要素齐全、完整，预案附件提供的信息准确。

(8) 预案内容与相关应急预案相互衔接。

2. 应急预案编制的步骤

应急预案的编制可分为四个步骤：成立预案编制小组；危险分析和应急能力评估；应急预案编制；应急预案的评审与发布。

3. 应急预案的核心要素

一般完整的应急预案包括以下几个基本要素：方针与原则、应急策划、应急准备、应急响应、现场恢复、预案管理与评审改进。

4. 应急预案的主要内容

《生产经营单位生产安全事故应急预案编制导则》(GB /T 29638—2020)中给出了综合应急预案编制的基本规范。综合应急预案的主要内容如下：

(1) 总则，包含预案编制的目的、作用、法律法规依据、预案的适用范围等。

(2) 生产经营单位的危险性分析，包含生产经营单位概况、危险源识别与分析等。

(3) 组织机构及职责，包含应急组织体系、指挥机构及职责等。

(4) 预防与预警，包含危险源监控、预警行动、信息报告与处置办法等。

(5) 应急响应，包含响应分级、响应程序、应急结束等。

(6) 信息发布，包含事故信息发布的具体方式、发布原则等。

(7) 后期处置，主要包括污染物处理、事故后果影响消除、生产秩序恢复、善后赔偿、抢险过程和应急救援能力评估及应急预案的修订等内容。

(8) 保障措施，包含应急通信与信息保障及人、财、物的保障等。

(9) 培训与演练。

(10) 奖惩。

(11) 附则，包含术语、备案部门、预案的维护更新、负责预案的制定与解释、预案实施具体时间等。

三、应急预案管理

《生产安全事故应急预案管理办法》(以下简称《办法》)，对生产安全事故应急预案(以下简称"应急预案")的编制、评审、备案、培训、演练、修订、奖惩等做出了相应的规定。根据安监总局 17 号令《办法》，结合广东省实际，广东省制定了《广东省安全生产监督管理局关于〈生产安全事故应急预案管理办法〉的实施细则》(粤安监应急〔2017〕9 号)。广东省全省生产安全事故应急预案的编制、评审(或论证)、发布、备案、培训、演练和修订等工作，均适用该细则。该细则规定，新组建的生产经营单位在开展生产经营活动前，应编制有关应急预案，并按照有关规定进行评审(或论证)、备案、培训和演练等；已开展生产经营活动的生产经营单位应在细则实施起 3 个月内编制现场处置方案，6 个月内编制专项应急预案，9 个月内编制综合应急预案，并按照有关程序完成评审(或论证)、备案等工作，组织开展培训和演练。

1. 应急预案评审

《办法》对应急预案的评审规定如下：矿山、建筑施工单位，易燃易爆物品、危险化学品、放射性物品等危险物品的生产、经营、储存、使用单位，中型规模以上的其他生产经营单位，应当组织专家对本单位编制的应急预案进行评审。评审内容主要包括预案基本要素的完整性、危险分析的科学性、预防和救援措施的针对性、应急响应程序的可操作性、应急保障工作的可行性、与政府有关部门应急预案的衔接等。同时评审应当形成书面报告，书面报告应包括以下内容：应急预案名称；评审地点、时间、参会单位和人员；各位专家的书面评审意见(附"要素评审表")；专家组会议评审意见；专家名单(签名)；参会人员(签名)。

2. 应急预案备案

由安全生产监督管理部门实施安全生产行政许可的企业及无行业主管部门的工贸企业的应急预案，报安全生产监督管理部门备案。其他企业的应急预案，报其行业主管部门备案。

非煤矿矿山企业中，"五小"企业(地热、温泉、矿泉水、卤水、砖瓦用黏土企业)露天采石场的应急预案报企业所在地地级以上安全生产监督管理部门备案。其他非煤矿矿山企业报省安全生产监督管理部门备案。

危险化学品生产、经营、储存、使用单位的应急预案，报企业所在地地级以上市安全生产监督管理部门备案。中央驻粤、广东省管的危险化学品生产经营单位(总部)的应急预案，还应抄送省安全生产监督管理部门。

安全生产应急预案备案主要包括以下三个程序：

(1) 企业将备案材料准备齐全后，到安全生产监督管理部门申请备案。

(2) 安全生产监督管理部门按照有关规定，对企业提交的应急预案进行形式审查。

(3) 安全生产监督管理部门对符合要求的预案予以备案并出具"生产经营单位生产安全事故应急预案备案登记表"；对不符合要求的预案，不予备案并说明理由。

报省安全生产监督管理部门备案的应急预案，需由企业所在地市、县安全生产监督管理部门在"应急预案备案申请表"上出具初步意见。

细则还规定安全生产应急预案申请备案时应提交下列材料：

(1) 应急预案备案申请表。

(2) 生产安全事故应急预案要素评审表。

(3) 评审组综合评审意见表。

(4) 评审专家聘书复印件。

(5) 综合应急预案和专项应急预案文本及电子文档。

3. 应急预案的修订与更新

《生产安全事故应急预案管理办法》第四章"应急预案的实施"提出了对应急预案修订的要求，主要内容如下：

第三十四条规定，应急预案演练结束后，应急预案演练组织单位应当对应急预案演练效果进行评估，撰写应急预案演练评估报告，分析存在的问题，并对应急预案提出修订意见。

第三十五条规定，应急预案编制单位应当建立应急预案定期评估制度，对预案内容的针对性和实用性进行分析，并对应急预案是否需要修订做出结论。

第三十六条规定，有下列情形之一的，应急预案应当及时修订并归档：

(1) 依据的法律、法规、规章、标准及上位预案中的有关规定发生重大变化的。

(2) 应急指挥机构及其职责发生调整的。

(3) 安全生产面临的风险发生重大变化的。

(4) 重要应急资源发生重大变化的。

(5) 在应急演练和事故应急救援中发现需要修订预案的重大问题的。

(6) 编制单位认为应当修订的其他情况。

第三十七条规定，应急预案修订涉及组织指挥体系与职责、应急处置程序、主要处置措施、应急响应分级等内容变更的，修订工作应当参照本办法规定的应急预案编制程序进行，并按照有关应急预案报备程序重新备案。

9.3   安全生产事故分析

导致一起事故的原因通常有两个层次，即直接原因和间接原因。美国调查分析伤亡事故的原因时，采用如下方式：一起事故仅由于人员或物体接受一定数量的能量或危害物质而不能安全地承受时发生，这些能量或危害物质就是这起事故的直接原因。直接原因通常是一种或多种不安全行为、不安全状态或两者共同作用的结果。不安全行为和不安全状态就是间接原因，或称为事故征候。间接原因可由管理措施及决策的缺陷，或者是人或环境的因素导致。这是事故发生的基本原因。

在分析事故时，应从直接原因入手，逐步深入间接原因，从而掌握事故的全部原因，再分清主次，进行责任分析。事故调查人员既应关注导致事故发生的每一个事件，也要关注各个事件在事故发生过程中的先后顺序。事故类型对事故调查人员而言也是十分重要的。

在进行事故原因分析时通常要明确以下内容：

(1) 在事故发生之前存在什么样的不正常状态。

(2) 不正常的状态是在哪儿发生的。

(3) 在什么时候首先注意到不正常的状态。

(4) 不正常状态是如何发生的。

(5) 事故为什么会发生。

(6) 事件发生的可能顺序以及可能的原因(直接原因、间接原因)。

(7) 分析事件的发生顺序。

9.3.1　安全生产事故原因分析的基本步骤

1. 整理和阅读调查材料

整理和阅读的主要调查材料包括：证人的口述材料，显示残骸和受害者原始存息地的所有照片，可能被清除或被践踏的痕迹，刹车痕迹，地面和建筑物的伤痕，火灾引起损害的照片，冒顶下落物的空间等。

2. 分析伤害方式

对事故的危险类别、出现条件、后果等进行概略分析，尽可能评价出危险关联情况。分析伤害方式，主要分析因泄漏、火灾、爆炸、中毒等常见的重大事故造成的热辐射、爆炸波、中毒等不同的化学危害。对受害者的伤害情况按以下七项内容进行分析：受伤部位、受伤性质、起因物、致害物、伤害方式、不安全状态、不安全行为。

3. 确定事故的直接原因

事故直接原因是在时间上最接近事故发生的原因，可分为三类：

(1) 物的原因，是由设备不良引起的，也称为物的不安全状态。所谓物的不安全状态，是指使事故发生的不安全的物质条件。

(2) 环境原因，是由环境不良引起的。

(3) 人的原因，是由人的不安全行为引起的。所谓人的不安全行为是指违反安全规则和安全操作原则，使事故有可能或有机会发生的行为。

4. 确定事故的间接原因

间接原因是指对引起事故起间接作用的原因，间接原因如下：

(1) 技术的原因，包括主要装置、机械、建筑的设计，建筑物竣工后的检查保养等技术方面不完善，机械装备的布置，工厂地面、室内照明以及通风、机械工具的设计和保养，危险场所的防护设备及警报设备，防护用具的维护和配备等存在技术缺陷。

(2) 教育的原因，包括与安全有关的知识和经验不足，对作业过程中的危险性及其安全运行方法无知、轻视、不理解、训练不足，坏习惯及没有经验等。

(3) 身体的原因，包括身体有缺陷或由于睡眠不足而疲劳、酩酊大醉等。

(4) 精神的原因，包括怠慢、反抗、不满等不良态度，焦躁、紧张、恐惧等精神状况，偏狭、固执等性格缺陷。

(5) 管理原因，包括企业主要领导人对安全的责任心不强，作业标准不明确，缺乏检查保养制度，劳动组织不合理等。

9.3.2　典型安全生产事故案例

安全生产是工业文明发展的永恒主题，也是企业可持续发展的生命线。本小节精选国内外典型安全生产事故案例，通过还原事故经过，剖析直接与间接原因，总结经验教训，系统阐述安全生产的客观规律和管理要点。

典型安全生产事故案例

9.4   国内外杰出科学家简介

1. 范维澄与火灾科学技术

范维澄，火灾安全科学与工程专家，中国工程院院士，英国拉夫堡大学名誉博士，清华大学公共安全研究院院长。他在公共安全的风险评估、监测监控、预测预警、决策支持、应急管理的理论与技术及其综合集成，火灾动力学演化与防治技术等领域作出了创新成果和重大贡献。他针对中国火灾形势严峻和火灾研究薄弱的现状，倡导工程热物理与安全工程的交叉，开创了火灾安全科学与工程的研究和教育这一重要工程科技领域。他提出了创建火灾科学国家重点实验室的整体构思和设计方案，并主持建设，使之成为国际知名的知识创新、技术创新和人才培养的国家级优秀研究基地。他主持了一大批火灾安全领域国家级重大和重点项目，在火灾动力学演化基础研究、火灾探测、阻燃、灭火和风险评估等关键技术研究与工程应用等方面做出了系统性的重大贡献，在国际火灾科学界为中国争得了重要的一席之地。

2. 孙龙德与天然气田开发

孙龙德，天然气田开发工程与石油地质专家，中国工程院院士，中国石油集团国家高端智库首席专家，中国石油科学技术协会主席，铁人文学专项基金管理委员会高级顾问，怀柔实验室新疆研究院院长。他是特大型高压气田、凝析油气田、非稳态复杂油田开发理论、技术发展和工程实施的主要贡献者。他作为国家"十五"重点科技攻关《塔里木盆地大中型油气田勘探开发关键技术研究》项目负责人，创新研发了异常高压气藏开发关键技术，负责完成了国家西气东输塔里木盆地气田资源开发评价和西气东输气源地产能建设工程，实现了克拉 2 气田高效开发。他研究发现了高含蜡高压凝析气藏相变规律和油气水渗流规律，优化了深层高压凝析气藏开发方案，实现了牙哈等深层高压凝析气田高效开发。他首次发现了油藏的非稳态现象，以此认识指导了哈得等亿吨级油田的高效开发。他深入研究了塔里木沙漠地下水和沙体的地质运动规律，主导建成世界上第一条穿越流动沙漠的生态防护林工程。他创新研究了复杂断块油田滚动勘探开发技术，指导了油田增储上产。

3. 袁亮与煤炭开采及瓦斯治理

袁亮，中国工程院院士，安徽理工大学教授、博士生导师、党委副书记、校长。他长期致力于煤炭安全科技创新和煤炭安全教育，攻克世界性技术难题，把中国煤矿瓦斯治理带到世界舞台，为国家煤炭能源安全提供了人才保障和科技支撑。他开创性地提出了卸压开采和抽采瓦斯、无煤柱煤与瓦斯共采技术原理，开发出具有自主知识产权的防治煤矿瓦斯爆炸成套技术与装备，成功地解决了低透气性高瓦斯煤层安全开采技术难题，并在淮南矿区首次实现了煤与瓦斯共采的重大突破。他提出了"低透气性煤层群无煤柱(护巷)煤与瓦斯共采关键技术"，该技术被认为是煤炭开采技术方面的重大突破，被国家发展改革委列为全国重点推广技术成果。他创建了中国首个煤矿瓦斯治理国家工程研究中心，率领团队将研究成果在全国煤炭行业广泛推广应用，产生了显著的社会经济效益，对中国和世界低透气性煤层的煤与瓦斯共采理论和技术发展做出了重要贡献。

4. 阿巴斯·费若扎巴迪与油气能源开发

阿巴斯·费若扎巴迪，碳氢化合物能源专家，美国国家工程院院士，美国莱斯大学杰出教授，美国油藏工程研究所所长。他主要从事常规和非常规碳氢化合物资源的高效开发、地热资源的开发利用等方面的研究，主要研究方向为石油界面、CO_2 等气体界面及石油体相的分子结构、固体的力学性质、流体吸附/解吸、受限空间内流动、不同流体的压裂机理、增强流体界面弹性的方法、地下多组分多相流高阶数值模拟等；他提出了利用连续尺度和分子模拟方法研究新改进的页岩油气开采方法和产量，利用少量功能分子提高碳氢化合物能源生产和环境管理的效率。

思　考　题

1. 简述安全生产事故的含义及特征。
2. 简述安全生产应急管理的意义、目标及任务。
3. 简述我国安全生产应急管理法律法规体系的层级。
4. 简述我国安全生产应急体系的运行机制。
5. 简述安全生产应急预案的作用。
6. 简述事故应急预案编制的基本要求。
7. 简述安全生产应急预案备案的基本程序。
8. 简述生产安全事故原因分析的基本步骤。

第 10 章　突发性环境污染事故应急技术与管理

10.1　突发性环境污染事故概述

随着社会经济的飞速发展，我国工业化程度不断提高，突发性环境污染事故(简称"突发环境事故")频繁发生，对人类的身体健康构成极大威胁，严重破坏了生态环境和社会安定，造成了巨大的经济损失和环境影响。如何有效地预防和控制突发环境事故，增强各部门对突发环境事故的处理能力和协调能力，进一步建立健全突发环境事故应急机制，已经成为全社会关注的热点。

10.1.1　突发环境事故的概念及分类

一、突发环境事故的概念

突发环境事故是指突然发生，造成或者可能造成重大人员伤亡和重大财产损失，对全国或者某一地区的经济社会稳定、政治安定构成重大威胁和损害，有重大社会影响的涉及公共安全的环境事件。

二、突发环境事故的分类

突发环境事故的发生具有随机性和不确定性。大量的污染物质会对环境造成恶劣的影响，如果处置不当就可能发展成为更严重的危机。为快速、有效地处理这类事故，必须针对不同的环境污染事故，积极采取相应的处置措施，以最大限度地降低危害，减少损失。因此，对突发环境事故进行类型化分析，就显得尤为重要。由于污染物来源的多样性和对环境污染的复杂性，从不同角度出发，可以对突发环境事故进行各种划分。这里主要从突发环境事故传播介质角度，将突发环境事故分为以下六类。

1. 水环境突发污染事故

水环境突发污染事故，通常是指因高浓度废水排放不当或事故使大量化学品或危险品等突然排入地表水体，致使水质突然恶化的现象。此类事故在实际生产生活中经常出现。

2. 固体废物突发污染事故

固体废物突发污染事故，主要是指在运输、处理或处置过程中，由于意外事故或者自然灾害造成固体污染物大面积泄漏扩散，导致环境污染的现象。固体废物通常包括城市固体废物、工业固体废物及有害废物；一些不能排入水体的液态废物和不能排入大气的置于容器中的气态废物，由于多具有较大的危害性，一般也归入固体废物管理体系。这类事故一般发生的形式多样，具有多重危害，处置步骤复杂，周期较长，对环境影响长远。

3. 大气环境突发污染事故

大气环境突发污染事故是指在生产、生活中因使用、储存、运输、排放不当，导致有毒有害气体、粉尘泄漏或非正常排放所引发的大气污染事故。此类事件不确定性强，危害面积广，扩散速度快，防止事件演化升级处理处置的难度较大。

4. 危险化学品突发污染事故

危险化学品突发污染事故主要由储运装备、管道或阀门、法兰连接处等密封失效，以及设备管道因老化、开裂导致危险物泄漏而造成。通常情况下，危险物质会迅速扩散，因此危险化学品的污染也常常引起水环境及大气环境污染的发生，甚至转化为火灾、爆炸事故。针对此类事故，迅速有效的处理显得更为关键，以避免更大事故或次生灾害的发生。

5. 突发放射性污染事故

突发放射性污染事故是指由于放射性物质生产、使用、储存、运输不当而造成核辐射危害的污染事故。引起放射性污染事故的主要原因是管理失职或操作失误等人为因素，以及设备质量或故障等非人为因素。放射性污染事故中大量放射性物质的释放是造成人体过量受照的重要途径，因此从事放射性污染防治的工作人员是辐射照射的直接作用主体。

6. 环境群体性事件

环境群体性事件也是环境污染导致的一种突发事故，它是指由环境污染引发的，不受既定社会规范约束，具有一定规模，造成一定的社会影响，干扰社会正常秩序的群体性事件。

10.1.2　突发环境事故的分级和基本特征

一、突发环境事故的分级

按照社会危害程度、影响范围、事故性质等，结合突发性事故的相关规定，我国将突发环境事故分为四级。法律、行政法规或国务院另有规定的，从其规定，例如核事故等级的划分。

突发环境事故的四个等级为Ⅰ级、Ⅱ级、Ⅲ级、Ⅳ级，按照颜色对人的视觉冲击力的不同，依次用红色、橙色、黄色和蓝色表示。

红色预警(Ⅰ级)，一般是指特别重大的突发环境污染事故，事故会随时发生，事态正在不断蔓延。

橙色预警(Ⅱ级)，是指重大的突发环境污染事故，预计事故即将临近，事态正在逐步扩大。

黄色预警(Ⅲ级)，是指较大的突发环境污染事故，事故临近发生，事态有扩大的趋势。

蓝色预警(Ⅳ级)，是指一般性的突发环境污染事故，事故即将临近，事态可能会扩大。

虽然我国对突发环境事故进行了分级，但这个分级并不是很完善。在应对突发环境事故的过程中，必须遵循以下几个原则：

(1) "就高"原则。我国的突发环境事故的等级界限并不十分明晰，缺乏详尽的判断标准。当发生了突发性事故，但其发展形势还不十分清楚时，划分事故等级应当遵循"就高"原则，尽量将其划分为高一级的等级，以确保能得到更完善的处置。

(2) 灵活性原则。突发环境事故的发生往往会经历一个由量变引发质变的过程，也就是说，事态的发展是一个动态的过程。因此，对事故等级的划分也应当体现出这种动态性。随着事态的发展，对事故的等级进行相应的调整，采取不同的应对措施灵活对待，以达到既解决问题，又合理配置资源的目的。

(3) "三敏感"原则。对突发环境事故进行等级划分时，对敏感时间、敏感地点和敏感性质的事故定级要从高。对"三敏感"事故从高定级有利于分清责任主体，使责任主体能够积极开展先期处置，防止这类敏感性事故扩大升级。同时，由行政级别高的政府处置敏感性事故，有利于实现应急资源的合理配置。

二、突发环境事故的基本特征

突发环境事故既不同于其他突发性事故，也不同于一般污染事故，主要具有以下几个基本特征。

1. 发生时间的突然性

突发环境事故往往都是平时累积起来的各类矛盾、冲突长期没能得到圆满解决，在超越一定界限后突然爆发的。突发环境事故没有固定的排放方式，往往突然发生，来势凶猛，令人始料未及，有着很大的偶然性和瞬时性。一旦突发环境污染事故，伴随而来的可能就是有毒有害物质外泄，引发火灾、爆炸等灾难；如果是有毒有害气体泄漏，其无孔不入，很快就可能扩散到居民区，直接危害人们的生命健康，造成不可挽回的损失。

2. 污染范围的不确定性

由于造成突发环境事故的原因、事故规模及污染物种类具有很大的未知性，所以其对众多领域(如大气、水域、土壤、森林、绿地、农田等环境介质)的污染范围有很大的不确定性。很多突发环境事故引起的后果是不一样的，且始终处于不断变化的过程中，人们很难根据经验对其发展方向作出判断。在不同的地区，地理环境基础、经济发展状况等都是不同的，可能导致同样的突发环境事故引发的污染状态和范围不同。

3. 负面影响的多重性

突发环境事故往往表现为在极短时间内一次性大量泄漏有毒物或发生严重爆炸，如果事前未能采取有效的防范措施，则一般短期内难以控制，破坏性大，损失严重。突发环境事故一旦发生，不仅会打乱一定区域内的人的正常生活、生产秩序，还会造成人员伤亡、国家财产的巨大损失和生态环境的严重破坏。

4. 健康危害的复杂性

由于各类突发环境事故的性质、规模、发展趋势各异，自然因素和人为因素互有交叉作用，所以其对健康的危害具有复杂性。

有的时候，事故发生的瞬间就会引起急性中毒、刺激作用，造成群死群伤；而对于那些具有慢性毒作用、环境中降解很慢的持久性污染物，则会对人群产生慢性危害和远期效应。

5. 处理处置的艰巨性

由于事故的突发性、危害的严重性，相关部门很难在短时间内控制事故的影响，加之污染范围大，会给处理处置带来困难；而且事故级别越高，危害越严重，恢复重建就越困难。因为生态环境的支撑能力有一定的限度，一旦超过其自身修复的"阈值"，往往会造成无法弥补的后果和不可挽回的损失。

可见，一旦发生突发环境事故，势必会给人们的生命财产和正常生活带来影响；不仅如此，它还会影响交通、工作、工业企业的生产等方面。

10.2　突发环境事故应急技术与管理

突发环境事故发生后，在做好应急监测的同时，应展开紧急防护与救援工作，第一时间控制污染事故的局面，把污染事故的危害尽量减小到最低。

在发生较大的突发环境事故时，首要的应急行动是控制事故污染源和防止污染对人等重要保护对象的伤害。按突发性事故的性质和地形以及污染预测模式，将事故现场划分为救援区域、防护区域和安全区域，并设置相应的监控点位实时监测和调整。

突发性环境污染事件的应急监测、应急处理、救援与善后处理所涉及的面很广，必须依靠各级政府部门统一领导，协调各方面人员密切配合，建立有部队、公安、消防、卫生、安全和环保等部门参与的应急防护和救援系统方案，以便区分各单位之间的职责分工。一旦发生污染事故，保证该系统能快速有效地运行，全方位地开展救护工作。

10.2.1　常见突发环境事故应急处理处置技术

一、应急隔离技术

1. 应急隔离

(1) 人员的隔离。事故发生后，首先应进行人员疏散。人员疏散一般有两种方式：一种是异地转移，另一种是原地疏散。异地转移是指把所有可能受到事故伤害的人员从危险的区域安全转移到安全区域。异地转移要在有限时间里，向群众报警，劝说并协助其离开，必要时，可强行转移。如果是气体泄漏或爆炸，一般选择上风向离开，而且要有组织、有秩序地离开。撤离有一个条件，那就是要有足够的时间向群众报警，并帮助其转移，当时间已经不允许转移，或转移有危害时，应采取原地疏散的方式。原地疏散是指人为了躲避事故危害而进入建筑物或其他设施内的一种保护行为。如果采取原地疏散，那么建筑物内的人应该关闭所有门窗及通风、加热、冷却系统等，等待救援人员赶到。在人员疏散的同时，应隔离事故现场，建立警戒区，启动应急预案。根据事故的性质(如化学品泄漏的扩散情况、爆炸火焰辐射热等)建立警戒区，并在通往事故现场的主要干道实行交通管制。

(2) 财产的隔离。事故发生后，在时间和安全允许的情况下，尽量把没有被污染或毁坏的财产隔离转移。隔离分为两种：原地隔离和异地隔离。原地隔离就是短时间无法全部转移财产，只能在污染源或者事故中心建立一个隔离带，也称保护墙，以确保财产的安全，等待救援队伍的到来。异地隔离就是人们能够在短时间内把财产搬离，这是最安全但实际中使用较少的方法，除非财产少、轻便易搬动。

　　第一时间到达的消防队要迅速了解污染物种类、性质、数量、扩散面积以及随时间延长可能影响的范围，进行污染物和可疑中毒样品的采集，并以最快的速度将监测结果报告给现场指挥组和救治单位，为中毒人员救治赢得时间，同时保留样品作为证据以供以后研究。各应急组织和应急指挥部成员单位到达现场后，应服从应急指挥部总指挥的命令，立即参与现场控制与处理，尽量切断污染源，隔离污染区，防止污染扩散，减少污染物的产生，减少危害面积。

2. 固体物覆盖法

　　(1) 有毒化学品泄漏、扩散事件中，污染物一般为有毒有害和腐蚀性的物质。为防止污染范围扩大，污染大气和周围的居民、设施，可用干燥的石灰、炭或其他惰性材料或砂土进行覆盖，或者用冷冻剂冷冻，有效阻隔污染物，防止二次污染。污染物若是有毒有害物质，应设法在覆盖物中加入其他化学制剂，降低其毒性和危害程度。污染物若是酸性或者碱性的腐蚀性物质，应在覆盖物中加入中和剂，最终使其 pH 值控制在 6～9。例如，硫酸泄漏物可用砂土和干燥石灰覆盖，其中加入纯碱、消石灰溶液中和。

　　(2) 易燃易爆危险品泄漏、爆炸事件中，污染物包括易燃液体、爆炸物品、遇湿易燃物品、易燃固体等。为防止发生燃烧爆炸事故，应立即用砂土一类的固体进行覆盖隔离，使其远离火源，不能与其他物质发生反应。若物品已经燃烧，应使用干粉、水泥粉强行实施窒息灭火，防止火势变大。待火情控制后，再将未破损的物品疏散转移。

3. 堵漏与围栏收容法

　　污染事故发生后，泄漏处理一般分为泄漏源控制和泄漏物处置两部分。堵漏就属于泄漏源控制。为防止污染情形继续恶化，必须采取强制手段实施止漏，能关阀的要强行关阀止漏，不能关阀的要设法堵漏。只有尽快控制住源头，才利于对泄漏物的处理。常用的堵漏方法见表 10-1。

表 10-1　常用的堵漏方法

部位	形式	方　　　法
罐体	砂眼	使用螺钉加黏合剂旋进堵漏
	缝隙	使用外封式堵漏袋、电磁式堵漏工具组、粘贴式堵漏密封胶(适用于高压)、潮湿绷带或堵漏夹具、金属堵漏锥堵漏
	孔洞	使用各种木楔、堵漏夹具、粘贴式堵漏密封胶(适用于高压)、金属堵漏锥堵漏
	裂口	使用外封式堵漏袋、电磁式堵漏工具组、粘贴式堵漏密封胶(适用于高压)堵漏
管道	砂眼	使用螺钉加黏合剂旋进堵漏
	缝隙	使用外封式堵漏袋、电磁式堵漏工具组、粘贴式堵漏密封胶(适用于高压)、潮湿绷带堵漏
	孔洞	使用各种木楔、堵漏夹具、粘贴式堵漏密封胶(适用于高压)堵漏
	裂口	使用外封式堵漏袋、电磁式堵漏工具组、粘贴式堵漏密封胶(适用于高压)堵漏
阀门		使用阀门堵漏工具组、注入式堵漏胶、堵漏夹具堵漏
法兰		使用专用法兰夹具、注入式堵漏胶堵漏

剧毒物质泄漏事故处理时应注意两点：一是对已受污染的水体进行有效截流堵漏，防止污染范围扩大，并及时对污染水体进行解毒除污处置；二是处置对象不仅应考虑污染物直接泄漏的水体，还应考虑其下游及周边可能受影响的地表水水域、地下水污染，以及土壤及农作物的污染。

对已流出的污染物，要尽快防止它向四周蔓延，污染环境。处置泄漏物时可以采用围栏收容法。若泄漏事故发生在海上，可设浮游的围栏，把泄漏物堵截在固定区域内再进行海上打捞；若泄漏事故发生在陆地上，可根据地形地势、泄漏物流动情况，修筑围堤栏或挖掘沟槽堵截、收容泄漏物，避开河流、小溪等水源地。这样做不仅可以限制泄漏物的污染范围，还便于泄漏物的回收和处置。对于大型液体泄漏，收容后可选择用泵将泄漏出的物料抽入容器内或槽车内进一步处置。

二、应急转化技术

1. 吸附

吸附的处理方法在很多突发环境事故中被广泛应用，并取得了不错的效果。活性炭吸附效果好、价格适中、来源广泛，所以突发污染事件中选用最多的吸附剂是活性炭。在我国，利用活性炭吸附去除难降解有机污染物技术已经在水厂推广使用，投加粉末活性炭是应对突发重大污染事故重要的应急保障措施。活性炭对大部分有机物都具有较强的吸附能力，如芳烃溶剂类、苯、甲苯、硝基苯类、氯化芳烃类、五氯酚类、氯酚类、多环芳烃类、杀虫剂及除草剂、艾氏剂、四氯化碳、三氯乙烯、氟仿、溴仿、高分子量烃类化合物、染料、汽油及胺类等。因而，出现突发污染事件以后，若水源地污染物严重超标，为了保证城市供水系统的正常运行，利用活性炭吸附是最主要的污染物控制手段。

2. 稀释

稀释处理既不能把污染物分离，也不能改变污染物的化学性质，而是通过高浓度废水和低浓度废水与天然水体的混合来降低污染物的浓度，使其达到允许排放的浓度范围，以减轻对水体的污染。稀释处理可分为水体(江、河、湖、海)稀释法和废水稀释法两类。废水稀释法又有水质均和法(不同浓度的同种废水自身混合稀释)和水质稀释法(不同种废水混合稀释)之分。

经过各种治理方法处理后的废水有的仍含有一定浓度的有害物质，因此还有必要对废水进行最终处置。最终处理方法主要有燃烧法、注入深井法、排入海洋法等。但后两种方法并不完全可靠，不论从经济角度还是卫生角度看，都不是最好的方法，因为它们并没有从根本上消除污染，故不宜推广。

3. 应急转化处理

应急转化处理是通过化学或生物化学的作用改变污染物的化学本性，使其转化为无害物质或可分离物质，再进行分离处理的过程。转化处理又分成化学转化、生物化学转化和消毒转化三种基本类型。

10.2.2　突发环境事故善后处置与恢复

突发环境事故处理包括应急处理和善后处置两个过程。当经过应急处理已达到下列三个条件时，就可由应急委员会宣布应急状态结束，进入善后处置阶段。

(1) 根据应急指挥部的建议，确认污染事故已经得到控制，事故装置已处于安全状态。

(2) 有关部门已采取并继续采取保护公众免受污染的有效措施。

(3) 已责成或通过了有关部门制订和实施环境恢复计划，环境质量正处于恢复之中。

事故现场得以控制，环境符合有关标准，导致次生事故的隐患消除后，经现场应急救援指挥部确认和批准，现场应急处理工作结束，应急救援队伍撤离现场。

一、现场的恢复和善后处置

事故现场抢险救援工作结束后，突发事故应急组织机构应迅速组织有关部门和单位做好伤亡人员救治、慰问及善后处理；及时清理现场，迅速抢修受损设施，尽快恢复正常工作和生活秩序。现场恢复是指将事故现场恢复到相对稳定、安全的基本状态。应避免现场恢复过程中可能存在的危险，并为长期恢复提供指导和建议。现场恢复应包括如下几点：

(1) 撤点、撤离和交接程序。

(2) 宣布应急结束的程序。

(3) 重新进入和人群返回的程序。

(4) 现场清理和公共设施的基本恢复。

(5) 受影响区域的连续监测。

(6) 事故调查与后果评价。

事故发生后，根据事故的具体情况，由安全生产监督管理、公安、监察、工会等部门组成事故调查组，负责事故调查工作。事故调查组的主要职责为：查明事故发生的原因、人员伤亡及财产损失情况；查明事故的性质和责任，提出事故处理及防止类似事故再次发生所应采取措施的建议；提出对事故责任者的处理建议；检查控制事故的应急措施是否得当和落实；写出事故调查报告。突发事件发生后，现场指挥部应适时成立原因调查小组，组织专家调查和分析事件发生的原因和发展趋势，预测事故后果，报应急委员会。在突发环境事故处置结束的同时应成立事故处置调查小组，对应急处置工作进行全面客观的评估，并在规定的时限内将评估报告报送市突发事件应急委员会。

善后处置工作是指突发环境事故发生后由当地政府牵头，应急、公安、民政、环保、劳动和社会保障、工会等相关部门参加，组成善后处置组，全面开展损害核定工作，并及时收集、清理和处理污染物，对事件情况、人员补偿、重建能力、可利用资源等做出评估，制订补偿标准和事后恢复计划，并迅速实施。参与善后处置工作的各单位对所负责的善后工作要制定严格的处置程序，尽快恢复灾区的正常工作和生活秩序。

善后处置事项包括：

(1) 组织实施环境恢复计划。

(2) 继续监测和评价环境污染状况，直至基本恢复。

(3) 有必要时，对人群和动植物的长期影响做跟踪监测。

(4) 评估污染损失，协调处理污染赔偿和其他事项。

二、生态恢复

重大的突发环境事故对生态环境的破坏程度很大，往往造成一定区域的生态失衡，甚至造成长期的危害，致使生态环境难以恢复。生态恢复的概念源于生态工程学或生物技术学，也就是说恢复生态学在一定意义上是生态工程学，或是在生态系统水平上的生物技术学。生态恢复过程是按照一定的功能水平要求，由人工设计并在生态系统层次上进行的，因而具有较强的综合性、人为性和风险性。

生态是生物圈(动物、植物和微生物等)及其周围环境系统的总称。生态系统是一个复杂的系统，由大量的物种构成，它们直接或间接地连接在一起，形成一个复杂的生态网络。其复杂性是指生态系统结构和功能的多样性、自组织性及有序性。生态恢复是指停止人为干扰，解除生态系统所承受的超负荷压力，依靠生态本身的自动适应、自组织和自调控能力，按生态系统自身规律演替，通过休养生息的漫长过程，使生态系统向自然状态演化。完全依靠大自然本身的推进过程，恢复原有生态的功能和演变规律。

现代生态恢复不仅包括退化生态系统结构、功能和生态学潜力的恢复与提高，还包括人们依据生态学原理，使退化生态系统的物质、能量和信息流发生改变，形成更为优化的自然、经济、社会复合生态系统。生态恢复基本可分为三大类，即恢复原生生态系统、生态系统修复和生态系统重建。

(1) 恢复原生生态系统。这是最早的关于生态恢复定义所强调的内容。实践表明，这一定义过于追求理想主义。其理由如下：① 恢复的目标具有不确定性；② 自然界是动态的，"恢复"一词有静态的含义；③ 由于气候变化，关键种的缺乏或新种的入侵，完全回归最初状态是不可能的。

(2) 生态系统修复。当恢复原生生态系统的定义遭到批判后，关于生态系统修复的定义(如改良、改进、修补和再植)陆续出现。改良，强调改良立地条件，以使原有的生物得以生存；改进，强调对原有受损系统的结构和功能的提高；修补，是修复部分受损的结构；再植，除包括恢复生态系统的部分结构和功能外，还包括恢复当地先前的土地利用方式。

(3) 生态系统重建。生态系统重建也叫生态更新。生态系统重建强调根据生态改造者的意愿和目标来对生态系统进行重新设计；生态恢复就是再造一个自然群落，或再造一个自我维持并保持后代可持续发展的群落。

生态恢复强调适当的时间和空间参考点，它是一个动态的过程，包括结构、功能和干扰体系随时间的变化、生物的物理属性和乡土文化的繁荣。

1. 生态恢复原则

(1) 自然法则。依据自然规律，依靠自然的力量，适当加入人为活动，恢复受损生态系统。自然法则又分为地理学原则、生态学原则和系统原则三个类别。地理学原则强调区域性、差异性和地带性；生态学原则分为生态演替、生物多样性、生态位与生物互补、物能循环与转化、物种相互作用、食物链网和景观结构等方面；系统原则包括整体、协同、耗散结构与开放性以及可控性等内容。自然法则是生态恢复的基本原则，只有按照自然规律的生态恢复才是真正意义上的生态恢复，否则只能是背道而驰、事倍功半。

在生态恢复的建设过程中尤为重要的是保护现有的自然资源，这也是一个善待自然的原则。生物资源更应该优先保护，并促进生态恢复，加速生态建设的进程。生态恢复应坚持以生物措施为主的原则，重视工程与生物相结合的综合措施，强调林草植被恢复与建设，严格遵循"宜林则林、宜草则草、宜荒则荒、宜封育则封育"的原则。一定要善待自然，过分强调和显示人的作用则会事与愿违，也会遭受大自然更严厉的报复。人类应该追求一种与大自然和谐相处的关系。不宜在石质山地、浅土层坡地规模化造林，大肆挖沟、掏坑，应大力倡导空间随机造林法。

(2) 社会经济技术原则。恢复生态系统所采取的措施应在技术上科学、经济上可行，且被公众所接受或公众参与。社会经济技术原则包括经济可行性与可承受性、技术可操作性、无害化、最小风险、生物生态与工程技术相结合、效益和可持续发展等。社会经济技术原则是生态恢复的后盾和支柱，在一定程度上制约着生态恢复的可能性、恢复水平和深度。

(3) 美学原则。恢复近自然生态系统，给人与自然和谐美好的享受。美学原则包括最大绿色、健康和精神文化娱乐等内容。在生态恢复的建设中，要进行全面规划，坚持综合治理，从宏观到具体区域要有统一规划，要以科技支撑为先导，步入正轨。

2. 生态恢复目标

生态恢复是指人类通过主动干预，推动受损生态系统重建，以实现其结构与功能完整性的恢复。生态恢复包括恢复过程和管理过程，需要人们主动干预进行自然的修复。但干预并不能及时地产生直接的修复结果，它只是帮助启动生态系统的自修复过程，从而完成从立地恢复到整个景观的恢复。恢复目标不能基于静态的属性或过去的特征，而应该关注未来生态系统的特征，恢复曾经存在过的生态，更多的是创建与以前存在过的生态系统有相同物种组成、功能和特性的生态系统。

恢复目标是通过修复生态系统功能并补充生物组分，使受损的生态系统回到自然条件下的状态。理想的恢复应同时满足区域和地方的目标。恢复退化生态系统的目标包括：建立合理的内容组成(种类丰富度及多度)、结构(植被和土壤的垂直结构)、格局(生态系统成分的水平安排)、异质性(各组分由多个变量组成)、功能(诸如水、能量、物质流动等基本生态过程)。

鉴于生态系统的复杂性和动态性，虽然恢复生态学强调对受损生态系统进行恢复，但恢复生态学的首要目标仍是保护自然的生态系统，因为保护在生态系统恢复中具有重要的参考作用；第二个目标是恢复现有的退化生态系统，尤其是与人类关系密切的生态系统；第三个目标是对现有的生态系统进行合理管理，避免退化；第四个目标是保持区域文化的可持续发展；其他的目标包括实现景观层次的整合性、保持生物多样性及保持良好的生态环境等。

3. 生态恢复的内容与方法

不同类型(如森林、草地、农田、湿地、湖泊、河流、海洋)的生态系统，其恢复方法也不同。从生态系统的组成成分看，主要包括无机环境的恢复和生物系统的恢复。无机环境的恢复技术包括水体恢复技术(如控制污染、去除富营养化、换水、积水、排涝和灌溉技术)、土壤恢复技术(如耕作制度和方式的改变、施肥、土壤改良、表土稳定、控制水土侵蚀、换土及分解污染物等)、空气恢复技术(如烟尘吸附、生物和化学吸附等)。生物系统的恢复技术包括植被(物种的引入、品种改良、植物快速繁殖、植物的搭配、植物的种植、林分改造等)、消费者(捕食者的引进、病虫害的控制)和分解者(微生物的引种及控制)的重建技术和生态规划技术的应用。总之，生态恢复中最重要的是综合考虑实际情况，充分利用各种技术，尽快恢复生态系统的结构，进而恢复其功能，实现生态效益、经济效益、社会效益和美学效益的统一。

4. 恢复成功的标准

生态系统的复杂性及动态性使得生态恢复的评价标准极其复杂，通常将恢复后的生态系统与未受干扰的生态系统进行比较，其内容包括关键种的表现、重要生态过程的再建立，诸如水文过程等非生物特征的恢复。一般将生态恢复系统与参照系统的生物多样性、群落结构、生态系统功能、干扰体系以及非生物的生态服务功能进行比较。可用以下五个标准判断生态恢复：① 可持续性(可自然更新)；② 不可入侵性(像自然群落一样能抵制入侵)；③ 生产力(与自然群落一样高)；④ 营养保持力；⑤ 具有生物间相互作用(植物、动物、微生物)。

在生态系统恢复过程中，还可应用景观生态学中的预测模型为成功恢复提供参考。此外，判断是否成功恢复还要在一定的尺度下，用动态的观点分阶段检验。

10.3　突发环境事故分析

在现代工业文明快速发展的进程中，突发环境事故已成为威胁生态安全和公众健康的重大隐患。本小节通过深入剖析事故背后的技术缺陷、管理漏洞和应急短板，旨在揭示突发环境事故的发生规律和防控要点。

典型突发环境事故分析

10.4　国内外杰出科学家简介

1. 张全兴与水污染防治

张全兴，环境工程和高分子材料专家，中国工程院院士。南京大学环境学院教授、博士生导师，国家有机毒物污染控制与资源化工程技术研究中心名誉主任。他主要在水污染防治方向从事复合功能等特种树脂的合成与性能研究以及树脂吸附理论、吸附新技术、吸附新工艺的研究及其工程应用，引领和推动了中国高浓度难降解有机工业废水治理与资源化，为工业水污染治理与节能减排和重点流域水环境安全做出了突出贡献。他在国内率先开展了大孔离子交换与吸附树脂的合成与应用研究，研制成功系列大孔离子交换树脂和超高交联吸附树脂，被广泛应用于工业水处理、有机催化、铀和贵金属提取、药物提取分离、人体血液灌流以及环境保护等领域。他针对中国"白色污染"控制的难题，组织团队开展绿色聚乳酸系列环境友好材料的研发与产业化，取得了重要进展。他是我国离子交换与吸附技术发展的主要开拓者之一，树脂吸附法治理有毒有机工业废水及其资源化领域的开创者，为我国太湖、长江等流域水污染治理以及重点化工行业污染控制和节能减排作出了重要贡献。

2. 张铁岗与安全评估和防护

张铁岗，中国工程院院士，安全技术及工程专家，教授级高工，西南石油大学工程安全评估与防护研究院院长，河南理工大学教授、博士生导师，瓦斯地质与瓦斯治理重点实验室主任，河南省煤矿瓦斯与火灾防治重点实验室主任。他主持国家"九五"重点科技攻关项目《矿井瓦斯综合治理示范配套技术研究》课题，其中瓦斯防突、分级、隔抑爆等技术达到国际领先水平。他主持改造了老矿两座，设计延深及新建大矿六座。他提出了"由外延变内涵"的矿井技术改造方案，使矿井由短走向变为长走向；改压入式通风为抽出式通风(解决瓦斯问题)，改矿车运输为皮带化运输，改炮采为综合机械化采煤等，使平顶山矿务局四矿实现了合理集中生产，在整个矿区第一个上了百万吨综采面。他为平顶山煤矿成为全中国产量效益最好的特大型企业作出了重要贡献。

3. 钱易与废水处理

钱易，中国工程院院士，环境科学与工程专家，清华大学环境科学与工程系教授，中国科协副主席，全国人大环境与资源保护委员会副主席，世界资源研究所理事会成员，国际学术刊物《水研究》编委。她致力于研究开发适合中国国情的高效、低耗废水处理新技术，以及难降解有机物的生物降解特性、处理机理及技术。她主持了"高浓度有机工业废水的厌氧生物处理技术""城市废水稳定塘""难降解有机物特性及控制技术原理"等国家科技攻关课题，倡导并参与了《中华人民共和国清洁生产促进法》的制定。她是中国高等院校环境保护与可持续发展素质教育的先行者，她是清华大学倡导"建设'绿色大学'"的第一人，为中国环境科学与工程教育事业的发展作出了重要贡献。

4. 迈克尔·胡德与矿业安全

迈克尔·胡德，澳大利亚技术科学与工程院院士，中国工程院外籍院士，高压水射流研究和应用领域专家，澳大利亚工程院矿物资源分会共同主席。他发明了一种新型岩石切割技术。该技术具有取代传统采矿及土木工程中广泛应用的岩石爆破方法的潜能，他被加州政府聘请为"加州矿物废料排放风险评估"的专家组负责人，加州立法会采纳了他主写的报告的全部建议，这份报告现已成为加州矿物废料排放的法律基础；他在矿山硬岩巷道快速掘进、金属矿高效采掘及非常规油气开采方面作出了重要贡献。

思 考 题

1. 简述突发性环境污染事故的基本特征。
2. 简述应对突发环境事故必须遵循的原则。
3. 简述常见突发环境事故应急转化技术。

参 考 文 献

[1] 刘刚. 安全生产监理责任制度的制定与落实[J]. 河北水利，2013，(05)：36.

[2] 黄兰，多英全，杨国梁，等. 危化企业安全风险分级管控实施工作程序与评估方法研究[J]. 中国安全生产科学技术，2021，17(S1)：155-159.

[3] 马建新，王伟，赵松鹏. 生产安全事故应急预案编制和演练中常见问题辨析[J]. 中国水能及电气化，2022(12)：64-67.

[4] 丛敏，苏廷. 浅谈企业安全教育与培训[J]. 中国科技信息，2005，(20)：75-92.

[5] 王卫东. 政府构建现代化安全生产监管工作模式浅议[J]. 化工安全与环境. 2024，37(02)：69-74.

[6] 周永平. 国外安全生产责任制度探析[J]. 劳动保护，2021，(05)：51-53.

[7] 冯振东. 浅谈高危行业生产经营单位"全员岗位安全生产责任包保"激励约束制度[J]. 吉林劳动保护，2017，(04)：20-22.

[8] 赵子通，王森，安普哲. 煤矿安全生产责任制度在安全管理中的实践与创新分析[J]. 中国科技投资，2024，(19)：128-130.

[9] 白露，孔凡林，赵宇. 建设单位全员安全生产责任制的内涵和管理实践[J]. 中国安全生产，2024，19(05)：46-47.

[10] 赵艺绚，林鸿潮. 迈向第三方风险规制：安全生产责任保险的功能转型与制度完善[J]. 行政管理改革，2023，(11)：62-71.

[11] 刘时垚. 水利工程建设领域安全生产主体责任落实的研究[J]. 水上安全，2024，(11)：28-30.

[12] 赵鹏，赵国良，廉杰. 新时期矿产地质勘查企业安全管理体系的建立[J]. 内蒙古煤炭经济，2023，(24)：187-189.

[13] 姜楠. 关于推进我国高危行业安全生产责任保险制度问题与对策[J]. 现代职业安全，2021，(11)：96-99.

[14] 魏思佳. 绷紧安全弦严把责任关：安全生产约谈制度的运用及发展观察[J]. 中国应急管理，2023，(01)：14-17.

[15] 吕艳. 企业安全生产主体责任制度实施措施分析，现代国企研究[J]. 2016，(24)：87-88.

[16] 周建亮，佟瑞鹏，陈大伟. 我国建筑安全生产管理责任制度的政策评估与完善[J]. 中国安全科学学报，2010，20(06)：146-151.

[17] 纵瑞利，吴威威，刘方远. 我国煤矿生产事故统计及安全生产措施[J]. 煤炭技术，2020，39(01)：205-207.

[18] 杨磊. 炼化企业安全生产措施分析[J]. 中国石油和化工标准与质量，2021，41(23)：39-40.

[19] 魏秀泉，佘雪峰，王心森. 钢铁联合企业的事故及预防[J]. 科技视界，2014，(06)：257，324.

[20] 黄月盈. 污染影响类企业环境保护自主验收工作中存在的问题及策略探讨[J]. 黑龙

江环境通报，2024，37(11)：55-57.

[21] 刘祥匣. 生态环境保护视域下环境保护与污染治理的策略[J]. 农村科学实验，2024，(21)：60-62.

[22] 袁继翠，田艳宾，韩茂山. 生态环境保护"两创"的机制与路径[J]. 黑龙江环境通报，2024，37(09)：11-16.

[23] 杨洁. 国土空间规划中的生态环境保护与可持续发展策略研究[J]. 城市建设理论研究(电子版)，2024，(24)：37-39.

[24] 姬中壮，陈建轩. 建筑施工中的环境保护与可持续发展[J]. 房地产世界，2024，(04)：137-139.

[25] 许鑫. 农业生态环境保护对农业可持续发展的影响[J]. 河北农业，2024，(01)：37-38.

[26] 王冬冬，李洪利. 空气污染中的经济因素分析与环境保护可持续发展策略研究[J]. 环境科学与管理，2022，47(12)：179-183.

[27] 张志国. 应急监测在突发性环境污染事故中的应用研究[J]. 皮革制作与环保科技，2024，5(14)：182-184.

[28] 卢敏，徐健. 工业企业环境污染防治设施融合安全管理策略研究[J]. 能源技术与管理，2024，49(05)：208-210.

[29] 王天民，郝维昌，王莹，等. 生态环境材料：材料及其产业可持续发展的方向[J]. 中国材料进展，2011，30(8)：8-16.

[30] 张喆，王捷，孙学超. 生态环境材料与发展[J]. 科技与创新，2016，24：52.

[31] 孙涛，苏达根. 生态环境材料研究重点及趋势[J]. 新材料产业，2006，3：57-59.

[32] 李增新，薛淑云，陈东辉. 新型生态环境替代材料[J]. 化学教育，2005，9：9-11.

[33] 赵彬侠. 化工环境保护与安全技术概论[M]. 北京：高等教育出版社，2021.

[34] 张勤芳. 安全生产与环境保护[M]. 北京：机械工业出版社，2022.

[35] 苗金明. 事故应急救援与处置[M]. 北京：清华大学出版社，2022.

[36] 刘景良. 安全管理[M]. 北京：化学工业出版社，2021.

[37] 张丽颖. 安全生产与环境保护[M]. 北京：冶金工业出版社，2022.

[38] 陈志莉. 突发性环境污染事故应急技术与管理[M]. 北京：化学工业出版社，2017.

[39] 蒋文举. 大气污染控制工程[M]. 北京：高等教育出版社，2020.

[40] 黄怡民，张六一. 大气污染控制工程[M]. 成都：电子科技大学出版社，2019.

[41] 周长波，党春阁，刘铮. 钢铁行业污染特征与全过程控制技术研究[M]. 北京：中国环境出版社，2020.

[42] 刘后启，窦立功，张晓梅，等. 水泥厂大气污染物排放控制技术[M]. 北京：中国建材工业出版社，2007.

[43] 罗民华. 陶瓷工业节能减排与污染综合治理[M]. 北京：中国建材工业出版社，2017.

[44] 李凯，宁平，梅毅，等. 化工行业大气污染控制[M]. 北京：冶金工业出版社，2016.

[45] 李朝辉，马春莲，李连山，等. 平煤集团坑口电厂除尘设施的技术改造[J]. 环境污染治理技术与设备，2003，(02)：89-90.

[46] 齐文启，孙宗光，汪志国. 环境污染事故应急预案与处理处置案例[M]. 北京：中国环境科学出版社，2007.

[47]　李宏罡. 水污染控制技术[M]. 上海：华东理工大学出版社，2011.

[48]　冯晓西，乌锡康. 精细化工废水治理技术[M]. 北京：化学工业出版社，2000.

[49]　李永峰，陈红，徐菁利. 固体废物污染控制工程教程[M]. 上海：上海交通大学出版社，2009.

[50]　赵由才，牛冬杰，周涛. 固体废物处理与资源化[M]. 北京：化学工业出版社，2023.

[51]　缪应祺. 水污染控制工程[M]. 南京：东南大学出版社，2002.

[52]　张素青，赵志宽. 水污染控制技术[M]. 大连：大连理工大学出版社，2006.

[53]　徐晓军，等. 固体废物污染控制原理与资源化技术[M]. 北京：冶金工业出版社，2007.

[54]　汪群慧. 固体废物处置及资源化[M]. 北京：化学工业出版社，2004.

[55]　李国学. 固体废物处理与资源化[M]. 北京：中国环境科学出版社，2005.

[56]　贾继华，白珊，张丽颖. 冶金企业安全生产与环境保护[M]. 北京：冶金工业出版社，2014.

[57]　王罗春，周振，赵由才. 噪声与电磁辐射[M]. 北京：冶金工业出版社，2011.

[58]　张沛商. 噪声控制工程[M]. 北京：北京经济学院出版社，1991.

[59]　高红武. 噪声控制工程[M]. 武汉：武汉理工大学出版社，2003.

[60]　顾强. 噪声控制工程[M]. 北京：煤炭工业出版社，2002.

[61]　孙家麒，战嘉恺，虞仁兴，等. 振动危害和控制技术[M]. 石家庄：河北科学技术出版社，1991.

[62]　JGJ/T 429—2018 建筑施工易发事故防治安全标准[S].

[63]　杨富，徐国平. 冶金安全生产技术[M]. 北京：冶金工业出版社，2010.

[64]　臧利敏. 材料及化工生产安全与环保[M]. 成都：电子科技大学出版社，2019.

[65]　王德堂. 化工安全生产技术[M]. 天津：天津大学出版社，2009.

[66]　卢鉴章. 安全生产技术[M]. 北京：煤炭工业出版社，2005.

[67]　李健. 某燃煤电厂烟气超低排放改造工程案例[J]. 安徽工业，2023，49(3)：123-127.